AF557933

Gietl/Lobinger

Leitfaden Qualitätsaudit

Gerhard Gietl
Werner Lobinger

Leitfaden Qualitätsaudit

Planung und Durchführung von Audits nach ISO 9001:2015

7., überarbeitete und erweiterte Auflage

Bibliografische Information der Deutschen Nationalbibliothek:

Die Deutsche Nationalbibliothek verzeichnet diese Publikation in der Deutschen Nationalbibliografie; detaillierte bibliografische Daten sind im Internet über <http://dnb.d-nb.de/> abrufbar.

Print-ISBN 978-3-446-47335-5
E-Book-ISBN 978-3-446-47466-6
ePub-ISBN 978-3-446-47521-2

www.hanser-fachbuch.de
Lektorat: Lisa Hoffmann-Bäuml
Herstellung: Carolin Benedix
Satz: Eberl & Koesel Studio, Altusried-Krugzell
Coverrealisation: Max Kostopoulos
Titelmotiv: © stock.adobe.com/elen_studio
Druck und Bindung: CPI books GmbH, Leck
Printed in Germany

Vorwort

Das Qualitätsaudit ist unabhängig von eventuellen Zertifizierungsverfahren eines der wichtigsten Instrumente in einem Qualitätsmanagementsystem für die Steigerung der Glaubwürdigkeit, Erhaltung und Weiterentwicklung dieser Systeme. Dennoch werden die Potenziale des Qualitätsaudits nur unzureichend ausgeschöpft. Einige Betroffene sehen im Audit ein notwendiges Übel im Rahmen von Qualitätsmanagementsystemen, Zertifizierungen usw. Grund dafür ist die falsche Einschätzung der Zielsetzung von Audits und die dafür notwendigen Voraussetzungen. Denn das Audit in eine hervorragende Möglichkeit, den eigenen Istzustand einzuschätzen und Verbesserungsmöglichkeiten zu erfassen.

In diesem Werk betrachten wir das Qualitätsaudit von Grund auf und lassen moderne Ansätze in die Betrachtung mit einfließen. Dabei stellen wir die Erfolgspotenziale des Instruments Qualitätsaudit dar und machen auf erfolgshemmende Faktoren aufmerksam.

Die Weiterentwicklung der wirtschaftlichen Rahmenbedingungen macht auch vor dem Auditwesen keinen Halt. Neue Normen werden entwickelt. Neue Ansichten werden geprägt. Neue Handlungsweisen werden eingeführt. Deswegen machen wir in diesem Buch auf Trends und neue Vorgehensweisen im Auditwesen aufmerksam. Die Corona-Pandemie hat beispielsweise das Remote-Audit in den Fokus gerückt. Die Integration von Problemlösungsmethoden sowie Selbstbewertungsansätzen in den Auditprozess sind weitere Beispiele.

Dieses Buch gibt dem Leser Anstöße für eine Optimierung seiner Audittätigkeit oder seines Auditprozesses. Dem Leser sollen in kurzer und knapper Form die Grundlagen des Auditwesens sowie die wichtigsten Audittechniken vermittelt werden. Das Buch eignet sich für erfahrende Auditoren genauso wie für diejenigen, die es werden wollen. Während unerfahrene Auditoren das Buch durchgehend lesen sollten, kann der erfahrene Auditor gegebenenfalls manche Passagen überspringen. Unter Umständen bieten ihm jedoch auch scheinbar „bekannte" Themenfelder neue Anreize oder Hinweise.

Im Selbststudium lernen Sie so die Grundlagen für die Auditorentätigkeit kennen. Im Buchtext integrierte Beispiele und Musterunterlagen auf der Hanser-Plus Seite:

https://plus.hanser-fachbuch.de/ veranschaulichen die theoretischen Ausführungen und geben Hilfestellung für die Auditpraxis.

Aufgrund der besseren Lesbarkeit haben wir die männliche Form gewählt. Es sind selbstverständlich immer alle Personen gemeint, wenn wir beispielsweise von Auditoren, Qualitätsbeauftragen oder Managern sprechen.

Amberg, Sommer 2022

Gerhard Gietl und *Werner Lobinger*

Inhalt

1 Das Qualitätsmanagement-Audit im Umfeld des Managements

Darum geht es

- Eine Darstellung der geschichtlichen Entwicklung und des Anwendungszwecks von Audits in einer Organisation
- Die Klärung der Frage „Was ist ein Qualitätsaudit?"
- Definition von mit dem Audit verknüpften Begriffen
- Vorstellung verschiedener Auditarten
- Grundsätzliche Prinzipien im Auditwesen
- Strategische Vorgehensweise im Auditwesen
- Abriss über Haftungsfragen von Auditoren

1.1 Hintergrund und Entwicklung

Mit der Einführung von Qualitätsmanagementsystemen nach ISO 9001 ist der Begriff „Audit" in vielen Branchen bekannt geworden. Viele Mitarbeiter in Unternehmen und Organisationen verbinden seitdem das Audit mit der Überprüfung bzw. der Kontrolle ihrer Arbeit. Diese Sichtweise ist auch auf die historische Entwicklung des Auditwesens zurückzuführen.

Bereits im Mittelalter erließen Handwerkszünfte und Gilden Regelungen zur Sicherung der Qualität der Produkte und Herstellungsverfahren. Die Zunftmeister legten fest, wer, wie, was und zu welcher Qualität in den jeweiligen Handwerksberufen herstellen durfte. Die Zünfte überwachten diese Bestimmungen. Eine Art Audit durch unabhängige, von der Zunft beauftragte Prüfer diente dazu, Herstellverfahren zu überwachen und die Qualität in Form von Marken und Zeichen offiziell zu bescheinigen. Diese frühen Formen von Audits finden zurzeit in vielen Bereichen der Geschäftstätigkeiten eines Unternehmens oder einer Organisation ihre Fortsetzung.

Vor den Audits im Qualitätsmanagementsystem etablierten sich Auditverfahren in anderen Bereichen. Im Finanzwesen sind sie in Form von Revisionen oder Wirtschaftsprüfungen seit Langem gängige anerkannte Praxis und sinnvoll bzw. notwendig. Diese Prüfungen stärken das Vertrauen von Beteiligten wie Aktionären oder Kunden in das jeweilige Unternehmen. Im öffentlichen Bereich geben die Überprüfungen Auskunft über den Umgang mit den eingesetzten Mitteln und zeigen unter Umständen Verbesserungsbereiche oder Schwächen des bisherigen Finanzmanagements auf. Die Aufdeckung von Verbesserungspotenzialen ist in ähnlicher Weise auch Ziel bei Qualitätsaudits.

Nehmen wir als weiteres Beispiel Sicherheitsbegehungen. Diese führt die Industrie im Rahmen der Gesundheitsvorsorge und Arbeitssicherheit in fast allen Betrieben seit vielen Jahren durch. Ähnlich wie in den Qualitätsaudits sind in Sicherheitsbegehungen die Planung und Ausführung von Arbeitsabläufen, Einrichtungen sowie deren Umsetzung in der täglichen Arbeit Gegenstand der Betrachtungen. Diese Begehungen liefern einen entscheidenden Beitrag zur Verbesserung der Arbeitsabläufe bezüglich der Arbeitssicherheit.

Diese Beispiele zeigen, dass die Methode des Auditierens keine Erfindung der Qualitätsmanager ist. Der Leser sollte jetzt nicht die Schlussfolgerung ziehen, dass Qualitätsaudits in ihrer Zielsetzung und Ausrichtung mit Sicherheitsbegehungen oder Bilanzprüfungen gleichzusetzen sind. Ein modernes Qualitätsaudit geht über das Prüfen im Sinne einer Produktprüfung hinaus. Die Prüfung der Tätigkeiten und deren Ergebnisse stehen beim Qualitätsaudit im Fokus. Es ist eine Managementmethode, die bereits in vielen anderen Feldern der unternehmerischen Praxis Anwendung findet.

Ursprünglich stammt das Qualitätsaudit im Sinne von Überprüfung aus der Bewertung von Lieferanten durch deren großindustrielle Kunden. Diese hatten das Ziel,

- Informationen zur Lieferantenauswahl zu liefern,
- über die technischen Fähigkeiten des Lieferanten Aufschluss zu geben,
- die kapazitativen Fähigkeiten des Lieferanten zu hinterfragen und
- einen Eindruck von der Ausführungsqualität der vom Kunden geforderten Leistungsmerkmale zu vermitteln.

Bei diesen Überprüfungen stand die Überwachung der Einhaltung der jeweiligen Kundenanforderungen im Vordergrund. Mit dem Fortschritt des Qualitätsgedankens von der Qualitätssicherung hin zum Managen der Qualität entwickelten sich jedoch auch diese „Überprüfungen“ weiter.

Diese Weiterentwicklung basiert auf der Überlegung, dass es im Sinne des Unternehmens nicht angemessen sein kann, auf das Prüfen als Schwerpunkt zur Sicherung der Erfüllung der Kundenanforderungen zu setzen. Kostenaspekte und ein verbleibendes Qualitätsrisiko sprechen für die Anwendung eher vorbeugender Methoden. Die Förderung der Qualifikation von Mitarbeitern und die systematische Planung von Prozessen sind Aspekte der zu betrachtenden Handlungsfelder.

Übertragen wir diesen Gedanken auf die Inhalte der Qualitätsaudits. Es ist nicht nur als eine Überprüfung von Vorschriften und Anforderungen anzusehen. Vielmehr identifiziert das Audit Verbesserungspotenziale (Bild 1.1).

Bild 1.1 Das Qualitätsaudit - nicht nur eine Prüfung

Das Qualitätsaudit ist nicht nur ein Instrument, das mit einer Prüfung oder Inspektion gleichzusetzen ist, sondern hat die Aufgabe, über den Gesichtspunkt der Prüfung hinaus Verbesserungspotenziale zu identifizieren. Der Fokus liegt auf der Tätigkeit, dem Prozess sowie der Prävention.

Bei einem Baustoffhersteller stellte der Auditor die teilweise fehlende Etikettierung der Produkte fest. Eine Arbeitsanweisung für Inhalt und Platzierung der Etiketten war vorhanden. Aufgrund der staubhaltigen Arbeitsumgebung lösten sich viele der Etiketten vom Produkt. Die Verantwortlichen des Bereichs schlossen zunächst auf die Nichtbeachtung der Arbeitsanweisung. Der Auditor hinterfragte jedoch die Sinnhaftigkeit der Arbeitsanweisung. Die Ursache des Problems lag nach näherer Betrachtung in der ungeeigneten Etikettierungsmethode.

Die Verantwortlichen überprüften nur das Vorhandene auf Einhaltung. Die Sinnhaftigkeit der Vorgaben und die Ursache des Problems standen nicht im Mittelpunkt seiner Fragestellungen. Die Intention eines „modernen“ Qualitätsaudits ist - und damit Aufgabe des Auditors - die Hinführung zur Lösung des Problems und damit zur Verbesserung der betrieblichen Abläufe.

Sie haben nun einen ersten Eindruck gewonnen, was ein Qualitätsaudit aus historischer und gegenwärtiger Sicht darstellt.

1.2 Das Qualitätsaudit

Das nachfolgende Kapitel ist vor allem für diejenigen Leser gedacht, die noch wenig Erfahrungen und Kenntnisse mit Qualitätsaudits haben. Dem geübten Auditor dient es zum Querlesen, um eventuell neue Erkenntnisse zu gewinnen.

Was ist das Qualitätsaudit? Zur Beantwortung dieser Frage werden die offiziellen Definitionen zum Begriff „Qualitätsaudit“ herangezogen, und die – zugegeben – etwas trockene, aber exakte Normensprache wird anhand von Beispielen erläutert.

Definition nach ISO 19011: „Systematischer, unabhängiger und dokumentierter Prozess zum Erlangen von objektiven Nachweisen und zu deren objektiver Auswertung, um zu bestimmen, inwieweit Auditkriterien erfüllt sind.“

Input zum Auditprozess

Die Auditkriterien sind ein Input für den Auditprozess (Bild 1.2). Nach Definition (siehe Abschnitt 1.4.9) bestehen die Auditkriterien aus Politiken, Verfahren, Arbeitsanweisungen, rechtlichen, vertraglichen oder weiteren Verpflichtungen, die als Bezugsgrundlage (Referenz) verwendet werden, anhand derer ein Vergleich mit dem Auditnachweis erfolgt.

Bild 1.2 Das Qualitätsaudit in Anlehnung an ISO 19011

Zum besseren Verständnis können die Auditkriterien in die beiden Kategorien „Politik und Ziele" sowie „geplante Anordnungen" unterteilt werden Darüber hinaus ermittelt das Audit, „inwieweit Auditkriterien erfüllt sind", in einem Soll-Ist-Vergleich. Deswegen ist neben den Auditkriterien (Soll) die Umsetzung in Form von qualitätsrelevanten Tätigkeiten und Ergebnissen (Ist) ein weiterer notwendiger Input. Hier einige detaillierte Erläuterungen zu den eingeführten Begriffen.

Politik und Ziele

Entscheidend für den Erfolg eines Qualitätsaudits ist, die Zielsetzung festzulegen. Warum ist dieser Aspekt wichtig? In der Praxis setzen sich Auditoren oft nicht mit den wesentlichen Aufgabenstellungen des Unternehmens auseinander. Ein Auditor beschäftigte sich z. B. in einem Bauunternehmen eingehend mit der Ablagesystematik der Lieferscheine. Mit der Ausführung der Gewerke auf der Baustelle hingegen setzte er sich nicht auseinander. Dieses Beispiel zeigt, dass der Auditor bei der Planung, Vorbereitung und Durchführung die wesentlichen Zielstellungen der Organisation betrachten muss. Er hat die Aufgabe, einen Beitrag zum Unternehmenserfolg zu liefern. Er soll die Qualität der Umsetzung der Politik und Ziele der Organisation bewerten, sichern und Verbesserungsanstöße geben.

Geplante Anordnungen

Jedes Unternehmen weist grundsätzliche Zielsetzungen auf (wie z. B. Gewinnmaximierung, motiviertere Mitarbeiter, zufriedene Kunden usw.). Zur Umsetzung dieser grundsätzlichen Zielsetzungen einer Organisation – damit sprechen wir nicht von qualitativen und quantitativen Jahreszielen – legt jedes Unternehmen organisatorische Maßnahmen fest. Solche Maßnahmen sind beispielsweise regelmäßige Abteilungsbesprechungen, Investitionsplanungen, Kompetenzregelungen usw. Sie stellen die geplanten Anordnungen im Sinne der obigen Definition dar und können in schriftlicher oder mündlicher Form festgelegt werden. Der Auditor muss sich unter anderem damit befassen, ob diese geplanten Anordnungen dazu beitragen, die angesprochenen Zielsetzungen zu erreichen.

Die Dokumentation der Maßnahmen und Zielsetzungen ist dabei lediglich Hilfsmittel und sollte nicht im Mittelpunkt des Audits stehen. Dies zeigen erfolgreiche Unternehmen, die trotz „verstaubter" QM-Handbücher exzellente Ergebnisse in Kundenzufriedenheitsbefragungen und finanziellen Geschäftsergebnissen aufweisen.

Die Dokumentation für Vorgaben oder Aufzeichnungen bildet einen wichtigen Baustein für den Unternehmenserfolg. Entscheidend jedoch ist, angemessene Zielsetzungen mit den dafür geeigneten Maßnahmen zu finden und umzusetzen. Deshalb muss der Auditor beim Audit darauf den Schwerpunkt der Befragung legen.

Qualitätsrelevante Tätigkeiten und damit zusammenhängende Ergebnisse

Beispielsituation: In einem Qualitätsaudit nach ISO 9001 stellt ein Auditor bei einem Maschinenbauunternehmen fest, dass die Lagerung wassergefährdender Stoffe nicht nach den gesetzlichen Vorgaben erfolgt. Er bewertet diesen Sachverhalt als Abweichung. Das auditierte Unternehmen entgegnet, dass dies keine qualitätsbezogene Tätigkeit, sondern eine umweltrelevante Tätigkeit darstellt und somit nicht Gegenstand des Zertifizierungsaudits ist. ■

Obwohl das Unternehmen für das aufgezeigte Verbesserungspotenzial dankbar sein sollte, hat der Auditor die Aussage des Unternehmens als richtig zu akzeptieren. Die jeweils zugrunde liegende Anforderungsnorm und das Unternehmen definieren den Umfang der qualitätsbezogenen Tätigkeiten.

Was aber sind die Inhalte eines Qualitätsaudits? Was ist unter einer „qualitätsbezogenen Tätigkeit" zu verstehen? Die Inhalte können organisationsspezifisch sehr stark variieren und sind nicht in ein starres Korsett zu pressen. Viele verschiedene Qualitätsnormen (ISO 9001, IATF 16949, ISO 13485 usw.) und der ständige Wandel beweisen dies. Allen gleich ist die Zielsetzung des Qualitätsaudits zur Sicherung der Planung und Durchführung der Unternehmensabläufe, um genannte und stillschweigend vorausgesetzte Kundenanforderungen zu erfüllen. Folglich bestimmt der Kundenbezug den Mindestumfang der qualitätsbezogenen Tätigkeiten. Alle notwendigen direkten und indirekten Aktivitäten in einem Unternehmen, die dazu dienen, diese Kundenforderungen in Produkte umzuwandeln, mit denen der Kunde zufrieden ist, stellen somit die qualitätsbezogenen Tätigkeiten dar. Sie sind der Fokus des Qualitätsaudits.

Nicht alle Tätigkeiten eines Unternehmens müssen qualitätsrelevant sein. Eine enge Auslegung der qualitätsbezogenen Tätigkeiten im Rahmen der zertifizierbaren ISO 9001 schließt einige Themenfelder, mit denen sich Unternehmen beschäftigen, bei Zertifizierungen aus:

- Gesundheitsschutz
- Arbeitssicherheit
- Sozialeinrichtungen
- fast alle Teile des Finanzwesens
- Lohn- und Gehaltsabrechnung
- Mitbestimmung usw.

Viele Organisationen passen Mindeststandards an ihre Bedürfnisse an. Beispielsweise erachten Chemieunternehmen häufig die Lagerung der wassergefährdenden Stoffe sehr wohl als qualitätsrelevante Tätigkeit und beziehen sie in die Qualitätsaudits mit ein. Der Ausschluss der dargestellten Themenfelder bei Zertifizierungen hängt auch noch davon ab, dass diese Themen nicht Teil von Kundenanforderungen sind.

Auditdurchführung

Dokumentierter Prozess zur Erlangung von Auditnachweisen

„Audit" leitet sich aus dem lateinischen Wortstamm *audire* (hören, zuhören) ab. Dies soll jedoch nicht nur ein lockeres, unverbindliches Gespräch zwischen dem Auditor und dem Auditierten implizieren. Demgegenüber impliziert der verwendete Terminus „Prozess" eine nähere, eingehendere Beschäftigung mit den jeweiligen Themeninhalten des Audits.

Kurz gesagt ist es das Ziel eines Audits zu untersuchen, wie Tätigkeiten in der Organisation ausgeführt werden. Deshalb sollte sich beim Audit die Befragung keinesfalls nur in den bereitgestellten Besprechungsräumen abspielen. Vielmehr sind vor Ort verschiedene Personen zu befragen bzw. schriftliche Nachweise einzufordern.

Stellen Sie sich vor, im Vorfeld eines Vertragsabschlusses findet ein Lieferantenaudit statt. Welcher verantwortliche Einkaufsleiter würde auf die Frage des Auditors nach der Erfüllbarkeit des Projektpflichtenheftes mit „Nein" antworten? Deshalb ist es notwendig, im Sinne einer Untersuchung Nachweise zu sammeln. Diese sollen das Vertrauen in die Fähigkeit des Lieferanten untermauern.

Zur Vertrauenssteigerung soll der gesamte Prozess nachweisbar und transparent sein. Die Forderung nach einem dokumentierten Prozess beinhaltet somit eine klare Darlegung der Auditkriterien, der Vorgehensweise und der Ergebnisse. In der Praxis erreichen die Organisationen dies durch Auditpläne, Verfahrensanweisungen, Checklisten und Auditberichte.

Unabhängigkeit

Höchstmögliche Objektivität gewährleistet die Unabhängigkeit des Prozesses. Die verschiedenen Qualitätsnormen fordern in diesem Zusammenhang die Unabhängigkeit der Auditoren vom zu auditierenden Bereich. In der Praxis ist keiner der Auditoren vollkommen unabhängig. Zertifizierungsauditoren erscheinen am unabhängigsten. Zu bedenken ist aber, dass die auditierte Organisation sie für ihre Arbeit bezahlt. Dies erzeugt einen Marktdruck, da sich viele weitere Zertifizierungsgesellschaften im Wettbewerbsumfeld befinden.

Neben den Auditoren in Zertifizierungsverfahren gibt es Auditoren, die im Auftrag des Kunden direkt tätig sind (Lieferantenaudit). Zwar sind diese von der auditierten Organisation unabhängig, allerdings nicht von ihrem Auftraggeber. Es besteht die Gefahr, dass aus preispolitischen Gründen Sachverhalte falsch bewertet werden.

Bei internen Auditierungen soll die Auswahl der Auditoren aus anderen Abteilungen die Unabhängigkeit gewährleisten. Sie werden als Leser bestätigen können, dass in einem Unternehmen kein Bereich wirklich unabhängig ist. Viele Beziehungen und Abhängigkeiten zwischen den Abteilungen bestehen. Wer soll beispielsweise bei internen Audits die Geschäftsführung auditieren?

Trotzdem ist die Forderung nach Unabhängigkeit ein wesentlicher Bestandteil eines Audits. Sie drängt die Betriebs- bzw. Abteilungsblindheit oder persönliche Interessen von Verantwortlichen, die ansonsten Vorrang vor sachlichen Notwendigkeiten haben könnten, zurück.

Systematik

Der Begriff „systematisch“ signalisiert die notwendige Planung und Vorbereitung des Qualitätsaudits. Dies betrifft Gesichtspunkte wie

- Auditziele,
- Auditteilnehmer,
- Auditoren,
- Auditzeitraum,
- Auditkriterien usw.

Kapitel 3, „Planung und Vorbereitung“, erläutert die einzelnen Phasen der Auditplanung und -vorbereitung. Unangekündigte und unvorbereitete Audits sind ausgeschlossen. Das Audit als „Überfall“ ist mit der Philosophie eines modernen Managementansatzes nicht vereinbar. Der Qualitätsleiter eines großen Konzerns hat es wie folgt formuliert: „Ich möchte, dass unsere Auditoren nicht wie Polizisten Tickets verteilen, sondern Verbesserungspotenziale aufdecken und bei deren Lösung aktiv mitwirken.“

Output des Auditprozesses

Objektive Auswertung

Das Ergebnis eines Audits beinhaltet nach der Definition der ISO 19011 „objektive Nachweise“ und eine „objektive Auswertung, inwieweit Auditkriterien erfüllt sind.“ Dies führt zu verschiedenen Aufgaben des Auditors (Bild 1.3):

- Feststellen, ob Anordnungen (schriftlicher, mündlicher oder sonstiger Art) in der praktischen Umsetzung (qualitätsbezogene Tätigkeiten) verwirklicht werden.
- Feststellen, ob mit den Tätigkeiten die gewünschten Ergebnisse erreicht werden.
- Feststellen, ob die Anordnungen geeignet sind, die gewünschten Ziele und Ergebnisse zu erreichen.

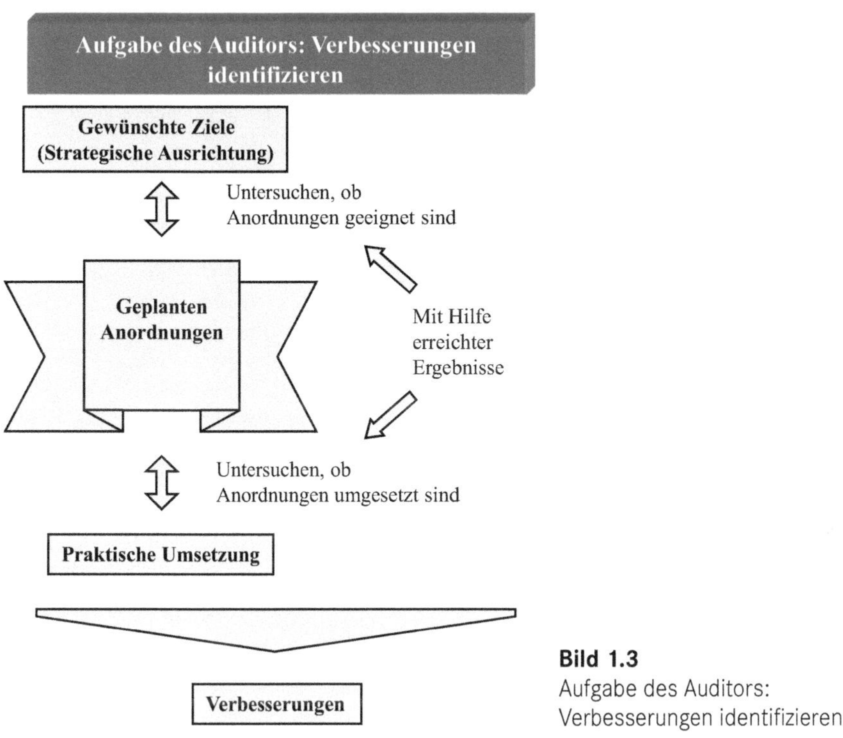

Bild 1.3
Aufgabe des Auditors: Verbesserungen identifizieren

Folgendes Beispiel zeigt die Bedeutung dieser Aufgaben für das Audit:

In einem Planungsbüro untersucht ein Auditor den Vorgang der Arbeitsvorbereitung. Er hat die Aufgabe, drei Aspekte zu hinterfragen:

Sind entsprechende Anweisungen bzw. Vorgaben hinsichtlich der Erstellung von Arbeitsplänen vorhanden und umgesetzt (Kompetenzzuweisungen, Mindestinhalte, Checklisten, EDV-Masken usw.)?

Entstehen wirksame Arbeitspläne (wie erfolgt die Messung der Ergebnisse, welche Güte weisen die Ergebnisse auf usw.)?

Bewertung der Eignung der jeweiligen Anordnungen zum Erreichen fehlerfreier Arbeitspläne (Dauer der Arbeitsplanerstellung, organisatorische Erfahrung bzw. technisches Know-how des Erstellers usw.)? ■

Im Gegensatz zu einer Prüfung sollte das Audit nicht nur zwischen Soll- und Ist-Zustand vergleichen. Es hinterfragt die Eignung und Angemessenheit der Sollvorgaben anhand der Qualitätszielsetzungen. Weiterhin werden die festgelegten organisatorischen Maßnahmen auf ihre Eignung und Angemessenheit zur Verwirklichung der Sollvorgaben untersucht. Bild 1.4 bereitet diesen Zusammenhang grafisch auf.

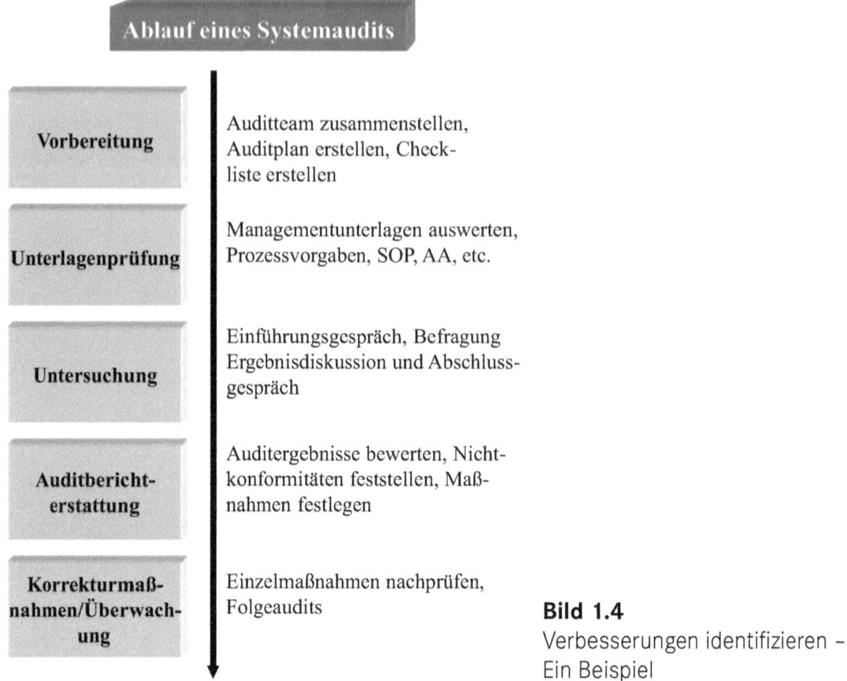

Bild 1.4
Verbesserungen identifizieren – Ein Beispiel

1.3 Auditarten

Die Durchführung von Qualitätsaudits ist abhängig von der Auditart. Die Zielsetzungen bestimmen wiederum die geeignete Auditart. Die Kriterien für die Einplanung der in Wechselbeziehung stehenden Auditarten werden in Kapitel 3 mit Bild 3.3 in einer Übersicht näher erläutert. Deswegen nehmen wir an dieser Stelle eine Zusammenfassung der unterschiedlichen Zielstellungen und Vorgehensweisen der einzelnen Auditarten vor. Die folgende Aufstellung der Auditarten listet sowohl Qualitätsaudits, die sich in der Praxis etabliert haben und seit einigen Jahren erfolgreich Anwendung finden, als auch Auditarten, die in anderen Bereichen ihren Ursprung haben (Compliance- und Performance-Audit aus dem Umweltmanagement), auf.

1.3.1 Internes und externes Qualitätsaudit

Interne Audits, manchmal auch Erstparteienaudits genannt, werden von oder im Namen der Organisation selbst für interne Zwecke durchgeführt. Externe Audits, manchmal auch Zweitparteienaudit genannt, werden in der Regel durch externe Auditoren durchgeführt. Darüber hinaus sind sie üblicherweise von externen Organisationen initiiert und organisiert. Eine Sonderform – allerdings häufig vorkommend – des externen Audits ist das Zertifizierungsaudit. Die Auftraggeber von Qualitätsaudits können interne oder externe Auftraggeber sein. Neben der Zielstellung (Prozessverbesserung, Vorbereitung auf ein Zertifizierungsaudit etc.) weist der Status des Auditausführenden (Auditor) ein weiteres Unterscheidungsmerkmal auf.

Zusammenfassend lässt sich sagen (Bild 1.5):

- Interne Audits werden im Auftrag des Managements der Organisation durch Mitarbeiter der Organisation durchgeführt. Dabei sind die Regelungen zur Unabhängigkeit des Auditprozesses zu beachten. Der Einsatz von Beratern bei internen Audits ist ebenso möglich. Er ist als Stellvertreter eines internen Auditors insbesondere dann sinnvoll, wenn die Kompetenz oder die Unabhängigkeit nicht in komplettem Umfang gewährleistet ist (beispielsweise bei der Auditierung der Geschäftsführung).
- Externe Audits werden im Auftrag des eigenen Managements oder des Managements eines Kunden durch Mitarbeiter außerhalb der Organisation durchgeführt (in der Regel sind externe Audits Lieferanten- oder Zertifizierungsaudits).

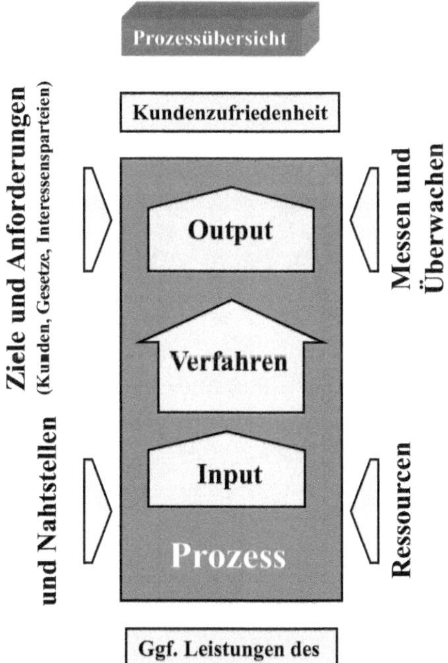

Bild 1.5
Interne und externe Qualitätsaudits

Im internationalen Sprachgebrauch werden Qualitätsaudits in First-, Second- und Third-Party-Audits eingeteilt.

First-Party-Audits

entsprechen der deutschen Bezeichnung *interne Audits*. An diesen Audits ist nur eine Partei (*first party*) beteiligt. Das Auditverfahren wird in der Regel durch die jeweiligen Normenanforderungen (ISO 9001, VDA Band 6.1, etc.) bestimmt. Die detaillierten Anforderungen finden sich in Kapitel 9, „Qualitätsmanagement-Audits in der Normenlandschaft".

Second-Party-Audits

Second-Party-Audits sind die Feststellung der Qualitätsfähigkeit eines Lieferanten durch den Kunden (sogenannte Lieferantenaudits). An dieser Auditart sind zwei Parteien (*second party*) beteiligt. Für alle Branchen allgemein zwingend zu beachtende Regelwerke für die Durchführung von Lieferantenaudits existieren nicht. Branchenspezifische Normen (IATF 16949 in der Automobilbranche, TL 9000 in der Kommunikationstechnik etc.) sowie die ISO 9001 können Anwendung finden.

Wird mit dem Begriff Lieferantenaudit ein „Kundenaudit" bezeichnet? Die Benennung dieser Auditart hängt von dem Blickwinkel ab, aus dem die Durchführung betrachtet wird. Die gängige Bezeichnung für ein Audit, bei dem ein Kunde einen Lieferanten auditiert, ist Lieferantenaudit. Sie sollten den Begriff Kundenaudit vermeiden.

Die Ziele des Lieferantenaudits gründen sich vor allem auf die Interessen des Kunden, seine bestellten Güter oder Dienstleistungen in möglichst hoher Qualität und zu einem günstigen Preis zu erhalten. Die Inhalte der Lieferantenaudits sind häufig durch spezielle Kundeninteressen hinsichtlich

- Kapazität des Lieferanten,
- Berücksichtigung spezifischer Kundenforderungen (z. B. Verpackungsvorschriften, Verwendung bestimmter Materialien oder bestimmter Subunternehmer etc.),
- qualitätssichernder Maßnahmen (z. B. Prüfmethode, Stichprobengrößen, Werkszeugnisse etc.),
- Liefertermineinhaltung,
- Terminflexibilität etc.

geprägt.

Die Hoffnung vieler Lieferanten, dass die Zertifizierung durch einen unabhängigen Dritten die Frequenz der Lieferantenaudits deutlich verringert, bestätigt die Praxis nicht. Viele Kunden fordern die Zertifizierung eines QM-Systems und möchten sich zusätzlich über die Umsetzung ihrer speziellen Anforderungen und Belange beim Lieferanten selbst informieren. Lieferantenaudits in Form reiner Systemaudits finden immer seltener statt. Die Kunden gehen dazu über, an ihre Bedürfnisse angepasste Fragenkataloge zu verwenden. Qualitätssicherungsvereinbarungen oder weiterführende Vereinbarungen zwischen Kunde und Lieferant bilden in den meisten Fällen die Hauptgrundlage. Die Checklisten von Lieferantenaudits (Bild 1.6) konzentrieren sich auf die Leistungsprozesse des Lieferanten, bezogen auf die jeweiligen Kundenprodukte.

Anlass für ein Lieferantenaudit können unter anderem folgende Aspekte sein:

- Auswahl eines neuen Lieferanten
- regelmäßige Lieferantenüberwachung oder
- notwendige Verbesserung der Lieferantenleistung

Kausalkette der Auditbegriffe

Auditbegriffe:	Erläuterung:
Auditkriterien	Vorgaben, Anordnungen und Zielstellung des Audits
Auditnachweise	Dokumentierte Informationen oder anderweitig verifizierbare Sachverhalte (Aussagen versch. Personen, Beobachtungen etc.) Wichtig nicht nur schriftlich !
Auditfeststellungen	Feststellen von Konformität oder nicht Konformität (sagt noch nichts über Bedeutung aus)
Auditschlussfolgerung	Bewerten der Auditfeststellungen, Abweichung, Nebenabweichung etc.

Bild 1.6
Checkliste für ein Lieferantenaudit

Die Durchführung von Lieferantenaudits als Auswahl- und Überwachungsverfahren von Lieferanten ist in vielen Branchen gängige Praxis. Kunden führen erst in den letzten Jahren verstärkt Lieferantenaudits durch, in denen sie Potenziale zur Verbesserung von Qualität und Leistung aufzeigen. Dies gründet in der Tatsache, dass viele Konzerne dazu übergegangen sind, Schlüsselpartnerschaften mit ausgewählten Lieferanten einzugehen. Infolgedessen sind sie daran interessiert, die

Leistungen der Partner zu erhöhen. Das führt letztendlich zu einem Vorteil für den Kunden, z. B. über ein preiswerteres Produkt.

Third-Party-Audit

Third-Party-Audit bezeichnet das Zertifizierungsaudit. Die Durchführung obliegt nicht dem Kunden. Stellvertretend für den Kunden wird ein unabhängiger Dritter (akkreditierte Zertifizierungsstelle = third party) tätig. Hauptziel der auditierten Organisation ist es, beim Zertifizierungsaudit die Zertifikatserteilung oder die Aufrechterhaltung des Zertifikates zu erlangen.

1.3.2 Systemaudit

Das Systemaudit im Sinne eines Qualitätsaudits beurteilt die Wirksamkeit eines Qualitätsmanagementsystems. Basis dafür können verschiedene Grundlagen sein. Die häufigste Grundlage bilden Qualitätsmanagementnormen (ISO 9001, ISO 13485 etc.). Über die Anforderungen einer Norm hinaus können zusätzlich die Qualitätspolitik, Organisationsziele oder organisationsspezifische Regelungen maßgebliche Beurteilungsfaktoren darstellen, wie folgende Definition darlegt:

„*Qualitätsmanagementsystem:* Teil eines Managementsystems bezüglich der Qualität“ (ISO 9000).

„*Managementsystem:* Satz zusammenhängender oder sich gegenseitig beeinflussender Elemente einer Organisation, um Politiken, Ziele und Prozesse zum Erreichen dieser Ziele festzulegen.“ (ISO 9000)

In der Praxis bilden die Festlegungen in QM-Handbüchern, Prozessbeschreibungen, Verfahrensanweisungen, Arbeitsanweisungen, Formblättern etc. die Anforderungsgrundlagen für Systemaudits. Mündliche Festlegungen sollten aber nicht außer Acht gelassen werden.

Systemaudits können sich aus folgenden Anlässen ergeben:

- Bewertung der Wirksamkeit des vorhandenen Qualitätsmanagementsystems
- Ermittlung von Verbesserungspotenzialen
- Ermittlung von Schwachstellen
- Bestellung von Informationen für die Managementbewertung
- Informationsbereitstellung für die Zertifikatserteilung
- Auswahl oder Bewertung eines Lieferanten etc.

Die Vorgehensweisen und Strukturierung des Systemaudits werden detailliert in Kapitel 2 bis Kapitel 6 behandelt und erörtert. Ein Kurzüberblick ergibt sich aus Bild 1.7.

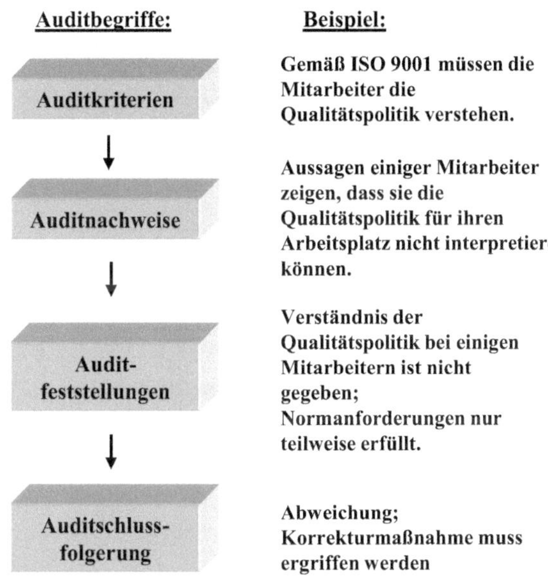

Bild 1.7 Ablauf eines Systemaudits

1.3.3 Verfahrensaudit

Ein Verfahrensaudit beschäftigt sich mit der Einhaltung und Zweckmäßigkeit von Verfahren. Die Definition für Verfahren lautet: „Festgelegte Art und Weise, eine Tätigkeit oder einen Prozess auszuführen“ (ISO 9000).

Im Gegensatz zu Systemaudits beschäftigt sich ein Verfahrensaudit nicht mit einem kompletten Qualitätsmanagementsystem, sondern mit einzelnen Aspekten des Qualitätsmanagementsystems wie

- Lenkung der Vorgabedokumente,
- Lenkung von Aufzeichnungen (Nachweisdokumente),
- interne Audits,
- Korrekturmaßnahmen,
- Lieferantenbeurteilung oder
- mit einzelnen Herstellverfahren (Löten, Schweißen etc.).

Die Zielsetzung von Verfahrensaudits ist, die Ausführung einzelner Verfahren eingehender als bei einem Systemaudit zu betrachten. Das Systemaudit lässt durch die Vielfalt der zu betrachtenden Aspekte nur in begrenzter Form die genauere Beschäftigung mit einem Verfahren zu. Das Verfahrensaudit bietet demgegenüber die Möglichkeit, Detailregelungen konkreter und genauer auf ihre Eignung zu hinterfragen.

Anlässe für Verfahrensaudits können sein:

- Probleme bei einem Verfahren (Lenkung dokumentierter Informationen: Produktfehler aufgrund mangelnder Regelungen zur Freigabe von Zeichnungen etc.),
- Analyse von Verbesserungspotenzialen bei einem Verfahren (Lenkung dokumentierter Informationen: Reduzierung des Aufwands durch Zusammenlegen von Prüfungs- und Freigabeverantwortung von Zeichnungen etc.),
- übergreifende Standardisierung von Verfahren (Lenkung dokumentierter Informationen: Einführung gleicher Freigabesystematiken von Zeichnungen in allen Werken des Unternehmens etc.).

1.3.4 Prozessaudit

In den letzten Jahren hat sich der Einfluss der Prozessbetrachtung auf viele Themenfelder einer Organisation verstärkt. Nicht nur im Qualitätsmanagement bietet die Prozessorientierung ein Hilfsmittel zur Optimierung. Auch in der Betriebswirtschaft oder Informationstechnologie wenden sie Manager an. Das „Denken“ in Prozessen fördert die Integration der verschiedenen Themenfelder.

Im Zuge der Entwicklung der Prozessorientierung in den Unternehmen gewinnt das Prozessaudit an Bedeutung. Vor allem interne Auditprogramme nutzen diese Art des Audits. Oftmals eröffnen sie in direkter Form der kontinuierlichen Verbesserung neue Potenziale im Unternehmen, indem sie das Ergebnis des jeweiligen Prozesses stärker in Betracht ziehen. Wegen der zunehmenden Bedeutung der Prozessaudits auch durch die neuen Normen der Reihe ISO 9000 soll diese Auditart an dieser Stelle eingehender betrachtet werden.

Prozessaudits können für alle Prozesse einer Organisation stattfinden. Die Anlässe hierfür können unterschiedlich sein:

- Verbesserung der Effektivität (= Funktionalität) der Prozesse
- Verbesserung der Effizienz (= Wirtschaftlichkeit) der Prozesse
- fehlerhafte Produkte aufgrund nicht beherrschter Prozesse
- Umstrukturierungen
- Einführung neuer Prozesse
- Einführung neuer Verantwortlichkeiten und Verfahren in den einzelnen Prozessschritten etc.

Abgrenzung zum Verfahrensaudit

Bisher wurden die Begriffe Prozessaudit und Verfahrensaudit synonym verwendet. Die Definitionen der ISO 9000 zeigen Unterschiede zwischen Prozess und Verfahren auf. Die Definition für Verfahren lautet: „Festgelegte Art und Weise, eine Tätigkeit oder einen Prozess auszuführen" (ISO 9000). Die Definition für Prozess lautet: „Satz zusammenhängender oder sich gegenseitig beeinflussender Tätigkeiten, der Eingaben zum Erzielen eines vorgesehenen Ergebnisses verwendet" (ISO 9000).

Daraus folgt die unterschiedliche Definition von Verfahrens- und Prozessaudits. Anhand einiger Beispiele wird erläutert, worin die unterschiedliche Betrachtungsweise in der Ausführung liegt.

Ziel des Prozessaudits ist die Untersuchung der Prozesse bzw. Arbeitsfolgen auf mögliche Schwachstellen.

Die Inhalte eines Prozessaudits sind aus Bild 1.8 ersichtlich.

Bild 1.8
Prozessübersicht

Das Prozessaudit beschäftigt sich vor allem mit den Tätigkeiten und den Ergebnissen eines Prozesses. Es hinterfragt, ob eine Tätigkeit sinnvoll ist und ob sie zielführend zu den Prozessergebnissen beiträgt.

Für den Prozess „Qualifizierung des Produktionspersonals" ergeben sich auszugsweise folgende Fragen:

- Welche Anforderungen werden an die Qualifikation des Produktionspersonals gestellt?
- Wer definiert die Anforderungen?
- Gibt es noch Kunden des Prozesses, die bislang nicht berücksichtigt wurden?
- Sind mit den bestehenden Anforderungen alle Themenfelder abgedeckt (methodische, soziale bzw. fachliche Kompetenz, Erfahrungen, Fertigkeiten etc.)?
- Erreichen die Ergebnisse der Qualifizierung die Anforderungen?
- Sind ausreichend Mittel für den Prozess vorhanden?

Die Fragen beziehen sich vor allem auf die Sinnhaftigkeit und Vollständigkeit des Prozesses. Ein Verfahrensaudit würde in seinem Schwerpunkt hinterfragen, wie die Qualifizierung vorgenommen wird, beispielsweise:

- Wie werden die Vorgaben festgelegt – schriftlich oder mündlich?
- Wie erfolgt die Qualifizierung der Produktionsmitarbeiter (Selbstlernen, Einarbeitung, Schulungen intern oder extern etc.)?
- Wie werden Schulungen nachgewiesen?

Das Prozessaudit fragt vor allem nach der Art der Methode, wie der Prozessschritt „Qualifizierung" durchgeführt wird. Der Prozessschritt wurde im Schaubild als Blackbox dargestellt. Das Verfahren befindet sich in dieser Blackbox.

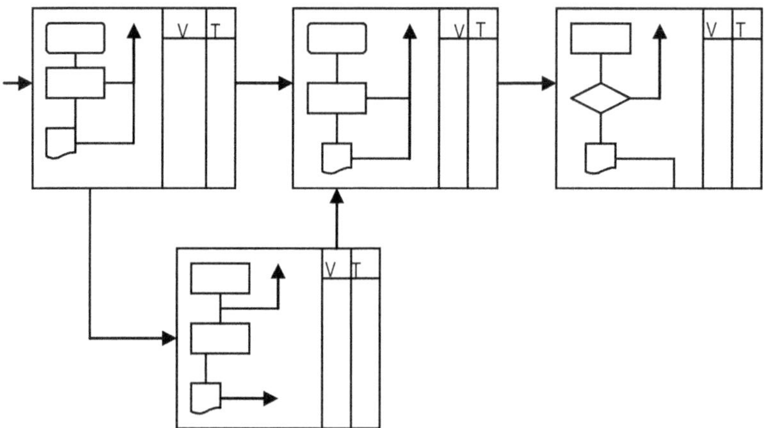

Abfolge von Tätigkeiten, Verantwortungen, Befugnissen, Hilfsmitteln

Bild 1.9 Festlegung des Verfahrens aus der Prozessübersicht

Wo liegt der Nutzen in der Unterscheidung zwischen Prozess- und Verfahrensaudit in der Praxis? In der praktischen Anwendung, bei der Durchführung der Audits, besteht kein großer Unterschied zwischen den beiden Auditarten. Doch bringt das Prozessaudit eine neue Sichtweise mit sich, indem es stärker die Aktivitäten und die Sinnhaftigkeit der Ergebnisse eines Prozesses hinterfragt (Bild 1.9).

Viele Auditoren beschäftigten sich im Zuge der ISO 9001 häufig nur mit der Einhaltung der Verfahren. Dabei wurden oftmals die Prozesse, die mit den Verfahren teilweise abgebildet wurden, nicht betrachtet. Unternehmen warfen den Auditoren vor, nichts zum Geschäftserfolg beizutragen und nur bürokratisch Dokumentenfestlegungen auf ihre Erfüllung zu hinterfragen. Die entscheidenden Verbesserungspotenziale wurden durch die Auditoren nicht identifiziert. Ein Beispiel für die Identifikation von möglichen Verbesserungen während des Audits zeigt folgender Vorfall:

Ein interner Auditor stellte im Prozess Auftragsgewinnung fest, dass die Bonitätsprüfung grundsätzlich beim Eingehen der Kundenanfrage stattfand. Dies führte zu erheblichen Verzögerungen bei der Angebotsabgabe. Er hielt diesen Aspekt als Verbesserungspotenzial fest. Entscheidend war für ihn nicht die alleinige Normerfüllung des Verfahrens „Vertragsprüfung". Vielmehr berücksichtigte er die sinnvolle Reihenfolge der Prozessschritte und deren Wechselwirkung systematisch. ■

Dieses und ähnliche Beispiele beweisen die höhere Identifikationswahrscheinlichkeit der Verbesserungspotenziale durch eine stärkere Prozessbetrachtung. Progressive und veränderungsbereite Unternehmen und Organisationen berücksichtigen in ihrer Auditdurchführung bereits Prozessaudits. Ein generell stärkerer Wandel in der Auditkultur hinsichtlich der Ergebnisorientierung der Prozessaudits ist wünschenswert.

Abgrenzung zum Systemaudit

Das Systemaudit überprüft stichprobenartig das Managementsystem der gesamten Organisation auf Konformität gegenüber festgelegten Anforderungen (ISO 9001 etc.). Das Prozessaudit untersucht einzelne Prozesse.

Die Durchführung mehrerer verschiedener Prozessaudits (Zielvereinbarungsprozess, Beschaffungsprozess, Auftragsdurchlauf etc.) deckt unter Umständen ein gesamtes Qualitätsmanagementsystem ab.

Prozessaudit nach VDA 6.3

Das Prozessaudit nach VDA 6.3 hat sich in den letzten Jahren nicht nur in der Automobilbranche als eine Methode zur Auditierung von internen Prozessen, sondern auch zur Durchführung von Lieferantenaudits etabliert. Deswegen möchten wir an dieser Stelle einen kurzen Überblick über Methodik und Vorgehen geben.

Anwendung

Unternehmen setzen Prozessaudits nach VDA 6.3 vor allem zur detaillierten Betrachtung von Prozessen ein. Vorausgesetzt wird, dass der Lieferant bzw. das Unternehmen bereits ein Qualitätsmanagementsystem betreibt. Somit kann sich das Auditorenteam auf kundenspezifische Anforderungen oder prozessspezifische Anforderungen konzentrieren. Prozessaudits können somit einer detaillierteren und tieferen Systemüberwachung dienen. Häufiger werden Prozessaudits nach VDA 6.3 jedoch für Projektauditierung oder problembehaftete Prozesse verwendet. Die Auditoren werfen einen Blick auf kritische Prozessmerkmale und versuchen, die Eingrenzung von Fehlerursachen zu erreichen. In der Praxis sind folgende Ereignisse Anstoß für außerplanmäßige Prozessaudits:

- Kundenreklamationen
- Änderungen im Fertigungsablauf
- sinkende Produktqualität
- Zwänge zur Kostenreduzierung usw.

Der VDA-Band 6.3 enthält einen Fragenkatalog für die Durchführung von Prozessaudits, der sich in die Hauptbereiche Projektmanagement, Planung der Produkt- und Prozessentwicklung, Realisierung der Produkt- und Prozessentwicklung, Lieferantenmanagement, Prozess- und Produktanalyse und Kundenbetreuung unterteilt. Die Fragen sind dabei als Basissammlung zu verstehen und beziehen sich vor allem auf die typischen Kernprozesse eines Unternehmens.

Vorbereitung

Interessante Informationen bietet der VDA-Band 6.3 zur Vorbereitung von Prozessaudits. Bild 1.10 soll dies veranschaulichen.

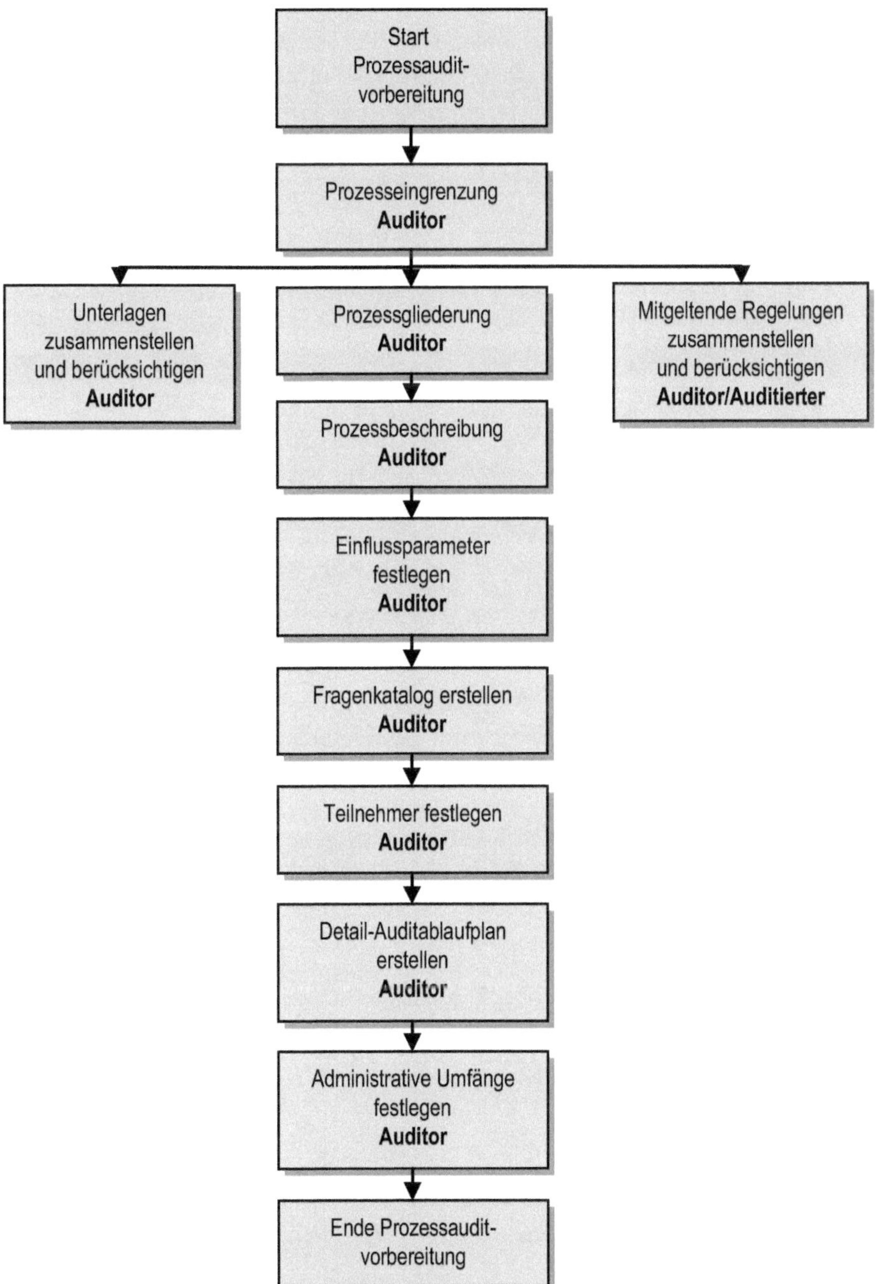

Bild 1.10 Vorbereitung von Prozessaudits

Wichtig erscheint mir in diesem Schema die Eingrenzung des zu betrachtenden Prozesses. Klare Schnittstellen sowie Input- und Outputdefinitionen sind Grundvoraussetzungen zur Umsetzung eines erfolgreichen Prozessaudits. Die Gliederung in Hauptprozessschritte bringt zusätzliche Transparenz. Hierfür ist die Einsicht in Prozessunterlagen von entscheidender Bedeutung. Darüber muss der Auditor die kritischen Einflussparameter mithilfe der 6 M (Mensch, Maschine, Methode, Material, Mitwelt, Maschine und Management) identifizieren und daraus Fragen für die Auditcheckliste generieren. Dem Auditor muss klar sein, dass Standardfragen an dieser Stelle nur als Anregung dienen können und der überwiegende Teil der Auditcheckliste aus prozessspezifischen Anforderungen entsteht. Hierzu eine Beispielfrage aus dem Fragenkatalog des VDA-Bands 6.3:

Sind die zum jeweiligen Zeitpunkt erforderlichen Freigaben/Eignungsnachweise vorhanden?

Forderungen/Erläuterungen:

Die Freigaben/Eignungsnachweise sind für alle Einzelteile, Baugruppen und Zulieferteile nachzuweisen.

Zu berücksichtigen sind z. B. Produkterprobung (z. B. Einbauprüfung, Funktionstest, Lebensdauerprüfung, Umweltsimulation).

Stand der Prototypenteile:

- Vorserienmuster,
- Herstell- und Prüfeinrichtungen/Prüfmittel im Versuchsbau.

Nicht immer stehen im Vorfeld des Audits sämtliche benötigten Informationen zur Verfügung. Deshalb muss der Auditor ggf. Zeit für eine Vorbereitungsphase auf das Prozessaudit vor Ort im Unternehmen einplanen.

Bei einem Lieferantenaudit sollte der Prozess der Reklamationsbearbeitung näher betrachtet werden. Der Lieferant verwies darauf, dass die Reklamationen über ein softwaregestütztes Workflowsystem abgewickelt werden und keine näheren Prozessbeschreibungen zur Versendung vorliegen. Daraufhin wurde das Vor-Ort-Audit in zwei Phasen unterteilt. *Phase 1*: Auditierung der Funktionsweise des Workflowsystems mit dem zuständigen Prozessverantwortlichen; *Phase 2*: Auditierung der praktischen Umsetzung anhand von konkreten Fällen unter Einbeziehung der Anwender.

Bewertungsschema

Im Anschluss an die Auditvorbereitung findet die Auditdurchführung vor Ort analog zu der in Kapitel 4 dargelegten Vorgehensweise statt. Im Unterschied zu Audits nach ISO 9001 gibt der VDA-Band 6.3 ein prozentuales Bewertungsschema für die

Ergebnisdokumentation vor. Vorteil dieses Vorgehens ist die Möglichkeit zur Angabe eines Gesamterfüllungsgrades und somit der Vergleichbarkeit der Erfüllungsgrade verschiedener Prozesse. Diese Informationen könnten vonseiten des Qualitätsmanagements genutzt werden, um Benchmarkingaktionen anzustoßen.

Um dies zu ermöglichen, bewertet der Auditor im Rahmen des VDA-Bands 6.3 die einzelnen Fragen nach dem in Bild 1.11 dargestellten Schema.

Punktanzahl	Bewertung der Erfüllung einzelner Forderungen
10	Forderungen voll erfüllt
8	Forderungen überwiegend erfüllt; geringfügige Abweichungen*
6	Forderungen teilweise erfüllt; schwerwiegende Abweichungen
4	Forderungen unzureichend erfüllt; schwerwiegende Abweichungen
0	Forderungen nicht erfüllt

* Unter **überwiegend** wird verstanden, dass mehr als ca. ¾ aller Festlegungen wirksam nachgewiesen sind und kein spezielles Risiko gegeben ist.

Bild 1.11 Bewertungsschema

Der prozentuale Gesamtwert berechnet sich dann aus den Einzelerfüllungsgraden der angewendeten Prozesselemente. Detaillierte Informationen können dem VDA-Band 6.3 entnommen werden. Der Gesamterfüllungsgrad und somit die Beurteilung des Prozesses folgen anschließend dem in Bild 1.12 dargestellten Schema.

Gesamterfüllungsgrad in %	Beurteilung des QM-Systems	Bezeichnung der Einstufung
90 bis 100	qualitätsfähig	A
80 bis 90	bedingt qualitätsfähig	B
unter 80	nicht qualitätsfähig	C

Bild 1.12 Gesamterfüllungsgrad und Beurteilung des Prozesses

Für Interessierte bietet der Verband der Automobilindustrie in seinen Schriften neben dem Prozessaudit nach VDA-Band 6.3 noch weitere Methoden zur Auditierung von Produkten (VDA 6.5) sowie von Dienstleistungen (VDA 6.6) an.

1.3.5 Produktaudit

Das Produktaudit „dient zur Begutachtung der Übereinstimmung der Ausführung mit den festgelegten Qualitätsanforderungen an das Produkt nach der Endprüfung" (DGQ-Band 13 - 41). Die Unterscheidung zwischen Audit und Prüfung ist dabei fließend. Im Allgemeinen wird die Wirksamkeit von Maßnahmen anhand eingehender Untersuchungen an fertiggestellten Produkten vorgenommen, die zur Auslieferung bzw. Anwendung bereitstehen. Verwendet man den Begriff Produkt synonym für Dienstleistung, ist diese Auditart eine eingehende Untersuchung einer Dienstleistungserbringung. Testkäufe oder Erprobung der Dienstleistung aus Kundensicht sind mit einem Produktaudit gleichzusetzen.

Bild 1.13 zeigt (in Anlehnung an die DGQ-Schrift: Produkt- und Verfahrensaudit), dass die systematische Untersuchung des Produktes und der damit zusammenhängenden Vorgaben, Tätigkeiten und Ergebnisse dem Schema des Systemaudits folgt.

Voraussetzung für ein erfolgreiches Produktaudit ist dabei die genaue Definition und Ermittlung der Anforderungen an das Produkt. Diese sollten verschiedene Aspekte berücksichtigen:

- vom Kunden angegebene Anforderungen (Bestelltexte, Vertragstexte, Spezifikationen, Zeichnungen etc.)
- vom Kunden nicht angegebene Anforderungen an das Produkt, die zum beabsichtigten Gebrauch notwendig sind (diese können Lebensdauer und Funktionalität betreffen)
- gesetzliche und behördliche Anforderungen an das Produkt (CE-Kennzeichnung, Sicherheitsmerkmale etc.)
- vom Unternehmen selbst festgelegte Anforderungen (Verwendung von Standardbauteilen, eigene Qualitätsnormen etc.)

Zur systematischen Erfassung der einzelnen Aspekte eignen sich Checklisten, die der Auditor im Laufe des Produktaudits abarbeitet.

Einige Produktaudits betrachten in Verbindung mit den Produktmerkmalen über die Produktanforderungen hinaus die Herstellungstechniken und -verfahren. Dafür beziehen sich die Auditoren auf folgende Gesichtspunkte bzw. Unterlagen:

- Prüf- und Herstellungsanweisungen
- eingesetzte Prüfmittel
- Prozessparameter

- Maschineneinstellungen
- Prozessfähigkeiten
- Eignung von Ressourcen (wie Maschinen, Personalfähigkeiten) etc.

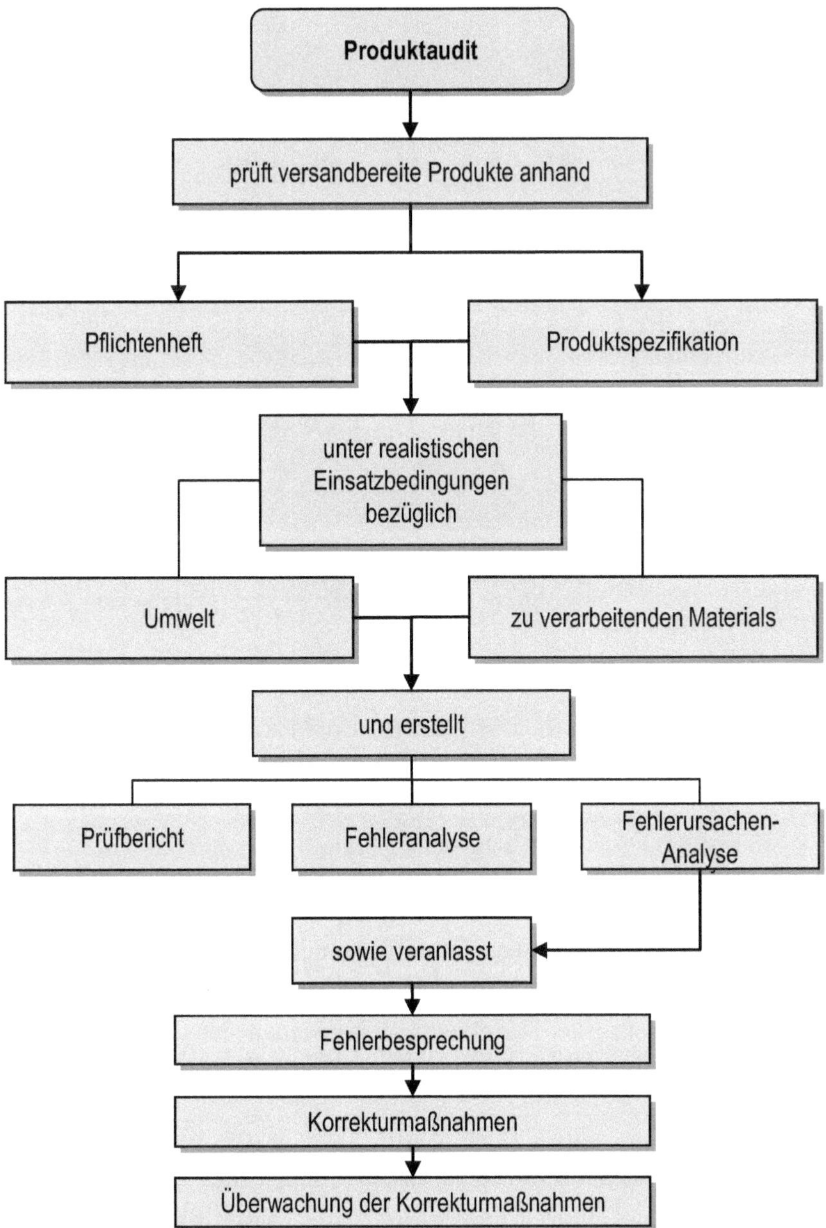

Bild 1.13 Vorgehensweise zum Produktaudit

Ein Schwerpunkt beim Produktaudit können die durchgeführten Prüfungen sein. Der Produktauditplan bezieht sich in wenigen Fällen ausschließlich auf das fertige Produkt einschließlich der Endprüfung. Meistens umfasst das Produktaudit die Prüfungen im Produktentstehungszyklus. Der Auditplan für ein Produktaudit betrachtet

- die Methode der Produktprüfung (Sichtprüfung, Maßprüfung, Funktionsprüfung etc.),
- Prüforte,
- Stichprobengröße,
- Bewertungskriterien etc.

Ähnlich wie bei den übrigen Auditarten werden die getroffenen Feststellungen in einem Auditbericht zusammengefasst und Korrekturmaßnahmen veranlasst. Das Produktaudit endet in der Regel mit einer Besprechung mit den betroffenen Fachstellen. Die Beteiligten analysieren die erkannten Produktfehler. Neben der bloßen Auflistung von Fehlern werden häufig Grafiken und Fehlerschwerpunktdiagramme mit dem Auditbericht erstellt, um die Priorisierung von notwendigen Maßnahmen zu erleichtern.

1.3.6 Weitere Auditarten (Compliance- und Performance-Audit)

In den letzten Jahren nehmen Compliance- und Performance-Audits im Umwelt- und Arbeitssicherheitsbereich verstärkt zu. Die Anwendung dieser Auditarten im Bereich Qualität steigt mit der wachsenden Zahl von integrierten Managementsystemen und der Weiterentwicklung des Qualitätsmanagementsystems.

Ein Compliance-Audit ist die Untersuchung der Einhaltung von gesetzlichen und behördlichen Anforderungen. Während im Umwelt- und Arbeitssicherheitsbereich diese Anforderungen sich in den meisten Fällen auf die Herstellung und die Produktion beziehen, konzentriert sich das Compliance-Audit im Qualitätsbereich vor allem auf die behördlichen und gesetzlichen Anforderungen an das Produkt bzw. die Dienstleistung.

Das Compliance-Audit kann in zwei Teilbereiche aufgeteilt werden. Der erste Teil beschäftigt sich mit dem Prozess der Einsteuerung und Aktualisierung von relevanten gesetzlichen Anforderungen und behördlichen Anforderungen. Der zweite Teil geht dann auf die Umsetzung der zutreffenden gesetzlichen und behördlichen Anforderungen selbst ein.

Das Compliance-Audit erfordert eine Vorbereitung hinsichtlich der Vorgaben

- Gesetze,
- Verordnungen,
- Verwaltungsvorschriften,
- Genehmigungsbescheide,
- Ergebnisse und behördliche Zulassungen,
- Verträge (öffentlich-rechtliche und privatrechtliche) und
- unternehmensspezifische Regularien und Richtlinien.

Der folgende Auszug aus einer Checkliste zeigt, welche Fragen aus den angeführten Vorgaben abgeleitet werden können. Berücksichtigen Sie mal in Ihrem Unternehmen einige der angeführten Aspekte:

Aufbewahrungsfristen:

- Werden z. B. Verträge zehn Jahre aufbewahrt (HGB)?
- Werden produktspezifische Unterlagen (Spezifikationen, Materialprüfzeugnisse, Kundenvereinbarungen etc.) 30 Jahre aufbewahrt?
- Wie lange werden
  - Prüfvorgaben,
  - Prüfnachweise,
  - Gewährleistungsnachweise,
  - CE-Kennzeichnungen etc.

  aufbewahrt?

Als Gegenpol zum Compliance-Audit hat sich das Performance-Audit etabliert. Hier steht nicht die Einhaltung von Verordnungen und Gesetzen im Vordergrund, sondern die Ergebnisverbesserung der Unternehmensleistung. Im Umwelt- und Arbeitssicherheitsbereich verfolgt der Auditor Kennzahlen und Kenngrößen der Umwelt- oder Arbeitssicherheitsperformance wie Recyclingquote, Energieverbrauch, Menge an Gefahrstoffen etc. Der Fokus dieses Audits richtet sich auf die ständige Verbesserung des Outputs. Übertragen wir die Zielsetzung auf das Qualitätsaudit, lassen sich folgende Schwerpunkte festlegen:

- Überprüfung der Zielerreichung (Verringerung des Reklamationsanteils, Erhöhung der Produktivität, Verringerung der Ausschussquote, Erhöhung des Lieferflexibilitätsindex, Verringerung durchschnittlicher Auftragsdurchlaufzeit etc.)
- Vergleich mit Benchmarkgrößen
- Eignung der angewendeten Kennzahlen
- Effizienz der Überwachungsintervalle von Zielen und Maßnahmen

- Definition von Maßnahmen zur Zielerreichung
- Wirksamkeitsbetrachtung von Maßnahmen etc.

Im Performance-Audit ist eine Betrachtung von Outputgrößen (Ist) ohne Vorgaben (Soll) und Vergleiche (Benchmark) nicht sinnvoll. Anhand der erläuterten Schwerpunkte erkennen Sie, dass ein Performance-Audit in jedem Fall die Inhalte des Zielvereinbarungsprozesses eingehend untersucht. Das Performance-Audit schließt das Prozessaudit zur Zielvereinbarung und dessen Wirksamkeit mit ein.

1.3.7 Kombinierte und gemeinschaftliche Audits

Häufig entscheiden sich Unternehmen, nicht nur Qualitätsmanagementsysteme einzuführen. Sind sie modern ausgerichtet, ist es „en vogue“, auch Umweltmanagementsysteme und Arbeitssicherheitsmanagementsysteme vorzuweisen. In vielen Branchen ist es inzwischen sogar obligatorisch. In der Chemieindustrie ist ein Unternehmen ohne ein zertifiziertes Umwelt-, vor allem aber ein Arbeitssicherheitsmanagementsystem als Zulieferer oftmals außen vor.

Dies schlägt sich auch im Auditwesen nieder. Früher sprach man bei der Zusammenführung von Qualitätsthemen mit den Umwelt- und Arbeitssicherheitskatalogen von integrierten Audits (siehe hierzu auch Kapitel 11.4).

Dieser Begriff findet immer noch im Fachjargon Verwendung. Aber spätestens seit der Revision der ISO 19011 im Dezember 2011 spricht man offiziell von einem sogenannten

> *„kombinierten Audit: Audit, das in einer einzelnen auditierten Organisation an zwei oder mehr Managementsystemen zusammen durchgeführt wird“* (3.2, DIN EN ISO 19011).

Hierunter ist das gleichzeitige Auditieren von verschiedenen Disziplinen (Qualitätsmanagement, Umweltmanagement, Arbeitssicherheitsmanagement) zu verstehen. Das macht grundsätzlich Sinn, da es viele Überschneidungsthemen gibt. Beispielsweise ist der Umgang mit Dokumenten gleichermaßen zu managen respektive zu auditieren. Es ist unerheblich, ob es sich um ein qualitätsrelevantes oder um ein umweltrelevantes Vorgabedokument handelt. Mit beiden ist in der Regel gleich zu verfahren.

Arbeiten verschiedene Organisationen oder Unternehmen zusammen, um die Vorteile eines gemeinsamen Auditwesens zu nutzen, spricht man von sogenannten

> *„gemeinschaftlichen Audits“* (3.3, DIN EN ISO 19011).

Hierunter ist das gleichzeitige Auditieren von mehreren Organisationen zu verstehen. Dies kann beispielsweise bei kleinen Unternehmen mit gleichem Geschäftszweck sinnvoll sein. So sind die Management- und Arbeitstätigkeiten bei kleinen

Schreinereien, Fahrschulen etc. in der Regel sehr ähnlich, wenn nicht sogar genau gleich. Aus diesem Grund können sich diese Unternehmen zusammenschließen und einen externen Auditor gemeinsam beauftragen. Auch eine gemeinsame Auditierung im Rahmen eines Zertifizierungsaudits ist möglich. So spart man Kosten und Zeit.

1.4 Begriffe und Definitionen

1.4.1 Auditor

Definition nach ISO 9000: „Person, die ein Audit durchführt."

In der ISO 19011 wird auf die wünschenswerte Kompetenz des Auditor eingegangen.

Zertifizierungsauditoren treffen häufig die Feststellung, dass die internen Auditoren des Unternehmens keine Auditorenschulung besucht haben. Die Forderung nach der Ausbildung von Auditoren lässt sich aus dem Normentext nicht ableiten. Das nachzuweisende Fach- und Methodenwissen kann die Organisation ebenso anhand von ordnungsgemäß durchgeführten internen Audits, des Nachweises eines Selbststudiums oder anderer Vorgehensweisen (Einarbeitung durch Vorgänger) nachweisen. Trotzdem empfehlen wir Seminare zur Ausbildung von Auditoren. Viele Anbieter lehren nicht nur die methodische Vorgehensweise. Vielmehr beziehen sie Gesprächstechniken sowie Gesichtspunkte des Verhaltens im Audit in die Lehrgänge anhand von praktischen Übungen mit ein.

Die Norm ISO 19011 enthält Kompetenzkriterien für Auditoren. Diese Kriterien sind in Kapitel 3.4, „Auswahl von Auditoren", näher dargestellt.

1.4.2 Auditteamleiter

Die Funktion des Auditteamleiters wird in der ISO 19011 von den Aufgaben des Auditprogramm-Managements abgegrenzt. Das Auditmanagement (Manager des Auditprogramms) zeigt sich für die „Jahresplanung" der Audits einschließlich der Auswahl und Einteilung der Auditoren sowie der Berichterstattung an die oberste Leitung verantwortlich. In einem kleinen Unternehmen ist der Auditmanager häufig der Qualitätsmanagementbeauftragte.

Die Aufgaben des Leiters eines Auditteams gestalten sich hingegen wie folgt:

- Verantwortung für alle Phasen des Qualitätsaudits
- Befugnis, endgültige Entscheidungen bezüglich der Durchführung von Audits und aller Auditfeststellungen zu treffen
- Mitwirkung bei der Auswahl der anderen Mitglieder des Auditteams
- Ausarbeitung des Auditplans
- Vertretung des Auditteams bei der Leitung der auditierten Organisation
- Vorlage des Auditberichts
- Der Leiter des Auditteams ist verantwortlich für den ordnungsgemäßen Auditablauf vor Ort.
- Risiken und Chancen in Bezug auf die Erreichung der Auditziele berücksichtigen

1.4.3 Auditteam

Definition nach ISO 19011: „ein oder mehrere Auditoren, die ein Audit durchführen, nötigenfalls unterstützt durch Sachkundige.“

Folgende Anmerkungen werden von der ISO 19011 getroffen:

> „Anmerkung 1: Ein Auditor des Auditteams wird als Leiter des Auditteams eingesetzt.
>
> Anmerkung 2: Zum Auditteam können auch in der Ausbildung befindliche Auditoren gehören.“

Ein Auditteam besteht aus mindestens einem Auditteamleiter und einem Auditor, wobei die Verantwortung im Auditteam der Auditteamleiter trägt:

- Vorbereitung des Audits (detaillierte Terminabsprachen, Unterlagensichtung, Checklistenerstellung etc.)
- Durchführung des Audits (Gesprächsvorsitz im Audit, Auditschlussfolgerungen, Organisation der Aufgabenverteilung im Auditteam etc.)
- Auditberichterstellung (Organisation der Auditberichterstellung, Verantwortlichkeit für die Berichtsinhalte, Abstimmung der Korrekturmaßnahmen mit der auditierten Organisation etc.)

Der Sachkundige fungiert im Audit als „Berater“ des Auditors. Er stellt sein Wissen über Fertigungsmethoden, gesetzliche Anforderungen, kulturelle Gepflogenheiten oder als Dolmetscher zur Verfügung. Er fungiert nicht als Auditor. Der Einsatz von

Sachkundigen nimmt mit der zunehmenden Durchführung von integrierten Audits zu. Nur wenige Auditoren besitzen die notwendigen speziellen Kenntnisse aus den unterschiedlichen Managementsystemen (Qualitäts-, Umwelt-, Arbeitssicherheits-, Finanz-, Risikomanagement etc.). Dies führt zu einer wachsenden Zahl von Audits durch unterschiedliche Auditteams. Der Leiter des Auditteams muss die Anzahl der Auditoren im Auditteam so weit begrenzen, dass eine gleichberechtigte Gesprächsführung möglich ist. Vier oder gar fünf Auditteammitglieder verunsichern sehr schnell die Auditierten alleinig aufgrund dieser „Übermacht“ (siehe auch Kapitel 3, „Planung und Vorbereitung“).

1.4.4 Auditauftraggeber

Definition nach ISO 19011: „Organisation oder Person, die ein Audit anfordert“

Bei Zertifizierungsaudits und bei internen Audits ist die oberste Leitung (z.B. Geschäftsführung, Werkleiter, Bereichsleiter, Vorsitzender eines eingetragenen Vereins etc.) der zu auditierenden Organisation der Auditauftraggeber. In beiden Fällen geht der Auditbericht bzw. der zusammenfassende Bericht an die oberste Leitung. Im Falle eines Lieferantenaudits (Zwei-Parteien-Audit) geht der Auditbericht an den Kunden der auditierten Organisation. Eine Abschrift erhält der Lieferant.

1.4.5 Auditierte Organisation

Definition nach ISO 19011: „die gesamte Organisation oder Teile davon, die auditiert wird/werden“

Unter Organisationen versteht die Norm ISO 9000 eine „Gruppe von Personen und Einrichtungen mit einem Gefüge von Verantwortungen, Befugnissen und Beziehungen“.

Beispiel: Gesellschaft, Körperschaft, Firma, Unternehmen, Institution, gemeinnützige Organisation, Einzelunternehmer, Verband oder Teile oder Mischformen solcher Einrichtungen.

Diese Definition erklärt die in der Zertifizierungspraxis üblichen Gruppenzertifizierungen. Bei Gruppenzertifizierungen werden unter Umständen rechtlich voneinander unabhängige Unternehmen, die über Prozesse und gegenseitige Geschäftsbeziehungen miteinander verflochten sind, zertifiziert. Ein Nebeneffekt für die auditierten Unternehmen sind die geringeren Kosten im Vergleich zu einer Einzelzertifizierung der beteiligten Unternehmen.

1.4.6 Auditprogramm

Definition nach ISO 19011: „Festlegungen für einen Satz von einem oder mehreren Audits, die für einen spezifischen Zweck geplant werden und auf einen spezifischen Zweck gerichtet sind."

Die ISO 19011 gibt Empfehlungen, wie verschiedene Aspekte des Auditprozesses und dessen Rahmenbedingungen gemanagt und verbessert werden können. Sie können den Begriff des „Auditprogramm-Managements" gleichsetzen mit dem Management des „Auditprozesses". Die Aufgabe des Auditprogramm-Managers besteht somit z. B. darin, die Sicherheit, die Effektivität und Effizienz des Auditwesens zu gewährleisten. Dies beinhaltet:

- Maßnahmen zur Qualifikation und Auswahl von Auditoren
- Erfahrungsaustausch von Auditoren
- Gewährleistung von Vertraulichkeit
- Ehrenkodex im Auditprozess
- Einheitlichkeit der Auditorenleistung etc.

Eine ausführliche Darstellung zum Management von Auditprogrammen finden Sie in Kapitel 8, „Auditmanagement".

1.4.7 Auditplan

Eine offizielle Definition für den Begriff Auditplan ist in der ISO 19011 unter „3.6 Auditplan" vorhanden: „Beschreibung der Tätigkeiten und Vorkehrungen für ein Audit".

Diese Norm geht auf Funktion und Aufgaben des Auditplans ein. Er dient vornehmlich dazu, Auditziele und -umfang, Zeiten, Auditoren, auditierte Bereiche etc. zu definieren.

Näheres findet sich in Kapitel 3, „Planung und Vorbereitung".

1.4.8 Branchenschlüssel für Zertifizierungsauditoren

Um zu verhindern, dass Auditoren ohne Branchenkenntnis auditieren, orientiert sich die Zulassung der Zertifizierungsauditoren an einem Branchenschlüssel. Diese Zulassung von Auditoren für bestimmte Branchen wird anhand dieser Einordnung vorgenommen. Sie können eine aktuelle Version bei der Deutschen Akkreditierungsstelle (DAkkS) oder bei den verschiedenen Zertifizierungsgesellschaften erfragen. Der Branchenschlüssel ist wie folgt gelistet (Stand Juni 2019):

1	Land- und Forstwirtschaft, Fischerei und Fischzucht
2	Bergbau und Gewinnung von Steinen und Erden
3	Ernährungsgewerbe und Tabakverarbeitung
4	Textil- und Bekleidungsgewerbe
5	Ledergewerbe
6	Holzgewerbe
7	Papiergewerbe
8	Verlagsgewerbe
9	Druckgewerbe, Vervielfältigung von bespielten Trägern
10	Kokerei und Mineralölverarbeitung
11	Herstellung und Verarbeitung von Spalt- und Brutstoffen
12	Chemische Industrie
13	Herstellung von pharmazeutischen Erzeugnissen
14	Herstellung von Gummi- und Kunststoffwaren
15	Glasgewerbe, Keramik, Verarbeitung von Steinen und Erden
16	Herstellung von Zement, Kalk, Gips und Erzeugnissen aus Beton, Kalk und Gips
17	Metallerzeugung und -bearbeitung, Herstellung von Metallerzeugnissen
18	Maschinenbau
19	Herstellung von Büromaschinen, Datenverarbeitungsgeräten und -einrichtungen; Elektrotechnik, Feinmechanik, Optik
20	Schiffbau
21	Luft- und Raumfahrzeugbau
22	Anderer Fahrzeugbau (Kraftwagen, Schienenfahrzeuge, Krafträder, Fahrräder)
23	Herstellung von Möbeln, Schmuck, Musikinstrumenten, Sportgeräten, Spielwaren und sonstigen Erzeugnissen
24	Rückgewinnung, Recycling
25	Elektrizitätsversorgung
26	Gasversorgung
27	Wasserversorgung, Fernwärmeversorgung
28	Baugewerbe
29	Handel, Instandhaltung und Reparatur von Kraftfahrzeugen und Gebrauchsgütern

30	Gastgewerbe
31	Verkehr und Nachrichtenübermittlung
32	Kredit- und Versicherungsgewerbe, Grundstücks- und Wohnungswesen, Vermietung beweglicher Sachen (ohne Bedienungspersonal)
33	Datenverarbeitung, Informationstechnik
34	Forschung und Entwicklung, Architektur- und Ingenieurbüros
35	Erbringung von Dienstleistungen für Unternehmen
36	Öffentliche Verwaltung, Verteidigung, Sozialversicherung
37	Erziehung und Unterricht
38	Gesundheits-, Veterinär- und Sozialwesen
39	Erbringung von sonstigen öffentlichen und persönlichen Dienstleistungen

1.4.9 Auditkriterien

Definition nach ISO 19011: „Satz von Anforderungen, die als Bezugsgrundlage (Referenz) verwendet werden, anhand derer ein Vergleich mit dem objektiven Nachweis erfolgt.“

In der Praxis können konkrete Arbeitsanweisungen, Verfahrensanweisungen, Management-Handbücher, Zeichnungen, Spezifikationen oder Ähnliches als Grundlage für ein Audit dienen. Zielsetzungen und Handlungsgrundsätze, wie sie in einer Qualitätspolitik definiert sind, bilden ebenfalls die Grundlage für ein Audit.

Häufig finden Sie in den Unternehmenspolitiken den Grundsatz einer bestmöglichen Ausprägung (Qualitätsanspruch, Kundenorientierung, Mitarbeiterfokus etc.). Hinterfragen Sie gezielt die Umsetzung dieser politischen Aussage im Audit (beispielsweise Auditkriterium: „Qualifikation von Mitarbeitern“).

1.4.10 Auditnachweis

Definition nach ISO 19011: „Aufzeichnungen, Tatsachenfeststellungen oder andere Informationen, die für die Auditkriterien zutreffen und verifizierbar sind“.

Erläuterung

Viele Auditoren fördern durch die Fehlinterpretation des Begriffs Auditnachweis die Bürokratie in den Unternehmen. Sie erkennen nur einen Sachverhalt als nachgewiesen an, der schriftlich dokumentiert worden ist. Sachverhalte können aber in anderer Form verifiziert werden. Beobachtungen während des Audits, Statistiken oder verifizierte Aussagen von auditierten Personen (gleiche Auskunft durch verschiedene Personen etc.) dienen ebenso als Auditnachweis. Die Definition von Auditnachweis zeigt offensichtlich, dass auch andere Informationen als Nachweise zu werten sind, sofern der Auditor diese verifizieren kann. In der aktuellen Definition der ISO 19011 soll deswegen das Audit zur Erlangung von objektiven Nachweisen führen. Dies sind nach Definition der ISO 19011 „Daten, welche die Existenz oder Wahrheit von etwas bestätigen“.

1.4.11 Auditfeststellung

Definition nach ISO 19011: „Ergebnisse der Beurteilung der zusammengestellten Auditnachweise gegen Auditkriterien“.

Erläuterung

Anmerkung 1 der ISO 19011: „Auditfeststellungen zeigen Konformität oder Nichtkonformität auf.“

Anmerkung 2 der ISO 19011: „Auditfeststellungen können dazu führen, dass Risiken identifiziert, Verbesserungsmöglichkeiten aufgezeigt oder bewährte Praktiken aufgezeichnet werden.“

1.4.12 Auditschlussfolgerung

Definition nach ISO 19011: „Ergebnis eines Audits nach Berücksichtigung der Auditziele und aller Auditfeststellungen.“

Erläuterung

Die Auditschlussfolgerung ist eine zusammenfassende Bewertung der Auditfeststellungen. Der Auditor bewertet einen Sachverhalt nicht nur nach Konformität/Nichtkonformität, sondern nach der Auswirkung und Bedeutung. Die Auditschlussfolgerung beinhaltet die Bewertung in Form einer Aussage über den Erfüllungsgrad eines Audits („85 % Erfüllungsgrad“, „erfüllt/nicht erfüllt“ etc.) oder über die Notwendigkeit von einzuleitenden Maßnahmen.

Den Zusammenhang zwischen Auditkriterium, Auditnachweis, Auditfeststellung und Auditschlussfolgerung zeigt Bild 1.14. Anhand eines Beispiels wird dies in Bild 1.15 erläutert.

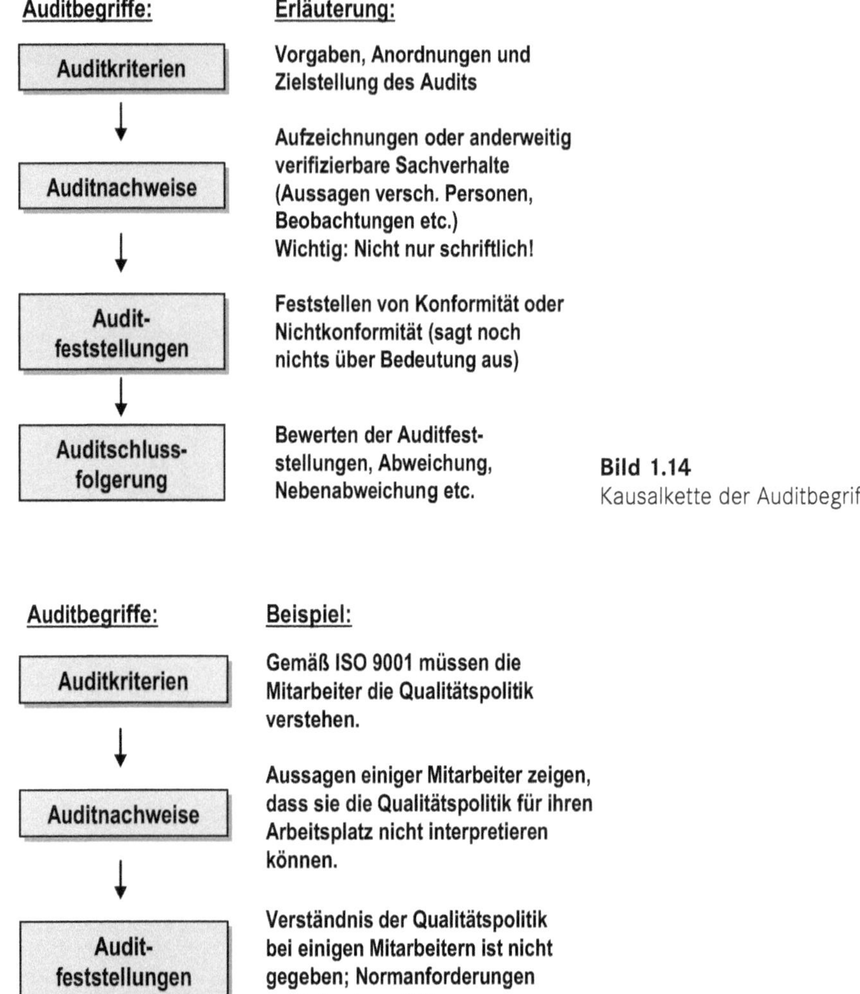

Bild 1.14 Kausalkette der Auditbegriffe

Auditbegriffe:

Beispiel:

Auditkriterien

Gemäß ISO 9001 müssen die Mitarbeiter die Qualitätspolitik verstehen.

Auditnachweise

Aussagen einiger Mitarbeiter zeigen, dass sie die Qualitätspolitik für ihren Arbeitsplatz nicht interpretieren können.

Audit-feststellungen

Verständnis der Qualitätspolitik bei einigen Mitarbeitern ist nicht gegeben; Normanforderungen nur teilweise erfüllt.

Auditschluss-folgerung

Abweichung; Korrekturmaßnahme muss ergriffen werden

Bild 1.15 Auditbegriffe: ein Beispiel

1.4.13 Auditumfang

Definition nach ISO 19011: „Ausmaß und Grenzen eines Audits".

Erläuterung

Anmerkung 1 der ISO 19011: „Der Auditumfang schließt üblicherweise eine Beschreibung der physischen und virtuellen Standorte, der Funktionen, der Organisationseinheiten, der Tätigkeiten und Prozesse sowie des betrachteten Zeitraums ein."

In vielen Fällen dient der Geltungsbereich des Qualitätsmanagementsystems als Grundlage zur Definition des Auditumfangs. Der zeitliche Rahmen wird häufig durch das zugrunde liegende Geschäftsjahr definiert.

1.5 Übergeordnete Grundsätze im Auditwesen

1.5.1 Berufsethische Verpflichtung

Relevante Normen für das Auditwesen gehen in knapper Form auf die ethische Verpflichtung des Auditors ein. Die ISO 19011 weist an zwei Stellen auf Aspekte hin, die eine enorme Bedeutung für den Umgang mit einer berufsethischen Verpflichtung haben. Zunächst kann das Kapitel „Grundsätze" als Grundlage des Berufsbildes mit den Auditprinzipien gleichgesetzt werden. Es hinterlegt dies genauer mit den Attributen „Integrität, sachliche Darstellung, angemessene, berufliche Sorgfalt, Vertraulichkeit, Unabhängigkeit, faktengestützter Ansatz und risikobasierter Ansatz". Weiterhin fordert die ISO 19011 unter dem Kapitel „Persönliche Verhaltensweisen", dass der Auditor seinem Berufsethos entsprechen soll, und listet dazu Ausdrücke wie „wahrheitsliebend, aufrichtig, ehrlich und diskret" auf. Diese Attribute verdeutlichen die inhaltliche Interpretation des Begriffs Ethik im Auditwesen.

In der Vergangenheit setzten sich viele Auditoren wenig mit den Forderungen nach Berücksichtigung ethischer Gesichtspunkte im Auditprozess auseinander. Dies liegt möglicherweise in der für Auditoren schwierigen inhaltlichen Interpretation des Begriffs. Häufig benötigen Auditoren Zahlen, Daten, Fakten für Bewertungen. Für viele wirken Begriffe wie Ethik zu global und bieten keine greifbaren Interpretationsansätze. Dennoch ist die Einstellung und Vorgehensweise im Auditprozess im Einklang mit ethischen Werten die zentrale Voraussetzung für ein professionelles Audit.

Das Bewusstsein für ethische Aspekte ist umso wichtiger, weil Qualitätsaudits auf Nichtkonformitäten, Veränderungen, Fehler, Probleme etc. eingehen. Dies führt häufig zu negativen Assoziationen bei den Beteiligten. Inhalte, Vorgehen und Kommunikation in Audits müssen deshalb grundsätzlichen Prinzipien genügen. Diese Prinzipien kumulieren in dem Wort Ethik.

Ethik leitet sich aus dem griechischen *ethos* (Sitte) ab. Gemeint ist die Bezeichnung für die moralische Gesinnung und das sittliche Verhalten des Menschen. Was meint Ethik im Zusammenhang mit dem Auditwesen?

Inhaltlich umfassen ethische Aspekte anzustrebende Verhaltensweisen des Auditors und Prinzipien, denen er folgen sollte (Bild 1.16).

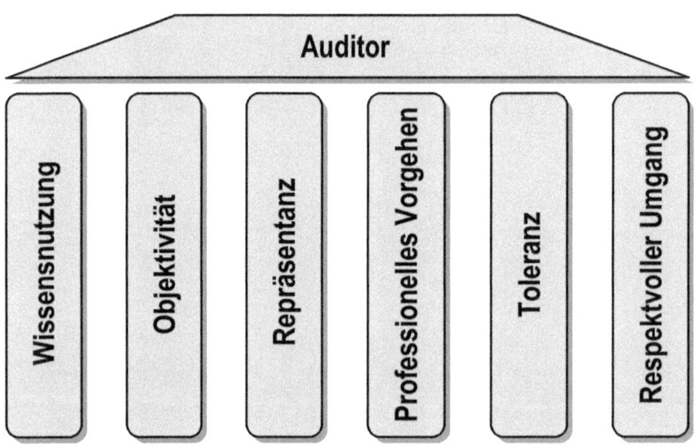

Bild 1.16 Prinzipien des Auditors

Erstes Prinzip: Wissensnutzung

Oberstes Prinzip für einen Auditor ist das Nutzen seines gesamten Wissens und seiner Fähigkeit, um der Gesellschaft auf direkte oder indirekte Weise mehr Wohlstand, Sicherheit und Zuverlässigkeit von Produkten zu bringen. Das klingt etwas pathetisch. Bei genauerer Betrachtung verbirgt sich dahinter die wichtige Erkenntnis, dass das Audit nicht nur den direkten Auditauftrag (Zertifizierungsaudit, Lieferantenaudit etc.) erfüllt, sondern gesellschaftlichen Anforderungen nachkommt. Der Auditor trägt durch seine Tätigkeit dazu bei, Personenschäden zu verhindern, Arbeitsplätze durch Wirtschaftlichkeitsbetrachtung zu sichern, Erfahrungen aus anderen Organisationen bzw. Organisationsbereichen einzubringen etc.

Zweites Prinzip: Objektivität

Der Auditor soll eine ehrliche und unvoreingenommene Person sein. Dies erachten im ersten Augenblick viele Auditoren als Selbstverständlichkeit. Folgende Aussagen oder zumindest Gedanken sind bereits erste Anzeichen einer Voreingenommenheit:

„Der Betrieb macht einen sauberen Eindruck. Hier ist bestimmt alles in Ordnung."

„Ich habe schon gehört, dass es sich bei Ihnen um ein sehr gutes Unternehmen handelt."

„War das beim letzten Mal eine Katastrophe! Sicherlich wird das dieses Mal ähnlich sein."

Hegen Sie im Vorfeld des Audits ähnliche Gedanken, machen Sie sich ihre neutrale Stellung bewusst. Unterschiedlichste Situationen führen bewusst oder (meistens) unbewusst zu subjektiven Verhaltensmustern und Bewertungen. Dem muss der Auditor ständig entgegenwirken.

Fand beispielsweise während des letzten Audits ein Streitgespräch statt, egal ob unterschwellig oder kurz vor einer Eskalation, so bleibt dies beim nächsten Audit präsent. Dieser Sachverhalt kann die Objektivität beeinträchtigen.

Eine weitere Gefahr für die Objektivität ist die fehlende Neutralität, die aus berechtigten oder unberechtigten Beschwerden resultiert.

Der Qualitätsmanagementbeauftragte ließ sein Unternehmen durch einen externen Auditor auditieren. Im Vorgespräch versuchte der Beauftragte, gewisse Sachverhalte bezüglich des Qualitätsmanagementsystems, die ihn persönlich störten, in die Fragethematik des Auditors mit einfließen zu lassen. Beispielsweise war er der Meinung, dass eine neue Verpackungsanlage installiert werden müsste. Er bat den Auditor, mögliche Risiken des derzeitigen Verpackungsverfahrens penetrant zu auditieren. Der Auditor lehnte dies bereits im Vorgespräch ab und verwies auf seine Neutralität.

Die Neutralität ist der entscheidende Aspekt für Audits durch unabhängige Dritte. Die Zertifizierung nach einem Audit durch unabhängige Dritte soll Neutralität und Objektivität gewährleisten. Andererseits entsteht bei Zertifizierungen zwangsläufig ein Kunden-Lieferanten-Verhältnis zwischen Auftraggeber und den Zertifizierungsgesellschaften. Der Zertifizierungsauditor erhält den Auftrag einer Organisation, eine objektive und fachlich richtige Untersuchung durchzuführen. Demgegenüber sieht er sich den Vorgaben seines gewinnorientierten Unternehmens ausgesetzt, im Rahmen der Möglichkeiten bei dem Kunden Wohlwollen zu erzeugen, um ihn als Kunden zu behalten. Grenzsituationen im Bewertungsbereich können zu einer Nichterteilung eines Zertifikats führen. Sieht eine zu auditierende Organisation die Vorteile einer Zertifizierung lediglich im Erhalt eines Zertifikats als Markteintrittskarte, steht der Zertifizierungsauditor vor einem Dilemma. Schlägt er das Unternehmen nicht zum Erhalt des Zertifikats vor, könnte er den Kunden verlieren. Die Kunden-Lieferanten-Beziehung beeinflusst grundsätzlich die Objektivität des Auditors. Die Größenordnungen der zu zertifizierenden Organisationen und der Zertifizierungsgesellschaften bestimmen das Ausmaß dieser Beeinflussung.

Einen Ausweg aus diesem Dilemma zeigen Trends, dass z. B. einige Unternehmen Lieferanten bevorzugen, die Zertifikate von großen Zertifizierungsgesellschaften erhalten. Der Grund, warum sie diese bevorzugen, liegt darin, dass große Gesellschaften von einzelnen Kunden unabhängiger sind und Normanforderungen strenger auslegen. Dies wirkt sich insofern auf den Markt aus, dass auch kleinere Zertifizierungsgesellschaften ihre Existenzberechtigung durch strengere Auslegung von Normanforderungen unterstreichen.

Des Weiteren stellen einige Branchen den Prüfungscharakter des Audits bei Zertifizierungen durch interpretationsfreiere Normen stärker in den Vordergrund. Sie erleichtern dem Zertifizierungsauditor die Prüfung der Normkonformität durch Schärfung der Entscheidungskriterien in Grenzfällen.

Drittes Prinzip: Repräsentanz

Als drittes Prinzip steht die Repräsentanz des Auditors für das Auditwesen. Er nimmt eine zentrale Rolle in der Akzeptanz und Qualität des Qualitätsmanagements ein. Eine seiner wichtigen Aufgaben ist die stete Förderung der Kompetenz und des Prestiges des Auditwesens. Als Multiplikator für das Qualitätsmanagementsystem wirkt er nachhaltig auf alle Beteiligten. Der Auditor repräsentiert nicht nur seine eigene Person. Vielmehr vertritt er einen Teil des gesamten Qualitätsmanagements. Dieser Rolle muss er sich ständig bewusst sein. Ein Fehlverhalten des Auditors führt unter Umständen schnell zu einer Übertragung dieser negativen Erfahrungen des Auditierten und in dessen Einflussbereich – unterstellte Mitarbeiter, Kollegen und Vorgesetzte – auf das gesamte Qualitätsmanagementsystem.

Viertes Prinzip: Respektvoller Umgang

Das Audit erfordert den respektvollen Umgang mit Menschen. Eine Grundregel besagt, jede auditierte Person als gleichberechtigten Partner (Gesprächspartner, Mitarbeiter etc.) zu akzeptieren, ohne sich von Qualifikation, Geschlecht oder kulturellen Unterschieden negativ beeinflussen zu lassen. Einfühlungsvermögen und Verständnis für das Gegenüber sind notwendig.

Bewusste oder unbewusste Diskriminierung darf nicht Bestandteil des Audits sein. Auditoren besitzen häufig eine Ausbildungsstufe mit höherem Niveau. Im Laufe der Auditdurchführung ergeben sich Kontakte mit Mitarbeitern mit niedrigerem Ausbildungsniveau. Zu keinem Zeitpunkt der Befragung dürfen Arroganz, Besserwisserei oder Überheblichkeit des Auditors auftreten. Vielmehr muss der Auditor dem Befragten deutlich zu verstehen geben, dass dieser als Mitarbeiter eine wichtige Position in der Organisation einnimmt.

Geschlechtliche Einstufungen und Bewertungen dürfen nicht stattfinden. Dies ist wichtig, da sich immer häufiger Frauen in sogenannten typischen Männerberufen wiederfinden und umgekehrt. Dies darf keinen Einfluss auf das Meinungsbild eines Auditors haben.

Ein negatives Extrembeispiel soll die Bedeutung dieses Aspekts erläutern:

Die Qualitätsmanagementbeauftragte einer Baufirma führte bei einem Audit auf die Frage nach dem Protokoll des Managementreviews an, dass sie aufgrund ihrer Doppelbelastung (Beruf und Kinder) das Protokoll nicht rechtzeitig fertigstellen konnte. Der Auditor entgegnete der Qualitätsmanagementbeauftragten: „Die Doppelbelastung ist für dieses Audit nicht relevant. Wenn Sie dieser Aufgabe nicht gewachsen sind, sollten Sie sich als Frau nur um Ihre Kinder kümmern."

Ebenso wenig sollten weibliche Auditoren das Audit als „Feldzug gegen die chauvinistische Männerwelt" nutzen.

Ethische Grundsätze über den Umgang mit und das Meinungsbild vom Menschen sind international sehr unterschiedlich. Diese verschiedenen Ausprägungen müssen beachtet werden:

- Beispielsweise treten arabische, afrikanische, manchmal bereits südeuropäische Länder gegenüber Frauen in gewissen Tätigkeiten und in bestimmten Situationen mit ablehnender Haltung auf. Gleiches würde unter Umständen in zentral- und nordeuropäischen Ländern bereits als diskriminierend bezeichnet werden.
- Ein weiteres Beispiel für stark unterschiedliche Ausprägungen von Geschäftspraktiken zeigt sich in einem anderen Bereich. In den USA würden kleine Geschenke für den Auditor als ethische Verfehlung gelten, während in Japan dies zu den üblichen Geschäftsgewohnheiten zählt und eine Ablehnung von Geschenken als Beleidigung empfunden werden könnte.

Diese Beispiele zeigen die Wichtigkeit für den Auditor, sich mit den internationalen Gepflogenheiten auseinanderzusetzen, um in einer angemessenen ethischen Verpflichtung den Auditierten als Mensch in seinem Umfeld (z. B. Kulturkreis) betrachten zu können.

Einen weiteren Aspekt im Umgang mit Menschen stellt die respektvolle Einstellung gegenüber Kollegen bzw. mit dem Umgang von eigenen Fehlern dar. Ein Beispiel soll dies verdeutlichen:

In einem Audit stellte ein Auditor ein nicht als Prüfmittel registriertes Messinstrument fest. Er erwähnte an dieser Stelle gegenüber der verantwortlichen Person, dass dies im Auditbericht als Feststellung bewertet werden würde. Im weiteren Gespräch mit dem zweiten Auditor ergab sich die fehlende Notwendigkeit, dieses Gerät als Prüfmittel auszuweisen, da für die Messungen keine Kunden-, gesetzlichen oder sonstigen Vorgaben festgelegt worden sind. Damit waren Anforderungen der entsprechenden Normenvorgaben nicht zutreffend.

Im Schlussgespräch mit der auditierten Einheit bedankte sich der Auditor bei seinem Co-Auditor für die Richtigstellung seiner vorschnellen Bewertung und unsachgemäßen Auditierung an dieser Stelle. ■

Fünftes Prinzip: Toleranz

Der Auditor darf keine eigenen Qualitätsvorstellungen oder eigene Qualitätsordnungen vom Auditierten fordern. Hierzu das erste von zwei Beispielen:

Ein Auditor auditierte einen Dienstleister im Bereich Aufzeichnungen. Während der Befragung wunderte sich der Auditor über das eigenwillige Ablagesystem des Auditierten. Obwohl alle eingeforderten Nachweise vorgelegt werden konnten, forderte der Auditor ein Ablagesystem nach „seinem Geschmack". Er forderte den Dienstleister auf, für abgearbeitete Projekte rote Ordner, für in Bearbeitung befindliche Projekte gelbe Ordner etc. einzuführen. ■

Dieses Beispiel verdeutlicht die Übertragung der eigenen Qualitätsordnung des Auditors auf den Auditierten. Es ging hier nicht mehr um die Erfüllung von Anforderungen oder um die Diskussion, ob das praktizierte Verfahren sinnvoll ist. Der Auditor wollte lediglich seine Auffassung eines funktionierenden Ablagesystems auf den Auditierten übertragen.

Das zweite Beispiel:

Ein Auditor amüsierte sich während der Unterlagenprüfung im Rahmen eines Audits gegenüber den ISO-9001-Forderungen über einen Passus einer Werksanweisung eines Chemieunternehmens. Diese Textpassage forderte für die Mitarbeiter, dass Firmenwagen nur im gewaschenen Zustand das Werksgelände verlassen dürfen.

Beim Audit vor Ort beobachtete der Auditor zufällig, wie aus dem Werk zwei Firmenautos in ungewaschenem Zustand fuhren. Zu einem späteren Zeitpunkt erwähnte er gegenüber dem Verantwortlichen des Bereichs seine Beobachtung. Er erklärte weiterhin, dass das Unternehmen hochreaktive Reagenzien mit hochkomplexen Störfallanlagen herstellt und deshalb Forderungen wie „Auto waschen" nur als geringwertig in der Priorität einzustufen seien. Deshalb würde er sich „dumm" vorkommen, diese Beobachtung als Feststellung in einem Auditbericht festzuhalten. Er würde diese Beobachtung nicht im Auditbericht als Feststellung aufführen, da Forderungen der ISO 9001 solche Fälle nicht betrachten. Selbstverständlich sind aber alle Vorgaben der Werksanweisung einzuhalten.

Dieses Beispiel zeigt die eingeschränkte Interpretation des Qualitätsverständnisses des Auditors. Unabhängig davon, welches Qualitätsverständnis der Auditor im Sinne der ISO 9001 aufbringt, hat er die Aufgabe, die von der Organisation festgelegten Qualitätsmerkmale zu berücksichtigen. Diese können weit über die „klassischen" kunden- und produktbezogenen Merkmale hinausgehen. Eine Einschränkung dieses Verständnisses wie im vorliegenden Fall durch das absichtliche Nichtberücksichtigen einer Anforderung des Qualitätsmanagementsystems ist nicht zulässig. Der Auditor sollte den Sachverhalt im Auditbericht festhalten und zugleich die Frage nach der Sinnhaftigkeit der Anforderung in Form eines Hinweises stellen.

Sechstes Prinzip: Professionelles Vorgehen

Der Auditor ist gegenüber seinem Auftraggeber zu jedem Zeitpunkt und mit jeder Tätigkeit unter Beachtung der oben aufgeführten Prinzipien zu professionellem Vorgehen verpflichtet.

Professionelles Vorgehen verlangt vom Auditor eine professionelle Einstellung gegenüber der auditierten Organisation bzw. seinem Auftraggeber. Da es schwierig ist, eine Definition für professionelles Vorgehen und professionelle Einstellung zu geben, wird im Folgenden dieses Thema eingehender erläutert.

Das Audit benötigt Zeit und verursacht zunächst Kosten, um sich mit betrieblichen Abläufen einer Organisation auseinanderzusetzen. Es muss in diesem Zusammenhang die Frage der Rentabilität erlaubt sein. Nicht alle Maßnahmen, die eine Organisation aufgrund von Beobachtungen, Feststellungen, Bewertungen, Ergebnissen und Tätigkeiten im Rahmen von Audits einleitet, sind direkt monetär bewertbar. Trotzdem gilt eine Grundregel auch im Auditumfeld: Die zunächst getätigten Aufwendungen müssen über die Ergebnisse der Audits direkt oder indirekt zu einem Mehrwert für das Unternehmen, in der Regel zu einem monetären Zuwachs oder zu einer Risikoverminderung, führen.

Das folgende Beispiel zeigt eine professionelle Grundeinstellung eines Auditors.

Ein mittelständisches Unternehmen ließ sich nach den Qualitäts- und Umweltnormen ISO 9001 und ISO 14001 zertifizieren. Gemäß den entsprechenden Richtlinien kamen zwei Auditoren für zwei Tage in das Unternehmen. Obwohl alle Normanforderungen von der Organisation erfüllt wurden, gaben die beiden Auditoren über 30 Hinweise zu Verbesserungspotenzialen.

Dieses Beispiel verdeutlicht die professionelle Einstellung der Auditoren. Sie wollten das Unternehmen nicht nur formal zertifizieren. Die monetäre Komponente des Audits war ihnen bewusst. Sie versuchten, für den Kunden einen Mehrwert zu schaffen und nicht nur das Mindestprogramm - Abgleich der Normanforderungen - abzuspulen.

Ein weiteres Beispiel:

Ein irisches Mutterunternehmen im Nahrungsmittelbereich schickte für zwei Tage zwei Auditoren zu einem deutschen Tochterunternehmen. Der Beginn des Audits wurde um 9.00 Uhr angesetzt. Nach der ausführlichen Vorstellung der Auditoren und der Auditzielsetzung stellten die Auditoren die erste Frage gegen 10.30 Uhr. Nachdem um 12.00 Uhr eine Mittagspause vorgesehen war, setzten die Verantwortlichen das Audit zwei Stunden später fort. Um 16.00 Uhr endete der erste Tag. Der zweite Tag lief ähnlich ab mit der Ausnahme, dass aus Gründen der Flugzeiten das Audit für die Auditoren um 15.00 Uhr endete. ■

Die Ausgaben für diese Zweitagesveranstaltung ergeben einen beträchtlichen Kostenaufwand mit minimaler Effektivität.

Die Beispiele veranschaulichen die Bedeutung des vorhandenen oder fehlenden Bewusstseins für die betriebswirtschaftliche Verpflichtung gegenüber dem Auftraggeber. Der professionelle Auditor bietet dem Auftraggeber das Bestmögliche, was in seiner Verantwortung liegt: das Audit als Investition mit einem nachweisbaren Gewinn für die auditierte Organisation.

Die eben dargelegte Grundeinstellung und die oben aufgeführten ethischen Prinzipien als Grundlage des gesamten Handelns bilden die Basis für Professionalität im Auditwesen. Die bisher besprochenen Aspekte fokussieren die persönlichen Verhaltensweisen eines Auditors. Der Auditor kann sie nur schwer und langsam ändern.

Andere Aspekte zum professionellen Vorgehen kann er einfacher beeinflussen. Diese weiteren Punkte kann er erlernen und trainieren.

Systematik des Auditierens

Die Grundelemente des Auditwesens wie Planung, Durchführung, Berichterstattung etc. basieren auf unterschiedlichen Methoden und Werkzeugen. Diese muss der Auditor entsprechend der Organisation und der Auditzielsetzung angemessen einsetzen. Die praktische Beherrschung und das Verständnis für Methoden und Instrumente sind das wesentliche Handwerkszeug des professionellen Auditors. Daher beschäftigen sich die nächsten Kapitel eingehend damit.

Risikobasiertes Auditieren

Der Auditor muss sich während des gesamten Auditprozesses bezüglich der Risiken seiner Handlungen bewusst sein. Risiken sind dabei vor allem für die Zielsetzung des Audits zu berücksichtigen. Der Auditor muss sich also die Frage stellen, was könnte ein objektives Auditergebnis gefährden? Risiken können somit in allen Prozessauditschritten entstehen. Von der fachlichen Kompetenz des Auditteams bis hin zu manipulierten Informationen sind die Möglichkeiten vielfältig. Deswegen ist das Vermindern von Risiken von der Auswahl von Auditoren über die Planung bis hin zur Berichterstattung im gesamten Auditprozess zu verankern.

Behandlung gefährlicher Situationen

Beobachtet der Auditor gefährliche Situationen, muss er unabhängig vom Auditumfang bzw. von Themenschwerpunkten sofort einschreiten. Es könnten fehlerhafte Sicherheitsvorrichtungen an Maschinen zu Verletzungen von Mitarbeitern führen oder unsachgemäße Lagerung von Chemikalien extreme Brandgefährdung verursachen. Unabhängig von der Bewertung in einem Auditbericht, der sich innerhalb des festgelegten Auditumfangs begrenzt, müssen sofort die entsprechenden Personen benachrichtigt und die erforderlichen Maßnahmen eingeleitet werden.

Behandlung von Gesetzesverfehlungen

Unabhängig vom Auditumfang bzw. den Themenschwerpunkten muss der Auditor beim Erkennen der Nichtbeachtung von gesetzlichen und behördlichen Auflagen diese Information umgehend in geeigneter Weise an die verantwortlichen Personen weitergeben.

In einem Unternehmen sind die einzusetzenden Rohstoffe und Kunststoffgranulate vom Kunden vertraglich festgelegt. Nur diese vom Kunden freigegebenen Güter dürfen verarbeitet werden. Im Bereich der Granulate waren nur deutsche Produkte vorgesehen. Bei einem Audit entdeckte der Auditor einen Sack mit Kunststoffgranulat aus Korea. Der Auditor wusste, dass hier ein Betrug stattfand. Im Schlussgespräch wies er darauf hin. Im Auditbericht wies er auf diesen Sachverhalt nicht hin. ■

Professionelles Vorgehen verlangt in diesem Falle eine angemessene und nachweisbare Maßnahme zur Beseitigung des Verstoßes. Im vorliegenden Fall kann es für den Auditor zu Schwierigkeiten kommen. Kunden oder andere Personen können den Betrug aufdecken. Wird die nicht korrekte Behandlung der Feststellung durch den Auditor nachgewiesen, kann er mit in die Verantwortung gezogen werden.

Behandlung von falschen Ursachenbeseitigungen

Leiten Verantwortliche Sofortmaßnahmen während des Audits ein, erkennen sie manchmal nicht die tatsächliche Fehlerursache der Nichtkonformität. Der Auditor sollte aus diesem Grund trotzdem die Nichtkonformität im Auditbericht festhalten, um eine eingehende Ursachenforschung zu ermöglichen und nicht nur Symptome zu beseitigen.

Ein Auditor entdeckte in der Abteilung Einkauf die fehlende Lieferantenbeurteilung mehrerer wichtiger, qualitätsrelevanter Zulieferer gemäß den Vorgaben für das Managementsystem. Diese Zulieferer waren zusammen mit annähernd hundert Lieferanten in der Liste der zu beurteilenden Lieferanten aufgeführt. Die Sachbearbeiter führten als Grund für die fehlende Beurteilung die Komplexität und die fehlende Zeit an. Im weiteren Verlauf des Audits wurde dem Auditor die Beurteilung vorgelegt. Dieser bestand dennoch auf einer schriftlichen Feststellung im Auditbericht. Er begründete dies mit dem Hinweis, dass die Ursachen nochmals genauer untersucht werden müssten. Gegebenenfalls sei die Bewertungssystematik zu komplex oder der Personalstand zu gering.

Professionelles Vorgehen bedeutet, die Nichtkonformität und die Beseitigung von deren Ursachen im Auditbericht festzuhalten, unabhängig von der Erledigung von Sofortmaßnahmen. Hierzu ein weiteres Beispiel:

In einem internen Audit stellte der Auditor an einer wichtigen, produzierenden Maschine den nicht korrekten Ölfüllstand eines Aggregats fest. Die Verantwortlichen brachten nach seinem Hinweis den Füllstand sofort in Ordnung. Im weiteren Audit stellte sich heraus, dass diese Füllstandsanzeige nicht in das Wartungsprogramm aufgenommen worden war. Diesen Sachverhalt nahm der Auditor im Auditbericht auf. Die Verantwortlichen listeten die Füllstandsanzeige sofort im Wartungsprogramm. Sie hielten den Vorgang für erledigt. Der Auditor drängte jedoch auf eine grundlegende systematische Untersuchung der Richtigkeit des Wartungsprogramms als Korrekturmaßnahme.

Vertraulichkeit

Die Vertraulichkeit spielt für professionelles Vorgehen eine bedeutende Rolle. In Verträgen oder in Managementvereinbarungen (Verfahrensanweisungen etc.) weist häufig ein Passus auf die Vertraulichkeit der Beobachtungen und Ergebnisse eines Audits hin. Viel wichtiger ist das Vertrauen, das sich ein Auditor bei den Mitarbeitern aufgrund seiner Vorgehensweise erarbeitet. Es ist nicht selbstverständlich, dass Mitarbeiter dem Auditor offen gegenübertreten und z. B. von sich aus Problemsituationen mit dem Auditor erörtern.

Die vielerorts vorliegende Skepsis gegenüber Auditoren kann durch die unterschiedlichsten Vorgehensweisen und Vorfälle begründet sein. Beispielsweise fragen Vorgesetzte manchmal Berater, ob sie nicht auf ein bevorstehendes externes Audit schulen möchten. Dabei sollen Verschleierungstaktiken und Ähnliches Teil der Unterweisung sein („kurz und knapp auf Fragen des Auditors antworten", „wenig preisgeben" etc.). Diese Einstellung der Vorgesetzten zum Audit offenbart eindeutig die Schwierigkeit für den potenziellen Vertrauensaufbau.

In einem Extrembeispiel „bestraften" Vorgesetzte die Auditierten, weil diese zu viele Informationen an die Auditoren weitergaben.

Ein Indiz für die Vertrauensbasis zwischen Auditor und Auditierten ist, wie viel und welche (gegebenenfalls brisante) Unterlagen der Auditor einsehen darf. Er darf die erhaltenen Daten und Informationen unter keinen Umständen preisgeben und muss sie sicher vor dem Zugriff Dritter aufbewahren. Unter Umständen dauert der Nachweis dafür mehrere Jahre. Einmal diesen Grundsatz nicht beachtet (oder nur diesen Anschein erweckt), bedeutet für den Auditor den Verlust des Vertrauens der Organisation. Z.B. verlor ein Auditor das gesamte, ihm entgegengebrachte Vertrauen durch eine einzige Aussage. Er äußerte sich abends nach dem Audit gegenüber den Verantwortlichen der auditierten Organisation negativ über ein anderes Unternehmen. Der Umkehrschluss, dass dieser Auditor negative Eindrücke von dem auditierten Unternehmen gegenüber anderen erzählen könnte, drängte sich sehr schnell auf. Aufgrund dieses Vorfalls ließ das Unternehmen den Auditor ersetzen.

Mitteilung an die Auftraggeber über die Gefahr der Beeinflussbarkeit

Zum professionellen Vorgehen eines Auditors zählt die Mitteilungsverpflichtung über eine potenzielle Beeinflussbarkeit. Diese entsteht durch bestimmte Zusammenhänge im Auditumfeld und durch vorangegangene Situationen.

Beispielsweise soll der Auditor folgende Beziehungen an den Auftraggeber klar kommunizieren:

- Während der Auditphase ist er gleichzeitig Bewerbungskandidat der auditierten Organisation.
- Er hat zu einem früheren Zeitpunkt (gegebenenfalls kurz vorher) für die auditierte Organisation gearbeitet.
- Tätigkeiten in einem gemeinsamen Kunden-Lieferant-Entwicklungsteam
- Enge Freundschaften zwischen Auditor und Auditierten
- Verwandtschaftliche Beziehungen
- Geschäftsanteile (z.B. Aktien) etc.

Festhalten an getroffenen Auditschlussfolgerungen

Der professionelle Auditor muss an berechtigten Auditschlussfolgerungen festhalten. Er darf sich nicht durch unqualifizierte oder polemische Aussagen der Auditierten beeinflussen lassen wie:

- „Ich erkenne Ihre Bewertung nicht an."
- „Ich beschwere mich bei Ihren Vorgesetzten."
- „Sie sind doch Theoretiker."
- „Was soll das bringen?"

In solchen oder ähnlichen Situationen muss der Auditor differenzieren, ob der Auditierte versucht, nur positive Aussagen über ihn zuzulassen bzw. einen resultierenden Arbeitsaufwand abzuwenden, oder ob andererseits die Weiterleitung der Ergebnisse und Vorfälle einen etwaigen Vertrauensbruch zum Auditwesen zur Folge hat.

Der Auditor muss immer im Sinne der Auditzielsetzung handeln und darf sich durch Aussagen oder gar Drohungen nicht einschüchtern lassen. Er muss die richtigen Ergebnisse darstellen.

Kenntnisse in Gesprächsführung

Die Beherrschung der Sprache und Gesprächsführung ist für ein professionell geführtes Audit notwendig. In einem Audit existiert eine Kommunikation mit einer zum Teil komplexen unternehmensspezifischen Terminologie, Killerphrasen, Einwendungen, Argumenten und anderen rhetorischen Spitzfindigkeiten. Ungenügende Sprachkenntnisse bzw. fehlende Kenntnisse zur Gesprächsführung dürfen keine Auswirkungen auf die Auditzielsetzungen und die Durchführung des Audits haben. Kapitel 7 geht auf die Kommunikation und Rhetorik näher ein.

1.5.2 Strategische Ausrichtung

Die strategische Ausrichtung des Qualitätsaudits lässt sich in zwei Basisfragen unterteilen:

- Die Frage nach dem Inhalt: Welches Thema soll ich in welchem Bereich auditieren?
- Die Frage nach dem Vorgehen: Wie soll ich auditieren?

Welches Thema soll ich in welchem Bereich auditieren?

Basis für das professionelle Vorgehen eines Auditors hinsichtlich der Inhalte eines Audits ist die eindeutige Klärung der Auditzielsetzung mit dem Auftraggeber bzw. der auditierten Organisation. Die Frage „Was will ich mit dem Audit bezwecken und erreichen?“ steht am Anfang aller strategischen und operativen Überlegungen und Planungen für ein Audit.

Das Auditmanagement stellt die Zielsetzungen für interne Auditoren auf oder sie ergeben sich aus den Anforderungen für externe Audits (Zertifizierung nach ISO 9001, Begutachtung von Abläufen aufgrund von Reklamationen über ein Kundenaudit etc.).

Ist die grundsätzliche Intention für das Auditieren einer Organisation festgelegt, leiten sich daraus die Auditzielsetzungen eindeutig ab. Die gesamte Auditplanung muss darauf ausgerichtet werden.

Trotz mancher Beteuerungen ihrer positiven Einstellung für das angewendete Qualitätsmanagementsystem sehen viele Unternehmen und Organisationen das Auditwesen als notwendiges „Übel“. Ein Audit umfasst in diesem Fall häufig nur die thematische Abdeckung gegenüber zertifizierbaren Normen (z. B. ISO 9001 etc.). Andere wiederum sehen Audits als ein geeignetes Instrumentarium zur Überprüfung der Wirtschaftlichkeit und Wirksamkeit der organisatorischen Abläufe. Sie erwarten vom Auditor eine Art Unternehmensberatung.

Beide grundsätzlichen Zielsetzungen haben ihre Berechtigung. Die Auswirkung auf die gesamte Auditplanung und Auditdurchführung ist jedoch sehr unterschiedlich.

Der thematische und organisatorische Umfang des Auditwesens in einem Unternehmen ist eine wichtige strategische Managemententscheidung. Die Einbindung der Abteilungen Controlling, Buchhaltung, Marketing etc. hat weitreichende Konsequenzen auf den organisatorischen Umfang. Es steigt die Komplexität der Auditplanung und die erforderliche Qualifikation der Auditoren. Die Akzeptanz des Auditwesens nimmt jedoch zu, da das Audit Bereiche mit einbezieht, die für den Unternehmenserfolg entscheidend sind.

Für ein seit Jahren zertifiziertes Unternehmen ergibt sich aus strategischer Sicht die Notwendigkeit nach der Erweiterung der Fragestellungen über die Normenforderungen hinaus. Eine Einschränkung auf die Grundlagen der ISO-Norm 9001 bringt dem Unternehmen in diesem Fall nicht den entscheidenden Mehrwert. Folgendes Beispiel zeigt eine Auditstrategie mit einem Mehrwert für das Unternehmen.

Ein Unternehmen entschied sich bereits Anfang der 90er-Jahre für ein zertifiziertes Qualitätsmanagementsystem. Grundlage war jedoch nicht die Zertifizierungsnorm ISO 9001. Vielmehr orientierte sich das Unternehmen an den Empfehlungen der umfassenderen ISO 9004 und drei Jahre später an dem EFQM Modell, einem unternehmensweiten TQM-Ansatz. Alle durchgeführten Audits hatten zwei Schwerpunkte zur Zielsetzung. Ein Ziel war die Überprüfung der Normforderungen für den Erhalt des Zertifikats. Der zweite Schwerpunkt aber ging weit darüber hinaus. Im Rahmen von sogenannten gesamtheitlichen Audits sind von Beginn an Themenstellungen wie Finanzplanung, Fakturierungsprozess, Marketingprozesse, Kommunikationsprozesse etc. feste Bestandteile im Audit. ■

Diese Überlegungen zur Auditstrategie nehmen insbesondere bei Unternehmen mit langjährigem Zertifizierungshintergrund an Bedeutung zu.

Stehen beispielsweise Unternehmen kurz vor dem ersten Zertifizierungsaudit bzw. liegt dieses noch nicht allzu weit in der Vergangenheit, sollten Randgebiete des Unternehmens keine zentrale Rolle bei der Befragung einnehmen.

Das Kerngeschäft eines Reinigungsdienstleisters besteht in der Reinigung von Gebäuden und Anlagen. Inhaltliche Schwerpunkte der Kernaktivitäten sind die Einsatzplanung des Reinigungspersonals, die Bereitstellung des geeigneten Reinigungsequipments und die Reinigungsvorgänge.

Die Reinigungsarbeiten erfolgen ausnahmslos bei Kunden. Der Auditor plante kein einziges Audit vor Ort bei einem Kunden ein. Weiterhin befragte er bei der Einsatzplanung des Reinigungspersonals schwerpunktmäßig, wie die Arbeitssicherheit der Mitarbeiter sichergestellt wird. In anderen Bereichen auditierte er in ähnlicher Weise, sodass bereits nach kurzer Zeit die Auditierten nur noch mit einem unmissverständlichen Kopfschütteln auf diese eigenartige Vorgehensweise reagierten. Obwohl das Unternehmen dem Qualitätsmanagementsystem und dem Auditwesen zunächst viel Positives abgewinnen konnte, schmälerten diese Vorgehensweise und die Frageninhalte des Auditors den gesamten Prozess in beträchtlicher Weise. ■

Das Beispiel zeigt die unzureichende strategische Planung des Audits. Insbesondere bei längerer Existenz eines Auditwesens in einer Organisation können die Fragestellungen zwar in Themengebieten liegen, die nicht unmittelbar die Kernaktivitäten der Organisation darstellen. Sie sollten aber zumindest im Umfeld von diesen liegen. Beispielsweise muss im Beispiel der Schwerpunkt den Reinigungsprozess umfassen.

Wie soll ich auditieren?

Die strategische Planung und beabsichtigte Vorgehensweise benötigt in der Vorbereitung ausreichend Vorinformationen über die zu auditierende Organisation. Der Auditor muss sich ein umfassendes Bild machen. Daraufhin legt er sich seine Vorgehensweise zurecht. Manchmal reichen beispielsweise Notizen in einem Handbuch völlig aus, ein anderes Mal ist eine ausgefeilte Checkliste notwendig. Ab und zu benötigt der Auditor einen professionellen Stichprobenplan, um den Zusammenhang von Prüfergebnissen besser verstehen zu können. In einigen Fällen haben wir in der Vorbereitung für ein Audit eine Grafik angefertigt. Diese wies aus, welche und wie viele Prüfaufzeichnungen als Beispiele eingesehen werden sollten. An diesem Bild orientierte sich das gesamte Audit.

Diese oder ähnliche Überlegungen führen bei der Planung so weit, dass ein ausgefeilter, statistisch fundierter Stichprobenplan vorbereitet wird. Eine Stichprobendurchführung ohne vorherige Planung, die erst unmittelbar während der Auditdurchführung vor Ort erfolgt, führt zumeist zu unprofessionellen Ergebnissen (diese statistischen Stichprobenpläne sind vor allem bei Produkt- und Compliance-Audits wichtig; sie können auch bei Verfahrens- und Prozessaudits herangezogen werden).

In der Auditstrategie gehen neben den inhaltlichen Aspekten auch die methodischen Herangehensweisen ein. Es existieren unterschiedlichste Methoden für die Durchführung eines Audits:

- Methode 1: Prozessaudit als roter Leitfaden
- Methode 2: Auffinden von Ereignissen
- Methode 3: Element-/Kapitelorientierung
- Methode 4: Differenzierung nach Abteilungen
- Methode 5: Betrachtung mittels Prozesslandschaft
- Methode 6: Workshops

Auch Mischformen sind möglich. Die strategische Überlegung, welche Methode am geeignetsten für das jeweilige Audit ist, sollte der Auditor im Vorfeld anstellen. Die Methodik der Auditierung stellt nicht nur die Basis für den Erfolg oder Misserfolg der Datensammlung dar, vielmehr finden systematisch durchgeführte Audits mehr Akzeptanz bei den Auditierten. Dabei ist die Art des Vorgehens unerheblich. Wichtig ist das geplante Vorgehen in der Gesamtstruktur. Kapitel 4 erläutert die dargestellten Methoden näher.

1.5.3 Haftungsfragen

Es besteht kein unmittelbarer Zusammenhang zwischen gesetzlichen Regelungen und Aussagen von Auditergebnissen. Unter Umständen kann allerdings die Aussage des Auditors gesetzlich begründete Auswirkungen auf ihn haben.

Von entscheidender Bedeutung ist die Betrachtung, ob eine Entscheidung eines Unternehmens auf einer Auditschlussfolgerung des Auditors beruht.

Unterschiedliche Gerichtsbarkeiten in den verschiedenen Ländern lassen eine einheitliche Aussage nicht zu. Ein Prinzip ist in fast allen Ländern gleich. Kauft ein Unternehmen einen Auditor für Audittätigkeiten ein, werden damit verbindliche und richtige Aussagen des Auditors erwartet. Tätigt der Auditor nachweislich eine Falschaussage, die zu einem vertragsrechtlich oder gesetzlichen Verstoß bei dem Unternehmen führen würde, kann er mit in Haftung gezogen werden.

Aus diesem Grund sollte der Auditor sorgfältig und vorsichtig mit den Aussagen und Informationen umgehen. Die Beteiligten könnten diese zu Gerichtszwecken heranziehen.

2 Die Auditphasen im Überblick

Darum geht es

- Überblick über die grundsätzliche Vorgehensweise bei einem Audit
- Vorstellung der einzelnen Phasen des Auditprozesses
- Zusammenhänge und Wirkungsweisen der Phasen des Auditablaufs und deren Wichtigkeit und Bedeutung für den Gesamtprozess des Auditierens
- Notwendigkeit einer dauerhaften und nachhaltigen Verfolgung von Maßnahmen
- Notwendigkeit eines Auditprogramms

2.1 Begriff

Die Definition des Begriffs „Audit" der ISO 19011 spricht von einem Prozess zur Erlangung von objektiven Nachweisen. Bild 2.1 stellt in einer Zusammenfassung die einzelnen Bausteine der Auditphasen dar.

Bevor wir auf das Vorgehen selbst eingehen, muss die unterschiedliche Verwendung des Begriffs „Audit" in der Praxis betrachtet werden. Er gliedert sich in zwei Detaillierungsgrade.

Spricht eine Organisation von ihrem Zertifizierungsaudit, so meint sie in den meisten Fällen die Summe aller Vor-Ort-Audittage. Diese kann je nach Unternehmensgröße mehrere Tage betragen. Aus Sicht der Zertifizierungsgesellschaft erweitert sich die Vor-Ort-Auditierung auf das gesamte Verfahren von der Einleitung über die Planung und Vorbereitung bis hin zur Auditberichterstellung. Diese Sichtweise des Auditbegriffs wird den weiteren Ausführungen zugrunde gelegt.

Aus der Sichtweise der Auditierten einer Abteilung stellt sich der Umfang des Audits etwas anders dar. Für sie ist ein Audit „ihre" unmittelbare Befragung bzw. Untersuchung in „ihrer" Organisationseinheit. Häufig spricht man in diesem Zusammenhang von dem „Audit in der Abteilung XYZ". Dieses „Audit" behandeln wir als Teil aller Auditphasen. Auch hier muss das Audit nach den Regeln für die Einleitung, Vorbereitung, Planung, Untersuchungen, Auditberichterstellung und gegebenenfalls Einleitung von Korrekturmaßnahmen systematisch erfolgen.

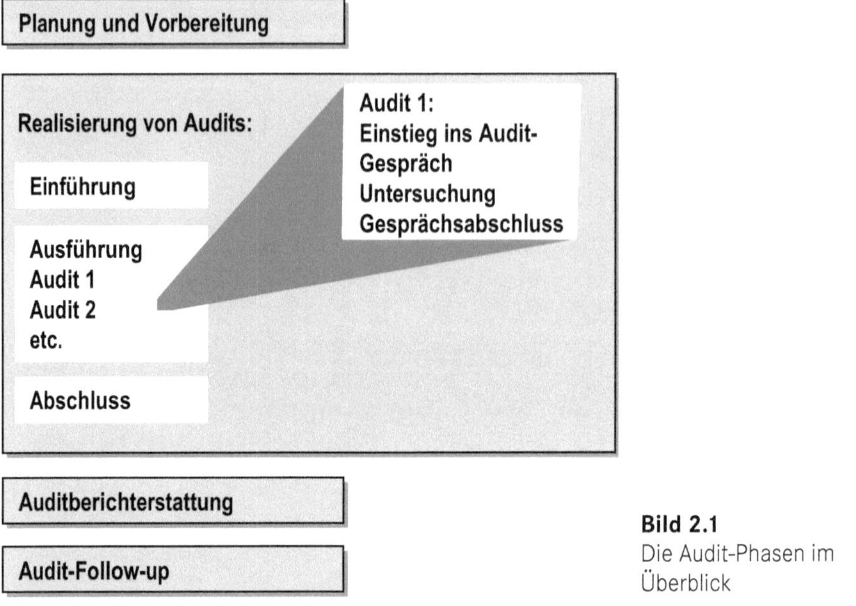

Bild 2.1
Die Audit-Phasen im Überblick

2.2 Vorgehen

Die zeitliche Abfolge des Audits gliedert sich unabhängig vom Detaillierungsgrad (Summe aller Vor-Ort-Audittage oder Audit in der Abteilung XYZ) immer in die gleichen Bausteine auf:

- Einführung,
- Durchführung und
- Abschluss.

Der Unterschied besteht lediglich im operativen Gesamtumfang der einzelnen Bausteine. Um die nachfolgenden Erklärungen zu erleichtern, werden diese unterschiedlichen Betrachtungsweisen mit dem Wort Dimension definiert, wobei folgende Festlegung gilt:

- Erste Dimension: Audit ist die Zusammenfassung aller Untersuchungen bzw. Befragungen vor Ort in einer definierten Organisation (Zertifizierungsaudit, Lieferantenaudit etc.).

- Zweie Dimension: Audit ist die Untersuchung bzw. Befragung vor Ort in einer untergeordneten Organisationseinheit (z.B. Abteilung, Bereich, Mitarbeiter) als Ausschnitt einer übergeordneten Organisation (Unternehmen etc.).

Die Bausteine der Auditphasen gleichen sich in beiden Dimensionen. Die Bausteine dieses Auditablaufes sind in Bild 2.1 dargestellt.

Sehen wir von den einleitenden Maßnahmen ab, die im Rahmen des Managements der Auditprogrammplanung erfolgt, beginnt die erste operative Auditphase mit der Auditplanung und Auditvorbereitung. Kapitel 3 geht explizit auf die Planung und Vorbereitung von Audits ein.

Der darauffolgende Baustein des Auditablaufes ist die konkrete Realisierung des Audits (Befragung der Mitarbeiter, Messungen, Beobachtungen etc. vor Ort). Kapitel 4 beschäftigt sich ausführlich mit den inhaltlichen Komponenten dieses Bausteins. An dieser Stelle soll zum besseren Verständnis der weiteren Ausführungen die vorgenommene Strukturierung der Realisierung in drei Blöcke erläutert werden.

Einführung

Bei einem Audit der definierten ersten Dimension (Zertifizierungsaudit, Lieferantenaudit etc.) ist die Einführung eine Gesprächsrunde der Auditoren zur Vorstellung, Klärung des Ablaufes etc. mit den Verantwortlichen einer Organisation. Dieses Gespräch findet unmittelbar vor der Ausführung der Auditgespräche in den einzelnen Bereichen statt.

Zur Unterscheidung zum umfangreicheren Einführungsgespräch bezeichnen wir die Gesprächseröffnung in den einzelnen Bereichen als „Einstieg ins Auditgespräch“. Eine offizielle Definition dieser Unterscheidung existiert nicht. Manche Auditoren nennen diese Gesprächseröffnung „small talk“. Einer unserer Kollegen karikiert die Zielsetzung mit dem Sprichwort „Die Kuh vom Eis holen!“. Obwohl diese Vergleiche treffend sind, ist Vorsicht geboten. Für diesen informellen Gesprächseinstieg gelten die gleichen Anforderungen wie in einem Einführungsgespräch mit dem Führungskreis.

Ausführung

Ausführung bedeutet die Koordination und die Durchführung der Untersuchung bzw. der einzelnen Befragungen vor Ort. Auch Messungen, Beobachtungen oder andere Ermittlungsverfahren können Bestandteil der Ausführung sein. Während der Ausführung verifiziert das Auditteam bzw. der Auditor die Auditnachweise.

Zu betonen ist die Beachtung der gleichen Struktur in den jeweiligen Organisationseinheiten. In der hier gemeinten Ausführung bedeutet dies die Einhaltung der Gesprächsstruktur Einstieg ins Auditgespräch, Untersuchung und Gesprächsabschluss.

Abschluss

Bei einem Audit der oben definierten ersten Dimension (Zertifizierungsaudit, Lieferantenaudit etc.) bedeutet der Abschluss die Zusammenfassung der Ergebnisse aller Untersuchungen der Auditoren, Klärung von Missverständnissen, Klärung der weiteren Vorgehensweise etc. mit den Verantwortlichen einer Organisation in einem Schlussgespräch. Dieses Gespräch findet unmittelbar nach den Untersuchungen mit allen Verantwortlichen der untersuchten Bereiche statt.

Zur Unterscheidung zum umfangreicheren Schlussgespräch nennen wir den Abschluss der Untersuchungen für das einzelne Audit vor Ort in einer bestimmten Organisationseinheit „Gesprächsabschluss". Eine offizielle Definition dieser Unterscheidung existiert auch in diesem Fall nicht. Auch hier gelten im Grunde genommen die gleichen Anforderungen wie im Auditabschluss mit dem Führungskreis.

Die nächste Phase des Auditablaufs ist die Auditberichterstattung, die unterschiedlich aufwendig betrieben wird. Auditoren erstatten teilweise in Form ausgefüllter Checklisten oder in aufwendigerer Form Bericht. So hinterlegen beispielsweise externe Auditoren zum Teil einen in Prosaform zusammenfassenden Bericht mit den ausgefüllten Checklisten als Auditprotokoll und fügen Formulare mit den zu erledigenden Korrekturmaßnahmen als Abweichungsberichte hinzu. Die Vor- und Nachteile sowie der zugrunde liegende Zweck der jeweiligen Berichtsart stellt Kapitel 5 eingehend dar.

Das Audit endet gemäß internationalen Normen für das Auditwesen (ISO 9001, ISO 19011) mit dem Abschluss aller Tätigkeiten, die im Auditplan vorgesehen waren, und mit der Verteilung des Auditberichts an die vorgesehenen Stellen. Die Auditschlussfolgerungen als Bestandteil der Auditberichterstattung sind Komponenten der Auditphasen. Die Festlegung von Korrekturen- und Korrekturmaßnahmen als Folgetätigkeit der Auditschlussfolgerungen hingegen sind nicht offizieller Teil des Audits. Die Verifizierung der erfolgten Korrekturmaßnahmen und deren Wirksamkeit können jedoch im nachfolgenden Audit erfolgen.

Die Begrenzung des Auditablaufes bis hin zum Verteilen des Auditberichts birgt eine Gefahr in sich. Falls die Organisation die Maßnahmenfestlegung und Verfolgung nicht in den Auditprozess einbindet, findet unter Umständen keine systematische Maßnahmenverfolgung und Wirksamkeitsprüfung statt. Gerade die fehlende Wirksamkeitsprüfung fördert den Formalismus in der Organisation. Beispielsweise resultieren aus Audits als Korrekturmaßnahmen schriftliche Anweisungen. Untersucht die Organisation diese Anweisungen zu einem späteren Zeitpunkt nicht auf deren Sinnhaftigkeit, bleiben sie häufig ohne Mehrwert für das Unternehmen bestehen.

Zum anderen besteht die Gefahr, dass ein Unternehmen die aus den Audits resultierenden Maßnahmen nicht systematisch in den kontinuierlichen Verbesserungsprozess einbindet. Die Organisation versteht das Audit unter Umständen nicht als

Werkzeug zur kontinuierlichen Verbesserung im Unternehmen. Dies kann zur fehlenden Akzeptanz des Auditwesens und damit einhergehend des gesamten Qualitätsmanagements führen.

Um diese Gefahren zu vermeiden und weil bereits viele Unternehmen über die offizielle Definition des Umfangs des Auditablaufes hinaus die Einbindung des Auditwesens in den kontinuierlichen Verbesserungsprozess praktizieren, ist es sinnvoll, das Auditvorgehen mit der Überprüfung der Wirksamkeit der eingeleiteten Maßnahmen enden zu lassen. Kapitel 6 geht auf diese sogenannten „Follow-up"-Mechanismen näher ein.

3 Planung und Vorbereitung

Darum geht es

- Übersicht und praktische Tipps für die Vorbereitung und Planung von Audits
- Unterschiedlichkeiten der Planung von internen und externen Audits
- Erstellung von Auditplänen
- Auswahlmöglichkeiten für den Einsatz von Auditoren
- Zusammenstellung des Auditteams
- Aufgabenverteilung im Auditteam
- Verschiedene Möglichkeiten der Unterlagenprüfung
- Unterschiedliche Interpretationen, Aufbau und praktische Anwendung von Fragenkatalogen
- Beispiele für den formalen Aufbau von Fragenkatalogen
- Auswahl von Referenzdokumenten und Informationen zur Vorbereitung

3.1 Themen für die Auditplanung und Auditvorbereitung

Vergleichen wir die Vorgehensweise bei der Durchführung eines Audits mit der Vorgehensweise bei der Durchführung eines Projekts, erkennen wir viele Parallelen. Der Erfolg eines Audits sowie eines Projektes liegt in der gründlichen Planung und Vorbereitung. Dies gilt sowohl für externe als auch interne Audits sowie für die Art der Audits. Die Anforderungen an die Inhalte und Themenstellung der Planung interner und externer Audits sind fast identisch. Eine Art Checkliste zur Planung und Vorbereitung ist in Bild 3.1 dargestellt.

Trotz der übereinstimmenden und zu berücksichtigenden Gesichtspunkte weist die Vorgehensweise zur Vorbereitung und Planung der internen und externen Audits einige Unterschiede auf. Viele Unternehmen verteilen z. B. die einzelnen Bereichsaudits über einen längeren Zeitraum, wohingegen externe Audits darauf abzielen, eine Auditserie in einem möglichst kurzen Zeitraum durchzuführen.

- **Zielsetzung und Umfang des Audits**
- **Auditkriterien**
- **Risiken und Chancen des Audits**
- **Nennung der Mitglieder des Auditteams**
- **Nennung der zu auditierenden Organisations- und Funktionsbereiche**
- **Nennung der wesentlichen Funktionen im QMS und der Personen, die in das Audit einbezogen werden**
- **Nennung der wesentlichen QMS-Aspekte, die in den einzelnen Organisations- und Funktionsbereichen auditiert werden**
- **Nennung der Referenzdokumente**
- **Voraussichtlicher zeitlicher Ablauf des Audits und der Örtlichkeiten für die Auditaktivitäten**

Bild 3.1 Themen der Planung und Vorbereitung von Audits

Die unterschiedliche Zielsetzung vieler Unternehmen bei Zertifizierungsaudits (Zertifikat erhalten) bzw. internen Audits (Verbesserungen erzielen) führt zu unterschiedlichen Planungsvoraussetzungen. Aus diesem Grund werden im folgenden Abschnitt die beiden Auditarten getrennt behandelt.

3.2 Die Auditplanung interner Audits

3.2.1 Planungsinhalte

Die Mindestanforderung an die Auditplanung interner Audits ist in den spezifischen Regelwerken (ISO 9001, IATF 16949 etc.) beschrieben. Diese Anforderungen können als Basis für die Umsetzung der Auditplanung dienen. Bei Qualitätsmanagementsystemen, die sich nicht an diesen Regelwerken orientieren, bieten Letztere trotzdem eine geeignete Hilfestellung.

Ausgangspunkt der Planung ist die Zielstellung des internen Audits. Es existieren die unterschiedlichsten Ziele, was ein internes Audit erreichen soll wie beispielsweise

- Beurteilung der Übereinstimmung des Managementsystems oder von Teilen daraus gegenüber den Vorgaben wie beispielsweise zertifizierbare Normen,
- Identifikation von Risiken in Prozessen oder Managementsystemen,
- Beurteilung der Effektivität und Effizienz des Managementsystems,

- Beurteilung, inwieweit gesetzliche Vorgaben und andere Regulative eingehalten werden oder
- Auffinden von Verbesserungspotenzialen aller Art.

Viele Einflüsse wie beispielsweise die Finanz- und Wirtschaftskrise Ende 2008 haben die Anforderungen an die Unternehmen weltweit stark verändert. Dadurch sind Unternehmen gezwungen, ihre Prozesse und Ergebnisse grundlegend zu überdenken. Auch die Effektivität der Managementsysteme und einhergehend damit das Auditwesen können diesen kritischen Fragestellungen nicht ausweichen. Die finanziellen Fragestellungen fließen konsequenterweise auch in die Welt der Managementsysteme mit ein. Viele Verantwortliche hinterfragen immer mehr den Mehrwert von Zertifizierungen, vor allem aber die Inhalte von Managementsystemen und des implementierten Auditwesens. Deshalb integrieren die Auditprogrammmanager in vielen Unternehmen die Zielsetzungen der Audits mit den allgemeinen Unternehmenszielsetzungen.

Inzwischen geht es bei progressiven Unternehmen nicht mehr alleine um das Auffinden von Fehlern im Umgang mit Dokumenten. Vielmehr fordern sie als Zielsetzung von Audits das Auffinden von Verbesserungen bei Prozessabläufen und Verschwendungen. Hier eignen sich umfangreiche Prozessaudits mit dem Fokus „Analyse und Auffinden von Verschwendungen" als mögliche Vorgehensweise, quasi Audits als Prozessanalyse.

Externe Audits können ebenfalls völlig verschiedene Zielsetzungen haben. So auditieren Kunden ihre Lieferanten aufgrund einer möglichen Zusammenarbeit im Rahmen ihrer Lieferantenerstbeurteilung. In diesem Fall geht es dem Kunden vor allem darum, den potenziellen Lieferanten genauer kennenzulernen und erste direkte Kontakte zu schließen. Im Falle einer Reklamation hingegen will der Kunde die Ursache dieser Probleme suchen und gegebenenfalls analysieren, um anschließend über geeignete Maßnahmen diese Probleme dauerhaft zu eliminieren.

Bei Zertifizierungsaudits ist der Fokus eindeutig auf der Feststellung, ob ein Unternehmen normkonform vorgeht oder nicht. So gibt es völlig unterschiedliche Zielstellungen, die im Auditwesen möglich sind. Aus diesen Auditzielen leiten sich unmittelbar der Umfang und die Auditkriterien ab.

Gängige Praxis ist in vielen Organisationen eine jährliche Auditplanung in Form eines Auditrahmenplans. (Der Auditrahmenplan regelt viele Aspekte, die von der ISO 19011 als Auditprogramm bezeichnet werden.) Dieser Plan enthält keine Detailregelungen, sondern legt den gesamten Rahmen der Audits für eine betrachtete Organisation und einen definierten Zeitraum fest. Dieser Rahmenplan dient dem Auditverantwortlichen als Überblick, welche Audits er bei wem durchführen möchte. Es ist empfehlenswert, in diesen Rahmenplan auch die externen Audits (Zertifizierungsaudits, Kundenaudits) einzutragen. So kann der Verantwortliche sein gesamtes Konzept in diesem Plan abbilden.

Der Auditrahmenplan umfasst üblicherweise alle anstehenden Audits. Der Verantwortliche plant nicht nur Systemaudits. Vielmehr beinhaltet der Plan auch Verfahrens-, Prozess-, Performance-, Compliance- oder Produktaudits. Die Auditplanung berücksichtigt die Untersuchung der Wirksamkeit des gesamten Qualitätsmanagementsystems innerhalb des betrachteten Zeitraums. Sie deckt alle Bereiche des Unternehmens und Anforderungen der angewandten Normen innerhalb eines Zeitraums ab. Den Zeitraum legt die Organisation fest. Zumeist liegt die Vorausplanung unter drei Jahren. Dies basiert auf zweierlei Gründen. Zum einen ist eine längere Periode unzweckmäßig, andererseits lassen die gängigen Festlegungen der Zertifizierungsregelungen keinen längeren Zeitraum zu.

Die ISO 9001 oder adäquate Regelwerke fordern keine jährliche Planung der Audits. Die praktische Anwendung beweist die Zweckmäßigkeit dieses Turnus. Informationen aus Audits fließen in der Regel in Managementreportings ein. Diese orientieren sich ebenso wie Zielvereinbarungen, Budgetplanungen usw. am Geschäftsjahr.

Jährliche Audits durchzuführen erweist sich meist als praktikabel. In vielen Fällen steht hier der Aufwand noch in einem vernünftigen Verhältnis zu den Ergebnissen. Es gibt nur sehr wenige Systeme, die von vornherein auf einen Dreijahresrhythmus zurückgreifen. Beispielsweise finden in dem speziell für Krankenhäuser entwickelten System der KTQ (Kooperation für Transparenz und Qualität im Gesundheitswesen - danach lassen sich einige deutsche und österreichische Krankenhäuser zertifizieren) die sogenannten Visitationen nur alle drei Jahre vor Ort zur externen Begutachtung statt. Die Erfahrung aus diesen Häusern hat aber gelehrt, dass dieser Abstand meist zu groß ist. Viele beginnen nach drei Jahren quasi wieder von vorne. Die aufzuerlegende Selbstdisziplin, das System eigenständig über diesen Zeitraum weiterzuführen, ist anscheinend in der Realität bei vielen Verantwortlichen nicht vorhanden. Bei KTQ kommt erschwerend hinzu, dass ein regelmäßiges internes Auditwesen nicht explizit als systemische Forderung beinhaltet ist.

Der Zwang der jährlichen Überwachungsaudits, und damit auch die jährlichen internen Audits, wie im Rahmen einer ISO-9001-Zertifizierung gefordert, würde diesen Häusern einen Schub nach vorne geben.

Unabhängig vom Rhythmus der internen Audits sollten Organisationen Folgendes im Auditrahmenplan (Tabelle 3.1) festlegen:

- Abteilungen oder Prozesse,
- Auditkriterien bzw. Auditthemen (z. B. Verfahren, Normenkapitel),
- Auditart,
- Auditbeteiligte (Auditoren, Auditteamleiter, Sachverständige, Auditierte) und
- vorgesehener Monat der Auditierung.

Tabelle 3.1 Auditrahmenplan

Monat Bereich	Marktanalyse	Vertrieb Ausland	Vertrieb Inland	Einkauf	Personal
Januar	4.1, 8.2, 9.1.3				
Februar					
März				8.4, 6.1, 6.2	
April		8.2, 4.4, 9.1.2			
Mai					
Juni					
Juli					
August			8.2, 4.4, 9.1.2		
September					
Oktober					7.1.2, 7.2
November					
Dezember					

* Kapitel der DIN EN ISO 9001

Häufig erstellt der Managementbeauftragte den Auditrahmenplan. Die Prüfung und Genehmigung erfolgt durch die oberste Leitung. Der Managementbeauftragte verteilt das Auditprogramm an die gesamte Organisation und vor allem an die betroffenen Auditoren und Bereiche.

Die interne Auditplanung soll folgende Gesichtspunkte berücksichtigen:

Objektivität des Auditprozesses

Die Auditplanung soll den externen Blick - ohne die sogenannte Betriebsblindheit - auf die jeweilige Abteilung bzw. den betrachteten Geschäftsprozess gewährleisten. Voraussetzung hierfür ist die Unabhängigkeit der Auditoren vom auditierten Bereich sowie die Fokussierung der Auditoren auf Zahlen, Daten und Fakten (siehe Kapitel 1).

Risikobasierter Planungsansatz

Die Auditschwerpunkte und damit der Hauptteil der Auditzeit sollte sich auf die Bereiche konzentrieren, die einen wesentlichen Beitrag zur Qualität der Produkte oder Dienstleistung beitragen, oder die besonders fehleranfällig sind. Damit trifft das Auditmanagement eine Einschätzung bezüglich des Risikos bei der Planung. Im Grundsatz gilt: je höher das Risiko des Themas oder des Bereichs für die Qualität, desto intensiver die Betrachtung im Audit.

Verteilung der Audits

Die Organisation muss die Aufrechterhaltung des Qualitätsmanagementsystems gewährleisten und optimieren. Viele Unternehmen benutzen interne Audits, um vor den externen Audits kurzfristig Gefährdungspotenziale für ein Zertifikat auszuräumen. Dies kann eine probate Zielsetzung sein, stellt aber gleichzeitig eine Verschwendung dar. Die Organisation schöpft nicht das volle Potenzial von internen Audits als Beitrag zum Unternehmenserfolg aus. Mehrwert entsteht erst durch zusätzliche Zielsetzungen (Aufrechterhaltung der Standardisierungen, Überprüfung der dauerhaften Effektivität und Effizienz von Verfahren, Prozessen etc.). Nur die Verteilung der internen Audits über eine Periode kann dies gewährleisten. Einmal jährliche „Spotlights" tragen selten zur kontinuierlichen Verbesserung bei. Dies veranschaulicht Bild 3.2.

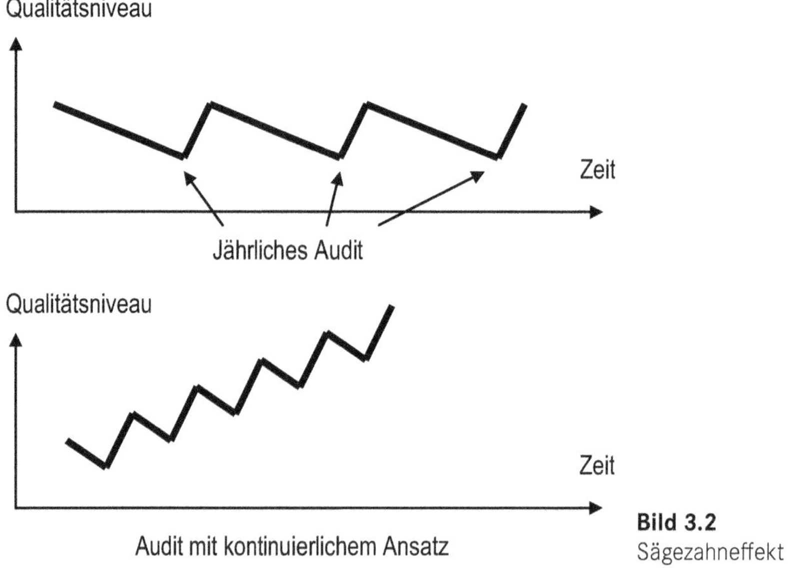

Bild 3.2
Sägezahneffekt

Es ist nicht Ziel, interne Audits nur als Vorbereitung für externe Audits zu nutzen. Der auditierte Bereich muss ohne Vorbereitungsaufwand ein Audit bestehen können. Im Idealfall ergänzen sich externe und interne Audits über den Planungszeitraum. Beispielsweise koordiniert ein Chemieunternehmen abwechselnd externe und interne Audits. In dem extern auditierten Bereich findet im gleichen Jahr kein internes Audit statt und umgekehrt.

Reifegrad des Qualitätsmanagementsystems

Der Einsatz der unterschiedlichen Auditarten richtet sich nach dem Reifegrad des Qualitätsmanagementsystems. Bild 3.3 veranschaulicht verschiedene Aspekte und zeigt die Abhängigkeit des Detaillierungsgrades sowie der Fragentiefe von der jeweiligen Auditart im Verhältnis zu den anderen Auditarten. Das Spektrum und die Fragethemen der jeweiligen Auditarten sind ebenfalls Teil der Darstellung.

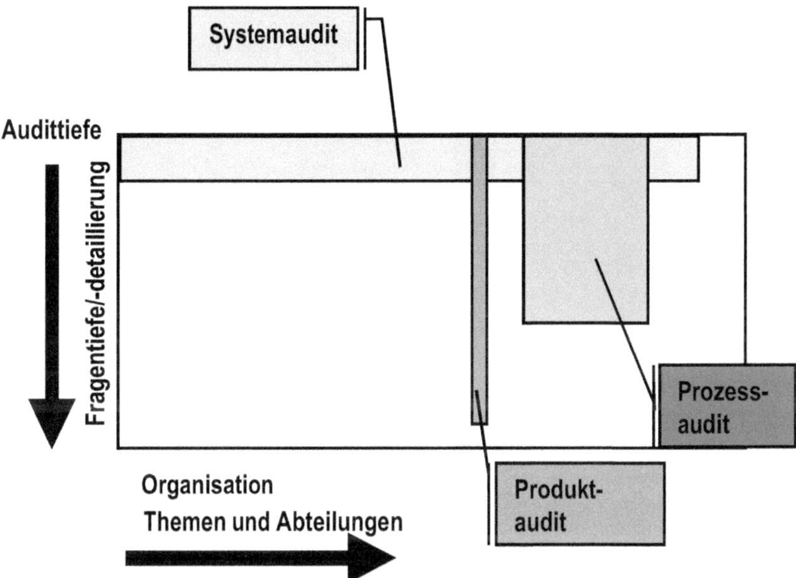

Bild 3.3 Verwendung verschiedener Auditarten

Befindet sich eine Organisation in der Aufbauphase eines Qualitätsmanagementsystems, eignet sich das Systemaudit zur Unterstützung der Implementierung. Das Systemaudit schließt viele Bereiche und Themenfelder ein. Mit dem Systemaudit ist der Auditverantwortliche in der Lage, einen umfassenden Überblick über den Gesamtzustand des Qualitätsmanagementsystems zu geben. Besteht das Qualitätsmanagementsystem einige Jahre, rücken andere Ziele in die Schwerpunktbetrachtung des Audits. Der Auditverantwortliche sollte den Schwerpunkt der Auditierung von der Standardisierung auf die Optimierung der Organisation verlegen. Prozess- bzw. Produktaudits optimieren Detailregelungen. Er plant verstärkt diese Auditarten ein.

Das Unternehmen kombiniert idealerweise das Auditprogramm einer Organisation aus den verschiedenen Auditarten. Die Kombination der Auditarten deckt die Organisation in vertikaler Richtung der Organisation (von strategischen Regelungen bis Detailfestlegungen beim Sachbearbeiter vor Ort) als auch in horizontaler Richtung (über verschiedene Abteilungen, Bereiche etc.) ab. Tabelle 3.2 gibt einen Überblick über die verschiedenen Arten von Qualitätsaudits.

Tabelle 3.2 Arten von Qualitätsaudits (Quelle: Schmitt 2007, S. 333)

Auditart	Auditgegenstand	Auditzweck	Spezifikationen	Auditunterlagen
PRODUKT	Einzelteile Zusammenbauten Zwischenprodukte Endprodukte Dienstleistungen	Feststellen, inwieweit das Produkt die geforderte Beschaffenheit aufweist	Maße Gewichte Oberflächenmerkmale Werkstoffmerkmale Funktionswerte	Zeichnungen Tabellen Produktbeschreibungen
PROZESS	Fertigungsprozesse Verwaltungsprozesse Dienstleistungsprozesse	Feststellen, inwieweit der Prozess entsprechend den Vorgaben betrieben wird und inwieweit er das geforderte Ergebnis zuverlässig hervorbringt	Betriebsmittel Einstellwerte am Prozess Hilfsstoffe Arbeitsabläufe Umgebungseinflüsse Prozessfähigkeit	Einstellpläne Fertigungspläne Prüfpläne Arbeitsplatzbeschreibungen Instandhaltungspläne Reinigungspläne Umgebungsspezifikationen Qualifikation des Personals
SYSTEM	Elemente von Systemen Untersysteme Gesamtsysteme	Feststellen, inwieweit das aktuell vorhandene System dem geplanten Zustand entspricht	Aufbauorganisation Ablauforganisation Überwachung von Betriebsmitteln Überwachung von Prüfmitteln Dokumentation	Organisationsrichtlinien Qualitätsmanagement-Handbuch Umweltmanagement-Handbuch Unfallverhütungsvorschriften Arbeitsschutzvorschriften

Ergebnisse vorangegangener Audits

Der Planungsverantwortliche muss die Ergebnisse vergangener Audits berücksichtigen.

Ein Unternehmen plante für ein Audit im Einkauf unter anderem das Thema Schulung ein. Aufgrund aktueller Problemstellungen des Beschaffungsprozesses, die sich während der Auditdurchführung ergaben, wurde das Thema Schulung nicht auditiert. In den anderen Bereichen plante der Verantwortliche dieses Thema nicht ein. Schulungen fanden deshalb in über zwei Jahren bei Audits keine Berücksichtigung. Obwohl der Auditor die Nichtberücksichtigung des geplanten Themas im Auditbericht festhielt, fehlte das Thema „Schulung" in der darauffolgenden Auditplanung. ■

Das Beispiel zeigt die Wichtigkeit für eine Systematik der Auditberichtsauswertung durch den Planungsverantwortlichen. Statistische Methoden können dies unterstützen. Die Ergebnisse aus der internen statistischen Auswertung der Auditergebnisse sollte der Auditprogrammmanager in der nächsten Auditserie berücksichtigen.

Bild 3.4 zeigt die Schwerpunkte von Nichtkonformitäten, die der Auditor während einer Auditserie feststellen konnte.

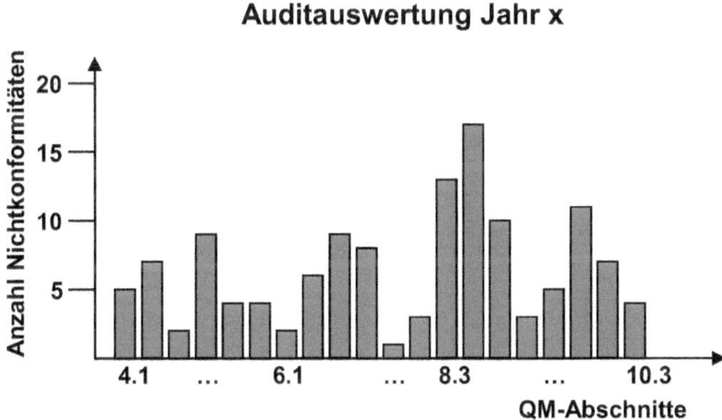

Bild 3.4 Statistische Auswertung der Auditergebnisse

Diese Ergebnisse berücksichtigte der Auditprogrammmanager in der nächsten Auditserie. Schwerpunkte dieser Audits lagen in der Auditierung des kontinuierlichen Verbesserungsprozesses und im Bereich der Aus- und Weiterbildung.

Aktuelle Ereignisse

Aktuelle Ereignisse können aus strukturellen Änderungen oder bekannten Qualitätsproblemen resultieren. Eine kundenorientierte Auditplanung erfordert die Berücksichtigung der aktuellen Bedürfnisse und Vorkommnisse im Unternehmen. Beispielsweise macht die hauptsächliche Auditierung von Prüfmitteln in der Produktion wenig Sinn, wenn vermehrte Reklamationen auf mangelnde Kompetenz von Mitarbeitern und fehlerhafte Kapazitätsplanung hinweisen.

3.2.2 Detailplanung

Die Planung für ein Audit beschränkt sich nicht auf das Erstellen eines Auditrahmenplans. Darüber hinaus muss die Planung noch die Absprache zwischen den beteiligten Personen berücksichtigen. Diese Aufgabe kommt dem Auditteamleiter zu. Während für das Aufstellen aller internen Audits der Auditprogrammmanager verantwortlich zeichnet, muss der Auditleiter eines Auditteams die Abstimmung mit den betroffenen Abteilungen im Zuge der Erstellung eines Auditplans festlegen. (In kleinen und mittelständischen Unternehmen ist der Auditprogrammmanager oftmals der Qualitätsmanagementbeauftragte und Auditleiter in einer Person; in Großunternehmen kann es sich hierbei um drei verschiedene Personen handeln.)

Die Auditplanung zur Abstimmung der Beteiligten sollte folgende Gesichtspunkte beinhalten:

- detaillierte zeitliche Planung (z.B. Tagesagenda, Pufferzeiten, Zeit für Einführungsgespräch, Zeit für Abschlussgespräch, evtl. Anfahrtszeiten für Vor-Ort-Begehungen),
- Auditkriterien als Auditgrundlage (Forderungen von Normengrundlagen wie ISO 9001, Managementsystembereiche, Prozesse, Verfahren, Methoden, Qualitätsziele, Projekte),
- Auditbeteiligte (Auditoren, Sachverständige, Bereichsverantwortliche, Spezialisten, Sachbearbeiter, Werker etc.).

Ein E-Mail vorab oder ein protokolliertes Vorabgespräch kann diese Aspekte klären. Dieses Vorabgespräch basiert in der Regel auf den näheren Festlegungen zwischen Auditteamleiter und Verantwortlichen der auditierten Organisation. Bild 3.5 zeigt den formlosen Auditplan eines Unternehmens für eine zu auditierende Organisationseinheit. Dieses Anschreiben erfolgt in diesem Unternehmen für jede zu auditierende Abteilung.

Neben den aufgeführten formalen Gesichtspunkten erhalten Sie noch praktische Hinweise für die Detailplanung. Häufig fragen auditierte Bereiche im Vorfeld eines Audits nach Auditfragenkatalogen oder Checklisten zur Vorbereitung. Es spricht nichts dagegen, die Auditchecklisten vor dem Audit zur Verfügung zu stellen. Der Auditteamleiter muss dann darauf hinweisen, dass die Checklisten nur einen Leitfaden zur Orientierung für das Auditgespräch bieten. Nachfolgendes Beispiel veranschaulicht den Grund für den notwendigen Hinweis:

In einem Unternehmen gab es standardisierte Auditchecklisten. Diese dienten als Grundlage für das Audit. Der Qualitätsbeauftragte verschickte sie grundsätzlich an die auditierten Einheiten zur besseren Vorbereitung. In einer Organisationseinheit war das Schwerpunktthema „Lenkung der Dokumente und Aufzeichnungen". Dies wies der Auditplan schriftlich aus. Auf die Frage nach der Sicherung von EDV-Daten entgegnete der Befragte: „Diese Frage steht aber nicht in der Checkliste. Darauf habe ich mich nicht vorbereitet."

Interne Aktennotiz **Mittwoch, 16.09.20XX**

Verteiler: Hr. A. Ehr, P
Hr. W. Müller, P-I
Betrifft: Auditplan

Sehr geehrter Herr Müller,

gemäß unserem vereinbarten Auditrahmenplan *(F:\\ABC\\XYZ\Audit-Rahmenplan)* steht am Donnerstag, den 29. September 20XX Ihr Audit an. Die Zielsetzung ist das gemeinsame Auffinden möglicher Verbesserungspotenziale. Weiterhin dient das Audit zur Vorbereitung für das Ende Mai 20XX stattfindende Zertifizierungsaudit gemäß DIN EN ISO 9001.
Beginn wird um 9:00 Uhr wie mit Ihnen bereits vereinbart in Ihrem Besprechungszimmer Raum 203 sein. Der Zeitrahmen für das gesamte Audit beträgt drei Stunden. Bitte organisieren Sie, dass von 9:00 – 9:30 Uhr und 11:30 – 12:00 Uhr Ihr Besprechungszimmer zur Verfügung steht und die beiden Meister (Hr. Fries, Hr. Scheckl) beim Einführungs- und Schlussgespräch anwesend sind. Weiterhin bitte ich Sie, die verantwortlichen Schichtmeister für die beiden Produktionsabschnitte und die Instandhaltung zu informieren und ausreichend zeitliche Ressourcen für Ihre Befragung sicherzustellen. Das Audit findet außer im Raum 203 vor Ort in der Produktion und in der Werkstatt der Instandhaltung statt.
Schwerpunktmäßig wird das Audit die Themenbereiche Instandhaltung, Lenkung fehlerhafter Einheiten und kontinuierliche Verbesserung behandeln. Grundlage des Handbuches sind Werkrichtlinien und Management-Handbuch sowie die zutreffenden Prozessleitfäden (einschl. Arbeits- und Betriebsanweisungen). Ich bestätige die beiden Auditoren Hr. Frank (Auditteamleiter) und Hr. Weber (Co-Auditor).
Sollten Sie innerhalb dieser Woche keine etwaigen Rückmeldungen bez. Änderungswünsche an mich per E-Mail schriftlich melden, gehe ich von Ihrem Einverständnis aus.

Mit freundlichen Grüßen
Herbert Lustig
(Qualitätsmanagementbeauftragter)

Bild 3.5 Anschreiben für ein geplantes Audit einer Organisationseinheit

Diese Aussage zeigt, welche Gefahr in der Verteilung von Auditfragenkatalogen bzw. Checklisten steckt. Der auditierte Bereich konzentriert sich auf die formalen Fragen der Checklisten. Die Auditierten vernachlässigen die von der Checkliste abweichenden Themen, die sich im Laufe des Audits als relevant hervortun. Die Vorabverteilung öffnet denjenigen Tür und Tor, die nur kurz vor einem Audit das Qualitätsmanagementsystem durch spezielle abgestimmte Vorbereitungsmaßnahmen umsetzen. Der Auditor kann deshalb keine objektive Bewertung über die Wirksamkeit des Qualitätsmanagementsystems abgeben oder die Bewertung wird zumindest erschwert.

In der Detailplanung sollte der Auditor bzw. der Planungsverantwortliche auf die Parität zwischen Auditoren und Auditierten achten. Welche negativen Auswirkungen das Ungleichgewicht der Parteien verursachen kann, zeigt folgendes Beispiel:

Ein Kollege erzählte von einem Audit bei einem großen Baustoffhersteller. Der Kunde drängte ihn dazu, neben dem Auditorenteam noch folgende Personen als Beobachter zuzulassen: Werkleiter, Qualitätsmanagementbeauftragter des Konzerns, Qualitätsmanagementbeauftragter des Werks, zwei (zukünftige) interne Auditoren. Mit einem Kleinbus fuhren sie zu einem Mitarbeiter im Steinbruch. ■

Stellen Sie sich die Situation für den auditierten Mitarbeiter vor, der vorher noch nie an einem Audit beteiligt war. Die ersten Minuten verbrachte der Kollege ausschließlich damit, den Steinbruchmitarbeiter zu beruhigen.

Umgekehrt ist die Situation für einen Auditor ebenso schwierig.

Ein Einkaufsleiter bestand darauf, das Audit in seinem Sprechzimmer durchzuführen. Er überraschte zu Beginn des Audits mit dem Hinzuziehen von fünf weiteren Sachbearbeitern. Das verhörähnliche Gegenübersitzen zwischen den Auditierten und dem Auditor verkrampfte die Situation. Auf jede Frage blickten die Befragten sich gegenseitig an, bis der Einkaufsleiter den Antwortenden bestimmte. ■

Dieser Fall demonstriert die Schwierigkeit für den Auditor, aus der „Gemeinschaftsproduktion“ die Umsetzung des Qualitätsmanagementsystems zu bewerten. Die Konsequenz des Auditors kann nur sein, diese Art der Befragung aufzulösen und das Gespräch auf die jeweiligen Arbeitsplätze zu verlagern.

In einigen Fällen ist jedoch gerade die Auditierung einer größeren Gruppe sinnvoll. Beispielsweise bietet sich bei einem umfangreicheren Prozess oder Projekt an, möglichst alle relevanten Prozess- oder Projektbeteiligten gleichzeitig zu befragen. Der Auditor klärt so auf einfache Art und Weise Schnittstellen, Verantwortungen und das Zusammenspiel der einzelnen Funktionen. Bei Unklarheiten kann er sofort rückfragen. Dies ist bei abteilungsweiser Auditierung nicht ohne größeren Aufwand möglich.

Im Rahmen unserer Tätigkeit der Weiterbildung von Auditoren fragen uns die Teilnehmer häufig, ob die Geschäftsführung immer als Erstes auditiert werden sollte. Diese Einplanung kann zweckmäßig sein. Als Alternative könnte die Geschäftsführung am Ende einer Auditserie befragt werden. Dies hat den Vorteil, dass Sie die vorher gesammelten Erfahrungen und Ergebnisse in das Gespräch mit der Geschäftsführung einfließen lassen können.

3.2.3 Risikobasiertes Auditieren

Der Begriff „risikobasiertes Auditieren“ ist in Anlehnung an die ISO 19011 gewählt worden. Sie beschreibt an unterschiedlichen Stellen, inwieweit welche Aspekte dazu führen können, dass ein Audit weder effektiv noch effizient ist.

Im Zusammenhang mit der Planung, der Umsetzung, der Überprüfung und Bewertung und dem Verbessern des Auditwesens existieren viele mögliche Risiken, die negative Auswirkungen auf das Erreichen der Zielsetzungen des gesamten Auditprogramms haben können.

Beispiele hierfür sind in folgender Auflistung dargestellt:

- Zu wenig oder keine Festlegung konkreter Zielsetzungen der Audits:

  Wenn die Auditoren und die Auditierten nicht wissen, was die Zielsetzung des Audits ist, können auch keine effektiven Vorbereitungen durchgeführt werden. Der Auditor kann das Audit ebenso wenig zielorientiert durchführen, wenn ihm nicht klar ist, was die inhaltlichen Schwerpunkte sein sollen.
- Bereitstellung zu knapper Ressourcen:

  Die Planung und Durchführung des gesamten Auditprogramms benötigt sehr viel Zeit; auch die Vorbereitung und Durchführung der einzelnen Audits bindet große zeitliche Ressourcen. Stellt der Verantwortliche diese nicht zur Verfügung, ist ein effizientes Audit nicht möglich.
- Zusammenstellen des Auditteams:

  Die Auswahl des Teams benötigt in ihrer Gesamtheit genügend Qualifikation; die Auswahl der Teammitglieder darf sich nicht danach richten, wer ggf. am meisten Zeit hat im Unternehmen, sondern ist ausschließlich durch entsprechende fachliche Auswahl zu treffen.
- Versäumnisse hinsichtlich der Genauigkeit und Sorgfaltspflicht bei Nachweisen:

  Die Auditoren müssen sehr genau und sorgfältig mit ihren Aussagen und Nachweisen umgehen. Ungenaue Erklärungen oder gar unkorrekte Behauptungen führen häufig zur fehlenden Akzeptanz der Auditoren. Schon alleine die „Verhandlungen“ im Auditschlussgespräch über die Einteilung als Hauptabweichung oder Nebenabweichung führen nicht nur zu nicht nötigen Diskussionen, sondern zu einer Ablehnung der fachlichen Anerkennung von Auditoren.

Dies sind nur ein paar Beispiele, die aufzeigen, an welchen Stellen im gesamten Auditprozess Risiken für die Durchführung des Auditprogramms liegen. Deshalb sollte der Auditprogrammmanager zu allen Aspekten des Auditprogramms mögliche Risiken ausreichend betrachten und entsprechende Gegenmaßnahmen einleiten respektive in das Auditprogramm einarbeiten. Bild 3.6 zeigt eine kleine Übersicht mit den häufigsten Risiken für einen Auditprozess.

Bild 3.6 Risiken für einen Auditprozess

Moderne Unternehmen analysieren in ihrem Risikomanagementsystem auch das Auditwesen und dessen Auswirkung auf die Organisation.

Bild 3.7 soll die zwei grundsätzlichen Arten von Risikofeldern veranschaulichen, die im Zusammenhang mit Audits betrachtet werden können. Zum einen sind das Risiken, die sich negativ auf das Auditziel auswirken können, zum anderen können durch das Auditieren in einigen Fällen auch Risiken für das Unternehmen entstehen. Durch die Auditoren selbst könnten zum Beispiel Verunreinigungen in der Lebensmittelverarbeitung, Datenschutzlecks, Sicherheitsgefährdungen oder eine Gefahr für die Unternehmenskultur der Organisation entstehen.

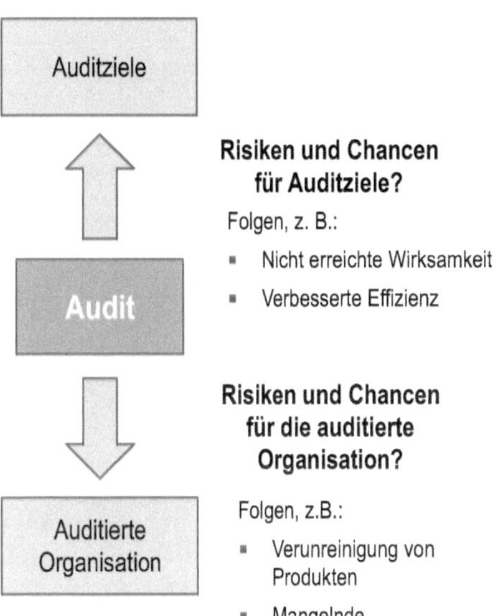

Bild 3.7
Risikoarten im Auditprozess

3.2.4 Außerplanmäßige Audits

Der Begriff Audit ist als „systematischer Prozess" definiert. Trotzdem erfordern bestimmte Situationen und Vorfälle die Durchführung von ungeplanten Audits. Diese außerplanmäßigen Audits erscheinen nicht im Auditprogramm, doch führt sie der Auditor nicht willkürlich durch. Sie dienen einem Unternehmen dazu, die Auswirkung von Umstrukturierungen, internen Fehlern, Reklamationen etc. zu hinterfragen. Ziel und Zweck ist die schnelle Einleitung von geeigneten Korrekturmaßnahmen.

Der Auditprogrammmanager kündigt außerplanmäßige Audits an. Sie bedürfen einer Vorbereitung, damit eine effektive und effiziente Ursachenanalyse möglich ist. Dies ist der Fall, wenn etwas in der Organisation nicht wie gewohnt oder geplant umgesetzt wird wie beispielsweise

- Änderungen in der Organisationsstruktur (Neueinteilung der Geschäftsbereiche etc.),
- Einsatz eines großen Anteils von neuen Mitarbeitern,
- hohe Mitarbeiterfluktuation in einem Bereich,
- neu eingeführte Prozesse (neue Fertigungsverfahren, Einführung eines Außendienstes etc.),
- sprunghafter Anstieg der Reklamationen oder interner Qualitätsprobleme,
- Einführung neuer Arbeitsmethoden (Gruppenarbeit, Total Productive Maintainance etc.).

3.3 Die Auditplanung externer Audits

Die Auditplanung externer Audits berücksichtigt zwei übergeordnete Gesichtspunkte:

- Vertragsbestimmungen und
- Auditplanung.

3.3.1 Vertragsbestimmungen

Eine Organisation sollte die externen Audits in irgendeiner Weise vertragsrechtlich oder in vertragsähnlicher Art und Weise definieren. Die Festlegung erfolgt schriftlich. Ein Zertifizierungsaudit durch einen unabhängigen Dritten sollte ausschließlich über einen rechtsgültigen Vertrag abgeschlossen sein. Bei Lieferantenaudits kann eine vertragsähnliche Dokumentation über Qualitätsmanagementvereinbarungen (Qualitätssicherungsvereinbarungen, vom Kunden akzeptierte und genehmigte Verfahrensanweisungen etc.) stattfinden. Die Inhalte der Bestimmungen umfassen die Leistungen, die der Auditor von der auditierten Einheit erwartet und umgekehrt.

3.3.2 Auditplanung

Die Grundsätze der eigentlichen Auditplanung von externen und internen Audits sind weitgehend identisch. Der Planungsunterschied der externen Audits gegenüber den internen Audits liegt hauptsächlich auf der Nachweisführung der Erfüllung von Anforderungen seitens einer Norm oder eines Kunden. Die Auditplanung und Auditvorbereitung muss vor allem sicherstellen, dass alle wesentlichen Bereiche bzw. Themenfelder der betrachteten Anforderungen nach Beendigung des Audits abgedeckt sind. Das Zeitmanagement spielt deswegen eine entscheidende Rolle.

Um diesen Aspekt zu begegnen, sind einige Grundsätze zu beachten:

Pufferzeit vorsehen

Zwischen den einzelnen Audits sollte ausreichend Pufferzeit vorhanden sein, um flexibel auf entstehende Diskussionen oder unvorhergesehene Ereignisse (Verspätungen von Auditteilnehmern etc.) zu reagieren. Zudem können diese Pufferzeiten für die nötige Abstimmung des Auditteams untereinander genutzt werden (Klärung von Aufgabenverteilungen, Diskussion der Interpretationsspielräume bei zu treffenden Entscheidungen, Review des vorangegangenen Auditgesprächs etc.).

Das Audit als Stichprobe

Jedes Audit stellt eine Stichprobe dar. Dessen sollte sich jeder Auditor bewusst sein. Es ist unmöglich, alle Aspekte einer Organisation in der Kürze eines Audits zu hinterfragen. Es ist wichtig, sich auf einige wesentliche Aspekte, in Abhängigkeit des Risikos, zu beschränken und dort stichprobenartig Detailgesichtspunkte zu hinterfragen. Im anderen Fall besteht die Gefahr, die Abläufe der Organisation nur oberflächlich zu betrachten.

Trennung der Auditoren

Ein weiteres Mittel, das den Auditoren zur Verfügung steht, ist die Möglichkeit, sich im Audit auf verschiedene Bereiche zu verteilen und so parallel zu arbeiten. Dieses Vorgehen sollte bereits bei der Planung berücksichtigt und ggf. als Alternative der auditierten Organisation mitgeteilt werden.

Die Auditplanung eines externen Audits muss sämtliche Planungsaspekte, die sich bei internen Audits auf das Auditprogramm bzw. das mögliche Infoschreiben verteilen, in einem Auditplan zusammenfassen.

Der Auditplan kann gegebenenfalls zusätzliche Hinweise auf

- die Vertraulichkeit des Audits,
- die Auditsprache,
- die Auditberichtsform,
- das Datum der Übergabe oder der Verteilung des Auditberichts oder
- die Bereitstellung spezieller Räumlichkeiten für die Auditoren oder Hilfsmittel (PC-Anschluss zum Intranet etc.)

beinhalten.

3.4 Auswahl von Auditoren

3.4.1 Auswahlkriterien

Die Wirksamkeit und Wirtschaftlichkeit des Managementsystems hängt von vielen Faktoren ab. Einer dieser Faktoren ist die Vorgehensweise der Auditoren im Audit. Diese beeinflusst maßgeblich die Motivation für das Auditwesen und das Qualitätsbewusstsein der Mitarbeiter. Die Vorgehensweise bei der Auditierung basiert auf der Fähigkeit und dem Verständnis der einzelnen Auditoren für das Auditieren. Demzufolge ist die Auswahl der Auditoren ein entscheidender Gesichtspunkt für ein erfolgreiches Auditprogramm.

Der Auditor zeichnet sich nicht nur durch fachliche Kompetenzen aus. Soziale und methodische Kompetenzen sind bedeutende Eckpfeiler für die Ausübung seiner Tätigkeit. Er benötigt auf jeden Fall genügend Wissen und Fertigkeiten in der Disziplin Qualitätsmanagement. Auditiert er andere Disziplinen wie Umwelt- oder Arbeitssicherheitsmanagement, benötigt er auch dort ausreichende Qualifikation. Darüber hinaus muss seine Kompetenz in den jeweiligen Branchen groß genug sein, dass er mit den branchenspezifischen Gegebenheiten exzellent umgehen kann. Bild 3.8 verdeutlicht im Überblick, welche Aspekte bei der Auswahl eines Auditors notwendig sind.

In vielen Organisationen herrscht ein falsches Selbstverständnis der Auditoren vor. Aus Sicht dieser Auditoren sind sie die „Prüfer" eines Qualitätsmanagementsystems und geben Hilfestellung durch das Aufzeigen von Verbesserungspotenzialen und Nichterfüllung bezüglich der Normkonformität. Manchmal betrachten sie die auditierte Organisation als Bewerber – „Bittsteller" – für ein Zertifikat bzw. eine Auszeichnung eines guten Lieferantenergebnisses. Dieses Eigenbild stellt sich aus Sicht der Auditierten oftmals anders dar. „Erbsenzähler", „Besserwisser" oder sogar „personifiziertes ISO-Übel" werden als Synonyme für Auditoren verwendet. Der Grund: Die Auditierten akzeptieren den Auditor nicht.

Deshalb sollte jede Organisation die Kompetenz der Auditoren durch geeignete Auswahlkriterien und -verfahren fördern. Nur so ist die Schaffung von Akzeptanz und Vertrauen seitens der Auditierten und der Auftraggeber in die Auditoren möglich.

Die Fähigkeit zur Kommunikation und Rhetorik bildet eine wichtige Grundlage für die Akzeptanz und damit für die Auswahl der Auditoren. Ein guter Auditor muss kein perfekt geschulter Rhetoriker sein. Da das Audit ein Frage-Antwort-Gespräch ist und der Auditor immer wieder kniffligen Gesprächssituationen ausgesetzt ist, sollte er jedoch Grundzüge in diesem Themenfeld beherrschen.

Das Kapitel 7 geht näher auf diese Kommunikationsmöglichkeiten für Auditoren ein. Bereits bei der Auswahl der Auditoren sind hierfür grundsätzliche Fähigkeiten zu berücksichtigen.

Selbst die Auswahl und Qualifikation der eingesetzten erfahrenen Auditoren sollte immer wieder infrage gestellt werden. Mit den Änderungen der Unternehmensstrukturen ändern sich auch die Anforderungen an Auditoren. Hoch qualifizierte Auditoren, die in der Vergangenheit für das Auditieren von Managementsystemen geeignet waren, müssen nicht zwangsläufig für die aktuellen Anforderungen an ein geändertes Auditwesen passen.

Zwar bietet die zunehmende Ausrichtung des Auditwesens an den Geschäftsprozessen der Unternehmen vielen Auditoren im Rahmen der Methodik nichts gravierend Neues. Viele Auditoren richteten bereits in der Vergangenheit ihre Auditplanung und ihre Frageninhalte an den Prozessen der Organisation aus. Die vernetzte Denkweise und das umfängliche Verstehen von komplexen Organisationsstrukturen erfordern jedoch eine immer intensivere Auseinandersetzung mit dem Unternehmen und den einzelnen Abteilungen. Allgemeine Fragen müssen inhaltlich direkten Befragungen weichen. Die Forderungen nach den Wechselwirkungen der Prozesse und der Wirksamkeit des Managementsystems erfordern die umfassende Betrachtung des gesamten Managementsystems bei jeder Befragung und bei allen auditierten Prozessschritten.

Bisher beschränkte sich in vielen Fällen das „klassische" Tätigkeitsprofil der Auditoren auf das Aufdecken von Nichtkonformitäten gegenüber der Norm oder internen Vorgaben. In modernen QM-Systemen obliegt dem Auditor im Rahmen eines Prozessaudits auch das Aufdecken von Schwachstellen unabhängig von einer Norm oder anderen gesetzlichen Regelwerken. Neben der Überprüfung der Systemkonformität muss er zunehmend auch Anteile eines Prozessaudits am Gesamtaufwand durchführen. Deshalb ist es unausweichlich, dass der Auditor exzellente Branchenkenntnisse und eine hohe Qualifikation in inhaltlichen Prozessen und Verfahren ausweist sowie allgemein ein ausgezeichnetes Prozessverständnis innehat.

Die fast schon obligatorische Integration der Managementsysteme wirkt sich ebenso auf die Qualifikationserfordernisse des Auditors aus. In vielen Unternehmen ist es unsinnig, für Qualität, Umwelt und Sicherheit etc. verschiedene Auditoren im gleichen Umfang auszubilden und einzusetzen.

Zwar kann ein eventuell auftretender Mangel an ausreichender Qualifikation durch die Begleitung von „Fach-Auditoren" ausgeglichen werden. Dennoch wird die Forderung nach einem umfangreicheren Wissen („Generalisten") für Auditoren insbesondere in kleineren Unternehmen zunehmen.

Eine weitere enorm wichtige Anforderung an eine hohe Auditorenqualifikation spiegelt sich in der betriebswirtschaftlichen Sicht eines Managementsystems wider. Prozesse sollen nicht nur effektiv sein. Sie müssen auch effizient ablaufen, d. h., mit wenig Input soll ein möglichst hoher Output erzeugt werden. Deshalb sind Kenntnisse über betriebswirtschaftliche Kennzahlen und deren Wirkungsweisen in den Unternehmen und den Prozessen für die Qualität eines Audits nicht mehr wegzudenken. Klassische betriebswirtschaftliche Kennzahlen zur Rendite oder zur finanziellen Stabilität (Liquidität, Eigenkapital) dürfen für einen Auditor keine babylonischen Wörter darstellen.

Hilfestellung für die Auswahl von Auditoren bietet die ISO 19011. Sie listet Kompetenzkriterien für Auditoren auf. Die Norm verfolgt das Ziel, dem Auditprogrammmanagement Kriterien zur Bewertung der Kandidaten für die Auditorentätigkeit an die Hand zu geben. Darüber hinaus bietet die ISO 19011 ein Konzept der Qualifikation und der Auswahl der Auditoren. Dieses Gesamtkonzept untergliedert sich in den Beurteilungsprozess mit der Auswahl von Auditoren als ersten Punkt und in die unterschiedlichen Qualifikationsabschnitte.

Die einzelnen Phasen des Beurteilungsprozesses sind:

- Ermittlung von Art und Ausmaß der Kompetenz zur Erfüllung der Anforderungen des Auditprogramms,
- Festlegung der Bewertungskriterien für Auditoren,
- Auswählen der geeigneten Bewertungsmethoden für Auditoren,
- Durchführung der Auditorenbewertung,
- Erhalten und Verbessern der Kompetenz des Auditors.

Dieses Kapitel behandelt die Auswahl und die nötige Kompetenz der Auditoren. Deshalb wird hier nur auf die Auswahlkriterien eingegangen. Die Möglichkeiten für die Bewertung von Auditoren und die Verbesserung der Qualifikationsprozesse wird in Kapitel 8.4 erläutert.

Basis für die erste Phase des Qualifikationsprozesses sind zwei Komponenten:

- persönliches Verhalten,
- Wissen und Fertigkeiten mit den Themen:

  allgemeines Wissen und Fertigkeiten von Auditoren für Managementsysteme, disziplin- und branchenspezifisches Wissen und Fertigkeiten von Auditoren für Managementsysteme, Wissen und Fertigkeiten für das Auditieren von Managementsystemen, die mehrere Disziplinen umfassen.

Bereits die Auditprinzipien stecken den Rahmen für das persönliche Verhalten eines Auditors ab. Das Wort Berufsethos ist hierfür der Ausgangspunkt. Das Wort begründet sich auf Eigenschaften wie Fairness, Wahrheitsliebe, Aufrichtigkeit, Ehrlichkeit und Diskretion. Die Bedeutung des Begriffs zeigt sich in der Norm DIN EN ISO 19011 dadurch, dass „sich ethisch verhalten“ als erster Punkt in der Liste professioneller Verhaltensweisen erscheint. Dies ist auch selbstverständlich. Denn der Auditor als integre Person benötigt diplomatische Fähigkeiten. Der taktvolle Umgang mit Menschen unterstreicht die Wichtigkeit der sozialen Kompetenz.

Neben den sozialen Verhaltensweisen anderen Menschen gegenüber sollte dem Auditor eine „natürliche Neugierde“ zu eigen sein. Durch seine aufgeschlossene Art ist er dann bereit, alternative Ideen oder Standpunkte abzuwägen und zu akzeptieren, ohne auf seiner eigenen Meinung zu beharren. Dies ist unabdingbar für eine wertfreie Beurteilung von Tätigkeiten und Auffassungen, die sich in seinem Umfeld darstellen. Unterstützend hierfür ist die Verhaltensweise der Vielseitigkeit, weil er sich dadurch auf die unterschiedlichsten Gegebenheiten und Situationen flexibel einstellen kann. Eine schnelle Auffassungsgabe rundet diese Verhaltensweisen ab.

Notwendig sind aber auch Hartnäckigkeit und die Entscheidungsfähigkeit. Unter Hartnäckigkeit ist die Ausdauer zu verstehen, sich nicht durch (un)bewusste Ablenkungen oder Ablenkungsmanöver verleiten zu lassen. Beharrlich sollte der

Auditor sein, um seine gesetzten Ziele (z. B. die vollständige Beantwortung einer gestellten Frage) zu erreichen.

Die Entscheidungsfähigkeit stellt eine Verhaltensweise für eine wertfreie Bewertung der ermittelten Nachweise und Auditschlussfolgerungen dar. Logisches und analytisches Denken sind hierfür die Basis.

Häufig sitzt der Auditor zwischen zwei Stühlen. Einerseits ist seine Aufgabe das Auffinden von Nichtkonformitäten, die eventuell durch Kollegen verursacht werden. Dazu gibt er Empfehlungen für „altgediente" Mitarbeiter und Führungskräfte. Dies führt nicht immer zu Verständnis und Akzeptanz seiner Person und seiner Rolle. Andererseits bringt er durch sein Handeln das Unternehmen kontinuierlich weiter. Um beiden Seiten in vollem Umfang gerecht werden zu können, braucht der Auditor eine große Selbstsicherheit.

Ein idealer Auditor stellt eine außergewöhnliche Persönlichkeit mit typischen Führungseigenschaften und hoher Sozialkompetenz dar. Eine Anforderungsliste, der in der realen Unternehmenswelt nur selten nachgekommen werden kann. Trotzdem muss der Verantwortliche versuchen, möglichst viele dieser Eigenschaften bei der Auswahl von Auditoren zu treffen (Bild 3.8).

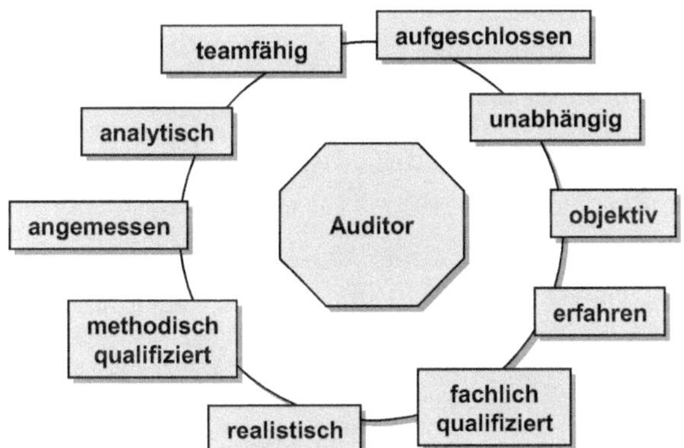

Bild 3.8
Persönliche Verhaltensweisen des Auditors

Neben dem persönlichen Verhalten bilden bei der Auswahl und Ausbildung von Auditoren das Wissen und die Fertigkeiten ein zweites wesentliches Merkmal.

Selbstredend benötigen Auditoren ausreichende Kompetenzen im Verständnis für Managementsysteme. Er braucht ausreichend Qualifikation hinsichtlich der Anwendung der Auditprinzipien und geeigneter Auditmethoden. Erst das ausreichende Wissen um die jeweiligen Vor- und Nachteile der verschiedenen Auditmethoden ermöglicht die effiziente Gestaltung von Fragestellungen und methodischer Durchführung seiner Audits.

Darüber hinaus muss er aber auch genügend Wissen über das Zusammenspiel und die Wirkungen von Managementsystemen und entsprechende Dokumentationssysteme besitzen. Oftmals ist zu beobachten, dass Auditoren zu sehr im operativen Bereich diskutieren. Das Verständnis, dass sie ein Managementsystem auditieren, das sich vom Begriff Management ableitet, ist dem einen oder anderen während des Auditierens abhandengekommen. Vor allem in den Auditschlussfolgerungen hat dies eine erhebliche Auswirkung. Beispielsweise fordern die Korrekturmaßnahmen aus Audits oftmals die Erstellung neuer oder die Ausweitung bereits vorhandener Arbeitsanweisungen. Vielleicht wäre aber eine Alternative, die auf Managementebene zu diskutieren wäre, geeigneter? Vielleicht könnte ein neu zu definierender Personalentwicklungsprozess mit einem neuen Ausbildungs- und Weiterbildungskonzept oder die Einstellung von festen (und motivierten) Mitarbeitern gegenüber Leasingkräften respektive zeitlich befristeten Mitarbeitern zielführender sein? Diese Schlussfolgerungen kann der Auditor nur dann diskutieren und treffen, wenn er das Managementsystem als gesamtheitliches Gebilde des Unternehmens versteht und dazu die Dokumentation als reines Unterstützungstool für dessen Umsetzung begreift.

Der qualifizierte Auditor unterscheidet zwischen dem Managementsystem (also der täglichen Praxis) und der Dokumentation für das Managementsystem als Hilfswerk. Er interpretiert nicht die Dokumente fälschlicherweise als Managementsystem.

Ein weiterer zentraler Wissensbaustein eines Auditors ist das Verstehen aller möglichen unterschiedlichen Organisationsformen (Matrixorganisationen, Geschäftsfelderorganisationen etc.). Vor einem Audit muss der Auditor die organisatorische Situation und die entsprechende Terminologie verstehen. Dazu zählen auch kulturelle und soziale Gepflogenheiten. Ein Audit in einem ostasiatisch oder arabisch geprägten Unternehmen ist in einigen Aspekten anders zu gestalten als in einem typisch deutschen Unternehmen. Global agierende Unternehmen mit modernen Organisationsformen weisen heutzutage komplexe Organisationsstrukturen aus. Die klassischen Linienorganigramme funktionieren dort nicht mehr. Landesgesellschaften führen prozessübergreifend in einzelnen Business Units, die an einer zentralen Holding angegliedert sind, Entscheidungen durch. Diese Strukturen muss der Auditor im Vorfeld eines Audits vollkommen verstehen, um Verständnis gegenüber den Mitarbeitern und ihren Tätigkeiten an den Tag legen zu können.

Letzter wichtiger Baustein der generellen Kenntnisse und Fähigkeiten von Auditoren ist das Wissen um zutreffende Gesetze und Vorschriften. Ein Auditor muss in die Lage sein,

- lokale, regionale und nationale Kodizes, Gesetze und Verordnungen,
- Verträge und Vereinbarungen,
- internationale Verträge und Abkommen,
- sonstige Anforderungen, zu denen sich die Organisation bekennt,

den auditierten Bereichen richtig zuzuordnen und die Einhaltung zu verifizieren. So sind Aspekte der Produkthaftung und Themen der Qualitätssicherungsvereinbarungen (ergeben sich aus BGB und HGB) Beispiele, die für einen Auditor kein Neuland bieten dürfen, sofern er sich im Automobilbereich bewegt. In der Branche des Gesundheitswesens sind beispielsweise gesetzliche Anforderungen wie die Krankenhausgesetze der Länder oder die Hygiene-Verordnung von Interesse.

Während die bisher besprochenen Kenntnisse und Fähigkeiten für alle Auditoren generell gelten, sollten Auditoren je nach Einsatzgebiet über weiteres spezielles Wissen verfügen. Bild 3.9 zeigt die notwendige Auditorenkompetenz im Überblick.

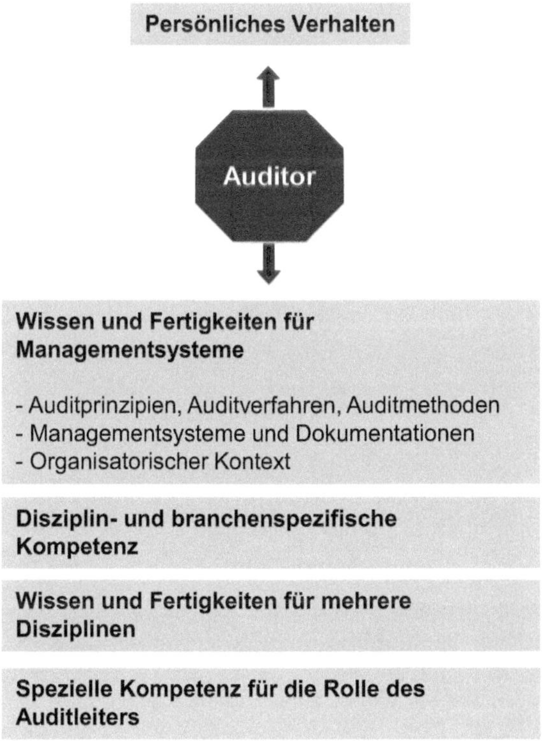

Bild 3.9
Auditorenkompetenz

In diesem Buch geht es um einen Qualitätsauditor. Das bedeutet, er auditiert vor allem in den Themenfeldern des Qualitätsmanagementsystems. Deshalb hat er vornehmlich zu diesem Bezug ausreichende Qualifikationen zu erwerben beziehungsweise auszubauen. Das Beherrschen der qualitätsbezogenen Methoden und Techniken ist damit unerlässlich. Die Prinzipien des Qualitätsmanagements, die entsprechende Terminologie und die Qualitätsmanagementwerkzeuge und deren Anwendung sind für ein qualifiziertes Audit bzw. zur qualifizierten Bewertung der Anwendung eines Qualitätsmanagementsystems unabdingbar. Folgend sind beispielhaft Begriffe und Werkzeuge aufgelistet, die ein Auditor in seinem persönlichen Werkzeugkasten in- und auswendig kennen sollte:

- PDCA: Plan-Do-Check-Act und Regelkreise (groß, klein),
- Prozessmanagement: Prozessstruktur- und Prozessleistungstransparenz,
- SPC: statistische Prozessregelung,
- FMEA, QFD, 7 Q-Werkzeuge, 7 M-Werkzeuge,
- QM-Reviewtechniken,
- Unterschied Messmittel, Überwachungsmittel, Prüfmittel.

Ein qualifizierter Auditor muss die Zusammenhänge von Prozessen und Produkten verstehen. Die Prozessterminologie und entsprechende Definitionen, deren Zuordnung und Priorisierung sind Basis für das Audit branchenspezifischer Prozesse. Nicht nur Begriffe und Geschäftsprozesse, sondern auch technische Produktmerkmale sowie die speziellen technischen Verfahren sind branchenabhängig. Deshalb ist für einen Auditor viel Branchen-Know-how notwendig, um Inhalte eines Auditgesprächs nachvollziehen zu können.

Auch wenn dieses Buch vor allem auf die Belange eines QM-Auditors eingeht, so wird in vielen Fällen der Auditor in der Praxis (vor allem in kleineren Unternehmen) für mehrere Disziplinen eingesetzt. Häufig auditiert er gleichzeitig Umwelt- und Arbeitssicherheitsmanagementsysteme. Nun ist in diesen Fällen grundsätzlich nichts anderes anzuführen als das bisher Gesagte. Führt der Auditor jedoch ein solches sogenanntes „kombiniertes Audit" durch, braucht er das Wissen und die Fertigkeiten für alle Disziplinen, in denen er auditiert. Er muss damit die gesamte normative Breite interpretieren können. Dies ist oftmals schwierig. Deshalb bietet es sich an, das Wissen bei Möglichkeit auf ein Auditteam zu verteilen. In diesem Fall reichen das Wissen und die Fertigkeit eines Auditors für jeweils eine Disziplin aus. Darüber hinaus muss er aber die Synergieeffekte zwischen den einzelnen Managementsystemen verstehen. Insgesamt reicht es, wenn das gesamte Auditteam auf das notwendige Wissen und die notwendigen Fertigkeiten zurückgreifen kann, um die Auditzielsetzungen erreichen zu können. Dies ist Gegenstand der Auswahl und Zusammensetzung der Auditteams.

Als letzten Punkt im Rahmen der Auswahl und Qualifikation eines Auditors gilt es, noch die Rolle des Auditleiters explizit zu betrachten.

Ein Auditleiter hat eine höhere Kompetenz auszuweisen als ein Auditor, der unter Umständen lediglich als Co-Auditor in einem Auditteam fungiert. Der Auditleiter braucht diese zusätzliche Kompetenz, um das Auditteam lenken zu können.

Dazu braucht er Kenntnisse über die Stärken und Schwächen der einzelnen Teammitglieder, damit er sie ausgleichen kann. Nur dann ist eine harmonische Zusammenarbeit zwischen den Teammitgliedern möglich. Er ist verantwortlich für eine positive Grundstimmung im Team, muss diese entwickeln beziehungsweise bei auftretenden Konflikten zwischen Teammitgliedern zur schnellen Konfliktlösung beitragen. Ihm obliegt auch die Verantwortung für das Management des gesamten

Prozesses zur Durchführung des Auditierens. Dazu benötigt er die Kompetenz, wie er die Ressourcen während eines Audits sinnvoll einsetzt und wie er die Unsicherheiten und Risiken bezüglich des Erreichens der Auditziele behandelt.

Ihm steht auch die Aufgabe zu, die Auditteammitglieder zu führen und auszubilden.

In der Praxis ergibt sich die Auswahl der internen Auditoren und Auditleiter häufig zwangsläufig. Meist ist der Qualitätsmanagementbeauftragte der interne Auditor in Personalunion. Besondere Auswahlkriterien für die Eignung als Auditor ziehen die Verantwortlichen nicht heran. Wählt der Qualitätsmanagementbeauftragte oder ein anderer Verantwortlicher einer Organisation zusätzliche Auditoren aus, geschieht dies oftmals aufgrund der zeitlichen Verfügbarkeit oder der vermeintlichen Nähe zu diesem Thema. Beispielsweise bestimmen die Auswähler die Mitarbeiter der Qualitätssicherung zu internen Auditoren. Ob die notwendigen Fähigkeiten vorhanden sind, spielt dabei keine oder eine untergeordnete Rolle. Mit zunehmender Einsicht der Verantwortlichen bezüglich der Wichtigkeit des Auditwesens – und damit der Auditoren – als elementarer Baustein eines effektiven Qualitätsmanagementsystems gehen sie dazu über, Auditoren bewusster auszuwählen.

Mit welchen Methoden können die Verantwortlichen die Auswahlkriterien anwenden bzw. überprüfen?

Ideal für die Auswahl der Auditoren ist die Festlegung aller benötigten Merkmale in Form eines Rollenbildes. Bild 3.10 zeigt hierfür ein Beispiel aus der Chemieindustrie. Verschiedene übergeordnete Themen, die in exakte Merkmale untergliedert sind, hinterlegen dieses Rollenbild.

Dieses Beispiel ist umso interessanter, weil die vier Themenfelder ökonomische, fachliche, methodische und soziale Kompetenz im Rahmen von Mitarbeitergesprächen in die Schulungsbedarfsanalyse mit einfließen. Die schriftlich mit bestimmten Vorgaben hinterlegten Auswahlkriterien dienen gleichzeitig der erforderlichen Aus- und Weiterbildung der internen Auditoren.

Vor allem die Auswahl der externen Auditoren (Zertifizierungsauditoren) bleibt oftmals dem Zufall bzw. der Festlegung durch die Zertifizierungsgesellschaft überlassen. Häufig findet auch bei größeren Zertifizierungsgesellschaften der Erstkontakt zwischen auditierten Organisationen und Auditor(en) erst beim Audit statt. Vorgespräche könnten hier eine hilfreiche Antwort darauf geben, ob beide Parteien „zusammenpassen". Eine spezifische, dem Unternehmen angepasste Checkliste mit den wichtigsten Auswahlkriterien, die den Auditor persönlich nach dessen Fähigkeiten und Eigenschaften bewerten, sind dafür ein geeignetes Instrument. Die Inhalte dieser Checkliste entnehmen Sie der ISO 19011. Einige Unternehmen priorisieren in dieser Checkliste die einzelnen Kriterien mit Wichtungsfaktoren. Ein Beispiel findet sich auf unserer Homepage via-cg.com.

Das Unternehmen sollte den Auditor (extern oder intern) nicht nur aufgrund seiner schriftlichen Bewerbung oder eines Bewerbungsgesprächs auswählen. In diesen kann der Auditprozessverantwortliche lediglich erste Eindrücke gewinnen. Eine geeignete Bewertung der Eignung bieten erst Probeaudits, Assessments oder andere persönliche Auswahlverfahren. Hierzu ein Beispiel:

Ein Konzern wählt sowohl interne als auch externe Auditoren (Zertifizierungsauditoren) über die Bearbeitung einer Aufgabe aus. Der Bewerber erhält eine Verfahrensbeschreibung eines Prozesses. Er hat die Aufgabe, Nichtkonformitäten festzustellen, über die Normanforderungen hinaus Verbesserungspotenziale zu identifizieren und diese einem Gremium aus Qualitätsmanagern und Fachbereichen zu präsentieren. Bewertet werden dabei nicht nur Inhalt und Fachkompetenz, sondern auch die Art und Weise der Präsentation (von freundlich, hinweisend bis überheblich).

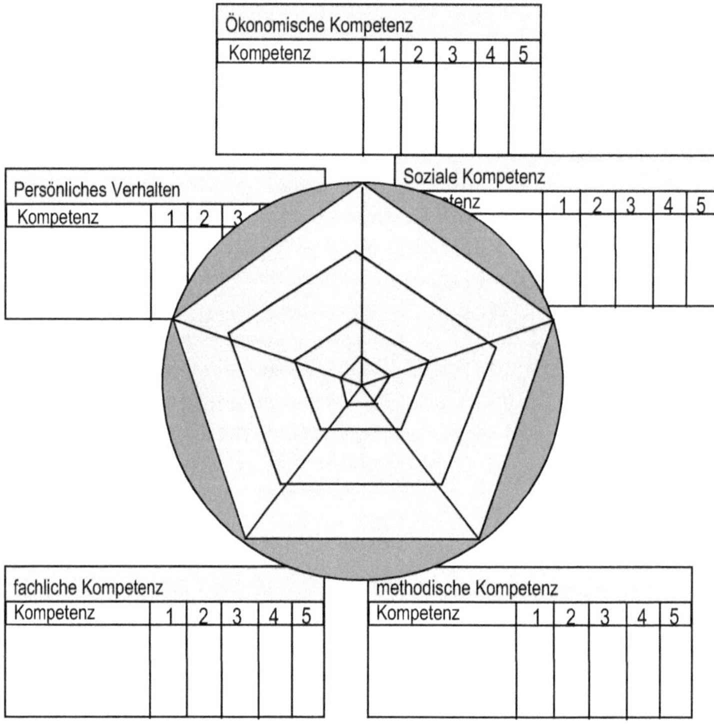

Bild 3.10 Beispiel eines Rollenbilds eines Auditors

Probeaudits, bei manchen Zertifizierungs- oder Beratungsgesellschaften auch Voraudit, Generalprobeaudit oder ähnlich genannt, bilden eine hervorragende Möglichkeit, Vorgehensweise, Fähigkeiten und Eigenschaften des Auditors etwas näher kennenzulernen. Ergeben sich grundsätzlich Zweifel hinsichtlich der Eignung des Auditors, sollte die Organisation den Mut aufbringen, diesen Auditor (extern oder intern) nicht weiter einzusetzen. Im Falle eines internen Auditors muss sich der Verantwortliche im Rahmen einer Leistungsbeurteilung überlegen, ob eine Weiterqualifikation sinnvoll ist oder nicht.

3.4.2 Zusammenstellung und Aufgabenverteilung der Auditteams

In vielen Fällen ist die sinnvolle Auditierung ausschließlich über Auditteams zu gewährleisten. Diese Auditteams sind als Repräsentanten des Auditwesens eines Unternehmens sowohl der auditierten Organisation als auch dem Auditprogrammmanager verpflichtet. Deshalb muss er die Anzahl, Auditorenauswahl und Aufgabenzuteilung der Auditteams sorgfältig planen.

Die Planung der Auditteams orientiert sich nach unterschiedlichen Bedürfnissen und Faktoren. Folgende Aspekte sollte der Auditprogrammmanager bei der Zusammensetzung des Teams berücksichtigen:

- Einschränkungen und Zuordnungen innerhalb der Organisation: Sicherstellung der Unabhängigkeit und Objektivität, Akzeptanz aller Auditoren, Vermeidung von Interessenkonflikten, Hierarchieaspekte, Zugriffs- und Verfügungsrechte auf Dokumente, Daten und Informationen etc.
- Gesamtqualifikation: Kompetenz und Erfahrung in Summe aller Auditoren im Auditteam; falls notwendig, muss der Auditprogrammmanager zusätzlich Sachkundige einsetzen, die unter der Leitung eines bestimmten Auditors tätig sind.
- Durchschnittliche erwartete Befragungszeit pro Auditierten und Anzahl der Befragungen,
- Gesprächsdauer (Einführungsgespräch, Abschlussgespräch, Auditorenbriefing, Treffen Auditteam zur Vor- und Nachbereitung),
- Zeitachse für Audits (Datenanalyse und Vorbereitungszeit, Zeit für die Auditberichterstattung, Leerlaufzeiten wie Distanzüberwindungen etc.),
- Teamfähigkeit und Bereitschaft zur Kollegialität,
- formale Aspekte (von Akkreditierungs-, Zertifizierungsgesellschaften) beispielsweise bezüglich Ausbildung, Arbeitserfahrung, Schulung etc.

Die Planung der aufgeführten Gesichtspunkte kann in unterschiedlicher Intensität erfolgen und reicht von einer informellen Betrachtung der Liste bei der Auditteamzusammenstellung bis hin zur Anwendung einer Eignungsmatrix für das Auditteam. Bild 3.11 zeigt ein Anwendungsbeispiel aus der Praxis.

	Auditor 1	Auditor 2
Auditerfahrung	3	4
Auditmethodik	5	5
Fachkenntnisse	2	5
BWL	4	3
Akzeptanz	3	5
Verfügungsrechte	5	2
Örtlichkeiten	2	5
zeitliche Ressourcen	5	5
Offenheit	5	5
Sprache, Rhetorik	4	4

Voraussetzung 1: Beide immer größer als 2
Bewertungsskala: 0 bis 5, 5 ist beste Bewertung

Bild 3.11 Eignungsmatrix der Auditteams

Voraussetzung für die Effektivität des Auditteams ist die eindeutige Ausweisung eines Auditteamleiters (siehe hierzu die Definition in Kapitel 1).

Der Auditteamleiter ist verantwortlich für den Auditablauf. Dies betrifft die Vorbereitung, die Befragung und deren Berichterstattung gleichermaßen. Er tritt federführend auf für die Einhaltung aller Grundsätze und Prinzipien des Auditwesens. Aus diesem Grund muss er ausreichend Erfahrung im Auditieren ausweisen und das richtige Qualitätsverständnis aufbringen.

Die Übernahme der Verantwortung bedeutet nicht unmittelbar die praktische Ausführung aller anfallender Tätigkeiten. Er weist jedem Auditor im Auditteam seine Rolle zu. Diese Rollenzuweisungen können in unterschiedlichster Ausprägung verschiedene Tätigkeiten umfassen.

Für die Vorbereitung

- Datenaufbereitung, Vorlage der Dokumentenüberprüfung,
- Erarbeitung einer spezifischen Checkliste und Aufstellen eines gemeinsam abgestimmten „roten Leitfadens“ und
- Aufstellen und Versenden des konkreten Auditplans.

Für die Durchführung

- Wer protokolliert wie und wann?
- Wird eine sach- bzw. fach-, funktions- oder kapitelbezogene Themenverteilung getroffen?
- Wer führt wie das Einführungs- und Schlussgespräch (Zuteilung der Gesprächseckpunkte)?
- Wie führt man seine Kollegen bzw. das Gespräch bei kniffligen Gesprächssituationen wieder zurück?
- Wie verhält sich das Auditteammitglied, falls ein Mitglied den besprochenen „roten Leitfaden“ verliert oder falsche Aussagen den Auditierten gegenüber tätigt?
- Wer kümmert sich wie um das Zeitmanagement?

Für die Nachbereitung

- Wer schreibt den Auditbericht? Gibt es eine Aufteilung? Schreibt jeder seinen Frageteil oder fertigt ein Mitglied einen kompletten Erstentwurf an, um dann von den anderen ergänzt zu werden?
- Wie erfolgt die Abstimmung der Auditberichterstellung?
- Wer schickt den Bericht zum Auditierten?

Diese aufgeführten Aspekte zeigen eine Auswahl von Aktivitäten, die der Auditteamleiter im Vorfeld des Audits im Auditteam abstimmen muss. Obwohl er für alle Tätigkeiten verantwortlich ist, kann bzw. muss er die Ausführung an die einzelnen Mitglieder delegieren. Wichtiger Ausgangspunkt für den Auditteamleiter ist dabei die Einsicht, dass ein Auditteam aus mehreren gleichwertigen Auditoren besteht und er keine Aufgabenverteilung im Sinne von „Chef und sein Protokollant“ versteht.

3.5 Der Einsatz von Auditfragenkatalogen

3.5.1 Zweckmäßigkeit

Jedes Audit erfordert eine klare, strukturierte Vorgehensweise. Aus diesem Grund sollte sich jeder Auditor in der Vorbereitungsphase seinen individuellen „roten Leitfaden“ für das Audit schaffen. Ein Auditfragenkatalog oder eine Auditcheckliste kann dieser „rote Leitfaden“ sein. Als ebenso zweckmäßig erweisen sich Notizen und Anmerkungen in Prozessleitfäden oder Verfahrensbeschreibungen. Die Art der Vorbereitung muss in jedem Fall eine strukturierte und effiziente Vorgehensweise gewährleisten. Individuelle Auditchecklisten helfen, Aufgaben zu strukturieren, und unterstützen den Ablauf des Audits. Zwischen einem Auditfragenkatalog und einer Auditcheckliste besteht ein Unterschied. Auditfragenkataloge beinhalten ausformulierte Fragen, oft mit Begleittexten zum besseren Verständnis hinterlegt, und sind häufig auf ein feststehendes Bewertungssystem abgestimmt. (Kapitel 5 beschreibt die meisten angewendeten Bewertungsschemas.) Eine Auditcheckliste enthält kurz und übersichtlich den „roten Leitfaden“ (Bild 3.12). Im Weiteren wird aus praktischen Gründen das Wort Checkliste auch als Synonym für den Auditfragenkatalog verstanden.

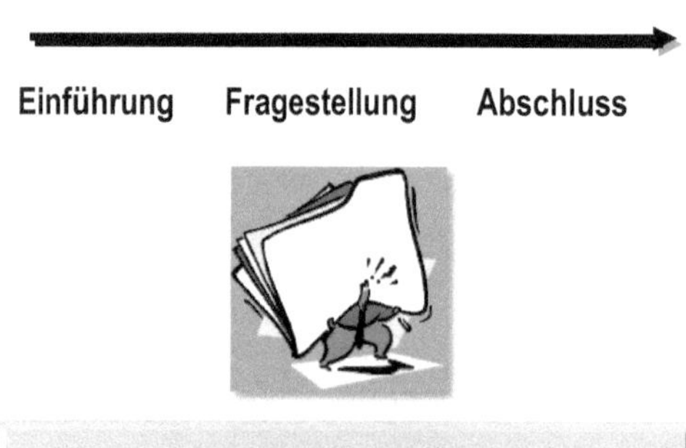

Bild 3.12
Der Auditfragenkatalog als roter Leitfaden

Der Auditor sollte die Auditcheckliste nicht als „reine Abfrageliste“ verstehen. Dies birgt die Gefahr für Auditoren (besonders für diejenigen mit weniger Erfahrung), dass sie von diesen Listen zu stark geleitet werden und lediglich ablesen. Einen Bezug zu den bereits gestellten Fragen oder zum Auditgesprächspartner stellen sie nicht her.

Einige Auditoren verwenden standardisierte Fragenkataloge während des Auditgesprächs. Diese behindern die Gesprächsführung und sind in einzelnen Gesprächssituationen nicht praktikabel. In der praktischen Durchführung füllen viele Auditoren im Anschluss an das Audit die Fragelisten aus. Sie verrichten Doppelarbeit, indem sie ihre Aufzeichnungen und Notizen im Anschluss an das Auditgespräch den jeweiligen Checklistenfragen zuordnen.

Fragenkataloge bzw. Checklisten mit formulierten Fragen verleiten den Auditor dazu, Fragen nur abzulesen. Der Auditor vernachlässigt das „aktive Zuhören" (audire = zuhören). Wort für Wort liest der Auditor häufig dem Auditierten die Checklistenfragen vor, ohne die jeweiligen Zusammenhänge in Betracht zu ziehen. Die Transparenz der Auditstruktur geht für den Auditierten und den Auditor verloren.

Deswegen können Standardchecklisten nur zur Erstellung eines individuellen „roten Leitfadens" Anregungen bieten oder dem Auditor Fachwissen bereitstellen.

Der gute Auditor nutzt die Auditcheckliste zur Strukturierung des Auditgesprächs. Er erreicht damit eine gesteigerte Transparenz für sich und den Auditierten. Sie unterstützt ihn bei der Verfolgung der vollständigen und systematischen Themenbehandlung während des Auditgesprächs. Der Auditor vermerkt Beobachtungen und Maßnahmen den Themen und Bereichen klar zugeordnet. Dieses Vorgehen ist für die Erstellung eines späteren Auditberichts hilfreich. Der Auditor kann sich auf die wesentlichen Zielsetzungen des Audits konzentrieren.

Der Zweckmäßigkeit der Auditcheckliste kommt in bestimmten Fällen eine andere Bedeutung zu. Neben dem Zweck der Vorbereitung für das Audit dient sie in manchen Fällen auch als Protokoll für die Auditberichterstattung. Wegen der Forderung der auditierten Einheiten nach einer schnellen und transparenten Übersicht über die Auditergebnisse in ihrem Bereich, gehen immer mehr Unternehmen dazu über, die im Audit verwendeten Checklisten so aufzubereiten, dass sie gleichzeitig das Ergebnisprotokoll darstellen. Bei Zertifizierungsgesellschaften dienen die standardisierten Fragelisten zum Teil als wichtiger Bestandteil der Nachweisführung bezüglich ihrer Akkreditierung.

Das Thema Checklisten in Form der gleichzeitigen Protokollführung wird in Kapitel 5 noch näher behandelt.

3.5.2 Inhalte

Moderne Auditchecklisten enthalten nicht nur Themen, die Normanforderungen wiedergeben (Bild 3.13). Der Auditor lässt weitere Gesichtspunkte in das Auditgespräch und seine Fragestellungen mit einfließen. Die effiziente Ermittlung von Verbesserungspotenzialen erreicht er unter Berücksichtigung der aktuellen Entwicklungen und Einflüsse im Unternehmen wie Unternehmensziele, aktuelle Projekte oder Ereignisse, neue Kundenanforderungen, Reklamationen etc.

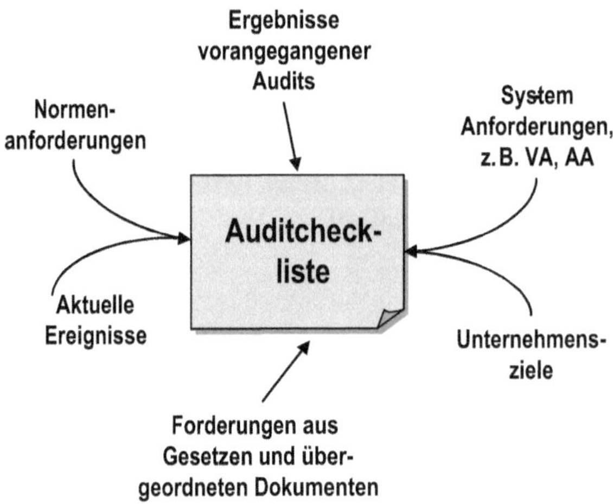

Bild 3.13 Inhalte einer Auditcheckliste

Der Auditor bereitet sich auf das Audit anhand unterschiedlicher Dokumente vor. Er berücksichtigt somit Richtlinien und Anforderungen des Unternehmens bei der Audituntersuchung. Das Mindestmaß an Dokumentenprüfung bezieht sich auf die Dokumentation des Qualitätsmanagementsystems. Er prüft die Systemdokumentation hinsichtlich ihrer Normkonformität. Der Erfolg eines Audits steht im engen Zusammenhang mit der gründlichen Vorbereitung des Auditors anhand der Überprüfung der Systemunterlagen, da sich in der Managementdokumentation Festlegungen zu Aufbau- und Ablauf-(Prozess-)Organisation in detaillierter Form finden. Gegebenenfalls sind für die optimale Auditvorbereitung weitere Dokumente oder ähnliche Informationen wie Kennzahlen, Berichte oder Übersichten wichtig. Ob der Auditor eine umfassende Informations- und Datenbasis, die weit über die Darlegung des Managementsystems hinaus geht, als Vorbereitung nutzen und später im Audit anwenden kann, ist einerseits unter wirtschaftlichen Gesichtspunkten zu prüfen (Kosten-/Nutzenabwägung). Zum anderen muss der Auditor den Kosten-/Nutzenaufwand betrachten.

In der Praxis besteht für den Auditor häufig aus den unterschiedlichsten Gründen wenig Zeit zur gründlichen Vorbereitung. Trotzdem sind je nach Zielsetzung des Audits eine Fülle von Detailinformationen im Vorfeld nötig. Eine strukturierte Vorgehensweise bei der Unterlagenprüfung ist aus wirtschaftlichen Gründen deshalb unabdingbar. Welche Lösungsansätze für dieses Dilemma bestehen für den Auditor?

Die Antwort auf diese Frage lässt sich in zwei Handlungsfelder gliedern:

- Referenzdokumente bei der Unterlagenprüfung und deren Einfluss auf Checklisten und
- Vorgehensweise bei der Unterlagenprüfung und deren Einfluss auf Checklisten.

Bevor konkrete Beispiele für die Ausführung möglicher Checklisten aufgezeigt werden, lassen Sie uns in den folgenden Abschnitten die beiden Aspekte der Unterlagenprüfung und deren Zusammenhang mit Checklisten betrachten.

3.5.3 Dokumente und Daten für die Erstellung von Checklisten

Neben den bereits aufgeführten grundsätzlichen Inhalten von Checklisten steht dem Auditor ein umfangreiches Material an Dokumenten, Aufzeichnungen und Informationen zur Verfügung, die er als Vorbereitung für ein Audit heranziehen kann. Die spezifische Berücksichtigung des möglichen Vorbereitungsmaterials für „seine" Checkliste hängt neben der zeitlichen Ressourcenfrage von folgenden Aspekten ab:

- Zielsetzung des Audits,
- Reifegrad der auditierten Organisation sowie
- Kenntnis- und Erfahrungsstand des Auditors.

Nehmen wir als Beispiel eine seit mehreren Jahren erfolgreich nach den Forderungen der ISO 9001 zertifizierte Organisation. In der Regel dürften die „klassischen" Verbesserungspotenziale, die aus der Erfüllung der Mindestforderungen der Norm resultieren, längst im Qualitätsbewusstsein der Organisation verankert sein. Der Reifegrad des Managementsystems ist in diesen Fällen hoch. Fragestellungen zum alleinigen Abgleich der praktizierten Verfahren gegenüber den Normforderungen, also bloßes Erhaltungsstreben für das Zertifikat, bringen die Organisation vermutlich nicht wesentlich weiter.

In diesem Fall könnten der Einbau von monetär betriebswirtschaftlichen Fragen, Aspekte zum Risikomanagement oder strategisch ausgerichtete Gesichtspunkte eine viel größere Effektivität und Effizienz für das Managementsystem bewirken.

Obwohl der inhaltliche Rahmen eines Zertifizierungsaudits festgelegt ist, befragte ein Zertifizierungsauditor in vorheriger Abstimmung mit der Geschäftsleitung in Themenfeldern, die weit über die Mindestanforderungen der Norm hinausgingen. Das Unternehmen ist seit vielen Jahren zertifiziert. Neben Fragestellungen, die er für die Zertifizierungsstelle als Nachweis zum Erhalt des Zertifikats erbringen musste, wählte er als Schwerpunkt des Audits den strategischen Unternehmensplanungsprozess. Hier wiederum fokussierte er auf das Thema Führungskultur und Mitarbeiterorientierung. Seine Anregung, in diesem Themenfeld auch Prozesse exakt zu bestimmen und mit bestimmten Kennzahlen aktiv zu steuern, brachte dem Unternehmen nach deren Umsetzung einen großen Mehrwert. ■

Um als Auditor entsprechenden Mehrwert für die Unternehmen schaffen zu können, muss neben seiner Kompetenz und Erfahrung auch die Vorbereitung qualitativ hochwertig sein. Notwendig für das Erreichen dieser hohen Qualität ist eine ausreichende Menge an verwertbarer Information.

Für die sinnvolle Auswahl des Informationsmaterials sollte sich der Auditor eine mögliche Struktur überlegen. Wo kann er welche Art von Informationen finden? An dieser Stelle erhalten Sie einen praxisbewährten Strukturvorschlag mit inhaltlichen Beispielen.

1. Leitdokumente

- Gesetze, Verordnungen, behördliche Anordnungen, Satzungen, Technische Regelwerke, Genehmigungsbescheide, Vorschriften der Berufsgenossenschaften, Regulative der Verbände, Normen mit „Muss-Charakter" (VDE-Normen etc.),
- Qualitätssystem-, Produkt-, Prozessnormen (ISO 9001 etc.),
- Normen und Konzepte mit Empfehlungscharakter (ISO 9004, EFQM Modell etc.),
- branchenspezifische Normen wie VDA 6.ff, TL 9000,
- gesellschaftspolitische oder organisationseigene Leitsätze und Richtlinien.

2. Umsetzungsdokumente

- Managementhandbücher und Betriebshandbücher,
- Verträge,
- Inhaltsverzeichnis einzelner Regelwerke (z. B. Übersicht von Werkrichtlinien, Übersicht von Projektordnern etc.),
- allgemeine Unternehmensübersichten wie Werbeträger (Informationsbroschüren, Homepage, Flyer etc.), Bilanzen, Produktportfolio etc.

3. Prozessdokumente

- Prozessleitfäden, Verfahrensanweisungen, Arbeitsanweisungen, Prüfanweisungen, Prüfpläne, Betriebsanweisungen, Anlagenbeschreibungen, Betriebsanleitungen etc.

4. Detaillierungsdokumente

- Zeichnungen, Bestellscheine, Produktspezifikationen, Reklamationsstatistiken, Debitorenlisten, Statistische Prozesskarten, Materialprüfzeugnisse etc.

5. Kennzahlen

- Umsatz/Mitarbeiter, Fluktuationsrate, Mitarbeiter- und/oder Kundenzufriedenheitsindex, Anlageintensität, Cashflow, Cash-to-Cash-Zyklus etc.

6. Organisationsübergreifende Informationen

- Verbandsinformationen, Branchenreports, Fachzeitschriften, Kundenbarometer, Messeberichte und -neuheiten, Untersuchungsergebnisse, Umfragen, Benchmark-Vergleiche

7. EDV-Kenntnisse und Informationen

- Betriebsanleitungen von Microsoft-Produkten, SAP-Handbücher etc.

Wie die Beispiele zeigen, geht es in der heutigen Zeit nicht mehr nur um die „klassischen" qualitätssichernden Elemente eines Managementsystems. Vielmehr kann der Beteiligte die Qualität und damit einhergehend das Qualitätsaudit umfassender verstehen. Über produktsichernde Maßnahmen hinaus können Auditoren und Unternehmen Qualitätsstandards auf Unternehmensführung, Mitarbeiterorientierung, Wirtschaftlichkeit, übergreifendes Ressourcenmanagement wie Investitionsplanung und viele weitere Aspekte projizieren.

Das gleiche Verständnis von beiden Parteien, Auditor und Auditierte, für Qualität und Qualitätsaudit ist von wesentlicher Bedeutung für den Umfang und die Intensität der Vorbereitung eines Auditors. Dieses Verständnis führt damit unweigerlich zur Entscheidungsnotwendigkeit, welche Informationen ein Auditor in welchem Umfang zur geeigneten Vorbereitung benötigt und gegebenenfalls in „seine" Checklisten bzw. in „seinen" roten Leitfaden mit einfließen lässt.

Betrachten wir als Beispiel für die sinnvolle Nutzung von Kennzahlen den Umsatz pro Mitarbeiter eines Unternehmens. Dieser Wert ist der Bilanz zu entnehmen. Nehmen wir an, dass sich das Marktumfeld und der Wettbewerb für ein Unternehmen in den letzten Jahren nicht wesentlich verändert hat. Den Wert für den Branchendurchschnitt besorgen wir uns über den Verband. In unserem vorliegenden Fall können wir über die letztjährige Ausgabe des Kundenbarometers das deutschlandweite Benchmark erfahren. Der Wert unseres Unternehmens liegt beträchtlich unter dem Durchschnitt der verbandsmäßig erfassten Mitbewerber.

Noch eklatanter ist der Unterschied zum Benchmark, das über eine andere Institution ermittelt worden ist. Die Frage, die sich hieraus automatisch ergibt, lautet: Warum ist das so? Die gesamte Vorbereitung und die Fragestellung des Audits könnten sich auf diese eine Frage konzentrieren. Zumindest lässt sich die Vermutung anstellen, dass der Wert auf ineffiziente Produktionsverfahren zurückzuführen ist. Der Schwerpunkt des Audits wäre zunächst in der Produktion anzusetzen. Ob sich die Vermutung bestätigt, muss der Auditor im Verlauf des Audits klären. ■

3.5.4 Vorgehensweise bei der Erstellung von Checklisten

Der vorherige Abschnitt beschäftigte sich mit den möglichen Informationen, die ein Auditor zur Vorbereitung benötigt und in den Checklisten berücksichtigen kann. Dieser Abschnitt behandelt die unterschiedlichen Vorgehensweisen für das Erstellen von Checklisten. Weiterhin sehen Sie die unterschiedlichen Möglichkeiten, wie Sie Checklisten verstehen bzw. interpretieren können.

Die aktive Erstellung von Checklisten, d.h. nicht nur deren bloße Anwendung, steht immer im Zusammenhang mit dem Heranziehen von Vorlagen und Unterlagenprüfungen.

Der Mindestanspruch an den Auditor für ein Qualitätsaudit ist die ausreichende Unterlagenprüfung der Dokumentation des Managementsystems.

Jeder Auditor muss sich jedoch bei der Unterlagenprüfung und Vorbereitung mithilfe von Checklisten bewusst sein, dass manche Forderungen grundsätzlich ausschließlich vor Ort verifizierbar sind. Beispielsweise kann er die formale Festlegung der Qualitätspolitik in der Dokumentation überprüfen. Die Umsetzung kann hingegen nur vor Ort durch Befragung verschiedener Mitarbeiter und Beobachtung unterschiedlicher Aktivitäten erfolgen. Weiterhin ist die formale Darlegung in Dokumentationen und Aufzeichnungen kein Beweis für die vorgegebene Umsetzung. Eine formale Abarbeitung von Checklistenfragen im Rahmen einer Unterlagenprüfung reicht nicht aus. Daher sollte der Auditor sich spezifische Anmerkungen in den Checklisten machen.

Hierfür kann er unterschiedliche Vorgehensweisen wählen, die Auswirkung auf die Erstellung von Checklisten der unterschiedlichsten Art haben.

Abgleich gegenüber Normen

Die einfachste Form der Unterlagenprüfung ist die Anwendung der entsprechenden Norm als Checkliste. Beispielsweise kann der Auditor die Norm ISO 9001 als Vergleichsdokument direkt nutzen, indem er diese den Dokumenten der auditierten Organisation gegenüberstellt und den Erfüllungsgrad bestimmt.

Noch etwas einfacher gestaltet sich die Anwendung der Norm als Checkliste, wenn diese in Frage- oder Stichwortform gefasst ist. Bei dieser Art des Abgleichs bestehen wiederum zwei mögliche Vorgehensweisen:

- Entweder überprüft der Auditor der Reihe nach alle Forderungen der Norm und sucht an den entsprechenden Stellen in der Dokumentation.
- Oder er überprüft die vorgelegte Dokumentation der auditierten Einheit kapitelweise und gleicht diese mit den Forderungen an den entsprechenden Stellen der Norm ab.

Bei beiden Vorgehensweisen notiert sich der Auditor in einer dafür vorgesehenen Spalte in der Checkliste Bemerkungen. Sind über die vorgelegte Dokumentation die Aktivitäten gegenüber den Normvorgaben eindeutig verifizierbar, so genügt unter Umständen ein Kurzzeichen als Erledigungsvermerk. Reicht der Inhalt der Dokumentation nicht aus, um die Sachverhalte klar darzulegen, sollte der Auditor ein spezifisches Beispiel anfügen, an dem sich während des Audits dieser Sachverhalt eindeutig verifizieren lässt. Beispielsweise findet sich häufig in einer Checkliste die allgemein formulierte Frage nach dem Verfahren zur Sicherstellung der Aktualität von Vorgabedokumenten. An dieser Stelle kann sich der Auditor bereits die Dokumentenart (gegebenenfalls an einem bekannten Vorgang) notieren, um das Verfahren nachzuvollziehen.

Ein interner Auditor, als Hauptfunktion in der Produktion tätig, bereitete sich auf sein Audit im Einkauf vor. Die standardisierte Audit-Checkliste des Unternehmens wies die Frage der Lieferantenbeurteilung auf. Er notierte an entsprechender Stelle der sehr allgemein gehaltenen Frage, ob eine Lieferantenbeurteilung regelmäßig durchgeführt wird, die vorgesehene Beurteilung der Speditionsfirma XYZ im abgelaufenen Jahr. An diesem Beispiel verifizierte er später vor Ort alle zusammenhängenden Aspekte der Lieferantenbeurteilung. Außerdem wusste er, dass es in der Vergangenheit mit dieser Spedition mehrere Probleme gab. Er nutzte dieses Wissen und wählte aus diesem Grund das genannte Beispiel. ■

Überprüfung der Managementdokumentation ohne Normenabarbeitung

Eine zweite mögliche Vorgehensweise der Dokumentationsprüfung bietet insbesondere bei reiferen Managementsystemen die Überprüfung der Dokumentation auf Widersprüchlichkeiten, Unangemessenheit oder Unpraktikabilität der dokumentierten Aktivitäten und das Ausweisen von Lücken in den Darstellungen. Bei dieser Vorgehensweise geht es im Wesentlichen um das direkte Erkennen von Verbesserungspotenzialen aus den vorgelegten Dokumenten, Aufzeichnungen und sonstigen Informationen. Der kapitelweise Abgleich gegenüber Normen spielt eine untergeordnete Rolle.

Praktisch gesehen, existieren für diese Alternative der Unterlage wiederum zwei Möglichkeiten:

- Der Auditor kann einerseits Unklarheiten, Problematiken, Lücken, Fragen, Bemerkungen etc. direkt in die Dokumentation einbringen. Dieses Vorgehen eignet sich, wenn beispielsweise alle Prozessbeschreibungen bzw. alle Verfahrensanweisungen vorliegen. An den entsprechenden Stellen kann er seine Anmerkungen notieren und im Audit Punkt für Punkt abarbeiten.
- Die andere Möglichkeit besteht in der strukturierten Zusammenfassung seiner Anmerkungen. Hier kann er Zusammenhänge, spezifische Fragen etc. in einer für ihn geeigneten Checkliste strukturiert auflisten und diese Notizen für das Audit nutzen.

Ausarbeitung der Unterlagenprüfung in grafische Übersichtschecklisten

Insbesondere bei Produkt- und Compliance-Audits sind die Begutachtung von Stichprobenplänen wichtig, um die Prüfergebnisse besser bewerten zu können. Um den Zusammenhang von Ergebnissen richtig zu interpretieren, sind statistische Stichprobenpläne als eine Art Checkliste geeignet.

In einigen Fällen haben wir für ein System- oder Prozessaudit eine Grafik erstellt. Diese Grafik lässt sich als Checkliste benutzen. Sie weist aus, welche und wie viele Aufzeichnungen aufgrund welcher Vorgaben als Beispiele einzusehen sind. An diesem Bild als Checkliste orientiert sich das gesamte Audit. Dazu ein Beispiel:

Als Ausgangspunkt bieten sich alle Prüfungen im Wareneingang an. Die Liste weist beispielsweise aus, bei welchen Rohstoffen welche Prüfaufzeichnungen und Prüfspezifikationen einzusehen sind. Weiterhin könnten die Anzahl der Beispiele notiert werden. Als Nächstes weist die Liste die im Prozessverlauf nächste anstehende Prüfung aus. Hier können wiederum Prüfobjekt, -aufzeichnungsart, -spezifikation und Anzahl der Beispiele notiert werden. Alle einzufordernden Auditbeispiele sind miteinander entsprechend ihrer Abhängigkeit verbunden.

Diese oder ähnliche Überlegungen führen bei der Planung so weit, dass ein Auditor unter Umständen einen ausgefeilten statistisch fundierten Stichprobenplan vorbereiten kann.

In den letzten Jahren fand die sogenannte Turtle-Systematik (Bild 3.14) eine weite Verbreitung in der Anwendung zur Vorbereitung auf Audits. Den Ursprung hat die Methodik in dem Auditvorgehen der IATF 16949. Ziel ist es, sich prozessorientiert auf ein Audit vorzubereiten. Die Schildkröte dient dabei als grafisches Grundschema. Prozessergebnis und Prozesseingabe stellen Kopf und Schwanz der Schildkröte dar. Die vier Beine spiegeln die Aspekte Methode, Personen, Ausrüstung und Messung wider. Der Auditor sammelt anhand des Turtle-Schemas wichtige Ansatzpunkte für das Audit. Diese können sich aus der Analyse der vorliegenden Dokumentation oder seinen branchenspezifischen Erfahrungen ergeben. Besonders kritische Aspekte kann der Auditor in der so entstandenen Checkliste durch Hervorhebung kennzeichnen.

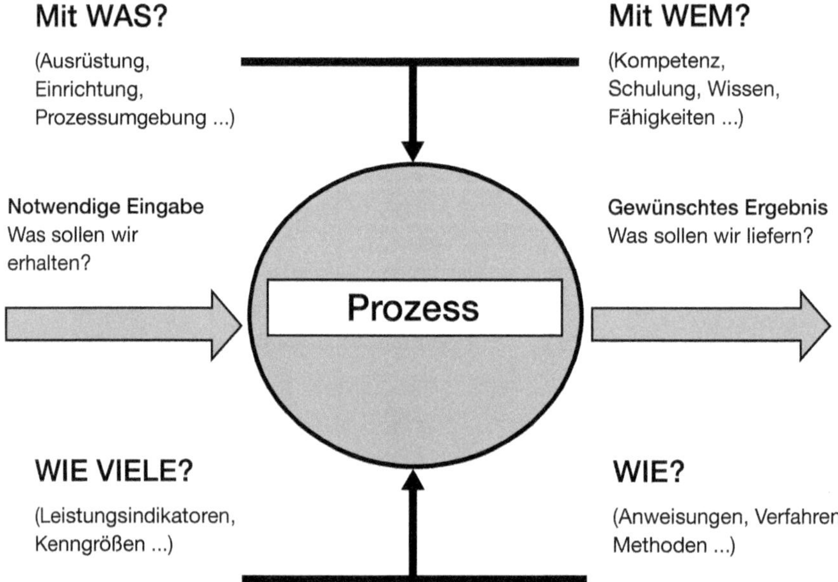

Bild 3.14 Die Turtle-Checkliste

Diese Checklisten in Turtle-Form bergen die Gefahr, dass nur nach der Aktualität und dem Vorhandensein von Ergebnissen, Ressourcen oder Anweisungen durch den Auditor gefragt wird. Die tatsächlichen Qualitätspotenziale liegen in den Detailfragen. Mithilfe der W-Fragetechnik (Bild 3.15) kann der Auditor ergründen, ob nicht noch detailliertere Festlegungen zum Beispiel für die Prozessergebnisse getroffen werden sollten, oder ob die geplanten Ressourcen (Personen, Infrastruktur, etc.) in ausreichendem Maß vorhanden sind. Lassen Sie mich dies an einem Beispiel verdeutlichen.

Der Prozess der Reklamationsbearbeitung enthält als gewünschtes Ergebnis nur eine „vollständig bearbeitete Reklamation“. Die W-Fragetechnik könnte nun Verbesserungspotenziale bezüglich dieses Prozessergebnisses aufdecken. Zum Beispiel könnten sich folgende Fragen für das Audit ergeben:

- In welcher Zeit wünscht sich der Kunde eine abgeschlossene Reklamationsbearbeitung?
- Gibt es organisationsinterne Festlegungen in welcher Zeit wir die Reklamationsbearbeitung üblicherweise oder mindestens abgeschlossen haben wollen?
- Welche detaillierten Ergebnisse sollen nach Kundenmeinung idealerweise vorliegen? (Hier zum Beispiel: Gutschriften, reparierte Geräte, Geld zurück, Ersatzgeräte ...)
- Welche Festlegungen hat die Organisation dazu getroffen?

Je detaillierter die Ergebnisse eines Prozesses definiert sind, desto tiefergehender kann dann eine Analyse der notwendigen Einflussfaktoren erfolgen. Müssen dem Kunden zum Beispiel bei einem Reklamationsprozessergebnis innerhalb von einem Tag Ersatzgeräte zur Verfügung gestellt werden, dann ergibt sich in der Rubrik „Mit WAS“ die Frage, wie viele Ersatzgeräte dafür auf Lager gehalten werden müssen oder, ob unter der Rubrik „Mit WEM“ entsprechende Vereinbarungen mit Lieferanten getroffen wurden?

Eine weitere Möglichkeit, Checklisten in grafischer Form zu benutzen, stellt die Zweckentfremdung des Ishikawa-Modells dar (auch bekannt unter dem Begriff „Ursache-Wirkungsdiagramm“ oder „Fischgrätendiagramm“). Beispielsweise eignet sich diese Vorgehensweise sehr gut bei Reklamationen. Ähnlich wie bei der ursprünglichen Anwendung dieses Werkzeugs beschreibt die Wirkungskomponente die Reklamation bzw. das Problem. Die klassischen Ursachenkomponenten (Mensch, Maschine, Material, Methode, Mitwelt) oder andere dienen als Struktur für die Themenfelder, in denen der Auditor das Gespräch leiten möchte (Bild 3.16).

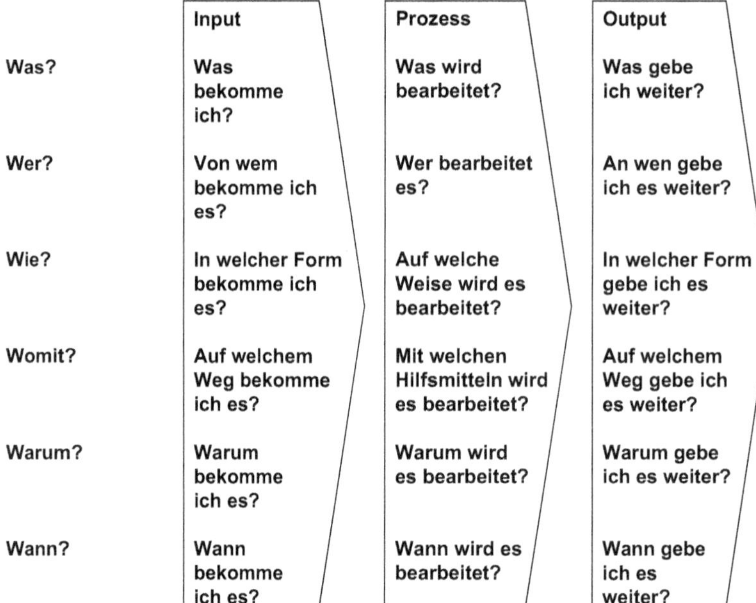

Bild 3.15 W-Fragen zur Prozessanalyse

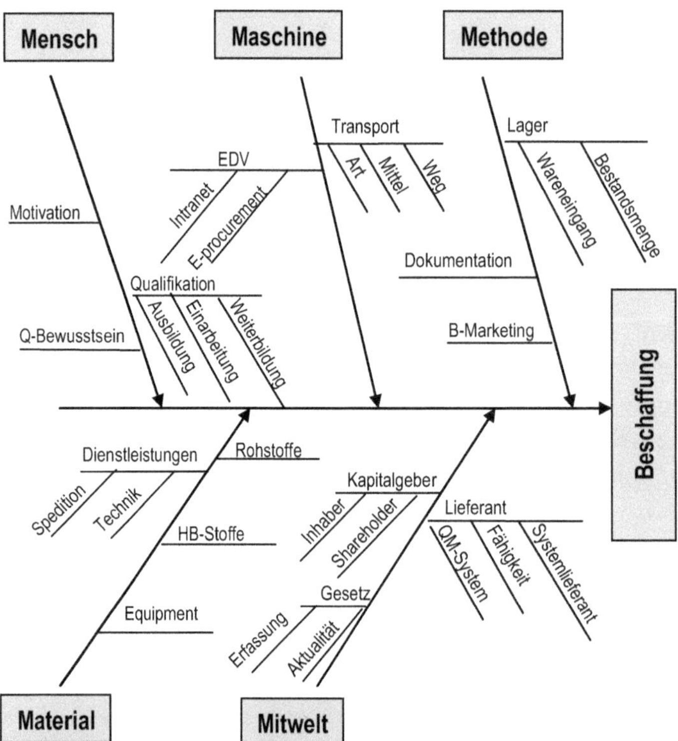

Bild 3.16 Ishikawa-Diagramm als Auditcheckliste

Voraussetzung für die Anwendung der vorgestellten „grafischen" Checklisten ist eine ausreichende Erfahrung des Auditors in Fachfragen und Auditmethodik. Weiterhin sollte der Reifegrad der auditierten Organisation sehr hoch sein. Der Vorteil dieser Methodik liegt in der „freien Gesprächsform" des Audits.

Weitere Möglichkeiten

Es existieren weitere Möglichkeiten zur Erstellung von Checklisten. So sind sämtliche Mischformen der oben aufgezählten alternativen Vorgehensweisen anwendbar.

Eine zusätzliche interessante Alternative ist das Zusammenstellen von spezifischen Fragen aus einem Fragepool. Einige Unternehmen, vornehmlich größere, generieren eine Checkliste in Form einer Datenbank mit Auditfragen. Diese Datenbank ist entweder als Gesamtfrageliste in strukturierte Themengebiete aufgeteilt oder setzt sich aus mehreren Checklisten mit den unterschiedlichen Themen auseinander. Die einzelnen Checklisten oder zum Teil einzelne Fragen kann der Auditor in der Vorbereitung des Audits spezifisch auf das jeweilige Audit ausgerichtet zusammenstellen.

Die Checklisten in Form von Datenbanken mit Fragepools zentral zu verwalten und zu aktualisieren findet insbesondere bei Organisationen Anwendung, deren Auditwesen nicht nur auf das Qualitätsmanagementsystem fokussiert ist, sondern umfassendere Themenblöcke mit beinhaltet (Umweltbelange, Arbeitssicherheit, Risikomanagement etc.).

Welche Art und Weise der Auditor bevorzugen soll, liegt einerseits an der Zielstellung (Zertifizierungsaudit etc.). Andererseits obliegt es seiner Erfahrung und der persönlichen Neigung.

Bei Betrachtung der aufgezeigten Möglichkeiten stellen Sie fest, dass die Definition für Checkliste unterschiedlich interpretiert werden kann.

Einerseits ist die Checkliste eine Auflistung von Fragen, gegebenenfalls in ein formales Korsett gestellt. Andererseits kann der Auditor eine Checkliste als das Einbringen von losen Notizen direkt in der Dokumentation (Handbücher etc.) verstehen. Unter keinen Umständen darf er die Checkliste verwechseln als Koffer randvoll mit Fragen, die unbedingt abzuarbeiten sind. Vielmehr dient sie ihm als geeignetes Hilfsinstrument, seinen „roten Leitfaden" für ein strukturiertes Audit zu gestalten.

Wichtig für den Auditor ist sein ständiges Bewusstsein für die Gefahr, das eigene Qualitätsverständnis in der Vorbereitung und der Unterlagenprüfung zum Ausdruck zu bringen. Insbesondere bei externen Auditoren (interne Auditoren aus einem anderen Unternehmensteil, Berater, Kundenauditoren, Zertifizierungsauditoren) kann die Übertragung von positiv gemachten Erfahrungen und Kenntnissen als wünschenswerte Vorgehensweise in der auditierten Einheit schnell erfolgen.

Gerade während der Vorbereitungszeit und der Erstellung spezifischer Arbeitsunterlagen wie Checklisten etc. muss er sich immer wieder vergegenwärtigen, dass jedes Unternehmen spezifisch organisiert ist. Was sich seiner Erfahrung nach für seine Organisation eignet, muss nicht zwangsläufig für die auditierte Einheit gelten und umgekehrt.

3.5.5 Beispiele für Checklisten

Bild 3.17 zeigt die klassische Art einer Standardauditcheckliste. Der Auditor verwendet sie zur Dokumentation der Beobachtungen und eingesehenen Unterlagen. Außerdem dokumentiert er seine Bewertungen und die vom auditierten Bereich vorgeschlagenen Maßnahmen. In diesem Fall basiert der zu erstellende Auditbericht maßgeblich auf der Auditcheckliste. Sie ist somit Teil der Auditberichterstattung.

Auditprotokoll Datum:		Bereich/Abteilung:	
Auditfrage	Dokumentation (Anforderung der Norm)	Umsetzung	Vorgeschlagene Maßnahme

Bild 3.17 Auditcheckliste Beispiel 1

Die in Bild 3.18 gezeigte Auditcheckliste versucht, ausformulierte Fragen zu vermeiden, um dem Auditor die Gesprächsführung zu erleichtern. Als Hilfestellung zur Interpretation bietet sie Vorschläge zu einer möglichen Nachweisdokumentation. Dies standardisiert und erleichtert die Dokumentationsarbeit des Auditors. Ebenso wie die Auditcheckliste des ersten Umsetzungsbeispiels bietet sie Raum für Bewertungen und Erläuterungen.

Kapitel der DIN EN ISO 9001:2015 Führung			
5.1 Führung und Verpflichtung			
Themenfeld	Nachweis Dokumentation	B	Erläuterung
• Wirksamkeit des QM-Systems • Q-Politik sicherstellen • Q-Ziele sicherstellen • Normkonformität der Prozesse • Förderung Prozessansatz • Förderung Risikodenken • Ressourcen bereitstellen • Bedeutung QM vermitteln • Personen anleiten • Verbesserung fördern • Unterstützung Führungskräfte	Management-Bewertung Q-Politik Q-Ziele Schulungsplan Personalplan Q-Pläne Aushang Investplan Budget Eigene Aktivitäten der obersten Leitung		

Bild 3.18 Auditcheckliste Beispiel 2

Das dritte Umsetzungsbeispiel (Bild 3.19) bildet eine Checkliste ab, die die Bewertungssystematik der VDA-Auditierung berücksichtigt. Dabei findet durch die Einzelbewertung von Umsetzung und Dokumentation die praktische Umsetzung der Anforderungen eine höhere Bedeutung.

VDA 6.1	Audit-Checkliste

Nr.	Fragen	Dokumen-tation	Anwendung	Bemerkung
1	.....	....	10 8 6 4 0	....

Folgendes Bewertungsschema liegt zugrunde:

Frageninhalt	Bewertung der Antworten				
In QM-System vollständig festgelegt	ja	nein	ja	nein	ja/nein
In der Praxis wirksam nachgewiesen	ja	ja	überwiegend		nein
Punktanzahl	10	8	6	4	0

Bild 3.19 Auditcheckliste Beispiel 3

Das Beispiel in Bild 3.20 zeigt eine individuell erstellte Checkliste. Aufzeichnungen führt der Auditor auf einem weißen Blatt ohne vorgegebene Felder. Die Zuordnung findet über die Nummerierung der Themen statt.

Begleitender Fragenkatalog in Rahmen des Audits in der Zentral-
verwaltung vom 19.10.XX -20.10.XX
XY AG

Frage/Thema	Bemerkung
Verfahrensanweisung Projektarbeit	
Def. von qualitativen und quantitativen Projektzielen	
Projektworkshops bei Projekten größer 100.000 € und Auslandprojekten	
Projektstrukturplan vorhanden?	
Projektverfolgung bekommt ein Projektmanual?	
Aufgabe des PL: Personal- und Sachaufwände in Abstimmung zu den Arbeitsphasen des Projektes planen Soll-Ist-Vergleich Ressourcen, Überwachen des Projektfortschrittes	
In jedem Arbeitsschritt wird ein Kundengespräch geführt?	
Systematisches Kundenbeanstandungsverfahren wie auf Seite 10 beschrieben durchgeführt? (Erläutern lassen)	
Ablage: Es gibt einen Ordner beim PL, ansonsten Verzeichnisstruktur Archivierungsplan	
Rechnungen zum Kunden sind zu avisieren (zeigen lassen)	
Nach Projektabschluss gibt es Kundenzufriedenheitsbefragung (durchgeführt?)	
CL für Auftragsprojekte zur Sicherstellung des Projektablaufs (wie, wann angewendet?)	
QMV Projektverfolgung	
Die Iststundenerfassung erfolgt über Modul Stundennachweis	
Bearbeiterin Projektverfolgung erstellt einen Projektbericht Maßnahmen bei Iststundenüberschreitung? PL muss Maßnahmen bei Iststundenüberschreitung einleiten	
Von wem wird Auslastungsübersicht erstellt?	
Projektverfolgung für laufende Projekte dient zur Darlegung der wirtschaftlichen Situation eines Projektes Modul: Nachkalkulation	
Etc.	

Seite 1 von 1 Datum: 12.09.20XX

G:\999\Audit Zentralverwaltung\Checkliste.doc

Bild 3.20 Auditcheckliste Beispiel 4

3.6 Umfang der Stichprobenauswahl

Eine wichtige Entscheidung während der Erstellung der Dokumente im Vorfeld des Audits (Auditplan, Checklisten) betrifft den Umfang der Stichprobennahme. Die

Stichprobennahme ist ein wesentlicher Gesichtspunkt des risikobasierten Ansatzes. Vor allem für die Auditschlussfolgerung ist es entscheidend, ob ausreichend Stichproben gezogen wurden, um einen Prozess oder ein System als nicht wirksam zu bezeichnen. Vor der Durchführung des Audits muss sich der Auditverantwortliche zwei Aspekte überlegen:

- Wie groß soll ich den Umfang der auszuwählenden Beispiele wählen?
- Bei wie viel Prozent der Abweichungen gegenüber den Vorgaben darf ich guten Gewissens von einer Nichtkonformität sprechen? Was darf ich als „statistischen Durchrutscher" sehen und ohne dokumentiertes Festhalten in einem Bericht als okay gelten lassen.

Bei einem Audit handelt es sich immer um eine Stichprobe. Der Auditor ist aufgrund der zeitlichen Ressource nicht in der Lage, die tatsächliche Vorgehensweise der täglichen Arbeit und die Anwendung und Nutzung vorgegebener Anweisungen und Dokumente in ihrem Gesamtumfang zu begutachten und zu bewerten. Es ist weder praktikabel noch kostengünstig, zumeist völlig unmöglich, alle verfügbaren Informationen/Dokumente während eines einzigen Audits zu überprüfen.

Aus diesem Grund muss der Auditteamleiter respektive das Auditteam entscheiden, wie viele Stichproben sie anschauen wollen, um eine aus ihrer Sicht repräsentative Aussage zu gewinnen, ob ein praktizierter Vorgang konform den Vorgaben gegenübersteht.

Nehmen wir das Beispiel „Lenkung dokumentierter Informationen" aus den gängigen Managementnormen (ISO 9001, ISO 14001, ISO 45001). Zu diesem Aspekt stellen die Normen verschiedene Forderungen auf:

- Genehmigung der Dokumente bei Herausgabe: die Freigabe,
- Aktualität,
- Kennzeichnung bei Änderungen etc.

Nun auditieren wir ein Unternehmen mit 500 Mitarbeitern und vielen Abteilungen. Betrachten wir hierzu unterschiedliche Situationen im Audit.

In der ersten Situation stellen wir in einer Abteilung fest, dass von ungefähr 20 verschiedenen Vorgabedokumenten ein einziges nicht unterschrieben ist, also nicht freigegeben. Alles andere ist zu diesem Punkt ohne weiteren Mangel. Weiterhin stellen wir fest, dass ein zweites, anderes Vorgabedokument in einer nicht aktualisierten Fassung vorliegt. Manch ein Auditor ist geneigt, spätestens zu diesem Zeitpunkt eine Abweichung gegenüber der Norm auszusprechen. Dass in dieser Situation eine nicht konforme Vorgehensweise an den Tag gelegt wird, ist unbestritten. Die Frage sei aber erlaubt, ob es sich hierbei um eine systemische Abweichung der beiden Managementforderungen Freigabe und Aktualität handelt. Betrachtet man den Umfang der Dokumentation im gesamten Unternehmen, sieht man sich vielen Hundert Dokumenten gegenüber – von denen nun zwei mit zwei unterschiedlichen Themen nicht ganz den Vorgaben entsprechen. Reicht diese Stichprobe aus oder muss ich weitere Stichproben anschauen? Wenn ja, wie viele?

Betrachten wir eine zweite ähnliche Situation. In mehreren Abteilungen stellen wir fest, dass bei allen Abteilungen jeweils ein (unterschiedliches) Dokument nicht freigegeben ist. Reicht dies aus, um zu sagen, der komplette systematische Freigabeaspekt ist nicht in Ordnung? Oder sollten wir als Auditteam in den einzelnen Abteilungen auch noch andere Vorgabedokumente begutachten? Wenn ja, wie viele unterschiedliche?

Diese Fragen leiten über zu Annahmestichprobenplänen. Wann kann ein Auditor guten Gewissens behaupten, seine Aussage kommt im Rahmen der Stichprobenunsicherheit der Wahrheit sehr nahe? Wie valide sind seine gewonnenen Ergebnisse und seine Aussage?

Eine konkrete, vielleicht sogar mathematisch eindeutig definierte Maßzahl, wie viele Stichproben aus einer Grundgesamtheit zu entnehmen sind, um eine Konformität bzw. Nichtkonformität eines Systems festzuhalten, gibt es nicht. Vielmehr muss der Auditteamleiter sich vorher im Klaren sein, wie groß er die Stichprobe machen möchte, um das Vertrauensniveau zu erhalten, damit sein Auditziel erfüllt werden kann. Dieser Umfang kann sich im Laufe eines Audits aufgrund bestimmter Ereignisse ändern, aber den Mindestumfang hat er vor der Auditdurchführung zu bestimmen.

In Anlehnung an die Auditnorm ISO 19011 kann sich der Auditteamleiter grundsätzlich für zwei Arten von Stichprobenverfahren entscheiden:

- entscheidungsbasierte Stichprobennahme,
- statistische Stichprobennahme.

Die erste Form der Stichprobennahme ist qualitativer Natur, während die zweite Art eine quantitative Aussage liefert. Die entscheidungsbasierte Stichprobennahme basiert auf dem Wissen, den Fertigkeiten und den Erfahrungen des gesamten Auditteams, während die statistische Stichprobenannahme auf eindeutig definierte statistische Methoden zurückgreift.

Entscheidungsbasierte Stichprobennahme

In diesem Fall sollte der Auditteamleiter Folgendes in seine Überlegungen mit einbeziehen:

- Erfahrungen aus früheren Audits,
- Komplexität der Anforderungen, inklusive gesetzlicher Anforderungen,
- Komplexität der Organisationsstruktur der auditierten Einheit,
- Komplexität der Prozesslandschaft der auditierten Einheit,
- Priorität aufgrund der strategischen Ausrichtung der auditierten Einheit,

- Priorität aufgrund des wesentlichen Geschäftsprozesses/-zwecks der auditierten Einheit,
- technologische Änderungen,
- Veränderungen der menschlichen Aspekte,
- Risikoschlüsselbereiche der auditierten Einheit,
- Überwachungsergebnisse aus dem Managementsystem.

Bereits an anderer früherer Stelle ist der Verweis, dass die Auswahl der Auditfragen sich sehr stark an der strategischen Ausrichtung der zu auditierenden Organisation ausrichten soll. So macht es einfach keinen Sinn, bei einem kleinen Steuerberatungsunternehmen den Fokus des Audits auf Unfallverhütungsvorschriften zu legen. Aber nicht nur die Themenwahl, sondern auch der Umfang der Stichprobe ist dem Geschäftszweck der auditierten Einheit anzupassen. Einen einzigen Vorgang im Einkauf hinsichtlich der Lieferantenbewertung zu auditieren ist deshalb etwas gering. Gibt es unterschiedliche Arten der eingekauften Produkte (Waren, Dienstleistungen etc.), sollte das Audit jeweils mehrere Einkaufsproduktgruppen hinterfragen. Beispielsweise kann die Stichprobenauswahl von zwei Lieferanten im Teilezukauf und zwei Lieferanten im Dienstleistungszukauf eine akzeptable Größenordnung für das Audit der Lieferantenbeurteilung in einem mittelständischen Unternehmen sein. Eine einzige Stichprobe scheint dafür ungeeignet zu sein, um eine vernünftige Aussage zu bekommen.

Auch die Erfahrungen der letzten Jahre haben einen Einfluss auf den qualitativen Stichprobenumfang. Ist ein Unternehmen seit vielen Jahren zertifiziert, hat es seitdem keine großartigen organisatorischen Änderungen gegeben und besteht eine unveränderte Vorgehensweise hinsichtlich des Umgangs mit seinen Dokumenten, ist der Auditor angehalten, das Thema Lenkung der Dokumente zu auditieren. Tagesgeschäftsbedingt und aufgrund einer möglichen ausgeprägten phlegmatischen und bequemen Arbeitseinstellung einiger Mitarbeiter kann es immer wieder zu nicht konformen Vorgehensweisen kommen. Da man jedoch davon ausgehen sollte, dass der systematische Ansatz der entsprechenden Forderungen bereits über mehrere Jahre hinweg Gegenstand intensiven Auditierens war, sollte deshalb der Umfang der Beispiele, die ein Auditor explizit einfordert, stark reduziert sein.

Der Auditor sollte die Auswahl der Stichprobe nicht alleine aufgrund seiner Erfahrung im laufenden Audit spontan entscheiden. Bild 3.21 zeigt, dass er sich bereits in der Vorbereitung des Audits mithilfe der ihm zugrunde liegenden Dokumentation Gedanken machen sollte, wie viele Vorgänge er auditieren möchte. In diesem vorliegenden Beispiel macht sich der Auditor direkt in der Prozessbeschreibung persönliche Notizen, wie viele Beispiele an ausgefüllten Checklisten er sehen möchte. Weiterhin legt er bereits hier fest, zu welchen Vorgängen er diese Beispiele sehen möchte. Im Falle der Arbeitsanweisungen notiert sich der Auditor die

Zahl der Mitarbeiter, mit der er nachweisen möchte, ob ein Arbeitsvorgang gemäß dieser Vorgabe bearbeitet wird oder nicht.

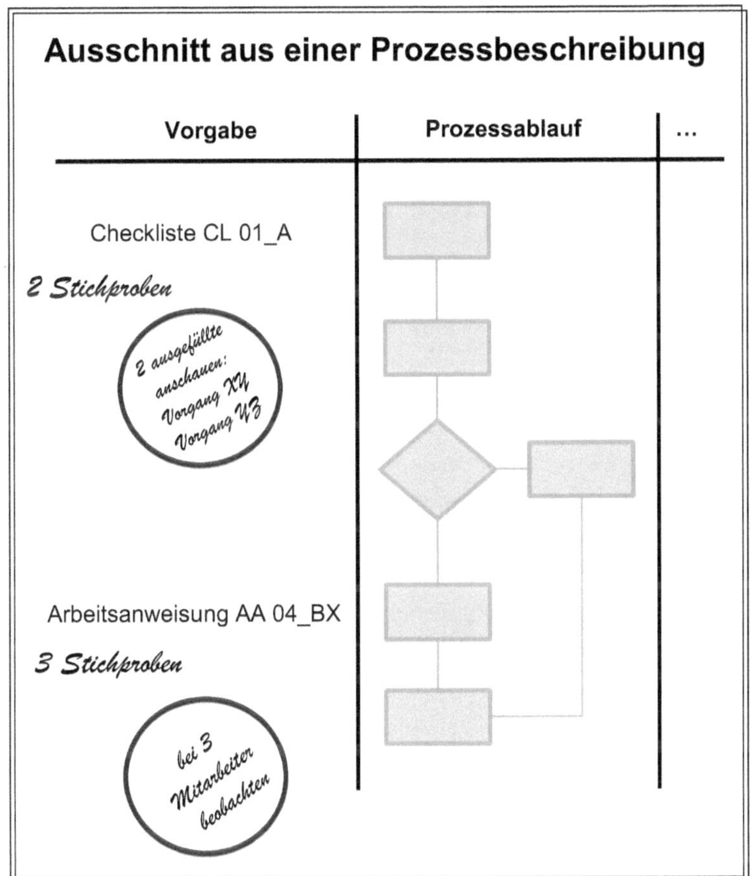

Bild 3.21 Beispiel qualitative Stichprobennahme

In beiden Fällen hat der Auditor die Möglichkeit, diese Notizen jeweils mit einem positiven Haken als erledigt zu vermerken – und nur dann, wenn er tatsächlich diese Stichprobe untersucht hat. Darin liegt der zweite Vorteil begründet. Die schriftliche Festlegung der Stichprobe (womöglich direkt in die Vorgabedokumentation) dient als persönlicher Nachweis, dass im Audit dieser Tatbestand auch tatsächlich ausreichend auditiert worden ist.

Die Festlegung des Umfangs der Stichprobe darf im Laufe des Audits nicht dazu führen, dass der Auditor sich bei etwaigen Auffälligkeiten während des Audits sklavisch an diese Stichproben hält. Er muss den Stichprobenumfang erhöhen, wenn er eine Außergewöhnlichkeit feststellt oder er sich aufgrund seiner bisherigen Ergebnisse noch kein Bild machen kann. Dies hat aber mit der Entscheidung nichts zu tun, dass er bereits im Vorfeld den Umfang festlegen muss. Dadurch ergibt sich die zeitliche Ressource, die er für sein Audit benötigt. Zum Teil benötigt der Auditteamleiter diese Vorbereitung auch, damit er die notwendige Kompetenz des jeweiligen Auditors im Detail bestimmen und zuordnen kann.

Der Nachteil der qualitativen Stichprobennahme ist die fehlende statistische Schätzung bezüglich der Unsicherheit der Auditergebnisse bzw. der Schlussfolgerungen. Dies muss im Anschlussgespräch, aber auch im Auditbericht eindeutig zum Ausdruck gebracht werden. Der Umfang der Stichproben obliegt rein der Erfahrung der Auditoren. Eine „wahre" Aussage bezüglich der Treffsicherheit einer Aussage kann es nicht geben. Bespricht der Auditor nach dem Audit seine Schlussfolgerungen, wird der Hinweis auf den Stichprobencharakter ein wichtiger Bestandteil des Abschlussgesprächs sein.

Statistische Stichprobennahme

Die sachlich korrekte, aber extrem schwierige und aufwendige Methode zum Festlegen von Stichprobenumfängen ist die statistische Stichprobennahme. Hier basiert die Probennahme auf der Wahrscheinlichkeitstheorie. Aus einer Grundgesamtheit wird eine exakte Anzahl als Stichprobe definiert. Die Grundgesamtheit könnte beispielsweise der komplette Umfang aller vorliegenden dokumentierten Arbeitsanweisungen innerhalb eines Managementsystems sein.

Der elementare Aspekt für den Auditor ist hierbei der Grad des Probennahmerisikos, dass er bereit ist, zu akzeptieren: das sogenannte Vertrauensniveau. Nimmt ein Auditor beispielsweise fünf Beispiele von insgesamt 100 praktizierten Arbeitsvorgängen (oder eines von 20, zwei von 40 etc.), akzeptiert der Auditor mit einer statistischen Sicherheit von 95 % (Vertrauensniveau) ein 5 %iges Probennahmerisiko.

In der praktischen Umsetzung von Auditprogrammen spielen diese mathematischen Stichprobenpläne eine eher untergeordnete Rolle. Jedoch kann diese Art der Umfangauswahl im Falle eines Lieferantenaudits aufgrund von Reklamationen eine Möglichkeit bieten, um vertragsrelevante und verlässliche Aussagen zu bekommen.

Zu betonen ist in diesem Zusammenhang, dass sich der Auditteamleiter über den Entnahmeumgang seiner Stichprobe immer eines deutlich macht: Ab wann ist er überzeugt, dass Vorgaben nicht systematisch (und sinnvoll) umgesetzt werden? Letztendlich hat er diese Entscheidung alleine zu treffen und zu begründen.

4 Realisierung von Audits

Darum geht es

- Realisierung und Phasen des Audits vor Ort
- Detaillierte Hinweise für das Vorgehen
- Zweck und die Zielsetzung der einzelnen Auditphasen
- Gestaltung und Inhalte des Einführungsgesprächs und Schlussgesprächs
- Unterschied zwischen Einführungsgespräch und Einstieg in das Auditgespräch
- Unterschied zwischen Schlussgespräch und Gesprächsabschluss beim Audit
- Methoden und Grundsätze der Audituntersuchung, wie Einbeziehung von Mitarbeitern, Nachvollziehen von konkreten Vorgängen etc.
- Systematische und objektive Sammlung von Auditnachweisen

4.1 Einführung

Inhalt, Umfang sowie das formelle Vorgehen der Einführungsgespräche unterscheiden sich bei den verschiedenen Auditarten. Bei internen Audits kennen sich Auditoren und Auditierte in den meisten Fällen, da sie derselben Organisation angehören. Deswegen setzten Auditoren bei internen Audits selten Einführungsgespräche an. Ebenso entfallen oder reduzieren sich zeitlich Einführungsgespräche bei den Audits, bei denen Auditoren und Auditierte mit dem Prozedere seit Langem vertraut sind. Demgegenüber sollte die Auditplanung bei Zertifizierungs- und Lieferantenaudits oder bei internen Audits in größeren Konzernbereichen (Zentralstellen, Werken etc.) ein Einführungsgespräch mit dem Führungskreis berücksichtigen. Die Zweit- oder Drittparteienaudits benötigen ein Einführungsgespräch. Wozu dient dieses Einführungsgespräch? In Bild 4.1 sind die wesentlichen Gesichtspunkte aufgeführt.

- Vorstellung und Einführung
- Erklärung des Umfanges, Auditplans, Zeitplans
- Übersicht über Methodik und Verfahren
- Kommunikationsbasis schaffen
- Motivation zur aktiven Teilnahme
- Bestätigung für Verfügbarkeit nötiger Ressourcen
- Bestätigung für Zeit und Datum des Abschlussgesprächs

Bild 4.1 Wesentliche Gesichtspunkte des Einführungsgesprächs

Gegenseitiges Vorstellen der Auditoren und der Auditierten

Im Einführungsgespräch macht sich das Auditorenteam mit den Vertretern der auditierten Organisation bekannt, indem sich das gesamte Auditorenteam vorstellt. Falls zutreffend obliegt es dem Auditteamleiter, die Anwesenheit von zusätzlichen Beobachtern, wie z. B. Trainees oder Sachkundigen, zu erläutern. Die auditierte Organisation sollte mit den verantwortlichen Führungskräften der zu auditierenden Abteilungen vertreten sein und die Funktion der einzelnen Fachbereiche vorstellen.

Zur aktiven Teilnahme motivieren

Das Auditteam sollte in Einführungsgesprächen erreichen, dass sie für das Audit eine möglichst zwanglose und offene Atmosphäre zwischen den beiden Seiten erreichen. Es soll eine Vertrauensbasis für den weiteren Auditverlauf schaffen. Deshalb betonen professionelle Auditoren den Weg zum gemeinsamen Erfolg. Beide Seiten, sowohl Auditierte als auch Auditoren, sind für das Ergebnis verantwortlich. Keinesfalls dürfen Sie den Eindruck entstehen lassen, dass es sich bei dem Audit um eine „Fehler- und Schuldigensuche“ handelt.

Zielsetzungen des Audits darlegen

Das Auditteam legt mit dem Einführungsgespräch die Zielsetzung und die Schwerpunkte des Audits dar. Dies beinhaltet die nochmalige Darstellung des zu auditierenden Bereiches (Teilkonzern, Werk, Produktionslinie, Standort, Abteilung etc.), die thematische Abgrenzung der Fragestellungen (Qualitätsmanagement etc.) sowie der Auditgrundlage (Qualitätsvereinbarung, ISO 9001, Branchenstandards etc.).

Auf Methoden und Verfahren der Auditierung hinweisen

Falls der auditierte Bereich mit dem Prozedere des Auditierens nicht vertraut ist oder die Auditoren neue Methodiken anwenden, sollte das Auditteam auf die Methoden der Auditierung hinweisen. Dies beugt späteren Diskussionen im Audit vor. Die auditierten Mitarbeiter sind bei ihrem Erstaudit zwar auf Fragen vorbereitet, aber die Einsichtnahme in Unterlagen kann sie verunsichern. In der Praxis erweist sich auch die Klärung im Vorfeld vorteilhaft, welche Bereiche die Auditoren nicht einsehen wollen. Dies kann sich beispielsweise auf Geschäftszahlen, Investitionspläne, Entwicklungsprojekte oder Personalakten beziehen.

Zeitliche Abfolge definieren

Der Auditteamleiter spricht die Agenda des Audittages bzw. der folgenden Audittage an. Dieses Vorgehen hat sich in der Praxis bewährt. Der ursprüngliche Zeitplan kann sich durch eine Vielzahl von tagesaktuellen Vorfällen als wenig sinnvoll oder unpraktikabel erweisen. Anlagenstörungen, überraschende Kundenbesuche, Produktionsprobleme, Erkrankungen von Mitarbeitern etc. verursachen notwendige Terminverschiebungen. Der Auditor hat in diesen Fällen flexibel zu reagieren und den genauen Ablauf und zeitliche Reihenfolge zusammen mit den Verantwortlichen der Organisation unter Beachtung der geänderten Rahmenbedingungen festzulegen.

Klären von Ressourcen

Die Klärung bestimmter Ressourcen und organisatorischer Aspekte, wie Pufferzeiten, Ansprechpartner, zur Verfügung stehende Räumlichkeiten, Transportmittel etc. sind im Einführungsgespräch mit dem Führungskreis unangemessen. Viele der anwesenden Personen sind von diesem Gesprächsinhalt nicht betroffen. Daher bespricht der Auditor in der Regel diese Gesichtspunkte mit dem jeweiligen Ansprechpartner im Vorfeld. Eine generelle Frage über etwaige Unklarheiten bezüglich der notwendigen Ressourcen und von organisatorischen Aspekten lässt die Möglichkeit offen, bei den Beteiligten notwendige Veränderungen anzubringen oder Missverständnisse zu klären.

Das Auditteam sollte sich für das Einführungsgespräch einen „roten Leitfaden" erstellen, in dem die eben angesprochenen Gesichtspunkte aufgelistet sind (Bild 4.2).

- Begrüßung
- Vorstellung Auditteamleiter
- Vorstellung Auditteammitglieder
- Vorstellung Vertreter der auditierten Organisation
- Geltungsbereich nochmals klären
- Auditgrundlage erwähnen (z. B. ISO 9001 etc.)
- Konsequenzen der Auditergebnisse erläutern (z. B. Zertifizierung, anerkannter Lieferantenstatus etc.)
- Ablauf der Berichterstattung erklären, einschließlich Feedback-, Abschlusstreffen und Berichte
- Zeitplan überprüfen, ggf. Korrekturen vereinbaren
- zur Motivation für die Beteiligung aufrufen
- die Rolle Begleiter und Beobachter erläutern

Bild 4.2 Agenda eines Einführungsgesprächs (Quelle: Wealleans 2000, S. 165)

Neben den genannten Themen klären viele Auditoren im Einführungsgespräch weitere Punkte:

- Ort, Termin und Teilnehmer des Abschlussgesprächs,
- kurze Darstellung der Organisation durch den Führungskreis,
- Klärung sonstiger Unklarheiten (Sichtweisen eines Auditors für ein Audit etc.),
- Audit als Stichprobencharakter.

Abschließend beachten Sie bitte folgenden Hinweis: Versuchen Sie das Einführungsgespräch in Form eines Dialogs und nicht in Form eines Monologs zu führen. Lassen Sie beim Einführungsgespräch Ihre Bereitschaft erkennen, sich auf die Bedürfnisse der Auditierten einzustellen. Halten Sie sich deswegen nicht unter allen Umständen sklavisch an die angeführten Gesichtspunkte oder ihre vorbereitete Agenda für das Einführungsgespräch.

4.2 Ausführung

4.2.1 Einstieg ins Auditgespräch

Der Auditor schafft zu Beginn des Auditgesprächs mit dem Gesprächspartner eine gemeinsame Kommunikationsbasis und skizziert die beabsichtigte Art und Weise des Gesprächsverlaufs. Er gibt einen Überblick der vorgesehenen Themen und deren entsprechenden zeitlichen Einteilungen während der Befragungen.

Neben der klaren Strukturierung des Auditgesprächsverlaufs sollte der Auditor auf die Beseitigung eventueller Störungen hinweisen. Abteilungen, die häufigen Kontakt mit Kunden oder anderen Abteilungen haben, sind für Gesprächsunterbrechungen prädestiniert. Deswegen bittet der Auditor gegebenenfalls den Gesprächspartner, seine Telefongespräche an einen Kollegen weiterzuleiten. Alternativ könnte er einen anderen Besprechungsraum vorschlagen. Diese Alternative hat eventuell den Nachteil, dass der Auditor benötigte Unterlagen oder EDV-Masken nicht direkt einsehen kann.

Besitzt der Gesprächspartner keine Auditerfahrung, sollte der Auditor auf die Vorgehensweise verweisen, dass er sich im weiteren Verlauf Notizen macht. Das unkommentierte Mitnotieren des Auditgesprächs verunsichert einige Gesprächspartner unnötig. Sie halten sich deswegen bei der Beantwortung von Fragen merklich zurück. Häufig entsteht der Eindruck, dass Notizen des Auditors immer gleichzusetzen sind mit dem Festhalten von Abweichungen. Erläutern Sie deshalb, dass Notizen den Gesprächsverlauf protokollieren, als Basis für den Auditbericht dienen und hilfreich sind, um während des gesamten Auditablaufs den Überblick zu behalten. Sie enthalten nicht zwangsweise Verbesserungspotenziale oder Abweichungen. Sie schaffen damit zusätzliche Transparenz und Vertrauen. Bild 4.3 fasst wesentliche Aspekte des Einstiegs in das Auditgespräch zusammen.

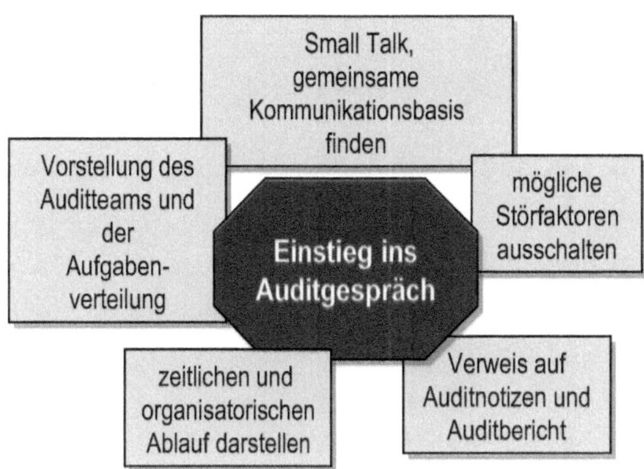

Bild 4.3
Einstieg ins Auditgespräch

4.2.2 Untersuchung

Grundsätze der Untersuchung

Der Auditor untersucht, ob der auditierte Bereich Festlegungen der Organisation (mündlich oder schriftlich), Anforderungen von Normen sowie gesetzliche Vorgaben in die Praxis umsetzt. Darüber hinaus hinterfragt der Auditor die Eignung und Wirksamkeit der Festlegungen. Er trifft sachlich und objektiv Feststellungen. Die Feststellungen sind frei von jeglicher Bewertung und beschreiben einen Sachverhalt. Die Feststellungen sind als Nachweise ausreichend zu belegen. Diese Aufgabe können die Auditoren nur leisten, indem sie einige Grundsätze zur Audituntersuchung beachten (Bild 4.4).

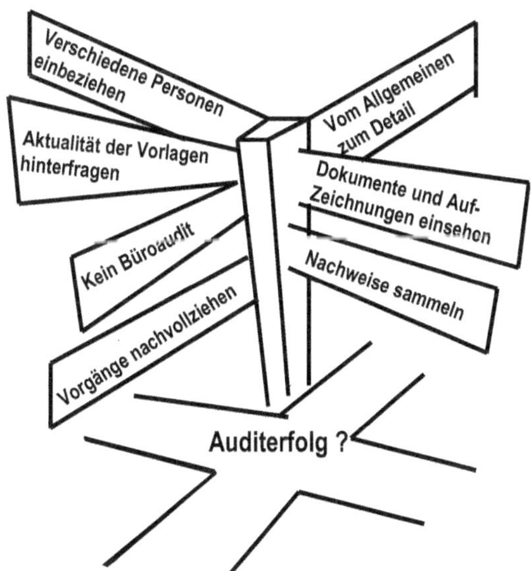

Bild 4.4
Wesentliche Grundsätze der Audituntersuchung

Vom Allgemeinen zum Detail

Der „rote Faden“ im Auditgespräch trägt maßgeblich zum Erfolg eines Audits bei. Die Transparenz des Gesprächsinhalts für alle Beteiligten ist ein wichtiger Bestandteil des „roten“ Gesprächsfadens. Der Auditor lenkt das Gespräch durch seine Fragen. Er steuert es in die gewünschte Richtung.

In der Regel geht das Gespräch von allgemeinen, bzw. übergreifenden Themen (Ziele des Bereichs, Funktion des Gesprächspartners, Zusammenarbeit mit der Gesamtorganisation etc.), zu konkreten Detailfragen über. Detailfragen ergeben sich aus den vorher gegebenen Antworten. Jeder Gesprächsteilnehmer weiß, in welchem Themenkomplex er sich befindet. Der Auditor behält seinen „roten Gesprächsfaden“ bei. Bild 4.5 zeigt die Systematik auf.

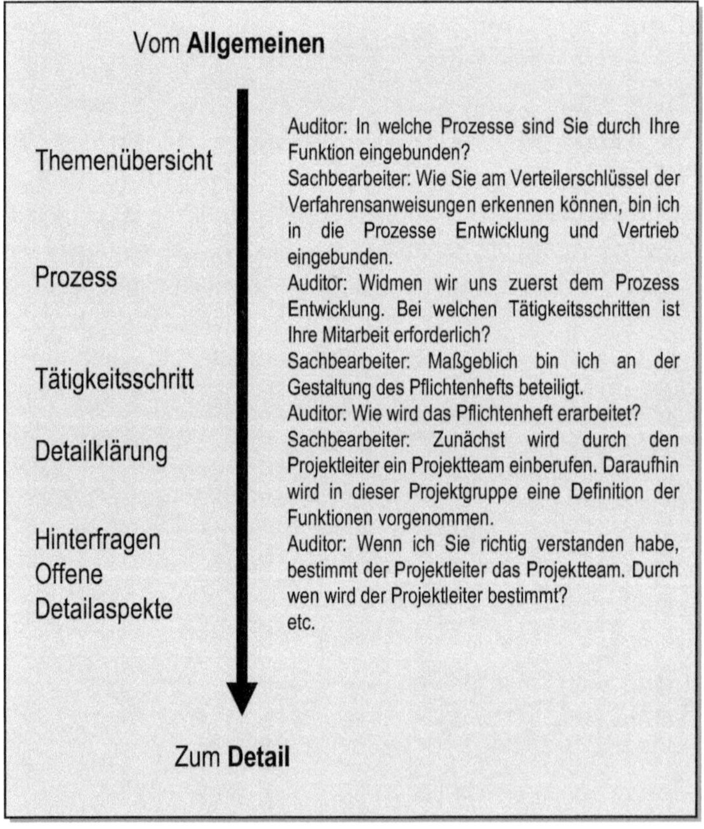

Bild 4.5 Beispiel eines Auditgesprächs

Es existieren andere Methoden, bei denen die Vorgehensweise im Audit vom Detaillierten zum Allgemeinen führt. Diese sind später in diesem Abschnitt näher erläutert.

Allgemeine Abläufe anhand von konkreten Fällen nachvollziehen

Der Auditor minimiert Missverständnisse im Audit durch die Einbeziehung konkreter Vorgänge in seine Fragestellung. Er vollzieht die Umsetzung von Vorgaben oder Eingaben nach Möglichkeit an Praxisfällen nach. Eine Untersuchung findet beispielsweise an

- einem konkreten Auftrag,
- einer Bestellung,
- einem Projekt,
- einem Servicevertrag,
- einer Beschwerde oder
- der Lieferantenbeurteilung eines Lieferanten

statt. Diese Vorgehensweise bringt zwei Vorteile mit sich. Das Auditteam überprüft stichprobenartig die Umsetzung der Vorgaben und Anforderungen. Zusätzlich schafft diese Vorgehensweise Transparenz für alle Gesprächsbeteiligten. Die Auditteilnehmer können anhand von konkreten Vorgängen Abweichungen, Problemstellungen und Verbesserungspotenziale diskutieren.

Messungen oder Tätigkeiten durchführen

In einigen Fällen eignet sich als Verifikationsmethode während des Audits die Durchführung von Messungen oder die Abarbeitung der entsprechenden Tätigkeiten. Beispielsweise führt eine Organisation eine Auswahl von anstehenden Prüfungen im Prüfmittelwesen zum Teil in Anwesenheit des Auditors gemäß den Vorgaben durch. Auf diese Weise kann der Auditor den Vorgang verifizieren und die Organisationseinheit spart sich Zeit, da die Prüftätigkeit ohnehin stattfinden muss.

Unterlagen einsehen

Ein Auditor sammelt während des Audits Auditnachweise. Er sieht Dokumente und Aufzeichnungen ein. Diese können in jeglicher Form vorliegen. Sie sind nicht an das Speichermedium Papier gebunden, sondern können auf anderen Datenträgern, wie z.B. Festplatten, Disketten oder Videobändern, vorliegen.

Der Auditor benötigt eine ausreichende Stichprobenmenge an Nachweisen, um Aussagen des Gesprächspartners über den Umsetzungsgrad eines Auditkriteriums zu verifizieren. Gerade diese Stichprobengröße bereitet vielen Auditoren Schwierigkeiten und ist die Ursache für viele Auseinandersetzungen der Beteiligten.

Eine fehlende Unterschrift belegt noch nicht die Unwirksamkeit eines festgelegten Systems im Umgang mit Dokumenten. Die Frage ist, wie viele fehlende Unterschriften dafür notwendig wären? (Unabhängig von der Frage, ob dies allein als geeignete Feststellung für die entsprechende Schlussfolgerung reicht.)

Die Frage nach der Anzahl der Auditstichproben für den eindeutigen Nachweis einer Auditfeststellung lässt sich auch nicht in diesem Buch beantworten. Die einzige pauschale Antwort, die wir Ihnen geben können, liegt in der Freiheit der Entscheidungsbefugnis des Auditors. Ob der Auditor einen Sachverhalt als Feststellung ausreichend verifizieren kann, liegt in seinem Ermessen. Er entscheidet allein, ob für ihn der Sachverhalt aufgrund der vorliegenden Unterlagen als Nachweis in ausreichender Form bewiesen ist. Als Hilfestellung kann folgende Anmerkung dienen: Ein Beispiel alleine ist oftmals ein Hinweis für die Unwirksamkeit bestimmter Regelungen. Der Beweis, dass etwas nicht gemäß den Vorgaben abläuft, ist damit in der Regel nicht getroffen.

Trifft ein Auditor eine Feststellung bezüglich der Systematik eines Managementsystems, muss er mindestens an einem oder zwei weiteren Beispielen den Nachweis finden, dass etwas nicht gemäß den Vorgaben stattfindet. Die Festlegung einer Korrekturmaßnahme für die Nichtfunktionstüchtigkeit des auditierten Beispiels ist davon unberührt.

Obwohl viele Unternehmen Prozesse in Form von Verfahrensanweisungen, Prozessbeschreibungen und Arbeitsanweisungen klar regulieren, findet die Umsetzung in einigen Fällen sporadisch statt. Das Beispiel einer Vertriebsabteilung verdeutlicht die Problematik der Größenordnung für die Stichprobenauswahl von Unterlagen.

Die Abteilung verarbeitet pro Tag ungefähr fünfzig Aufträge. Für das Audit hielt sie fünf Auftragseingänge bereit. Der Auditor griff jedoch auf einen Vorgang des letzten Monats zurück. Er erkannte an dem Beispiel die Aberkennung des Kunden der allgemeinen Geschäftsbedingungen des Unternehmens. Der Kunde änderte diese zu seinen Gunsten ab. Dieser Abänderung wurde bei der Auftragsprüfung nicht widersprochen, obwohl eine Dienstanweisung der Vertriebsleitung dafür eine entsprechende Regelung vorsah. Er auditierte vier andere Aufträge. Bei zwei weiteren Beispielen ergab sich die gleiche nichtkonforme Vorgehensweise in der Abteilung. Die Feststellung, dass drei von fünf Stichproben eine Nichtkonformität gegenüber den Vorgaben auswiesen, reichte dem Auditor als eindeutiger Nachweis. ■

Zum einen zeigt dieses Beispiel, dass der Auditor zur objektiven Nachweissammlung mehrere Stichproben benötigt. Ob ein Auditor zwei, drei oder noch mehr Stichproben für die Auditfeststellungen heranzieht, bleibt in seiner alleinigen Entscheidungsbefugnis. Es kann hierfür keine Regelung geben. Vielmehr ist der Stichprobenumfang fallspezifisch auszuwählen.

Das Beispiel zeigt einen weiteren wichtigen Aspekt bei der Auswahl geeigneter Unterlagen als Auditstichprobe. Der Auditor griff im vorliegenden Fall auf Unterlagen zurück, die die Organisation nicht vorbereitet hatte. Diese Vorgehensweise ist bevorzugt anzuwenden. Der Auditor kann so ausgewählt optimale oder gar manipulierte Unterlagen zum größten Teil für seine Stichprobe ausschließen. In bestimmten Fällen kann er diese Methodik nicht praktizieren. Auditiert der Auditor beispielsweise ein bestimmtes Projekt, sollten alle dazugehörigen Unterlagen aus Zeitgründen vorbereitet sein.

Verschiedene Personen in das Audit einbeziehen

Der Auditor kann die Objektivität des Audits durch die Einbeziehung verschiedener Personen steigern. Auditnachweise können vom Auditor aufgenommene Aussagen verschiedener Personen sein. Die Anzahl der befragten Mitarbeiter muss dafür groß genug sein. Hierzu ein Beispiel:

Ein Auditor auditierte ein Dienstleistungsunternehmen mit zehn Mitarbeitern. Die Mitarbeiter wiesen ausnahmslos eine hohe Qualifikation auf. Selbst die „Sekretärin", verantwortlich für den Innendienst, konnte als ausgebildete Betriebswirtin wie alle anderen Mitarbeiter auch im Bereich Qualitätsmanagement eine mehrwöchige QM-Ausbildung nachweisen. Auf die Frage des Auditors an drei Mitarbeiter hinsichtlich der Angebotsphase antworteten diese unabhängig voneinander gleich. Es gebe keine schriftliche Anweisung für die Vorgehensweise. Jedoch wurde das Verfahren in der Vergangenheit mündlich abgeklärt und für alle Mitarbeiter zwingend festgelegt. Auch das Angebotsverfahren erklärten die Mitarbeiter dem Auditor unabhängig voneinander. Alle drei Aussagen schilderten die gleiche Vorgehensweise.

Der Auditor kannte die Vorgehensweise als praktikable Umsetzung an. Ihm genügten drei Aussagen von zehn möglichen. Auch in diesem Fall obliegt es – wie bei der Unterlagendurchsicht bereits angesprochen – dem Auditor alleine, zu entscheiden, ob die Befragten ihm einen ausreichenden Nachweis für einen bestimmten Sachverhalt erbringen konnten. Die Frage über den Stichprobenumfang im vorliegenden Fall entschied der Auditor mit drei Befragungen. Ob die Befragung von fünf oder noch mehr Mitarbeiter sinnvoll gewesen wäre, ist auch hier situationsbezogen. Ein einziges Interview als Stichprobe würde nicht genügen.

Viele Beispiele der Auditpraxis zeigen, dass einzelne Aussagen von Gesprächspartnern nicht unbedingt die tatsächliche Handhabung im Unternehmen widerspiegeln. Diese Aussagen sind überwiegend keine bewusst getroffenen „Falschaussagen". Folgendes Beispiel verdeutlicht die Notwendigkeit, verschiedene Aussagen zur Steigerung der Objektivität einzuholen:

In einem Audit erklärt der Abteilungsleiter Produktion, dass die Einstellung von Maschinen seit einiger Zeit nicht von einem Einrichter, sondern von den Produktionsmitarbeitern vorgenommen wird. Der Qualitätsleiter erzählt dem Auditor bei der Begehung, dass dieser Versuch vor zwei Monaten abgebrochen wurde, da der interne Ausschuss anstieg. Im Gespräch vor Ort mit verschiedenen Mitarbeitern stellte sich heraus, dass sie das Einrichten der Maschinen seit vier Wochen gemäß der Arbeitsanweisung selbst vornehmen.

Zusätzlich kann die Bewertung der verschiedenen Sichtweisen dem Auditor weitere Verbesserungspotenziale eröffnen.

„Büroaudits" vermeiden

Professionelle Auditoren führen Audits an den Stellen durch, wo die Arbeit getan wird. In Besprechungsräumen stattfindende Audits diskutieren häufig nur die theoretischen Abläufe. Der Auditor vernachlässigt die Betrachtung der Umsetzung. Die Befragung eines Verantwortlichen nach einem praktizierten Verfahren entlang der Verfahrensanweisung ist insbesondere bei ungeübten Auditoren eine „beliebte" Art der Auditdurchführung. Der verantwortliche Leiter der auditierten Einheit erklärt dem Auditor alle Verfahrensschritte eines Verfahrens. Selbst wenn die Inhalte und Reihenfolge der Darstellung stimmen, lässt dies noch keine verbindliche Aussage zu, ob das Verfahren auch tatsächlich so in der Praxis stattfindet. Beispielsweise kann der Befragte guten Gewissens glauben, dass die Organisation seine erläuterten Verfahren in dieser Weise durchführen. Er geht davon aus, die Wahrheit zu erzählen, obwohl in der Realität seine Mitarbeiter zum Teil andere Vorgehensweisen praktizieren. Die Praxis zeigt auch in manchen Fällen, dass einige Verantwortliche die Verfahren bewusst in Idealform erzählen, um sich und seine Abteilung positiv darzustellen. Deshalb sind theoretisches Abfragen von Verfahren in einem Büro zumeist reine Zeitverschwendung. Praktizierte Verfahren und deren Sinnhaftigkeit kann der professionelle Auditor ausschließlich vor Ort auditieren.

Nicht zu verwechseln ist die vorher genannte Auditvorgehensweise mit der theoretischen Befragung eines Verfahrens im Büro, falls der Auditor im Vorfeld während der Unterlagenprüfung Unstimmigkeiten des Verfahrens festgestellt hat. Diese Unklarheiten können die Beteiligten gegebenenfalls bereits im Büro des Verantwortlichen klären und besprechen.

Die Anerkennung des Auditwesens als sinnvolles Instrument der Unternehmensführung bei den Mitarbeitern steht dadurch auf dem Spiel. Aussagen, wie z.B.: „Der Auditor wollte nur Papier sehen", „In der Fertigung tauchte der Auditor nicht auf" oder „War der Auditor überhaupt schon da?" sollten die Ausnahme bleiben.

„Zeitfressern" entgegenwirken

Den meisten externen Auditoren sind vermutlich die Taktiken der Auditierten zur Verkürzung der effektiven Auditzeit bekannt. Steht eine Zertifizierung oder eine Audit im Rahmen eines Vertragsabschlusses an, handeln viele Auditierte nach dem Grundsatz: Je weniger Zeit dem Auditor zur Verfügung steht, umso weniger „Schwachpunkte" erkennt er. Die Folge ist der Einsatz von unfairen Taktiken, um die effektive Auditzeit zu verkürzen. Hier eine beispielhafte Aufzählung typischer Vorgehensweisen:

- ausgiebige Telefonate während des Audits,
- Pausen in der Kantine und nicht am Arbeitsplatz,

- langgedehnte Mittagspausen in einem entfernt liegenden Restaurant,
- keine Vorbereitung von Transportmöglichkeiten,
- ausgedehnte Präsentation des Unternehmens im Einführungsgespräch,
- ständiges Infragestellen der Vorgehensweise der Auditoren,
- Grundsatzdiskussionen über die Sinnhaftigkeit von Qualitätsmanagementsystemen oder
- Privatgespräche über die Interessen des Auditors.

Was kann der Auditor gegen diese Zeitfresser unternehmen? Der erste Schritt muss darin bestehen, diese Taktiken bewusst wahrzunehmen. Situationsbedingt kann der Auditor dann reagieren, indem er z. B. auf die Vermeidung von Störungen durch Telefonate im Vorfeld hinweist, auf ausgiebige Kaffeepausen verzichtet oder Grundsatzdiskussionen auf einen späteren Zeitpunkt verschiebt. Außerdem kann er bereits im Vorfeld durch ausreichende Planung und Vorbereitung des Audits manchem dieser „Zeitfresser“ entgegenwirken.

Weitere methodische Verfahren der Untersuchung

Methode 1: Prozessaudit als roter Leitfaden

Bei einem Prozessaudit bestimmt der Prozess maßgeblich die Themen und Fragestellungen eines Audits. Bild 4.6 veranschaulicht diesen Zusammenhang und zeigt die Abgrenzung zu einem Systemaudit bereits in der Vorbereitung.

Vorgefertigte Checklisten mit grundlegenden Fragen als roter Leitfaden sind bei einem Prozessaudit möglich. Im Vergleich zu Systemaudits bietet ein übergreifender Fragenkatalog oder eine Checkliste für alle Prozesse nur eine oberflächliche Fragen-Tiefe. Er kann als grober Leitfaden dienen. Bei einem Prozessaudit sind die weitergehenden Fragestellungen individuell auf einen Prozess zu beziehen. Der Auditor kann die spezifische Prozessauditcheckliste bzw. die Erweiterung des grundlegenden Fragebogens erst bei der Dokumentationsprüfung fertigstellen.

Will er den Zielsetzungen des Prozessaudits nachkommen und eine Verbesserung des Prozesses erreichen, sind detaillierte Kenntnisse des Prozesses bereits vor Durchführung des Audits vor Ort notwendig. Die Wirksamkeit und Qualität des Prozessaudits wird maßgeblich durch diese Vorkenntnisse bestimmt. Die Kenntnis der Abläufe, der Verfahren und deren Wechselwirkungen (Ergebnisparameter, Prozesskennzahlensysteme etc.) im Vorfeld ist unabdingbar. Falls diese Kenntnisse nicht vorhanden sind, muss entsprechend mehr Zeit für das Audit vor Ort eingeplant werden.

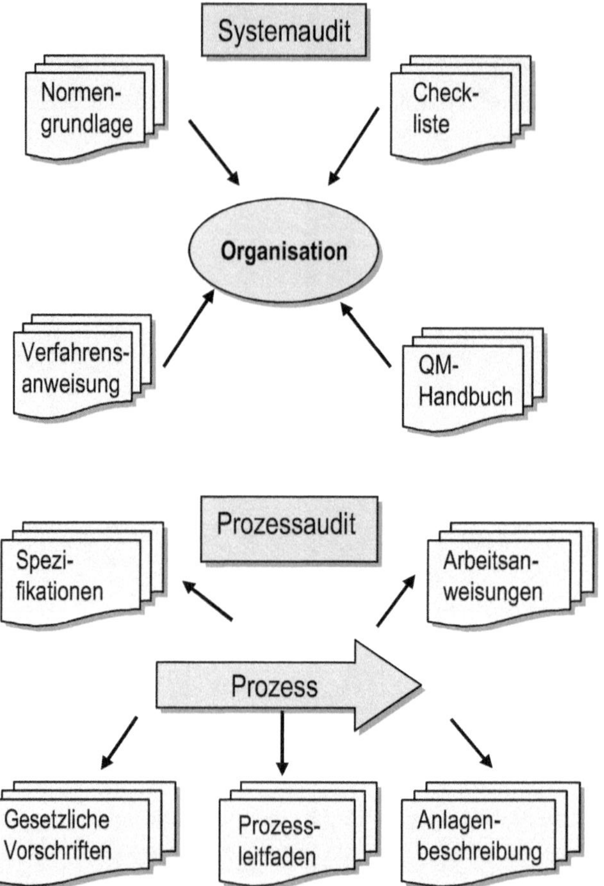

Bild 4.6 Vorbereitung eines System- und Prozessaudits

Der Umfang der Vorbereitung schließt folgende charakteristische Merkmale eines Prozesses mit ein:

- Prozessanforderungen und -anordnungen (z. B. Verfahrensanweisungen, Arbeitsbeschreibungen, Prozessfestlegungen, Anlagenbeschreibungen),
- Prozessergebnisse (z. B. Durchlaufzeiten, Stückzahlen, Ausfallzeiten),
- Prozessfähigkeiten und Prozessspezifikationen,
- Anlagen, Werkzeuge, Werkzeuge, Maschinen, Hilfsmittel, Hilfsvorrichtungen,
- Mess- und Überwachungsmittel (z. B. Prüfanweisungen),
- erforderliche Fähigkeiten des Personals,
- gesetzliche und behördliche Anforderungen,
- mögliche Störungen etc.

Die Untersuchung in einem Audit erfolgt über Befragungen anhand der chronologisch ablaufenden Aktivitäten entlang eines Prozesses. Der Prozess kann über Abteilungen hinweg ablaufen. Die Befragung in den einzelnen Abteilungen bezieht sich demnach thematisch ausschließlich auf die Anforderungen und Verfahren dieses Prozesses. Aspekte von Managementelementen, die mit dem Prozess nicht unmittelbar in Wechselwirkung stehen, bleiben zu diesem Zeitpunkt unberücksichtigt. Der Auditor kann sowohl vom ersten Prozessschritt aus starten und auditiert die gesamte Prozesskette entlang Schritt für Schritt. Er kann auch alternativ den letzten Prozessschritt als Ausgangspunkt wählen und „rückwärts" auditieren. Unabhängig davon, in welche Richtung die Untersuchung stattfindet, die grundsätzliche Vorgehensweise bleibt die gleiche.

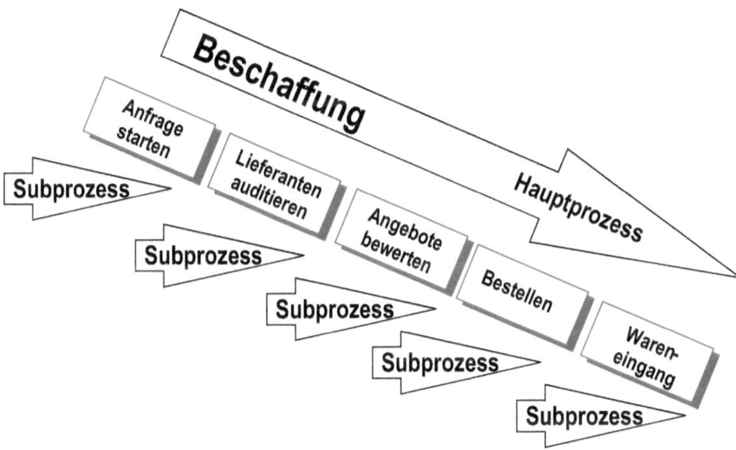

Bild 4.7 Prozessablauf Beschaffung

Beispiel: Wie Sie aus Bild 4.7 entnehmen können, ist die jährliche Lieferantenbeurteilung, die in diesem Unternehmen in der Verfahrensbeschreibung Einkauf festgelegt ist, nicht Teil dieses Prozesses. Ähnlich würde es sich mit der halbjährlichen Maschinenkapazitätsplanung verhalten, die nicht Teil des Auftragsdurchlaufprozesses ist. ■

Der Auditor beginnt die Audituntersuchung anhand der Vorgaben und der Zielsetzung zum betrachteten Gesamtprozess (siehe Bild 4.8).

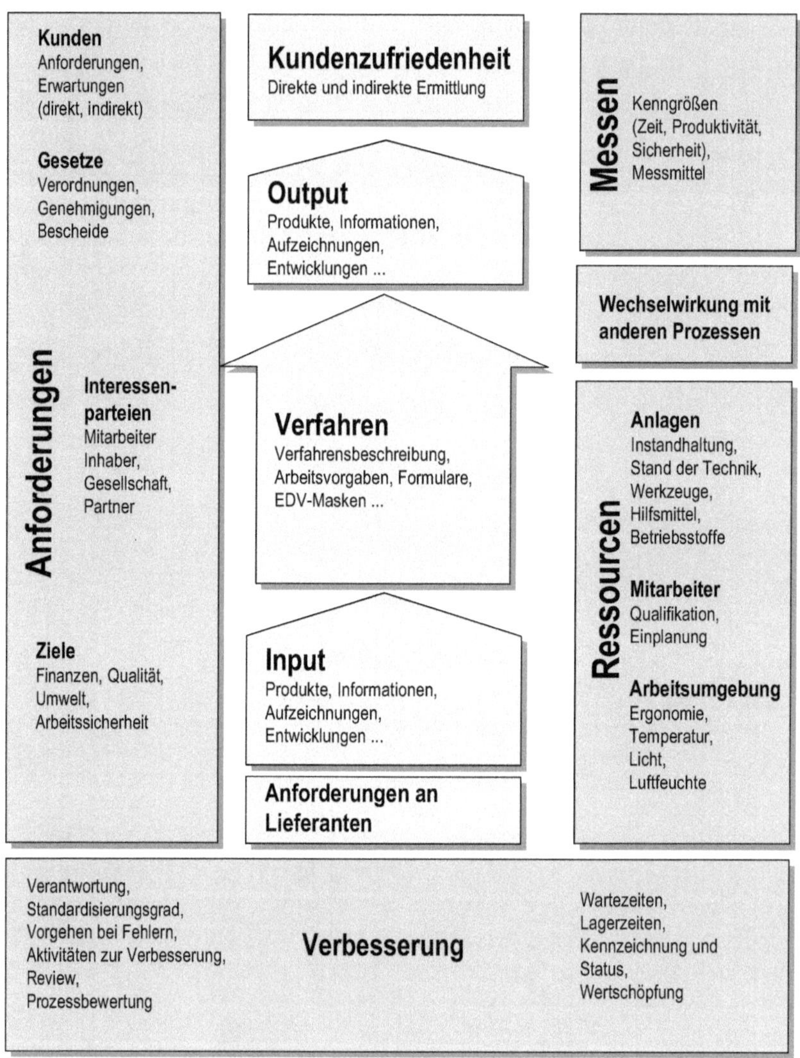

Bild 4.8 Allgemeine Prozessauditcheckliste

Er klärt folgende Aspekte:

- zutreffende Anforderungen an den auditierten Bereich (Fragenbeispiel: Welche Vorgaben des Managementsystems treffen für Ihren Bereich zu?),
- Verantwortung zur Ermittlung (Fragenbeispiel: Wer ist für die Ermittlung zutreffender Vorgaben verantwortlich?) und
- Weiterleitung und Verteilung der Information (Fragenbeispiel: Wie werden die Anforderungen der Normen und Verordnungen in die Systemdokumentation eingepflegt?).

Diese Methodik verschafft dem Auditor zunächst einen Überblick zu den relevanten Anforderungen an die auditierte Einheit und die Zielsetzungen des Gesamtprozesses.

Im Anschluss untersucht der Auditor mittels der angesprochenen Auditgrundsätze die Umsetzung der Vorgaben für die einzelnen Prozessschritte in die tägliche Praxis der Organisation. Mittels Beobachtungen, Gesprächen, Aufzeichnungen sammelt er Nachweise.

Die Fragen nach der Dokumentation von Ergebnissen des jeweiligen Prozessschrittes nutzt der Auditor nicht nur zur Klärung der notwendigen Ergebnisdokumentation. Er erkennt durch die Werte des Ergebnisses, ob Zielvorgaben bzw. Anforderungen erreicht wurden. Aus diesem Vergleich zwischen Anforderungen und Prozessergebnissen heraus hinterfragt er anschließend die Sinnhaftigkeit und Wirksamkeit jedes einzelnen Prozessschrittes für sich und im Gesamtzusammenhang.

Die in Bild 4.8 dargestellte Prozessauditcheckliste in grafischer Form kann in eine allgemeingültige Auditfragenliste für Prozesse umgewandelt werden. Jeder Prozess hat dabei seine individuellen Ausprägungen. Deswegen macht es Sinn, mit allgemeingültigen Ansatzpunkten und Beispielen zu den einzelnen Prozessmanagementaspekten zu arbeiten.

Für die Praxis zur Auditierung von Prozessen können Sie folgende Checkliste heranziehen:

1. Anforderungen
   - Teilkriterium 1a (gesetzliche und behördliche Anforderungen)
     Werden die gesetzlichen und behördlichen Anforderungen an das Prozessergebnis und den Prozess ermittelt und erfüllt?

     Ansatzpunkte

     - Produkthaftung
     - Arbeitssicherheit
     - Genehmigungen, Bescheide ...
     - Umweltschutz
     - CE-Kennzeichnung
     - Auflagen bzgl. ausgebildeten Personals etc.
   - Teilkriterium 1b (Kundenanforderungen)

     Werden die Kundenanforderungen (direkt und indirekt) an das Prozessergebnis und den Prozess ermittelt und erfüllt?

     Ansatzpunkte:

     - Prozessfähigkeit
     - Inhalte von Qualitätsvereinbarungen

  - Prüfnachweise
  - Termineinhaltung
  - Funktion
  - Risikoanalyse etc.

- Teilkriterium 1c (Anforderungen weiterer Interessenspartner)

  Werden die Anforderungen weiterer Interessenspartner an das Prozessergebnis und den Prozess ermittelt und erfüllt?

  Ansatzpunkte:

  - Mitarbeiter (Ergonomie, Arbeitszeiten, …)
  - Inhaber, Aktionäre (Kosten, Produktivität, …) etc.

2. Verfahren

- Teilkriterium 2a (Verantwortung und Befugnis)

  Sind Verantwortungen und Befugnisse im Prozess klar definiert und geregelt?

  Ansatzpunkte:

  - Prozessverantwortlicher
  - Prozessteam
  - Zuständigkeit für Prüfungen
  - Reaktion bei Fehlern
  - Reaktion bei Nichteinhaltung der Prozessfähigkeit
  - Zuständigkeit für Kennzahlenüberwachung
  - Zuständigkeit für Prozessverbesserungen etc.

- Teilkriterium 2b (Klare Festlegung des Verfahrens)

  Sind die Verfahren (Abläufe) des Prozesses klar definiert?

  Ansatzpunkte:

  - Flussbilder
  - Prüfanweisungen
  - Arbeitsanweisungen
  - Formulare
  - Verschiedene Sprachen
  - Aktualisierung, Verteilung
  - EDV-Unterstützung etc.

- Teilkriterium 2c (Klare Festlegung der Wechselwirkung mit anderen Prozessen)

Werden die Wechselwirkungen mit anderen Prozessen ermittelt, bewertet (Risiko) und Maßnahmen zur Senkung des Risikos abgeleitet?

Ansatzpunkte:

- Technische Wechselwirkungen
- Terminliche Wechselwirkungen
- Organisatorische Wechselwirkungen etc.

3. Input
   - Teilkriterium 3a (Anforderungen an den Input)

     Werden die Anforderungen an den Input und die Lieferanten ermittelt und definiert?

     Ansatzpunkte:

     - Spezifikationen
     - Vereinbarungen
     - Termine
     - Aufzeichnungen
     - Benötigte und erwartete Informationen etc.
   - Teilkriterium 3b (Inputqualität)

     Erfüllt der Input die Anforderungen des nachgeschalteten Prozesses?

     Ansatzpunkte:

     - Lieferantenbewertung
     - Inputprüfung (z. B. Wareneingang)
     - Versorgungssicherheit
     - Termineinhaltung
     - Schonender Umgang mit Rohstoffen etc.
4. Prozessergebnis
   - Teilkriterium 4a (Prozessergebnis)

     Entspricht das Prozessergebnis den definierten Anforderungen?

     Ansatzpunkte:

     - Spezifikationen
     - Vereinbarungen
     - Termine
     - Aufzeichnungen
     - Benötigte und erwartete Informationen etc.

- Teilkriterium 4b (Kundenzufriedenheit)

  Wie wird die Kundenzufriedenheit ermittelt und wie stellen sich die Ergebnisse dar?

  Ansatzpunkte:

  - Leistungskennzahlen des Prozesses
  - Kundenbefragungen
  - Vergleich mit ähnlichen Prozessergebnissen etc.

5. Messung
   - Teilkriterium 5a (Messgrößen)

     Sind Messgrößen definiert und werden sie zur Prozesssteuerung (vorbeugend) genutzt?

     Ansatzpunkte:

     - Früh- und Spätindikatoren
     - Durchlaufzeit
     - Produktivität
     - Fehlerkosten
     - Prozesssicherheit
     - Intervalle zur Auswertung etc.
   - Teilkriterium 5b (Trends)

     Sind die Trends in den Prozessen positiv oder gleichbleibend auf hohem Niveau?

     Ansatzpunkte:

     - Vergleiche mit anderen Prozessen
     - Erfüllen Trends die Anforderungen von Kunden und Interessenspartnern etc.
6. Ressourcen
   - Teilkriterium 6a (Anlagen und Prozessausrüstung)

     Werden Anlagen- und Prozessausrüstung effizient eingesetzt und aufrechterhalten?

     Ansatzpunkte:

     - Instandhaltung
     - Stand der Technik
     - Werkzeuge
     - Hilfsmittel

  - Betriebsstoffe
  - EDV-Anlagen, Software etc.
- Teilkriterium 6b (Personal)

  Werden Personalressourcen effizient eingesetzt und deren Fähigkeiten und Motivation gefördert?

  Ansatzpunkte:

  - Fachliche Qualifikation
  - Methodische Qualifikation
  - Gesetzlich geforderte Qualifikationen
  - Sozialkompetenz
  - Einarbeitung
  - Zeitlich begrenzt eingesetztes Personal etc.
- Teilkriterium 6c (Prozessumgebung)

  Bietet die Prozessumgebung einen geeigneten Rahmen für einen reibungslosen Prozessablauf?

  Ansatzpunkte:

  - Ergonomie
  - Temperatur
  - Licht
  - Luftfeuchte etc.

7. Prozessverbesserung
   - Teilkriterium 7a (Verbesserungsaktivitäten)

     Werden Verbesserungsaktivitäten effizient eingesetzt?

     Ansatzpunkte:

     - Audits
     - Selbstbewertungen
     - Vorschlagswesen
     - Qualitätszirkel
     - Zielvereinbarungen
     - KVP-Workshops etc.
   - Teilkriterium 7b (Prozessänderungen)

     Änderungen in Prozessen und Arbeitsabläufen werden erprobt und geplant eingeführt?

Ansatzpunkte:

- Projektmanagement
- Pflichtenheft
- Interdisziplinäre Zusammenarbeit
- Pilotphasen
- Prozessvalidierung etc.

- Teilkriterium 7c (Optimierungspotenzial)

  Sind derzeit aus Ihrer Sich Optimierungspotenziale in Bezug auf Verschwendungen im Prozess vorhanden?

  Ansatzpunkte:

  - Doppelarbeit
  - Geringe Standardisierung
  - Unnötige Prüfungen
  - Unnötige Lagerung
  - Unnötige Bewegungen
  - Fehler etc.

Methode 2: Auffinden von Ereignissen

Diese Methode ist ereignisbezogen und eignet sich besonders dann, wenn beispielsweise Reklamationen oder bestimmte Vorfälle vorliegen, die noch einer Aufklärung bedürfen. Ausgangspunkt ist ein bestimmter Umstand bzw. Sachverhalt, von dem aus alle Fragen so weitreichend gestellt werden, dass sich am Schluss ein gesamtes Bild ergibt.

Methode 3: Element-/Kapitelorientierung

Auditoren wenden die element- bzw. kapitelbezogene Methode vor allem bei einem Normenabgleich an. So hat beispielweise der Zertifizierungsauditor den Auftrag, ein Unternehmen gegenüber der QM-Norm zu auditieren (5 Kapitel gemäß der ISO 9001 usw.). Der Vorteil liegt in einem nachvollziehbaren abgeschlossenen Themenbereich. Bei gut organisierten Unternehmen kann sich diese Abgrenzung als nachteilig herausstellen, weil wichtige Randbereiche außerhalb des Auditumfelds liegen.

Methode 4: Differenzierung nach Abteilungen

Diese Methode konzentriert sich darauf, zahlreiche Themengebiete eines Audits in einer Abteilung zu hinterfragen. Am Ende zieht der Auditor seine Schlussfolgerungen für alle Abteilungen einzeln und zusammenfassend für das gesamte Unternehmen. Durch die zunehmende Prozessorientierung in den Unternehmen spielt diese Vorgehensweise eine immer kleinere Rolle.

Methode 5: Betrachtung mittels Prozesslandschaft

Alle Aktivitäten in einem Unternehmen sind im Gesamtkontext von zusammenwirkenden Prozessen zu sehen. Existiert ein sichtbares Prozessmodell, in welcher Form auch immer, kann sich der Auditor vom Prozessschritt eines ausgewählten Prozesses bis zum letzten Prozessschritt „durchhangeln". Obwohl einige Auditoren diese Vorgehensweise bereits in der Vergangenheit angewendet haben, hat sie durch die Prozessorientierung der Qualitätsnorm ISO 9001 an Bedeutung gewonnen. Unter dieser bereits gut bekannten prozessorientierten Auditierung versteht die Fachwelt vor allem die Auditierung eines Prozesses, anschließend eines zweiten Prozesses usw.

Die Methodik einer prozessorientierten Auditierung kann der Auditor jedoch ausweiten und als übergeordnete Systematik bei allen anderen oben aufgezeigten Auditmethoden zusätzlich anwenden. Die Fragen, die grundsätzlich immer eine Rolle spielen, sind:

- Existiert der Prozess zur Prozesserkennung?
- Sind Abfolgen innerhalb einer Prozesskette und Wechselwirkungen zwischen Prozessen festgelegt und wird das interne Kunden-Lieferanten-Prinzip ausreichend betrachtet?
- Sind messbare Annahmekriterien für Qualitätsmerkmale aufgestellt?
- Sind Ressourcen, qualifiziertes Personal und Informationen ausreichend vorhanden?
- Werden die Vorgehensweisen überwacht, gemessen, analysiert und verbessert?
- Gibt es ein Werkzeug zur Wirksamkeitsprüfung?

Im Wesentlichen geht es darum, alle Forderungen an ein funktionierendes Managementsystem bzw. Forderungen von Normenmodellen (ISO 9001 etc.) einer überlagerten Matrix bestehend aus den aufgelisteten Prozessfragen abzuklären.

Diese Fragen stellen die Basis für jede weitere Frage. Stellen Sie sich beispielsweise ein Verfahrensaudit mit dem Thema „Lieferantenbeurteilung" im Einkauf eines Unternehmens vor. Oben aufgelistete Prozessfragen stellen darin wichtige Aspekte dar, die für jeden einzelnen relevanten Forderungspunkt in diesem Zusammenhang in der Norm ISO 9001 gestellt werden. Vereinfacht bedeutet diese Methode, dass sie alle Forderungen des Normenmodells hinsichtlich der Lieferantenbeurteilung als Stichpunkte aufzählen und hinter jedem Aufzählungszeichen die genannten Prozessfragen hinterlegen.

Methode 6: Workshop

Zunehmend führen Organisationen Audits in Form von Workshops durch. Diese Workshops kombinieren oft das Audit mit einer Selbstbewertung. Diese Methode reflektiert eine zukünftig immer häufiger praktizierte Vorgehensweise. Kapitel 11 geht eingehend auf diesen Trend ein.

Methode 7: Detailuntersuchung in Anlehnung an EFQM-Bewertungssystem

In der Auditpraxis stellen sich einige Auditoren der Herausforderung, einen Sachverhalt kritisch nach Verbesserungsmöglichkeiten zu hinterfragen. Sie sind deswegen von möglichst klaren Normanforderungen und Checklistenfragen abhängig.

Das Bewertungsschema des EFQM Modells (Stand 2018, inzwischen gibt es eine neue Version), die sogenannte, damalige RADAR-Logik, bietet eine Art Grundschema zur Bewertung des Reifegrades von Organisationen. In der ursprünglich gedachten Anwendung dient es als Hilfsmittel für Selbstbewertungen. Das Akronym RADAR steht dabei für Results, Approach, Deployment, Assessment und Review. Dieses Bewertungsschema könnte von Auditoren dazu genutzt werden, um Prozesse oder auch Ergebnisse von Prozessen kritisch zu hinterfragen.

Nehmen wir mal an, dass Ihnen in einem Audit ein hervorragendes Vorgehen zur Aufwärtsbeurteilung von Führungskräften geschildert wird. Die meisten Auditoren würden dies in ihren Auditberichten als Stärke erwähnen. Sie versäumen es, den Prozess kritisch zu hinterfragen und eventuelle Empfehlungen oder Verbesserungspotenziale zu identifizieren.

Nutzen Sie folgende Grundfragen zum kritischen Hinterfragen:

- Ist das Vorgehen, der Prozess oder Prozessschritt für die Größe und Art der Organisation angemessen?
- Ist das Vorgehen, der Prozess oder Prozessschritt in allen relevanten Organisationsbereichen durchgängig umgesetzt?
- Ist das Vorgehen, der Prozess oder Prozessschritt in den letzten Jahren jemals bewertet oder verbessert worden?

Für unser Beispiel könnte sich nun Folgendes ergeben:

Die Aufwärtsbeurteilung von Führungskräften erscheint als hervorragendes Instrument, dass in dem Audit des Beispiels zu wesentlichen Verbesserungen im Bereich Qualitätsbewusstsein geführt hat. Auf die Frage nach der durchgängigen Umsetzung schilderten die Verantwortlichen, dass nur ca. zwei Prozent der Führungskräfte dieses Tool in den letzten drei Jahren angewendet haben. Ein Review oder eine Lernschleife, warum das Tool nur so wenig Anwendung findet, wurde noch nicht durchgeführt. Aufgrund der kritischen Hinterfragung hat nun der Auditor die Möglichkeit, Verbesserungspotenziale oder Empfehlungen bezüglich der Aufwärtsbeurteilung im Auditbericht abzugeben.

Ähnliche Grundfragen können auch für die Ergebnisse von Prozessen oder Managementsystemen herangezogen werden:

- Haben die gezeigten Ergebnisse einen nachhaltigen, positiven Trend oder ein gleichbleibend hohes Niveau?
- Wie sind die gezeigten Ergebnisse in Bezug auf die eigenen Zielsetzungen der Organisation zu bewerten?
- Gibt es Vergleichsmöglichkeiten mit anderen Organisationen, Organisationseinheiten, etc. (Benchmarkansätze)?
- Sind die Ergebnisse nachweislich auf Maßnahmen der Organisation zurückzuführen oder gar nicht durch die eigene Handlungsweise beeinflusst (Prozessbeherrschung)?
- Sind die Ergebnisse ausreichend segmentiert (in Untergruppen aufgeteilt), um sinnvolle Rückschlüsse aus den Ergebnissen ziehen zu können?

4.2.3 Gesprächsabschluss

Der Auditor beendet ein Auditgespräch nicht ohne formalen Abschluss. In Kapitel 2 betonten wir bereits den Unterschied zwischen dem Gesprächsabschluss als unmittelbarer Abschlussphase einer Befragung vor Ort (vor allem bei internen Audits) und dem Schlussgespräch als Zusammenfassung aller Befragungen im Rahmen eines umfassenden Audits (vor allem bei externen Audits).

Der Abschluss des Gesprächs dient als „Fazit" wesentlicher Aspekte des Gesprächs. Der Auditor nutzt diese Abschlussphase, um dem Gesprächspartner Gelegenheit zu geben, eventuelle Unklarheiten anzusprechen. In vielen Fällen verwendet der Auditor in dieser Auditphase die Gelegenheit zum zusammenfassenden Überblick der festgestellten Verbesserungspotenziale in der auditierten Organisation. Punkte, die ein Gesprächsabschluss beinhalten kann, zeigt Bild 4.9.

Bild 4.9
Inhalte des Gesprächsabschlusses

Der Auditor verbindet den Gesprächsabschluss unmittelbar mit der Untersuchung oder legt - wenn nötig - zunächst eine kurze Pause ein. Diese Pause kann der

Auditor nutzen, um seine Schlussfolgerungen in Ruhe zu ordnen. Das Auditteam bekommt Zeit zur Abstimmung. Dieses Vorgehen erscheint bei Auditteams zweckmäßig, die erst wenige Audits miteinander durchgeführt haben. Beim Gesprächsabschluss sollte keinesfalls der Eindruck entstehen, dass die Auditoren über die getroffenen Feststellungen unterschiedlicher Meinung sind.

Durch den Auditor getroffene Feststellungen über Verbesserungspotenziale hinterlassen oftmals bei dem auditierten Bereich einen negativen Eindruck. Dieser negative Eindruck entsteht, weil viele Personen es als ihre eigenen „Verfehlungen" oder „Versäumnisse" verstehen. Es wirkt auf die Auditierten häufig frustrierend und lähmend. Beispielsweise erzählte ein Qualitätsmanagementbeauftragter nach einem Zertifizierungsaudit von der Aussage seiner Mitarbeiter: „Jetzt haben wir so viel in unserer Organisation verbessert und umgesetzt, das wurde nicht einmal gesehen."

Ein Audit soll im Zuge eines modernen Qualitätsmanagementsystems auch eine motivierende Wirkung haben. Der Auditor muss deswegen nicht nur Verbesserungspotenziale aufzeigen, sondern gute Leistungen oder Vorgehensweisen honorieren. Idealerweise identifiziert der Auditor Stärken und Verbesserungspotenziale gleichermaßen und stellt diese den Beteiligten in komprimierter Form am Ende des Audits vor.

■ 4.3 Abschluss

Die Inhalte, Umfang sowie das formelle Vorgehen bei Schlussgesprächen – ähnlich wie bei den Einführungsgesprächen – unterscheiden sich bei den verschiedenen Auditarten. Die für Einführungsgespräche getroffenen Aussagen gelten ebenso für das Schlussgespräch. Auch bei mit dem Prozedere vertrauten Auditteilnehmern sollte der Auditteamleiter ein Abschlussgespräch ansetzen.

Teilnehmer des Schlussgesprächs sind üblicherweise die am Audit beteiligten Verantwortlichen der auditierten Bereiche. Der Auditor fasst die Auditfeststellungen in kurzer und verständlicher Form zusammen, erläutert sie und belegt eventuelle „Nichtkonformitäten" mit den entsprechenden Nachweisen. Seine Schlussfolgerungen kommuniziert er den Beteiligten in direkter und unmissverständlicher Weise.

Er weist darüber hinaus auf Unsicherheiten oder Risiken hin, die die Zuverlässigkeit des Auditergebnisses betreffen könnten. Zum Beispiel könnte während des Audits nur ein stellvertretender Mitarbeiter zur Verfügung gestanden haben oder Prozesse könnten in Mangel aktueller Ereignisse und Beispiele an vergangenen Vorgängen nachvollzogen werden.

Das Schlussgespräch beinhaltet ebenso wie bei dem jeweiligen Gesprächsabschluss der einzelnen Audits Stärken und Verbesserungsbereiche (siehe Bild 4.9).

Der Auditor klärt mit den Auditierten Unklarheiten, Missverständnisse oder Unstimmigkeiten. Es schafft die Basis für eine gemeinsame Vereinbarung über die weitere Vorgehensweise. Diese beinhalten gegebenenfalls formale Aspekte (Verteilung des Zertifikats, Fertigstellung des Auditberichts etc.) ebenso wie die einzuleitenden Korrekturmaßnahmen. In der Praxis terminieren viele Auditoren gemeinsam mit den auditierten Bereichen direkt im Gesprächsabschluss die Folgemaßnahmen. Spätestens im Schlussgespräch müssen die Beteiligten die eindeutigen Inhalte des Maßnahmenplans, der aus den Schlussfolgerungen der Auditergebnisse resultiert, festlegen. (Für die Definition von Korrekturmaßnahmen ist die auditierte Organisation zuständig (siehe auch Kapitel 6).

5 Auditberichterstattung

Darum geht es

- Anforderungen an Inhalt und Umfang der Auditberichterstattung
- Zielsetzungen von Auditberichten
- Praktische Beispiele und Umsetzungshinweise zur Erstellung von Auditberichten
- Formale Berichtsformen
- Kritische oder zu vermeidende Formulierungen
- Verschiedene Bewertungsformen von Auditsachverhalten
- Unterschiedliche Bewertungsverfahren
- Bewertungsbeispiele für Rückschlüsse für Bewertungen in der Praxis

5.1 Anforderungen

Der Auditor erstellt einen zusammenfassenden Auditbericht. Dieser Abschlussbericht enthält eine Zusammenfassung der Ergebnisse und der Bewertung des Audits. Formal betrachtet soll er den folgenden inhaltlichen Anforderungen genügen:

- Definition der Auditzielsetzung, Auditart, Auditkriterien und Referenzdokumente,
- Nennung der auditierten Organisation,
- Dokumentation des Auftraggebers,
- Zeitraum des Audits,
- beteiligte Auditteammitglieder, Ausweisung des Auditteamleiters (Lead-Auditor),
- beteiligte Auditteilnehmer seitens des auditierten Bereichs,
- Darstellung der auditierten Tätigkeiten (abgeleitet aus Auditkriterien),

- getroffene Bewertungen der Auditsachverhalte,
- ggf. auf Risiko hinweisen, dass der untersuchte Auditnachweis nicht repräsentativ ist,
- Schlussfolgerungen und
- Unterschrift des Auditteamleiters und nach Bedarf des Verantwortlichen der auditierten Organisation (bzw. des Auftraggebers).

Unter Berücksichtigung dieser formalen Anforderungen ist der Auditbericht dem jeweiligen Audit eindeutig zuordenbar. Einige Unternehmen verwenden darüber hinaus ein Nummernsystem, um die eindeutige Zuordnung zu erleichtern. Bild 5.1 zeigt ein schematisiertes Auditberichtsformular.

Auditbericht	
Unternehmen:	Datum:
AuditierterBereich:	Berichtnummer:
Auditoren:	Teilnehmer:
Auditart	Referenzdokumente:
TEXT TEXT TEXT TEXT TEXT TEXT	
Nachaudit: ja ☐ nein ☐	Auditor: ______ Verantwortlicher: ______
Verteiler:	

Bild 5.1 Formale Aspekte des Auditberichts

Der leitende Auditor ist verantwortlich für die Verteilung des Auditberichts. Er verteilt den Auditbericht üblicherweise an den Auftraggeber, den auditierten Bereich und gegebenenfalls an die Zertifizierungsstelle. Bei internen Audits erstattet häufig der Qualitätsmanagementbeauftragte in einer jährlichen Zusammenfassung an den Auftraggeber (die oberste Leistung) Bericht. Führt er die Audits nicht selbst durch, erhält der Qualitätsmanagementbeauftragte als Vertreter der obersten Leitung den Auditbericht der Auditoren.

Die Auditberichterstellung nimmt im Auditprozess einen hohen Zeitanteil in Anspruch. Aus dieser Erkenntnis und anderen Erfahrungen abgeleitet, erhalten Sie nachstehend einige Tipps zur Auditberichterstattung sowie eine kurze Erläuterung des Hintergrunds.

Zeitnahes Erstellen

Viele Auditoren sind nicht nur mit der Durchführung von Audits beschäftigt. Häufig ist ihre Haupttätigkeit eine andere. Darüber hinaus empfinden viele das Erstellen von Auditberichten als bürokratische und unangenehme Aufgabe. Möglicherweise neigen Sie auch dazu, unangenehme Aufgaben vor sich her zu schieben. Umso wichtiger ist die nach dem Audit zeitnahe Erstellung des Auditberichts durch den Auditor. Gewonnene Eindrücke sind in frischer Erinnerung. Erstellt der Auditor den Auditbericht eine Woche später, gehen viele Informationen verloren, die er aus seinen (möglicherweise dann nicht mehr ausreichenden) Notizen filtern muss. Deshalb sollte er bereits im Vorfeld einen Zeitraum zur Erstellung des Auditberichts einplanen. Dieser folgt zeitlich unmittelbar auf das Audit.

Klare Aussagen treffen

Der Auditor trifft klare Aussagen im Auditbericht. Er hat die Aufgabe, seine Bewertung und Einschätzung im Auditbericht zu präsentieren. Vermeiden Sie Formulierungen, wie z. B.:

Zitat aus einem Auditbericht: „Eine oberflächliche Auswertung der Prozesskennzahlen könnte im Fall stagnierender Auftragszahlen zu eventuellem kurzzeitigen Aktionismus im Bedarfsfall führen.“

Besser wäre in diesem Fall:

Die verwendeten Kennzahlen zur Steuerung der Prozesse lassen in vielen Fällen keine eindeutige Auswertung und Steuerung der Prozesse zu (Beispiel: keine Messung der durchschnittlichen Durchlaufzeiten der Fertigungsprozesse über verschiedene Produktgruppen ...). Im Falle stagnierender Auftragszahlen ist die Identifikation, gegebenenfalls Eliminierung, der Kostentreiber der einzelnen Produkte nicht möglich.

Weitere Aspekte, die der Auditor im Auditbericht festhalten könnte, sind:

- Ort, (Büro, Werkstatt etc.) und Dauer der Befragung,
- Stärken der Organisation (saubere Arbeitsumgebung, gutes Ablagesystem etc.),
- konstruktive, destruktive Mitarbeit (Einstellung zum Qualitätsmanagement-System),
- Hinweis auf Stichprobe,
- Nachweisführung, mögliche notwendige Angaben:
  - Nummer, Titel der Dokumente
  - Datum, Freigabe des Dokuments
  - Datum, Produktbezug der Aufzeichnung (z. B. Lieferscheinnummer) etc.
- positive Formulierungen und Begriffe,
- globales Fazit am Anfang oder Ende des Berichts.

Neben den inhaltlichen Aspekten eines Auditberichts muss der Auditor auf die Darstellungsart der Berichtsinhalte achten. Formulierungen können bereits zu negativen Assoziationen führen. Viele Mitarbeiter empfinden beispielsweise den Titel „Abweichungsbericht“ unangenehm. Der Begriff „Liste der Verbesserungspotenziale“ würde den gleichen Inhalt neutraler und somit für Mitarbeiter positiver formulieren.

Insbesondere am Ende eines internen Audits führen die Beteiligten häufig die Diskussion, ob eine Auditfeststellung eine Abweichung oder „nur“ eine Empfehlung darstellt. Diese Diskussion kann bereits dadurch eingeschränkt oder gar vermieden werden, indem ausschließlich mit Begriffen wie Sachverhalt, Feststellung oder ähnlichen gearbeitet wird.

Aus diesem Grund sollte die Organisation bei der Erstellung oder bei der Weiterentwicklung des Auditwesens neben den inhaltlichen Aspekten auch den formalen Aufbau von Prozessfestlegungen, Formularen etc. des Auditwesens berücksichtigen.

5.2 Formen der Auditberichterstattung

Unternehmenskultur, Auditverständnis der Beteiligten sowie die Auditarten bestimmen Form, Inhalt und Aufbau der Berichterstattung. Sie hängen somit von den definierten Zielsetzungen bzw. dem beabsichtigten Zweck des Auditberichts ab.

5.2.1 Zielsetzungen

Grundsätzlich existieren für den Auditbericht folgende Zielsetzungen:

- Übersicht und Bewertung von Verbesserungspotenzialen

  Dokumentation der Verbesserungspotenziale. Diese können unabhängig von Anforderungen (Normen, Gesetze, Kundenanforderungen) sein. In der Folge leiten sich daraus Aktivitäten zur kontinuierlichen Verbesserung in der Organisation ab.

- Übersicht und Bewertung von Nichtkonformitäten gegenüber Vorgaben

  Protokollierter Abgleich gegenüber Vorgaben (ISO 9001, Gesetze, Kundenanforderungen etc.) und die Bewertung auf Eignung der Umsetzung dieser Vorgaben. Daraus resultieren durchzuführende Korrekturmaßnahmen, um die Vorgaben auf geeignete Weise einzuhalten.

- Protokollführung der Auditvorgänge als Nachweis

  Insbesondere im Falle eines Zertifizierungs- oder Lieferantenaudits ist die Nachweisführung eine wichtige Zielsetzung des Berichts. Alle Anforderungen müssen nachvollziehbar abgeprüft worden sein. Beispielsweise muss für die Möglichkeit einer Zertifizierung gemäß ISO 9001 der Auditor alle Anforderungen dieser Norm im Rahmen von Stichproben auditieren und die entsprechenden Ergebnisse im Auditbericht nachvollziehbar ausweisen. Dies gilt für interne und externe Audits gleichermaßen.

5.2.2 Berichtsformen

Der Umfang und die Art des Auditberichts leitet sich aus einer der oben aufgeführten Zielsetzungen oder einer Kombination dieser Zielsetzungen ab.

Der Auditor kann, wie in Bild 5.2 dargestellt, zur Auditberichterstattung unterschiedliche Dokumente nutzen:

- Auditfragenkataloge oder Checklisten,
- Auditprotokoll (ausgefüllte Auditchecklisten, handschriftliche Aufzeichnungen etc.),
- Auditbericht als eigenständiges Dokument,
- Liste der Feststellungen (Abweichungsbericht).

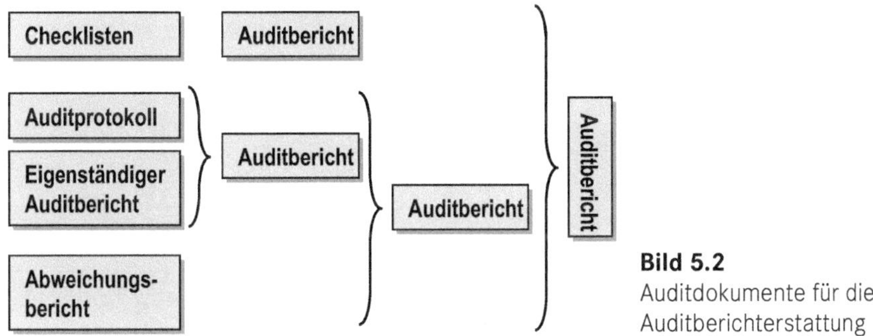

Bild 5.2
Auditdokumente für die Auditberichterstattung

Die Bezeichnung „Auditbericht" beinhaltet die unterschiedlichsten Kombinationen dieser Dokumentationsarten. Beispiele für die unterschiedlichen Zusammenstellungen der Dokumentationen sind nachfolgend dargestellt.

Ein Auditbericht kann beispielsweise sein:

- die ausgefüllte(n) Checkliste(n),
- die ausgefüllte(n) Checkliste(n) + Liste der durchzuführenden Maßnahmen,
- eigenständiges Dokument mit dem Titel „Auditbericht",
- eigenständiges Dokument mit dem Titel „Auditbericht" + ausgefüllte Checkliste(n) als Anhang,

- eigenständiges Dokument mit dem Titel „Auditbericht“ + Liste der durchzuführenden Maßnahmen als Anhang oder
- eine andere Kombinationsmöglichkeit.

Fragenlisten

Die einfachste formale Form eines Auditberichts ist die Zusammenfassung der Auditergebnisse in ausgefüllten Auditfragenlisten, die als Auditprotokoll während der Auditbefragung vor Ort dienen.

Die Fragenlisten haben somit zentrale Bedeutung. Sie dienen zur Vorbereitung, als Protokoll und als Bericht gleichermaßen. Der formale Aufbau dieser Auditchecklisten orientiert sich an den weiter oben aufgeführten Anforderungen an einen Auditbericht.

Die Vorteile dieser Form eines Auditberichts sind:

- Vermeidung von Redundanzen; die formale Zusammenfassung der Ergebnisse in einem zusätzlichen Bericht entfällt.
- Struktur des Auditberichts ist durch die Auditchecklisten bereits definiert; die Feststellungen stehen an den Stellen, die alle Beteiligten als Fragen im Auditgespräch erörtert haben und der Auditor entsprechend protokollierte.
- Schnelle Übersicht über die abgehandelten Themeninhalte.

Die Nachteile dieser Form eines Auditberichts sind:

- Die durchzuführenden Maßnahmen sind für die auditierte Organisationseinheit schwieriger nachzuvollziehen.
- Positives kann dargestellt werden, verliert jedoch an Stellenwert in der Fülle der Information.
- Eine zusammenfassende Darstellung ist nur bedingt möglich.

Diese Art der Auditberichterstattung findet insbesondere in größeren Unternehmen Anwendung. Die Feststellungen und die Bewertung der Auditergebnisse werden sofort nach der Auditdurchführung während des Gesprächsabschlusses mithilfe der Checkliste zusammengefasst. Der Auditor bespricht gemeinsam mit den Verantwortlichen der auditierten Organisationseinheit die Ergebnisse. Sie legen die einzuleitenden Maßnahmen schriftlich fest.

Maßnahmenprotokolle

Eine weitere Auditberichtsform ist die Dokumentation der einzelnen Ergebnisse und Maßnahmen in separaten Dokumenten. Der festgestellte Sachverhalt und die notwendige durchzuführende Maßnahme sind auf einer Seite dargestellt. Diese Form, die Bild 5.3 zeigt, bietet den Vorteil der Einzelverteilung und Verfolgung der jeweiligen Sachverhalte und Maßnahmen. In der Praxis findet diese Form der

Auditberichterstattung immer seltener Anwendung, da der Verwaltungsaufwand und die mangelnde Übersichtlichkeit dagegen sprechen.

QUALITÄTS-MANAGEMENT-SYSTEM	LOGO	Ident.-Nr.	Seite 1 von 1
	Audit-Abweichungsbericht	Revision 1	Datum

Auditierter Bereich: | Verantwortlicher:

Auditgrundlage: | Auditteamleiter:

Abweichung/Sachverhalt:

Auditteamleiter Datum | Verantwortlicher des auditierten Bereichs

Geplante Änderung	Termin:	Zuständigkeit:

Nachaudit erforderlich: ☐ ja ☐ nein

Änderungen durchgeführt: | Nachaudit durchgeführt:

Datum/Verantwortlicher auditierter Bereich | Datum/Auditteamleiter

Verteiler: Geschäftsführung Qualitätswesen auditerter Bereich

Bild 5.3 Formular Abweichungsbericht

Diese Form der Auditberichterstattung kann noch stärker verdichtet werden. Der Auditor listet die Auditfeststellungen und einzuleitenden Maßnahmen zusammenfassend auf (Bild 5.4). Diese praktische Alternative eines Auditberichts mithilfe eines entsprechenden Formulars eignet sich insbesondere für kleinere Organisationen.

Änderungs- und Verbesserungsmaßnahmen zu Auditbericht Nr.			Datum: 14. 12. 20XX		Seite 1 von ...	
Bew.	**Feststellung**	**Korrekturmaßnahme**	**Verantwortl. Durchführung**	**Termin**	**Erledigung**	**Prüfung der Wirksamkeit**
A	Lager in nicht ordnungsgemäßem Zustand: • Unkenntliche Kennzeichnungen • Lagerbedingungen für temperaturempfindliche Produkte nicht eingehalten • Ätzende Stoffe laufen über andere Produkte	• Unkenntliche, alte Kennzeichnung erneuern • Die zur Abholung bereitgestellten Proben an dafür gekennzeichneten Plätzen bereitstellen • Ätzende Stoffe an den dafür ausgewiesenen Plätzen lagern	Leiter Technikum	12/20XX		
A	Systematik der Wirksamkeitsverfolgung von Korrekturmaßnahmen konnte nicht dargelegt werden.	Vorgehen definieren, beschreiben und schulen	Leiter Technikum	1/20XX		
NA	Mitarbeitern wurden einige relevante Arbeitsanweisungen nicht zur Verfügung gestellt.	Methoden zur Dokumentenverteilung überprüfen und überarbeiten	Leiter Technikum	1/20XX		
NA	Die in der Systemdokumentation geforderte Liste der Genehmigungsbescheide für das Technikum war nicht darlegbar.	Liste erstellen	Leiter Technikum	1/20XX		
Bemerkungen: A = kritische Abweichung gegenüber Anforderungen; NA = Nebenabweichung; V = Verbesserungspotenzial						

Bild 5.4 Formular Liste durchzuführender Maßnahmen

Die Zusammenführung aller Feststellungen und Maßnahmen in einem Dokument kann eigenständig als Auditbericht dienen. In der Praxis findet diese Auflistung manchmal als zusammenfassender Anhang von ausgefüllten Checklisten oder einem eigenständigen Auditberichtsdokument Anwendung.

Die zusammenfassende Auflistung der Verbesserungspotenziale und durchzuführenden Maßnahmen bietet dem Anwender eine gute Übersicht. Darüber erweist sich diese Auflistung im Verlauf der Maßnahmenverfolgung als geeignetes Werkzeug.

Auditbericht in Prosatext

Die umfangreichste Art eines Auditberichts ist die Erstellung eines Berichts in Prosatext.

Nachteil dieser Dokumentationsart ist der hohe zeitliche Aufwand und die zum Teil redundante Arbeit durch das Zusammenführen von Aufzeichnungen aus Checklisten. Der Vorteil liegt in der Übersichtlichkeit und strukturierten Nachvollziehbarkeit.

Häufig begleitet der Abweichungsbericht bzw. eine Liste der durchzuführenden Maßnahmen den eigenständigen Auditbericht (in Form einer Anlage).

Sind diese beiden Dokumentationsarten zusammen als Auditbericht definiert, ist der höchste Servicegrad seitens der Auditoren für die auditierte Einheit erreicht.

Falls Sie den Auditbericht in Prosatext erstellen, beachten Sie die sprachliche Gestaltung des Textes. Folgende Textpassage verdeutlicht die Zielsetzung:

Stellenbeschreibungen hinterlegen das Organigramm mit den personenbezogenen Aufgaben. Die Stellenbeschreibungen des Leiters und des Management-Beauftragten (Hr. Lehmann, Hr. Schultz) konnten in freigegebener Form vorgelegt werden (22. 02. 20XX bzw. 24. 03. 20XX).

Die funktionsbezogenen Aufgabenbeschreibungen sind knapp im Management-Handbuch dargestellt. Die genaueren Aufgabenbereiche, die Verantwortlichkeiten und die Kompetenzen sind zum Teil über Aktennotizen im Rahmen der Projektierungen festgelegt (z. B.: Projekt Reduzierung der spezifischen Investitionskosten vom 01. 03. 20XX enthält die Aufgabenbeschreibung der entsprechenden Funktion in „Technik"). Eine Übertragung der zeitlich begrenzten Pflichten und Tätigkeiten in die systematische (stetige) Organisationsbeschreibung erfolgte bisher nicht.

Die Pflichtenübertragung gemäß den Vorgaben (Management-Handbuch Kapitel 1 Punkt 4.2.1) findet bei „Technik" keine Anwendung.

Qualitätsmanagementaufgaben sind in der Stellenbeschreibung nicht aufgeführt. ■

Das Beispiel zeigt die sachliche, rein darstellende Berichtsform ohne subjektive Bewertungen. Dies erfolgt über Formulierungen wie „sind festgelegt", „wurden vorgelegt", „sind dargestellt", „erfolgte bisher nicht", „nicht aufgeführt" etc. Achten Sie vor allem auf Textpassagen, in denen Sie aus Ihrer Sicht negative Sachverhalte darstellen. Viele Auditoren neigen dazu, an diesen Stellen Vermutungen bzw.

ihre subjektiven Bewertungen einfließen zu lassen. Nur wenn aufgrund von Aussagen seitens der Auditierten oder anderer zweifelsfreier Nachweise der Beweis für ein Nichtvorhandensein erbracht ist, kann der Auditor dies so im Bericht festhalten. Auditoren verwechseln manchmal die Nichtexistenz eines Dokuments, Verfahrens etc. mit der Nichtnachweisbarkeit zum Zeitpunkt des Audits. Der Auditor muss sorgfältig unterscheiden zwischen *„... ist nicht existent, liegt nicht vor ...“* und *„konnte zum Zeitpunkt des Audits nicht vorgelegt, dargelegt werden“.*

Viele Auditoren stellen ihren Prosatext nicht stilistisch durchgängig dar. Sie laufen damit Gefahr, Schlussfolgerungen bzw. Maßnahmen im Auditbericht zu vergessen. Weiterhin findet sich der auditierte Bereich nur schwer im Auditberichtstext zurecht. Die folgende Textpassage fügt Bewertungen bzw. die Forderungen nach Maßnahmen nur teilweise mit ein. Beachten Sie bitte die kursiven Sätze.

Eine Übertragung der zeitlich begrenzten Pflichten und Tätigkeiten in die systematische (stetige) Organisationsbeschreibung erfolgt bisher nicht. *Dies ist durchzuführen.*

Die Pflichtenübertragung gemäß den Vorgaben (Managementhandbuch Kapitel 1 Punkt 4.2.1) findet bei „Technik“ keine Anwendung.

Qualitätsmanagementaufgaben sind in der Stellenbeschreibung nicht aufgeführt. Es scheint jedoch sinnvoll, die für einen Vorgesetzten relevante Thematik Qualitätsmanagement in die Stellenbeschreibung als Verantwortungszuweisung mit aufzunehmen.

Folgende Aspekte verdeutlichen den uneinheitlichen Schreibstil:

- Der erste Absatz endet mit der Forderung einer durchzuführenden Maßnahme für eine Nichtkonformität, während im zweiten Absatz für eine Nichtkonformität keine Forderung aufgestellt wird.
- Der letzte Absatz endet mit „scheint sinnvoll“ unkonkret und beschreibt eine Bewertung.

Die Zielsetzung des Audits bestimmt die inhaltliche Strukturierung des eigenständigen Auditberichts.

Ist die hauptsächliche Zielsetzung des Audits die Überprüfung der Einhaltung von Normforderungen (ISO 9001 etc.), kann der Ersteller des Auditberichts die entsprechenden Kapitel der Normen, ähnlich Bild 5.5, als Gliederungspunkte heranziehen.

Versteht die Organisation das Audit als Beitrag zur kontinuierlichen Verbesserung der betrieblichen Vorgänge, ist gegebenenfalls die themenbezogene Gliederung, wie in Bild 5.6, sinnvoll. Auch die Strukturierung gemäß dem spezifischen Aufbau des Management-Handbuchs bietet sich häufig als praktikable Gliederungsform für einen Auditbericht an.

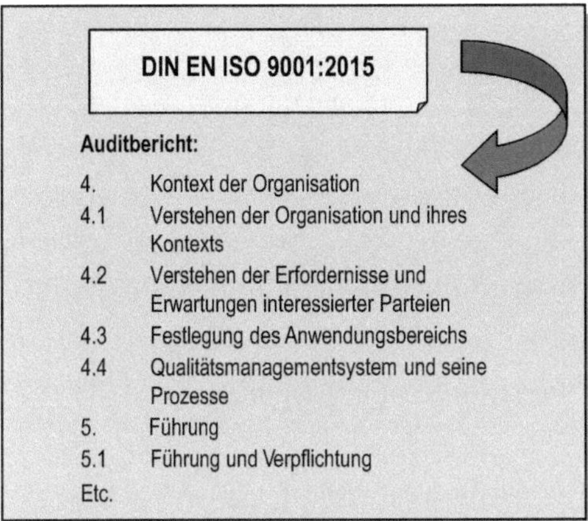
DIN EN ISO 9001:2015

Auditbericht:

4. Kontext der Organisation
4.1 Verstehen der Organisation und ihres Kontexts
4.2 Verstehen der Erfordernisse und Erwartungen interessierter Parteien
4.3 Festlegung des Anwendungsbereichs
4.4 Qualitätsmanagementsystem und seine Prozesse
5. Führung
5.1 Führung und Verpflichtung
Etc.

Bild 5.5
Struktur des Auditberichts (I)

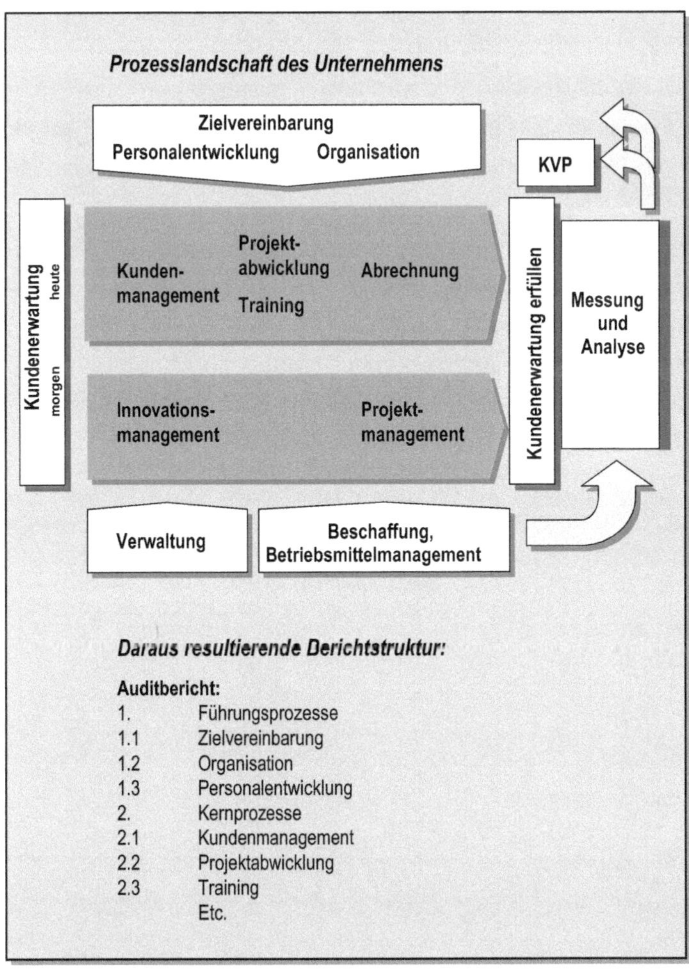

Bild 5.6 Struktur des Auditberichts (II)

5.2.3 Statistische Auswertung

Die Art und der Umfang der Dokumentation der Auditberichterstellung stellt eine Komponente für die Transparenz von Auditergebnissen dar. Die zweite Komponente ist die Anwendung von statistischen Auswertungen über Abweichungen, Feststellungen, Korrekturmaßnahmen, Empfehlungen etc. Statistische Übersichten erleichtern die Transparenz und Aussagen von Auditergebnissen über die:

- *Nachweisführung*

  Nachweis, ob alle Forderungen (Normvorgaben etc.) abgegolten sind.

- *Wirksamkeit des Managementsystems*

  Ist beispielsweise nach acht Jahren Zertifizierung die mit Abstand größte Anzahl der Abweichungen noch immer unter der Rubrik Lenkung dokumentierter Informationen zu finden, ist unter Umständen das Managementsystem oder die Auditmethodik infrage zu stellen.

- *Ableitungen weiterer Maßnahmen zur Auditplanung*

  Aus den Erkenntnissen der gewonnenen Auditergebnisse kann der Auditmanager unterschiedliche Maßnahmen für den darauffolgenden Auditplan ableiten:

  - die Häufigkeitsverteilung der Abweichungsarten bestimmen die Schwerpunktsthemen der nächsten Audits,
  - die Häufigkeitsverteilung der Abweichungen bestimmt die unterschiedliche Dauer und Frequenz der Audits in den Organisationseinheiten (reduzierter Auditumfang in einer Organisationseinheit, die seit längerer Zeit keine schwerwiegenden Feststellungen aufzuweisen hat).

Die statistische Auswertung (Bild 5.7) kann für ein Audit direkt auf den Auditberichten erfolgen. Die Zusammenführung aller Ergebnisse in Form einer Nachweisdokumentation sollte der Managementbeauftragte bzw. der Auditprogrammmanager durchführen.

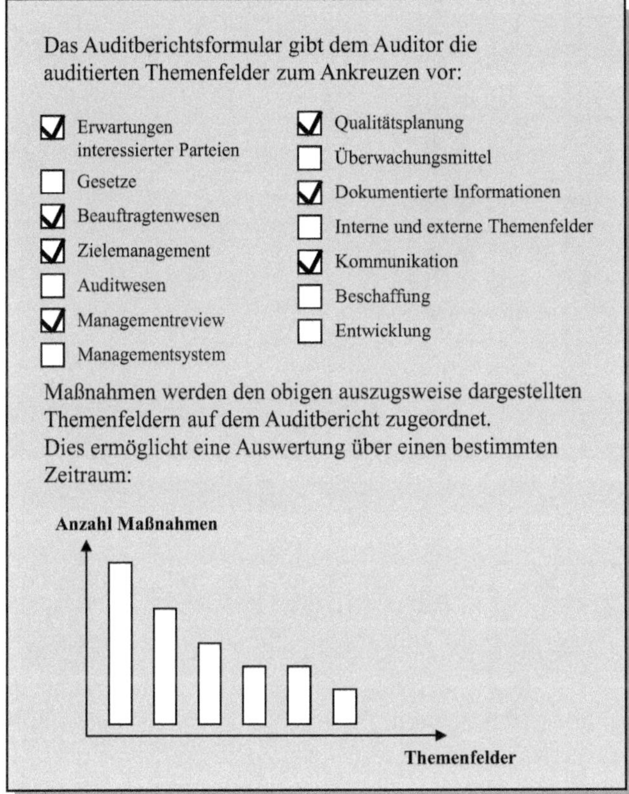

Bild 5.7 Statistische Übersicht der Auditergebnisse

5.3 Bewertung von Auditsachverhalten

Die korrekte Bewertung der Auditfeststellungen stellt für die meisten Auditoren die Schwierigkeit innerhalb des Auditverfahrens dar. Oftmals greifen sie in der Praxis auf drei Klassen von Bewertungsstufen zurück, wobei die Begriffe der Bewertungskategorien unterschiedlich sind (Bild 5.8).

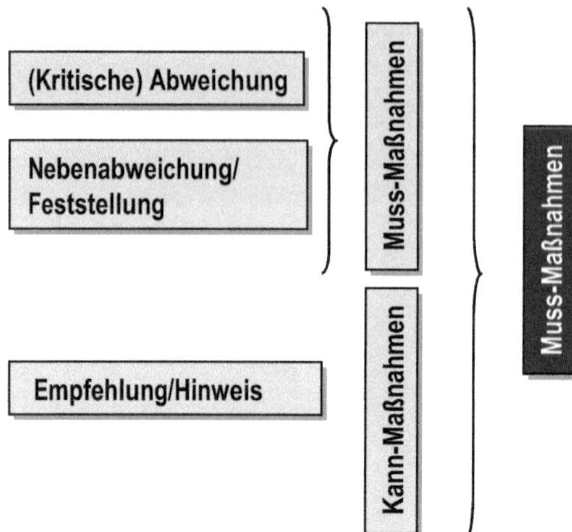

Bild 5.8 Bewertungsschemas

Das interne Auditwesen wendet häufig dieses Schema an. Den Auditoren fehlt erfahrungsgemäß zum Teil der Mut, die Durchgängigkeit bzw. die formale Konsequenz stringent einzuhalten. Die Folge sind Streitigkeiten und fehlende Akzeptanz des Auditwesens. Eine Ursache für die unzureichende Bewertungskonsequenz ist die mangelnde Definition der einzelnen Bewertungsstufen. Eine mögliche Definitionsform zeigt Tabelle 5.1.

Tabelle 5.1 Beispiel von Bewertungsstufen zweier Zertifizierungsgesellschaften

Bewertung 1	Bewertung 2	Auswirkung	Erforderliche Maßnahme
Kritische Abweichung	Abweichung	kein Zertifikat	Korrekturmaßnahme erforderlich
Nebenabweichung	Feststellung	Zertifikat	Korrekturmaßnahme erforderlich
Hinweis	Empfehlung	Zertifikat	Empfehlungsmaßnahme kann durchgeführt werden

Kritische Abweichung/Abweichung

- Ein komplettes, gefordertes Verfahren zu einer Anforderung (Normaspekt oder umfangreiche Kundenforderung) ist nicht erfüllt bzw. im Unternehmen nicht installiert.
- Die Nichterfüllung bezieht sich auf einen kompletten Unterpunkt eines Kapitels einer Norm. Dies beinhaltet sowohl die fehlende Planung als auch die fehlende wirksame Umsetzung (Durchführung).

Als Beispiel dient der Abschnitt 9.3 „Managementbewertung“ aus der Norm ISO 9001.

Das Audit erbrachte keinen Nachweis für die Planung hinsichtlich Durchführung (wer, wie, wann, Regelmäßigkeit, Inhalte etc.) und/oder keinen Nachweis für die Durchführung der Managementbewertung (kein Protokoll etc.).

Nebenabweichung/Feststellung

- Ein gefordertes Verfahren einer Normforderung ist zum Teil nicht erfüllt bzw. ein gefordertes Verfahren im Unternehmen installiert, aber noch nicht voll umgesetzt.
- Einzelforderung der Unterpunkte sind überwiegend nicht erfüllt. Dies beinhaltet sowohl die fehlende Planung als auch die fehlende wirksame Umsetzung (Durchführung).

Als Beispiel dient der Abschnitt 9.3 „Management-Review“/9.3.2 „Eingaben für die Managementbewertung“ aus der Norm ISO 9001.

Das Audit erbrachte keinen Nachweis für die Erfüllung der festgelegten Anforderungen für die Inhalte der Managementbewertung und/oder keinen Nachweis für die Betrachtung einiger unter 9.3.2 aufgeführten Aspekte, obwohl diese im Unternehmen zutreffen. Die Auditoren konnten einige unter 9.3.2 aufgeführten Punkte in der Managementbewertung nachvollziehen.

Empfehlung/Hinweis

- Ein gefordertes Verfahren einer Normforderung ist vollständig erfüllt bzw. ein gefordertes Verfahren im Unternehmen komplett installiert. Planung, die Durchführung der geplanten Aktivitäten und Wirksamkeit der Aktivitäten ist im Audit nachgewiesen.
- Die Empfehlung weist auf ein Potenzial zur Wirksamkeitssteigerung hin.

Anpassung des Reviewzyklus oder des Reviewzeitpunkts an die Gegebenheiten der Organisation (Koordination mit Budgetplanung).

Manche Auditoren haben Schwierigkeiten bei der Beurteilung einer Anzahl ähnlicher Beobachtungen, die in einzelnen Abteilungen als Nebenabweichungen zu deklarieren wären, in der gesamtheitlichen Betrachtung jedoch eine (kritische) Abweichung darstellen können. Hierzu ein Beispiel:

Ein Auditor stellte in einer Abteilung verschiedene Nichtkonformitäten zur Normforderung Lenkung dokumentierter Informationen fest (arbeiten mit nicht aktuellen Unterlagen; Verteilerwesen nicht festgelegt etc.). Er notierte sich den Sachverhalt mit einer Anmerkung in seinem Notizblock, dies gegebenenfalls als Nebenabweichung auszuweisen. Im weiteren Verlauf des Audits stellte er in zwei anderen Abteilungen weitere fehlerhafte Vorgänge gegenüber den entsprechenden Normenforderungen fest (arbeiten mit nicht freigegebenen Dokumenten; Revisionsstand nicht ersichtlich etc.). Insgesamt bewertete er am Schluss des Audits diese Beobachtungen für die gesamte Organisation als Abweichung gegenüber den Normforderungspunkt „Lenkung dokumentierter Informationen". Die Summe der einzelnen, zunächst als Nebenabweichung anmutenden Beobachtungen kumulierten insgesamt in der Erkenntnis, dass die Organisation das gesamte System an diesem Punkt nicht optimal installierte. ■

Aus der Vielzahl von einzelnen Nebenabweichungen schlussfolgerte der Auditor den Mangel des gesamten Managementsystems hinsichtlich der Dokumentenlenkung. Viele Auditoren gehen eher den umgekehrten Weg. Einige Auditoren nutzen diese Möglichkeit der Bewertungsform, um Formulierungen von Abweichung – aus welchen Gründen auch immer – zu vermeiden. Statt der Festlegung einer Abweichung mit Auflistung der entsprechenden Auditstichproben legt der Auditor bevorzugt viele Nebenabweichungen fest. Der professionelle Auditor muss die Objektivität, unter Umständen den Mut, aufbringen, um die Sachverhalte richtig einzuordnen.

Um Streitigkeiten während der Schlussphase des Audits zu verhindern, ob es sich bei den festgestellten Beobachtungen um Abweichungen, Nebenabweichungen oder Empfehlungen etc. handelt, ist ein anderes Bewertungsschema vorzuziehen. Bei internen Audits kann ein zweistufiges Bewertungssystem statt der Klassifizierung mit drei Bewertungsstufen vorteilhafter sein. Die auditierten Organisationen müssen bei Abweichungen und bei Nebenabweichungen/Feststellungen die angegebenen Korrekturmaßnahmen durchführen. Empfehlungsmaßnahmen, manchmal als Hinweise ausgezeichnet, sind nicht zwingend abzuarbeiten. Sind keine anderen Ursachen für das dreistufige Bewertungssystem ersichtlich, besteht eine mögliche Einteilungsform in „Muss-Maßnahmen" und „Kann-Maßnahmen".

Einige sehr ambitionierte und präventiv denkende Unternehmen haben ein einstufiges System in ihrem Bewertungsprozess installiert. Dieses System sieht vor, alle (auch die empfohlenen) Maßnahmen, die sich aus dem Audit ergeben, einzuleiten.

Folgende Sachverhalte listen zu Übungszwecken weitere Beispiele für die Bewertung nach dem dreistufigen System auf. Die Auflösung für die Bewertung des Sachverhalts und der jeweilige Grund dazu finden sich auf den anschließenden Seiten. Grundlage für die Bewertung soll die Norm ISO 9001 sein.

5.3.1 Probleme

Sachverhalt 1

Umfang der Verantwortung und notwendige Kompetenz der Funktion Vertriebssachbearbeiter kann nicht festgestellt werden.

Organigramm ist vorhanden; andere Funktionen, wie Vertriebsleiter, Key-Account-Manager sind in verschiedenen Dokumentationen ausgewiesen.

Sachverhalt 2

In der Produktion existieren mehrere ungültige, nicht freigegebene, mit handschriftlichen Eintragungen versehene, unleserliche oder beschädigte Zeichnungen und Unterlagen. In anderen Bereichen (Vertrieb, Logistik, Qualitätsmanagement, Einkauf etc.) wird gemäß Vorgaben gearbeitet. Eine Vorgehensweise zur Dokumentenlenkung ist schriftlich fixiert.

Sachverhalt 3

Es existieren eine Vielzahl von Endprüfungen gemäß kritischen Kundenspezifikationen. Es existieren keine Prüfpläne, schriftlichen Anweisungen oder sonstigen Dokumentationen.

Sachverhalt 4

Für das prüfende Personal existieren für den Stichprobenumfang von Prüfungen keine detaillierten schriftlichen Vorgaben (Prüfanweisungen, Arbeitsanweisungen, Checklisten etc.); entsprechende Ergebnisaufzeichnungen sind vorhanden. Das Audit erbrachte den dokumentierten Nachweis der Prüfqualifikation für das gesamte Prüfpersonal im Rahmen von Schulungen. Die Verantwortung des Prüfpersonals ist festgelegt.

Sachverhalt 5

Reklamationen sind die einzige Informationsquelle zur systematischen Auswertung der Kundenzufriedenheit.

5.3.2 Lösungen

Bewertung 1

Nebenabweichung

Grund 1

Die Verantwortlichkeiten sind für eine relevante Rolle nicht klar zugewiesen (ISO 9001 - Abschnitt 5.3).

Bewertung 2

Nebenabweichung

Grund 2

Verfahren für Lenkung von dokumentierten Informationen ist in dokumentierter Form vorhanden; nur die Abteilung Produktion setzt die Richtlinien und Anweisungen nicht konsequent um (ISO 9001 - Abschnitt 7.5). Voraussetzung ist, dass durch die fehlerhaften Dokumente kein großes Qualitätsrisiko entsteht.

Bewertung 3

(Kritische) Abweichung

Grund 3

Die Organisation berücksichtigt keine der Anforderungen bezüglich Überwachung und Messung (Annahmekriterien, Prüfvorgänge etc.). Sie muss für die möglichen Endprüfungen in einem Managementsystem die Überwachungs- und Messprozesse für Produkte (Annahmekriterien, Prüfung etc.) festlegen und durchführen (ISO 9001 - Abschnitt 9.1 und 8.6).

Bewertung 4

Empfehlung

Grund 4

Qualifiziertes Personal ist nachweislich existent. Aus gesetzlichen oder anderen Forderungen heraus sind keine Vorgabedokumentationen für die Qualifizierungsverfahren explizit notwendig. Jedoch empfiehlt sich aus Sicherheitsgründen für Organisationshaftung, Produkthaftung etc. eine Vorgabedokumentation (ISO 9001 - Abschnitt 9.1 und 8.5.1).

Bewertung 5

Nebenabweichung

Grund 5

Die Kundenzufriedenheit wird ausschließlich indirekt gemessen; fehlende Reklamationen bedeuten laut Definition der DIN EN ISO 9000 nicht gleichermaßen Kundenzufriedenheit. Indirekt verwendet die Organisation Informationen der Kundenwahrnehmung. Weitere indirekte oder direkte Messungen sind notwendig, um als Gradmesser für die Leistungsfähigkeit des QM-Systems herangezogen werden zu können (ISO 9001 - Abschnitt 9.1.2).

6 Audit-Follow-up

Darum geht es

- Umgang mit Korrekturen, die aus dem Audit entstehen
- Umgang mit Korrekturmaßnahmen, die aus dem Audit resultieren
- Verfahren für die Verfolgung festgelegter Korrekturmaßnahmen
- Überprüfung der Wirksamkeit der durchgeführten Maßnahmen

6.1 Umfang des Follow-ups

Die letzte Phase des Auditablaufs ist die Festlegung, Verfolgung und Durchführung der Maßnahmen, die aus den Auditergebnissen resultieren. Das gesamte Verfahren zur Erledigung dieser Maßnahmen bezeichnen viele Organisationen und Kollegen im Fachjargon als „Follow-up". Dabei muss je nach festgestellter Nichtkonformität, zwischen Korrekturen und Korrekturmaßnahmen unterschieden werden. Korrekturen sind Maßnahmen zur direkten Behebung der Nichtfkonformitäten. Korrekturmaßnahmen dienen der Beseitigung der Ursachen von Nichtkonformitäten. Nehmen wir mal an, in einem Audit stellen wir fest, dass ein qualitätsrelevantes Formular fehlerhaft ist. Die einzuleitende Korrektur wäre die Überarbeitung des Formulars. Für Korrekturmaßnahmen müssten erst die Ursachen ergründet und eingeleitet werden. Die Ursache könnte beispielsweise in der unzureichenden Qualifikation des Erstellers liegen. Dann wäre eine mögliche Korrekturmaßnahme die Schulung des Erstellers. Beide Maßnahmen wären in diesem Fall einzuleiten. Je nach Auditsituation kann es aber sein, dass sich die Nichtkonformität nicht direkt beheben lässt und somit nur noch Korrekturmaßnahmen eingeleitet werden können.

Kapitel 2 gibt einen Überblick über die einzelnen Phasen des Auditablaufs. In diesem Ablauf sind die aus Audits resultierenden Maßnahmen mit deren Verfolgung und Überprüfung auf Wirksamkeit integriert. Offiziell (gemäß ISO 19011) erfolgt der Auditabschluss mit Beendigung aller im Auditplan ausgewiesenen Tätigkeiten. Die weitergehenden Korrekturen und Korrekturmaßnahmen zählen nicht als Teil des Audits. Da wir jedoch den gesamten Auditablauf betrachten, sind die Maßnahmen, deren Verfolgung auf tatsächliche Durchführung und deren Wirksamkeit miteingeschlossen.

Es gibt mindestens zwei Gründe, warum die Integration des Follow-ups in das Auditwesen einer Organisation zweckmäßig ist, und zwar

- zur Sicherstellung der Umsetzung und Wirksamkeit der Maßnahmen (beachten Sie bitte den Unterschied zwischen Erledigung und Wirksamkeit von Maßnahmen),
- zur Einhaltung übergeordneter Regelungen wie DAkkS-Regelungen, Kundenvorgaben.

Aus den Audits können zwei Arten von Maßnahmen entstehen. Zum einen können Maßnahmen zum direkten Umgang mit Fehlern notwendig werden (Korrekturen), zum anderen Maßnahmen zur Behebung der Fehlerursachen (Korrekturmaßnahmen). Das Audit-Follow-up bezieht sich vor allem auf die Verfolgung der Korrekturmaßnahmen. Stellt der Auditor während eines Audits eine Nichtkonformität fest, die eine Korrektur erforderlich macht, weist er auf den Sachverhalt hin und fordert eine direkte Korrektur ein. Dies könnte zum Beispiel den Sachverhalt eines ungekennzeichneten fehlerhaften Produktes oder eines unklaren Prüfstatus eines Produktes betreffen. Im Falle der direkten Behebung erfasst er die Nichtkonformität im Auditbericht und fordert eine Korrekturmaßnahme ein. Kann die Nichtkonformität nicht direkt behoben werden, fordert er sowohl eine Maßnahme zur Korrektur als auch eine Korrekturmaßnahme zur Fehlerursachenbekämpfung.

Resultieren aus Audits Maßnahmen, erledigt diese in der Regel die auditierte Organisationseinheit oder der Auftraggeber. Schließt der Auditverantwortliche die Maßnahmenverfolgung vom Auditwesen aus (oder berücksichtigt er sie gegebenenfalls in einem anderen systematischen Teil des kontinuierlichen Verbesserungsprozesses), ist die konsequente Verfolgung der Maßnahmen gefährdet. Die Verantwortlichen könnten deren Durchführung im Laufe des Tagesgeschäfts „vergessen“. Ebenso wahrscheinlich ist die fehlende systematische Wirksamkeitsüberprüfung der Korrekturmaßnahmen. Die Praxis zeigt, dass einige Organisationen Aktivitäten nur dann systematisch erledigen, wenn eine organisatorisch höher eingestufte Funktion oder ein unabhängiger Dritter den Erledigungsvermerk und/oder den Nachweis für die Wirksamkeit der Korrekturmaßnahmen einfordert.

Aus diesem Grund erscheint die Implementierung des Follow-ups in das Auditwesen sinnvoll. Über die entsprechenden Einforderungen durch den Auditor oder die entsprechende verantwortliche Person (Auditprogrammmanager, Qualitätsmanagementbeauftragter etc.) kann die Organisation die Durchführung von Maßnahmen und deren Wirksamkeitsprüfung sicherstellen.

Bilden Normen (ISO 9001, ISO 14001 etc.) oder eine entsprechende Zertifizierung des Managementsystems die Grundlage für das Audit, ist es erst mit der nachweisbar durchgeführten Korrekturmaßnahme abgeschlossen. Alle Nichtkonformitäten - egal ob formell als Abweichungen, Nebenabweichungen, Feststellungen etc. deklariert - müssen die Verantwortlichen nachweislich abstellen. Erst danach ist das Audit positiv beendet. Bei Zertifizierungsverfahren überprüft z. B. der externe Auditor Korrekturmaßnahmen spätestens im darauffolgenden Audit auf Erledigung.

Grundlage für diesen definierten Umfang des Auditwesens sind übergeordnete Regelungen. Beispielsweise stellt in Deutschland die Akkreditierungsorganisation Deutsche Akkreditierungsstelle (DAkkS) die Rahmenbedingungen für das Zertifizierungsverfahren einer Zertifizierungsgesellschaft (siehe hierzu auch Kapitel 10).

Bei Lieferantenaudits ist die Einbindung des Follow-ups in das Auditwesen aus einem anderen Grund sinnvoll. Der Kunde fordert den Nachweis der Wirksamkeit einer Korrekturmaßnahme, vor allem wenn er selbst direkten Mehrwert daraus erzielt. Die entsprechende Mitteilungspflicht nimmt in der Regel der Qualitätsmanagementbeauftragte im Rahmen eines Überwachungssystems der Auditergebnisse wahr.

Aus den getroffenen Überlegungen resultiert eine Frage: Was muss ich bei der Systematik des Follow-ups beachten und wie könnte ich angemessene Vorgehensweisen gestalten? Lassen Sie uns die Frage im folgenden Abschnitt beantworten.

6.2 Verfahren und Aspekte des Follow-ups

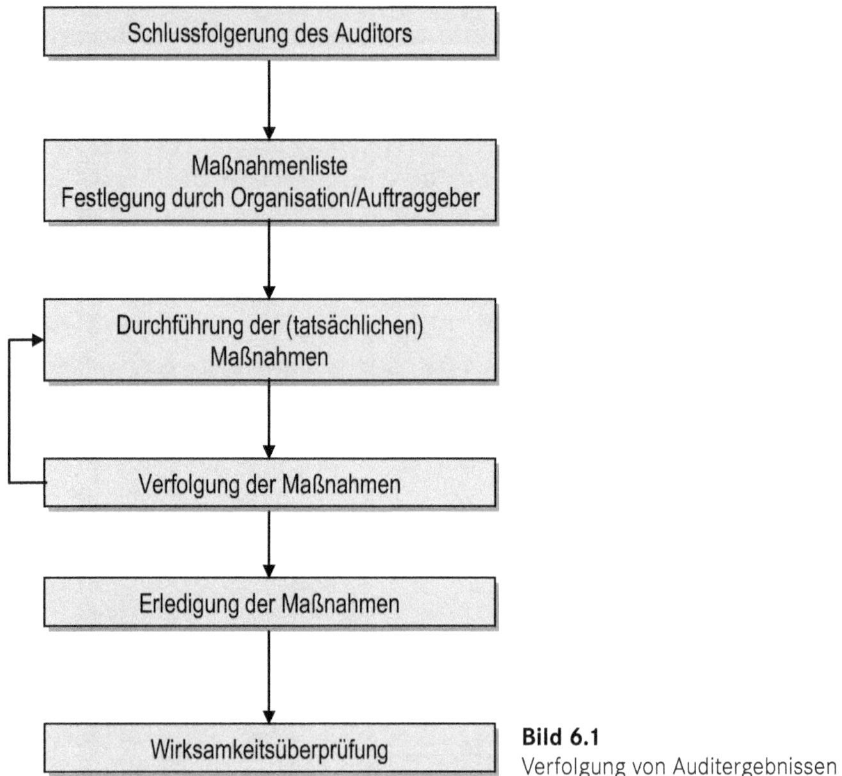

Bild 6.1
Verfolgung von Auditergebnissen

6.2.1 Festlegung der Korrekturmaßnahmen

Verantwortlichkeit zur Festlegung von Korrekturmaßnahmen

Als erster Punkt des Follow-ups ist zu klären, wem die Verantwortlichkeit obliegt, Korrekturmaßnahmen in Audits zu bestimmen. Entgegen gängigen Meinungen von vielen Auditbetroffenen (Auditoren, Auditierte, Managementbeauftragte, Berater etc.) legt nicht der Auditor die Korrekturmaßnahmen fest. Der Auditor stellt lediglich fest, dass etwas nicht konform gegenüber Vorgaben ist und bewertet das daraus resultierende mögliche Risiko. Die Art und den Inhalt der Korrekturmaßnahme legt die auditierte Organisation bzw. der Auftraggeber fest.

Der Auditor bespricht die Korrekturmaßnahmen spätestens im Schlussgespräch zusammen mit den Auditierten. In dieser Phase können beide Parteien Missverständnisse abklären. Sie bestimmen und dokumentieren die Maßnahmen eindeutig. Gerade in dieser Phase der gemeinsamen Klärung sollte der Auditor den Aussagen des Auditierten exakt folgen. Häufig kommen an dieser Stelle des Audits die wirklichen Probleme in versteckter Form zutage.

Ein Auditor stellte in einer Organisation das Fehlen von Maßnahmen zum Umgang mit Chancen und Risiken fest. Er konnte weder über Protokolle der Gesprächsroutinen, Schulungsaufzeichnung oder sonstigen Aufzeichnungen noch über die Befragung der Mitarbeiter das bewusste Auseinandersetzen mit Präventivmaßnahmen nachvollziehen. Zunächst stellte sich für ihn aufgrund der Beobachtungen der Sachverhalt als Unkenntnis des Qualitätsmanagementbeauftragten dar. Der Auditor mutmaßte, dass der QM-Beauftragte die Notwendigkeit der Maßnahmenidentifikation nicht deutlich kommuniziert hat.

Im Schlussgespräch mit dem Qualitätsmanagementbeauftragten und dem Werksleiter stellte sich heraus, dass die Thematik auf ein Ressourcenproblem zurückzuführen ist. Die oberste Leitung des Standortes organisierte zum Beispiel Schulungen nur dann, wenn sie gesetzlich gefordert waren oder als Mindestaufwand für eine Normerfüllung gesehen wurden. Sie ließ Korrekturmaßnahmen ebenfalls nur aus den gleichen Gründen zu. In der Schlussdiskussion fielen immer wieder Stichwort wie „Output ist das Wichtigste", „Was bringt's für den Deckungsbeitrag", „Managementsystem ist gut und schön; aber wir haben das Tagesgeschäft zu erledigen" etc. Zukunftsgerichtete Sichtweisen des Werksleiters waren für den Auditor nicht ersichtlich.

Erst mit dem Abschlussgespräch wurde die Ursache für die fehlenden Maßnahmen zum Umgang mit Chancen und Risiken deutlich.

Inhaltliche Aspekte

Bild 5.4 „Formular: Liste durchzuführender Maßnahmen" in Kapitel 5 zeigt eine Vielzahl struktureller Aspekte, die im Rahmen eines Follow-ups zu berücksichtigen sind. Unabhängig für welche Darstellungsform Sie sich bei der Auflistung der Korrekturmaßnahmen entscheiden, sollten Sie die nachfolgenden Punkte mindestens ausweisen:

- Verantwortlichkeit für die Durchführung,
- Zeitplan und gegebenenfalls Meilensteine,
- Dokumentation des festgestellten Sachverhalts und der durchzuführenden Maßnahmen.

Diese Dokumentation können Sie gliedern in:

- Problemerkennung anhand des (wichtigen) beobachteten Vorfalls,
- Identifikation des zugrunde liegenden Problems,
- Lösungsfindung und Aufstellen eines Plans zum Lösen des Problems.

Weiterhin können für die Organisation folgende Punkte in der Maßnahmenliste hilfreiche Positionen sein:

- Überwachungstermin und -verantwortlichkeit,
- Nummerierungen, Ziel der Maßnahme, Zielzuordnung zu übergeordneten Zielen,
- notwendige Ressourcen,
- Erkennen des Potenzials, das dadurch in anderen Themen- und Organisationsbereichen auftreten könnte,
- konkret zu erwartendes Potenzial bzw. Mehrwert, geschätzte Einsparung und
- Priorität (Risikoprioritätsmatrix).

Adressierung

Insbesondere bei größeren Unternehmen haben Auditoren Probleme mit der Adressierung von Korrekturmaßnahmen. Auditfeststellungen in einer Organisationseinheit sind teilweise Auswirkungen von Ursachen, die in einer anderen Organisationseinheit liegen.

Ein Auditor stellt die mangelnde Qualifikation einiger Produktionsmitarbeiter in Bezug auf die von ihnen durchzuführenden Wartungsarbeiten fest. Die Verantwortlichkeit für Inhalt und Wirksamkeit der Schulung liegt nach einer Verantwortungsmatrix bei der Abteilung Instandhaltung. Der Auditor steht vor dem Problem, dass er den Sachverhalt in einem Audit in der Produktion nicht an die verantwortliche Stelle richten kann. ■

Die Auditfeststellungen und die anschließende Bewertung erfolgen für die auditierte Organisationseinheit. Das gezeigte Beispiel verdeutlicht, dass die Verantwortlichkeiten für die zweckmäßig durchzuführenden Korrekturmaßnahmen nicht in den auditierten Bereichen liegen können. Für die Zusammenfassung und Abstimmung der Ergebnisse der einzelnen Audits in den Organisationseinheiten und für das Nachhalten der Korrekturmaßnahmen sind übergeordnete Verfahren notwendig. Bild 6.2 zeigt ein Beispiel für diese Vorgehensweise.

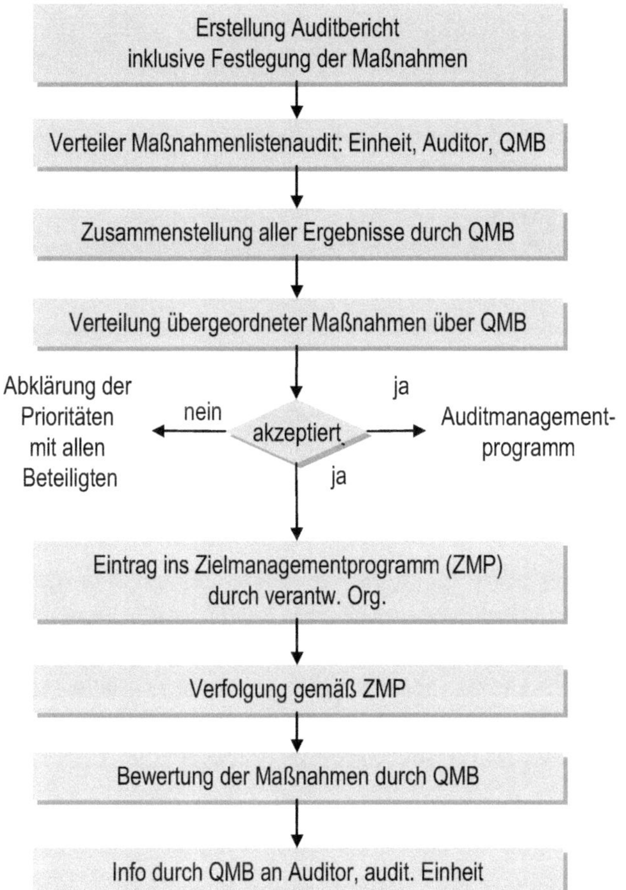

Bild 6.2
Follow-up-Verfahren eines Großunternehmens

Ursachenfindung und Priorisierung

Entscheidend für die Akzeptanz der Korrekturmaßnahmen und der durchgeführten Audits sind die Effektivität und Effizienz der Korrekturmaßnahmen aus Sicht der Auditierten und Auftraggeber. Diese wird in der Regel umso größer, je intensiver und nachhaltiger sich die Auditierten mit der Festlegung der einzuleitenden Korrekturmaßnahmen auseinandersetzen. Im Idealfall legt die auditierte Einheit die Maßnahmen nach erfolgter Ursachenfindung und Priorisierung fest.

Organisationen gestalten diesen Ursachefindungs- und Priorisierungsprozess unterschiedlich aufwendig. Die Verantwortlichen können bei eindeutigen Sachverhalten direkt im Schlussgespräch mit den Auditoren die Maßnahmen bestimmen und dokumentieren. In diesem Fall kann die Organisation insbesondere bei internen Audits den Auditor als Coach, Berater, Problemlöser etc. verstehen und nutzen. Ambitionierte und moderne Unternehmen nutzen zunehmend den internen Auditor auch für diese Zwecke. Voraussetzung hierfür ist die Qualifikation der Auditoren in den dafür notwendigen Techniken. In einigen Unternehmen schulen wir beispielsweise Auditoren in Themen wie Moderationstechniken, Risikoanalysen, Problemfindungs-, Problemlösungstechniken etc.

Komplexe Sachverhalte mit nicht eindeutig nachvollziehbaren Ursachen und unterschiedlichen Lösungsmöglichkeiten erfordern einen definierten Prozess zur Ursachenfindung und Priorisierung in der auditierten Einheit.

Die Notwendigkeit kann an einem Beispiel verdeutlicht werden. Bei der Durchsicht alter Maßnahmenlisten findet man häufig folgende oder ähnliche Korrekturmaßnahmen:

Feststellung: Verfahren XYZ ist mit keiner Verfahrensanweisung schriftlich hinterlegt.

Korrekturmaßnahme: Verfahren XYZ ist zu klären und in einer Verfahrensanweisung schriftlich festzuhalten.

Das Ergebnis und die festgelegte Maßnahme in diesem Beispiel helfen dem Unternehmen nicht weiter. Die Beteiligten sollten im Anschluss an das Audit eine möglichst genaue Definition der Korrekturmaßnahme vornehmen. Im obigen Beispiel bleiben mehrere, unter Umständen unzählige Alternativen offen. Im Falle eines externen Audits stellt sich darüber hinaus die Frage, ob der externe Auditor ein entsprechend festgelegtes neues Verfahren überhaupt akzeptieren kann.

Folgendes Beispiel aus der Praxis zeigt, warum die Festlegung der Korrekturmaßnahme und deren vorherige Priorisierung eine wichtige Rolle für die Akzeptanz des Auditwesens spielt:

Ein internes Audit im Qualitätsmanagement eines seit vielen Jahren zertifizierten Unternehmens ergab, dass die herkömmliche Art, Audits durchzuführen, keinen deutlichen Mehrwert für das Unternehmen brachte. Folgende Alternativen standen zur Auswahl:

- interne und externe Audits als eine Mixtur aus System- und Prozessaudits praktizieren,
- statt Audits Selbstbewertungen durchführen,
- die Inhalte der herkömmlichen Audits um weitere Themenfelder (Finanzen, Strategien, Risiken, Mitarbeiterorientierung etc.) erweitern.

Im Qualitätszirkel erfolgte die Priorisierung mittels einer Priorisierungsmatrix. Diese Matrix beinhaltet: Implementierungsaufwand, Mehrwert, Umsetzungszeit, Zertifizierbarkeit etc.

Aus zeitlichen und organisatorischen Erwägungen ist bei Zertifizierungsaudits der „Einschub" von Prozessschritten zur exakten Ursachenfindung und Priorisierung der Lösungsansätze nur schwer in die Praxis umzusetzen. In allen anderen Fällen, im eigenen Interesse des Kunden auch bei Lieferantenaudits, sollte dies in angemessener Weise erfolgen. Das Verfahren für das Follow-up kann sich dadurch komplexer gestalten, die Effektivität und Effizienz der aus den Audits abgeleiteten Maßnahmen sind unter Umständen viel höher als bei unmittelbaren, gegebenenfalls oberflächlichen Korrekturmaßnahmen.

6.2.2 Verfolgung der Korrekturmaßnahme

Wie erwähnt, können die Verantwortlichen die Korrekturmaßnahmen auf unterschiedliche Weise in das Managementsystem einbringen. Es spielt keine Rolle, ob eine Organisation sie in den Zielvereinbarungsprozess integriert, als Teil von protokollierten Gesprächsroutinen verfolgt, über ein speziell abgestimmtes Auditwesen agiert oder andere Verfahren dazu wählt. Die Korrekturmaßnahmen müssen in irgendeiner Weise im Managementsystem eingestellt sein.

Mit dem Inhalt der Maßnahme ist auch der Erledigungstermin festzulegen. In der Praxis handhaben die Beteiligten die Terminfestlegungen oftmals zu voreilig und teilweise zu oberflächlich. Beachten Sie bitte bei der Terminfestlegung bestimmte Rahmenbedingungen, die sich auf die Akzeptanz der Korrekturmaßnahmen und der Audits auswirken:

Realistischer Umsetzungszeitraum

Die Umsetzungszeiträume von Korrekturmaßnahmen hängen von verschiedenen Einflussgrößen ab (saisonale Spitzen, Urlaubszeiten, Tagesgeschäft, anstehende Projekte, Personalressourcen etc.). Teilweise handelt es sich bei den Korrekturmaßnahmen um komplexe Gebilde. In einigen Fällen müssen die Verantwortlichen verschiedene Entscheidungsträger, Externe oder technische Überlegungen mit einbeziehen. Daraus ergeben sich unterschiedliche Handlungszeiträume, die der Verantwortliche teilweise nicht selbst beeinflussen bzw. lenken kann. Auf der anderen Seite fordert z. B. die ISO 9001, alle notwendigen Korrekturen und Korrekturmaßnahmen ohne ungerechtfertigte Verzögerungen zu ergreifen. Alle diese Überlegungen müssen bei der Festlegung der Termine mit einfließen.

Verfahren der Terminüberwachung.

Die Verantwortlichkeit für eine termingerechte Überprüfung der Korrekturmaßnahme kann in Form einer Holschuld oder einer Bringschuld festgelegt werden. Holschuld bedeutet: Die Verantwortlichkeit für die Initiative der Überprüfung liegt beim Auditor bzw. dem Qualitätsmanagementbeauftragten. Bringschuld bedeutet: Die Verantwortlichkeit für die Überprüfung liegt bei der auditierten Einheit bzw. bei der verantwortlichen Person für die Durchführung der Korrekturmaßnahme.

Die Entscheidung, ob Hol- oder Bringschuld, ist abhängig von der Maßnahme. Häufig weist das System eines Unternehmens hierfür ein starres Verfahren auf. Beispielsweise muss in einer Organisation der Auditor alle Korrekturmaßnahmen auf Erledigung überprüfen. Spätestens im nachfolgenden Audit verifiziert er persönlich alle Maßnahmen. Dies lässt sofort die Frage nach der Sinnhaftigkeit des Verfahrens aufkommen.

Ob es sich als zweckmäßig erweist, dass der Auditor, wie im zuletzt genannten Beispiel, viele Korrekturmaßnahmen erst im nächsten Auditzyklus überprüft, muss jede Organisation für sich entscheiden. Die Gestaltung der Terminüberwachung erfolgt in der Regel über verschiedene Methoden:

- Verfolgung von Maßnahmen während der Durchführung; dies trifft insbesondere bei komplexeren Maßnahmen zu. Bei komplexen Maßnahmen sollten Sie entweder die Terminüberwachung direkt über eine Maßnahmenliste oder über ein zugeordnetes Dokument (Projektplan, Konzeptpapier etc.) mit Meilensteinen hinterlegen. Der Endtermin allein erweist sich oftmals als ungeeignet für eine Terminüberwachung.
- Verfolgung der Maßnahmen bei Beendigung der Maßnahme und nicht im Rahmen des Auditzyklus; da direkt aus dem Audit resultierende Nachaudits für viele Unternehmen zu kostspielig sind, verifiziert der Auditor in manchen Fällen alle durchzuführenden Korrekturmaßnahmen in der darauffolgenden Auditserie. Die Maßnahme selbst ist häufig früher im Terminplan festgelegt und beendigt. Hierbei können verschiedene negative Auswirkungen auftreten:
  - Überprüfung der (Nicht-)Wirksamkeit der Maßnahme erfolgt zu spät,
  - durchzuführende Maßnahme ist bis zur Überprüfung kontraproduktiv,
  - Maßnahme wird in Kenntnis der Nichtüberprüfung und geringeren Priorisierung (bis zum Überprüfungstermin) nicht erledigt.
- Das Ansetzen von Nachaudits als Maßnahme für die Terminüberwachung erfordert in der Regel einen hohen Ressourcenaufwand; deshalb sollten beide Parteien gründlich überlegen, ob ein Nachaudit notwendig ist. Dies trifft dann zu, wenn eine Abarbeitung entsprechender Korrekturmaßnahmen eine komplette Überprüfung der gesamten Zusammenhänge erfordert.
- Bei Zertifizierungsaudits sind definierte Zeiträume für den Nachweis der eingeleiteten Korrekturmaßnahme festgelegt (bei einigen Zertifizierungsgesellschaften 90 Tage); hierbei entscheidet, ob die Organisation mit den Maßnahmen nachweislich begonnen hat. Die Ergebnisse kann der Auditor später verifizieren. Eine Korrekturmaßnahme für eine Abweichung eines Zertifizierungsaudits lautet beispielsweise:

„Das systematische Verfahren für die Schulungsbedarfsanalyse, die Organisation der Schulungen und deren Aufzeichnungen ist festzulegen, mit Verantwortlichkeiten zu hinterlegen und in einer Verfahrensanweisung zu dokumentieren."

Die Verfahrensanweisung wurde in der Organisation abgestimmt, erstellt und innerhalb von zwei Wochen dem Auditor zur Verfügung gestellt. Aufzeichnungen, die inhaltlich das praktizierte Verfahren wie in der Verfahrensanweisung angegeben belegen, schickte der Beauftragte dem Auditor ein halbes Jahr später zu.

- Resultiert eine Korrekturmaßnahme aus einem externen Audit, leitet der Qualitätsmanagementbeauftragte eine entsprechende Notiz an den internen Auditor weiter. Es ist empfehlenswert, die Nichtkonformität als Fragepunkt in die Auditcheckliste aufzunehmen. Ist dies aus bestimmten Gründen nicht praktikabel, sollten die Verantwortlichen die zutreffenden Informationen direkt weiterbearbeiten. Beispielsweise könnten sie die in externen Audits festgestellten Abweichungen unmittelbar in Qualitätszirkel, Gesprächsroutinen, einer Liste offener Punkte, Zielvereinbarungsprozess etc. integrieren.

Verifikationsart und -verantwortlichkeit

Die Verifizierung der Maßnahmen ist in zwei unterschiedlichen Gesichtspunkten strukturiert. Die Effektivität der Implementierung einer Korrekturmaßnahme ist zu unterscheiden von der Effektivität der Korrekturmaßnahmen selbst. Deshalb sind zwei Verifikationsverfahren durchzuführen.

- Ersteres bezieht sich auf die effektive Einführung der Maßnahme. Die zu beantwortende Frage lautet: Wie ist die Maßnahme einzuführen?

Zur Verbesserung des Produktionsprozesses soll ein Instandhaltungsplan eingeführt werden. Die zu beantwortende Frage lautet in diesem Fall: Wie kann der Instandhaltungsplan ressourcenschonend eingeführt werden (Zeit, Kosten, Personalaufwand etc.)?

- Das Zweite bezieht sich auf die Effektivität der Maßnahme selbst. Nach der durchgeführten Maßnahme laufen Prozesse effizienter ab und erfüllen die aufgestellten Forderungen in optimaler Weise. Die zu beantwortende Frage lautet: Welche Maßnahme ist einzuführen?

Die zu beantwortende Frage in diesem Fall lautet: Hat der Instandhaltungsplan den Produktionsprozess optimiert (höhere Stückzahlen, kürzere Ausfallzeiten etc.)?

Weiterhin muss der Auditor beachten, dass er die Effektivität und der Effizienz von Korrekturmaßnahmen nicht alleine durch den Nachweis verifizieren kann, weil aufgrund einer eingeleiteten Maßnahme eine Änderung erfolgte. Vielmehr bewertet der Verifizierungsverantwortliche die Effektivität und Effizienz einer Korrekturmaßnahme durch den nachweislichen Mehrwert der erfolgten Änderung und das Erreichen der gewünschten Produkt- und Prozessanforderungen.

Unterscheiden Sie die im Auditbericht formulierte durchzuführende Korrekturmaßnahme von der tatsächlich durchgeführten Korrekturmaßnahme. Die Korrekturmaßnahme, die während der Auditberichterstellung festgelegt wird, kann zu diesem Zeitpunkt geeignet erscheinen, die beobachteten Mängel zu eliminieren. Im weiteren Verlauf können bestimmte Umstände dazu führen, dass die Durchführung dieser festgelegten Maßnahmen nicht weiter sinnvoll (wirtschaftlich, organisatorisch etc.) erscheint. Die Verantwortlichen leiten möglicherweise andere, angemessenere Maßnahmen ein. Der Auditverantwortliche sollte hierfür die Vorgehensweise im Rahmen des Managementsystems festlegen.

In den meisten Fällen unterrichten die Verantwortlichen den Managementbeauftragten (gegebenenfalls der interne Auditor) und stimmen mit ihm das weitere Vorgehen ab. Ist eine Korrekturmaßnahme betroffen, die zusammen mit dem externen Auditor (Zertifizierungsauditor, Auditor des Kunden) festgelegt wurde, benachrichtigen die Verantwortlichen diesen und koordinieren mit ihm das weitere Vorgehen.

6.2.3 Bewertung der Korrekturmaßnahmen

Wie Bild 6.2 zu entnehmen ist, bewertet in diesem Fall die Abteilung Qualitätsmanagement die Wirksamkeit der Korrekturmaßnahmen. In diesem vorliegenden Beispiel sind die Maßnahmen mit Kennzahlen hinterlegt. Der Qualitätsmanagementbeauftragte zieht sie als Bewertungsmaßstab heran. Er kann zum Teil die resultierenden Verbesserungen monetär bewerten. Dies erweist sich als großer Vorteil.

Die Akzeptanz des Auditwesens steigt, wenn es einen finanziellen Mehrwert schafft. Die Informationsweitergabe des Erreichten und dessen Rückführung auf das Audit unterstützt die Akzeptanz zusätzlich. Da sich Korrekturmaßnahmen oftmals in den jeweiligen auditierten Organisationen erst auf lange Sicht positiv auswirken, verlieren die Nutznießer in der Praxis den Bezug auf das Audit. Deshalb sollte die Kommunikation über den Leistungsbeitrag des Auditwesens in den Organisationseinheiten nicht vernachlässigt werden.

6.2.4 Maßnahmenbewertung als Feedback für Auditmanagementprozess

Bild 6.2 weist neben der inhaltlichen Bewertung der Korrekturmaßnahmen aus Sicht der Auditierten einen weiteren Bewertungspunkt des Follow-ups auf. Der Qualitätsmanagementbeauftragte nutzt die Maßnahmen und deren Bewertung als Feedback und Messgröße für die Qualität des Auditprozesses und der Auditoren im Rahmen seines Auditprogrammmanagements.

Beispielsweise dient der monetäre Mehrwert aufgrund von Auditresultaten bzw. den daraus resultierenden Korrekturmaßnahmen als ein Kriterium der Bewertung für die Leistungsfähigkeit der Auditoren.

6.2.5 Vorgehen bei Nichtdurchführen der Korrekturmaßnahmen

Die fehlende Akzeptanz oder das Nichtdurchführen einer festgelegten Korrekturmaßnahme kann sich in den unterschiedlichsten Ursachen begründen. Häufig liegt das Problem darin, dass die Beteiligten die Ursache einer Nichtkonformität nicht wirklich erfassten und voreilig Schlussfolgerungen gezogen haben. Ein typisches Beispiel für die oftmals mangelhafte Festlegung von Korrekturmaßnahmen ist die Erstellung von Dokumenten (Verfahrensanweisungen, Arbeitsanweisung etc.). Franz Wallisch belegt in seinem Artikel „Auf der Jagd nach einem Phantom" aus der Zeitschrift QZ diese Beobachtung mit folgendem Beispiel: „Im Versand eines Betriebs, der Kunststoffteile herstellt, hatten die Automobil-Auditoren im Laufe der Zeit über 80 Arbeitsanweisungen erzwungen." Die Beteiligten verwechseln zum Teil das Vorhandensein von schriftlichen Anweisungen mit deren tatsächlicher Anwendung aus praktischer Sicht. Manchmal erweist es sich als sinnvoller, Mitarbeiter über Schulungen und Einweisungen in mündlichen Anweisungen immer wieder zu trainieren.

Die Erledigung einer festgelegten Korrekturmaßnahme kann sich auch aufgrund organisatorischer Änderungen im Unternehmen als überflüssig erweisen. Hierzu ein Beispiel:

Während eines Zertifizierungsaudits stellten die Auditoren fest, dass die auditierte Organisation eine festgelegte Korrekturmaßnahme des letztjährigen Überwachungsaudits nicht durchgeführt hat. Die Maßnahme bestand in der systematischen Auflistung aller verwendeten Prüfmittel in einer entsprechenden Prüfmittelkartei mit der Zuweisung der Verantwortlichkeit der Prüfprotokolle etc. Während des Jahres vollzog sich im Unternehmen ein Wechsel der gesamten EDV-Struktur, die in überraschender Weise auch diese Organisationseinheit in dem genannten

Umfeld betraf. Die Verantwortlichen beschlossen, die Implementierung der neuen EDV-Verfahren mit den entsprechenden IT-Tools abzuwarten. Auch das Prüfmittelwesen sollte nach der Komplettintegration des neuen EDV-Systems in der Organisation neu installiert werden. Die Organisation „vergaß" jedoch, der Zertifizierungsgesellschaft bzw. den Auditoren den Vorfall und das Vorhaben mitzuteilen. Als die Auditoren die letztjährige Korrekturmaßnahme verifizieren wollten, stellten sie die Nichtbeachtung der vereinbarten Maßnahme missmutig fest. ■

Interessant an diesem Beispiel ist nicht nur die Art und Weise, wie die Nichtdurchführung einer Korrekturmaßnahme zustande kommen kann. Vielmehr lässt sich an diesem Beispiel auch die Rolle des Auditors für den Umgang mit einer etwaigen Situation erklären. Der Auditteamleiter wies in dem vorliegenden Beispiel vehement auf die Missachtung der Regelungen und des gegenseitigen Vertrauens hin. Ihm war jedoch klar, dass die Rolle eines Auditors, der Maßnahmen „erzwingen" möchte, keinem der Beteiligten Vorteile bringt. Er bewertete die Situation nach einem kurzen, engagierten Einwand objektiv und einigte sich mit der auditierten Einheit auf einen Kompromiss für die weitere Vorgehensweise. Alles andere hätte unter Umständen zu einer Eskalation des Audits geführt und beiden Beteiligten nicht weitergeholfen.

Der vorliegende Fall zeigt die Kompetenz eines Auditors in zweierlei Hinsicht. Zum einen hinterlegt die Vorgehensweise dieses Auditors seine soziale und persönliche Qualität. Andererseits kann er auch sein methodisches Vorgehen an dem vorliegenden Beispiel beweisen. So müssen Fragen im weiteren Auditverlauf sich mit dem Thema beschäftigen, warum der Auditor über die Nichtbeachtung der Korrekturmaßnahme nicht informiert worden ist. Vielleicht hatten die Verantwortlichen einfach nur phlegmatisch gehandelt. Umso wichtiger ist dann die Überprüfung der Termingerechtigkeit und der Wirksamkeit der durchzuführenden Maßnahmen mit der entsprechenden Informationspflicht im Rahmen des Managementsystems.

7 Kommunikationsaspekte im Audit

Darum geht es

- Die Behandlung der Bedeutung der Kommunikation für das Audit
- Die Vorstellung grundlegender Kommunikationsmodelle und deren Schlussfolgerungen für die Gestaltung des Audits
- Techniken, um Informationen verständlicher zu gestalten
- Verschiedene theoretische Grundlagen der Kommunikationslehre („vier Seiten einer Nachricht", „Eisbergmodell" etc.)
- Die Erläuterung von Elementen der Körpersprache und deren Auswirkung auf das Auditgespräch
- Den Einsatz verschiedener Fragetechniken und den Umgang mit unfairen Einwänden

7.1 Warum Kommunikationsaspekte betrachten?

Das Verhalten eines Auditors ist häufig der Schlüssel zum Auditerfolg. Unfreundliches oder herrisches Benehmen erzeugen Widerstand beim Auditierten oder passive Erduldung des Audits. Das Ziel, ein gemeinsames Gespräch mit dem Auditierten zum Thema Verbesserung zu führen, wird dadurch nicht erreicht. Auch überfreundliches oder betont kumpelhaftes Verhalten stehen diesem Ziel im Weg, da der Eindruck entstehen kann, dass der Auditor sich nicht ernsthaft mit der auditierten Organisation auseinandersetzt. Deshalb sollte der Auditor einen angemessenen Ausgleich zwischen beiden Verhaltensarten finden.

Die Berücksichtigung von Verhaltens- und Kommunikationsaspekten durch den Auditor liefert somit einen wichtigen Beitrag zu einem professionell durchgeführten Audit.

Die Kommunikation im Audit ist ein Austausch zwischen den Gesprächspartnern. Grundlage jeder Kommunikation ist eine Information, die in Form einer Aussage oder möglicherweise einer Gestik vom Sender zum Empfänger übermittelt wird. Dies kann und soll in beiden Richtungen, d. h. ebenso vom Empfänger zum Sender, geschehen.

Der Auditor sollte sich bewusst sein, dass jeder Auditierte eine eigene individuelle Wahrnehmung der Auditaktivitäten hat. Diese hängt von verschiedenen Aspekten, wie Unternehmenskultur, Erfahrungen, Meinungen anderer oder dem Führungsstil des Unternehmers ab. D. h., die „Wahrnehmungswelt" des Auditierten muss nicht zwangsläufig das Spiegelbild der „Wahrnehmungswelt" des Auditors sein. Bild 7.1 veranschaulicht diesen Sachverhalt.

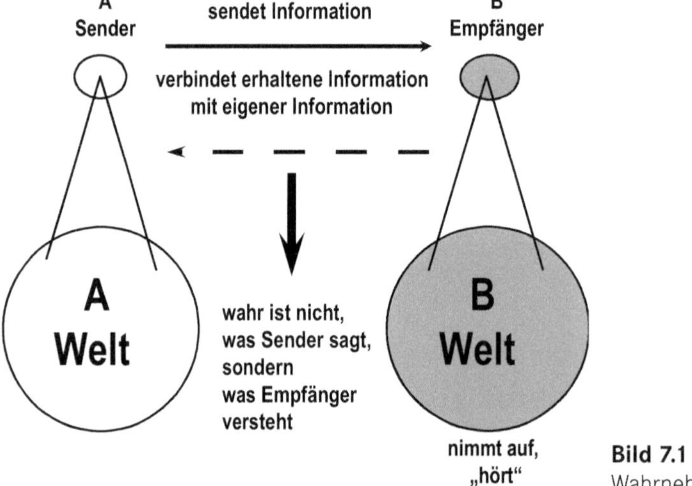

Bild 7.1
Wahrnehmungswelten

Berücksichtigt man diese unterschiedlichen Wahrnehmungen und Erfahrungen der Auditteilnehmer, entstehen logischerweise Missverständnisse im Audit.

Ein Beispiel für das mögliche unterschiedliche Verständnis einer Information:

Versuchen Sie bitte Folgendes: Zeichnen Sie ein Quadrat mit drei Strichen! (Lösung am Ende des Kapitels)

Schauen Sie sich bitte die Lösung an, bevor Sie weiterlesen.

Anhand dieses Beispiels erkennen Sie, dass die Vorstellung einer Botschaft (in diesem Fall ein Auftrag, der auszuführen ist) zwischen Ihnen und uns sehr unterschiedlich sein kann. Wer ist nun „schuld" an dem Missverständnis oder kann man überhaupt von „Schuld" oder *einem* Verursacher sprechen?

Wie kann ein Auditor diesen Missverständnissen begegnen?

Er hat die Aufgabe alle Kommunikationswege während des Audits aufrechtzuerhalten. Ein Auditor muss dem Auditierten aufmerksam zuhören können. Er muss ein Gespräch mit dem Auditierten führen, d.h. der Auditierte benötigt Zeit für seine Antworten oder darf seinerseits Fragen stellen. Nur dann ist gewährleistet, dass alle Kommunikationswege während des Auditinterviews effektiv genutzt werden, um Sachverhalte zu klären und effektive Korrekturmaßnahmen einleiten zu können.

Der Auditor muss nicht nur die Zwei-Wege-Kommunikation im Auditgespräch berücksichtigen. Die Kommunikation vollzieht sich immer auf unterschiedlichen Ebenen: der Sach- und der Beziehungsebene. Die Sachebene beschäftigt sich mit einer Frage, einem Problem, einem Ziel oder einem bestimmten Sachverhalt, während durch die Beziehungsebene Erwartungen, Wünsche, Erfahrungen oder Motive in das Auditgespräch einfließen. In vielen Fällen behindern Sympathien bzw. Antipathien oder unterschiedliche Hierarchieebenen des Auditors und des Auditierten den Erfolg eines Audits.

Die Beziehungsebene zwischen den Auditteilnehmern spielt eine maßgebliche Rolle, da in einem Auditgespräch beide Ebenen der Kommunikation miteinander verknüpft sind. Das „Eisbergmodell“ verdeutlicht den Einfluss der Beziehungsebene auf die Kommunikation (Bild 7.2). Ein Großteil der Kommunikation (die Beziehungsebene) spielt sich, ähnlich wie bei einem Eisberg, unter der Oberfläche ab. Beide Ebenen sind immer miteinander verbunden und können nicht voneinander getrennt werden. Ein Auditgespräch zwischen befreundeten Mitarbeitern verläuft im Normalfall anders als ein Auditgespräch zwischen zwei sich fremden Personen.

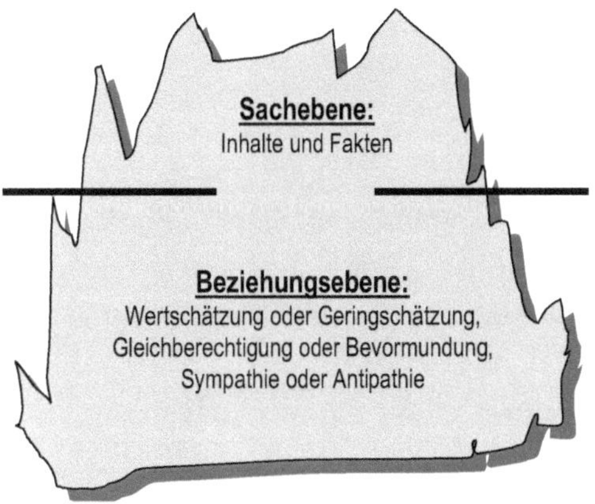

Bild 7.2
Eisbergmodell

Die Durchführung eines Audits in einer diplomatischen und objektiven Weise ist Grundvoraussetzung für ein professionelles Audit. Viele Auditierte zögern, den

Auditor in ihrer „Welt" willkommen zu heißen. Der Auditor muss Vorurteile, Ängste und Voreingenommenheit ausräumen. Dies kann er durch systematisches und sachliches Verhalten während des gesamten Auditprozesses von der Planung bis zur Berichterstattung bewerkstelligen.

Zusammenfassend bleibt festzuhalten, dass ein Auditor sich der Grundlagen der Kommunikation bewusst sein muss. Viele Aussagen lassen sich nur im Zusammenhang mit der Art und Weise ihrer Vermittlung und der Betrachtung der Erfahrungswelt des Auditierten sachlich richtig einordnen. Darüber hinaus muss der Auditor immer wieder sein Verhalten reflektieren und sich die Frage stellen: Welchen Eindruck erwecke ich beim Auditierten?

7.2 Wie ist die Kommunikation zu verbessern?

Das Erkennen der Bedeutung der Kommunikation für das Auditgespräch ist ein wesentlicher Schritt zur Durchführung eines erfolgreichen Audits. Das Erkennen der Bedeutung alleine bringt noch keine automatische Verbesserung der Kommunikation mit sich. Im Auditinterview entstehen möglicherweise immer noch Missverständnisse. Wie kann ich als Auditor aktiv Missverständnisse vermeiden? Dazu sollen im Folgenden einige Erfahrungen und praktische Hinweise gegeben werden.

7.2.1 Fragetechnik

„Wer fragt, der führt."

Diese Aussage verdeutlicht die Bedeutung der Fragetechnik für Gespräche im Allgemeinen, insbesondere aber für das Auditgespräch. Zunächst sollte man sich die Zielstellung des Auditors nochmals vor Augen führen. Ziel des Auditors ist es, möglichst viele Informationen über den auditierten Bereich, den Prozess oder über die Verfahren des auditierten Bereiches zu erlangen, um Verbesserungspotenziale aufzudecken.

Daraus leitet sich für die Fragetechnik die Zielstellung ab, den Auditierten „sprechen" zu lassen und durch Fragen das Gespräch in die gewünschte Richtung zu lenken.

Ein offenes Gesprächsklima ist die Voraussetzung für ein erfolgreiches Audit. Das Gegenüber darf sich durch eine falsche Fragentechnik nicht bedrängt fühlen und damit zurückhaltend reagieren. Eine der Situation angemessene Fragetechnik ist dabei von Vorteil. Betrachten wir deswegen einige Frageformen bezüglich der Vor- und Nachteile für das Auditgespräch.

Offene Fragen

BEISPIELE:

Wie handhaben Sie die Auswahl von neuen Lieferanten?

Welche Vorgehensweise wird bei fehlerhaften Produkten angewandt?

Wie verhindern Sie das Auftreten von Wiederholungsfehlern? ■

Offene Fragen eignen sich, um möglichst umfangreiche Informationen zu erhalten. Sie bringen den Gesprächspartner dazu, Sachverhalte zu erläutern und zu erklären. Sie fördern eine offene, freundliche Gesprächsatmosphäre.

Offene Fragen lassen ausschweifende bzw. ausweichende Antworten des Gesprächspartners zu. Offene Fragen kosten Zeit.

Offene Fragen sollten sich immer auf Sachverhalte oder Vorgänge beziehen, nicht auf Personen.

Zwar sind offene Fragen bei Audits zu bevorzugen, da der Auditor damit umfangreiche Informationen erhält. Doch kann bei ausschweifenden Gesprächspartnern ein Mix mit geschlossenen Fragen zielführender sein. Was sind nun geschlossene Fragen?

Geschlossene Fragen

BEISPIELE:

Wer ist für die Datensicherung zuständig?

Haben Sie eine Prozessbeschreibung für den Instandhaltungsprozess?

Gibt es einen Verantwortlichen für das Gefahrstofflager? ■

Sie erhalten konkrete und eindeutige Antworten. Grundsätzlich könnten die Fragearten mit Ja, Nein oder Herr, Frau Soundso etc. beantwortet werden. Sie engen den Gesprächspartner in den Antwortmöglichkeiten ein. Eventueller Erklärungs- bzw. Erläuterungsbedarf geht verloren. Eine Aneinanderreihung von geschlossenen Fragen kann vom beteiligten Gesprächspartner als eine Art Verhör empfunden werden.

Mit geschlossenen Fragen können Sie ein Gespräch in eine bestimmte Richtung lenken und als ein Mittel zur Gesprächsführung einsetzen.

Alternativfragen

BEISPIELE:

Beurteilen Sie die Lieferanten anhand der Qualität oder des Preises?

Führen Sie statistische Prozesskontrollen oder überwachen sie die Prozesse überhaupt nicht?

Ist der Grund, warum Mitarbeiter Fehler nicht erfassen, mangelnde Qualifikation oder mangelndes Qualitätsbewusstsein? ■

Sie lassen dem Gesprächspartner nur eine bestimmte Auswahl von Antwortmöglichkeiten. Eine objektive und sachliche Auditdurchführung ist gefährdet. Es besteht die Gefahr, dass Sie das Gegenüber manipulieren. In der Auditpraxis ist diese Art der Fragestellung zu vermeiden.

Suggestivfragen

BEISPIELE:

Sie haben doch eine Lieferantenbewertung durchgeführt, auch in schriftlicher Form?

Sie fördern das Qualitätsbewusstsein durch persönliche Gespräche?

Meinen Sie nicht auch, dass die ISO 9001 die Prozessmessung fördert? ■

Ebenso wie bei den Alternativfragen verhindern Suggestivfragen eine objektive Auditdurchführung. Der Gesprächspartner wird manipuliert und die Antwort in eine bestimmte Richtung gelenkt.

Begründungsfragen

BEISPIELE:

Warum haben Sie sich für diese Art der Lieferantenbewertung entschieden?

Wieso haben Sie ausgerechnet diese Art der Lieferantenbewertung gewählt? ■

Bei diesen Fragen ist es wichtig, die Art und Weise zu betrachten, wie der Auditor die Fragen stellt. Das erste Beispiel kann, vorausgesetzt die Frage wird in einer freundlichen bzw. sachlichen Art und Weise vorgetragen, zur Verbesserung des Verständnisses des Sachverhalts beitragen, doch besteht die Gefahr, bei diesen Fragen schnell in eine Art Vorwurf oder Schuldzuweisung abzugleiten. Dies verdeutlicht das zweite Beispiel.

Kettenfragen

BEISPIELE:

Wie bewerten Sie Lieferanten, nach welchen Kriterien, und wer ist dafür zuständig?

Wie viele Fehler erfassen Sie im Jahr, wie viele werden davon behoben und für welche Fehlerschwerpunkte werden Korrekturmaßnahmen ergriffen? ■

Der Gesprächspartner wird mit Fragen überflutet. Es besteht die Gefahr, dass er nicht alle Fragen aufnimmt und beispielsweise nur die letzte oder die erste beantwortet. Die Praxis zeigt, dass durch diese Art der Fragestellung viele Informationen durch mangelnde Übersichtlichkeit der Fragestellung wie auch der Antworten von den Gesprächspartnern nicht verarbeitet werden können.

7.2.2 Aktives Zuhören

Wieviel Redeanteil sollte ein Auditor im Auditgespräch haben?

Die Antwort: Immer wesentlich weniger als der Auditierte.

Bemühen Sie sich deswegen aktiv, Ihrem Gesprächspartner zuzuhören. Konzentrieren Sie sich auf das Gehörte und zeigen Sie dem Gesprächspartner Ihre Aufmerksamkeit.

Folgende praktische Tipps können Sie beachten:

- Zeigen Sie, dass Sie zuhören: Blickkontakt, Kopfnicken, offene Körperhaltung, bestätigende Gesten oder Redewendungen („ja“, „interessant“, „aha“ etc.).
- Versuchen Sie sich in den Gesprächspartner hineinzuversetzen, um seine Gedankengänge und Probleme zu verstehen. Nur so können Sie Hilfestellung geben und Verbesserungspotenziale identifizieren.
- Sprechen Sie nicht: Sie können nicht zuhören, wenn Sie sprechen.
- Nutzen Sie Gesprächspausen bewusst. Oftmals fordert eine Gesprächspause nochmals dazu auf, eine Antwort zu komplettieren.
- Rückformulieren Sie das Gehörte mit einleitenden Redewendungen wie „Wenn ich Sie richtig verstanden habe, meinen Sie … “ oder „Lassen Sie mich das zusammenfassen … “. Sie zeigen damit Interesse. Zusätzlich können Sie diese Technik dazu nutzen, Inhalte in Form von Audionotizen zusammenzufassen, ohne das Auditgespräch zu unterbrechen.

7.2.3 Einwandbehandlung

Die Praxis bringt der Gesprächspartner in Auditgesprächen durch Einwände verschiedenster Art ein.

BEISPIELE:

„Das können wir nicht, da wir das schon immer so gemacht haben."

„Das ist doch nur eine unsinnige Erfindung des Qualitätsmanagements."

„Letztendlich zählt doch nur der kurzfristige Erfolg."

Einwände sollten als Chance gesehen werden. Die passive Erduldung eines Audits bringt zwar wenig Konfliktpotenzial im Gespräch mit sich, doch haben Sie als Auditor wenig Möglichkeiten, Überzeugungsarbeit zu leisten und somit einen Konsens mit den Auditierten zu erzielen. Fragen Sie sich, ob Sie

- Einwände zulassen,
- sachlich auf Einwände reagieren,
- genau den Hintergrund eines Einwandes hinterfragen oder
- Einwände mit Killerphrasen abblocken? (z. B. „das fordert die Norm").

Sachliche Einwände sind im Allgemeinen positiv zu sehen, weil sie Interesse an dem jeweiligen Thema bekunden. Jeder Einwand kann auch als Frage nach zusätzlichen Erklärungen zum besseren Verständnis betrachtet werden. Dies zu erkennen und die entsprechende Hilfestellung zu geben, ist Aufgabe des Auditors.

Unsachliche Einwände wie „Sie sind ja noch grün hinter den Ohren. Ich bin schon 30 Jahre im Betrieb. Ich weiß, wie der Hase läuft" sollte der Auditor trotzdem immer sachlich behandeln. Lassen Sie sich nicht provozieren. Es geht nicht um die Demonstration von Stärke und Überlegenheit, sondern um den Austausch von Argumenten auf der Sachebene.

Viele dieser Einwände können den Gesprächsverlauf oder den „roten Leitfaden" des Auditors stören. Der Anteil einer erfolgreichen Überzeugungsarbeit liegt in erster Linie bei der Sachkompetenz und Schlagfertigkeit des Auditors, doch sollte man sich immer wieder vor Augen führen, welche konkreten Möglichkeiten der Auditor hat, um auf einen Einwand zu reagieren.

Folgende Möglichkeiten stehen Ihnen bei der Einwandbehandlung offen:

Einwand akzeptieren

Sie nehmen den Einwand nur zur Kenntnis oder stimmen dem Einwand zu oder lenken ihn in eine andere Richtung.

Auditierter: „Qualitätsmanagement verursacht doch nur Kosten."

Fragen (klären)

Sie versuchen, die genauen Hintergründe des Einwands zu klären.

Auditierter: „Qualitätsmanagement verursacht doch nur Kosten."
Auditor: „Welche Kosten sprechen Sie dabei genau an? ..."

Rückformulieren

Sie wenden die Technik des Rückformulierens an, um für eine eventuelle Antwort Bedenkzeit zu gewinnen.

Auditierter: „Qualitätsmanagement verursacht doch nur Kosten."
Auditor: „Habe ich Sie richtig verstanden, dass Ihrer Meinung nach hohe Kosten durch das Qualitätsmanagement verursacht werden?"

Zurückstellen

Sie verlagern die Diskussion auf einen späteren Zeitpunkt, um den roten Leitfaden beizubehalten. Achten Sie jedoch darauf, den Einwand in jedem Fall zu behandeln.

Auditierter: „Qualitätsmanagement verursacht doch nur Kosten."
Auditor: „Ein interessanter Gesichtspunkt, doch möchte ich diesen Aspekt mit Ihnen ausführlich beim noch folgenden Thema ‚Qualitätskosten' diskutieren."

Beantworten

Sie tauschen Argumente direkt im Auditgespräch aus, sofern sich die Zeit bzw. die Situation dazu eignet.

Auditierter: „Qualitätsmanagement verursacht doch nur Kosten."
Auditor: „Nein, da bin ich nicht Ihrer Meinung, weil ..."

An Kollegen weitergeben

Sie gewinnen Zeit und können noch andere Meinungen bzw. neue Gesichtspunkte mit in die Diskussion aufnehmen und ggf. darauf aufbauen.

Auditierter: „Qualitätsmanagement verursacht doch nur Kosten."

Auditor: „Was sagen Sie denn dazu, Herr …?"

Über diese verschiedenen Möglichkeiten der Einwandbehandlung hinaus sollte der Auditor bei Einwänden immer die Hintergründe des Einwands zu klären versuchen. Mit jedem Einwand sagt der Gesprächspartner auch etwas über sich selbst aus (Ängste, Befürchtungen, Zweifel etc.).

Meta-Ebene ansprechen

Falls Sie den Eindruck gewinnen, dass der Auditierte sich grundsätzlich dem Auditgespräch verweigert, können Sie dies ansprechen. Dafür sollten allerdings ausreichende Indizien im bisherigen Gesprächsverlauf vorhanden sein. Achten Sie darauf, dass Sie dabei „ihren Eindruck" schildern und nicht die Aussage als absolute Wahrheit (z. B. „Sie wollen nicht antworten.") darstellen.

Auditierter: „Qualitätsmanagement verursacht doch nur Kosten."

Auditor: „Da Sie bereits mehrmals auf meine Fragen nicht antworten, habe ich für mich den Eindruck gewonnen, dass Sie meinen Fragen ausweichen. Wie können wir die Situation klären?"

7.2.4 Informationen verständlich vermitteln

Das folgende Beispiel schildert den Auszug aus einem Auditgespräch zwischen einem Auditor und einem Mitarbeiter der Versandabteilung:

…

Auditor: „Guten Tag, Herr Schmidt. Wie wurde in der auditierten Einheit der KV-Prozess gemäß Auditchecklistenfrage 14.7 installiert und welche Faktoren sind als Kenngrößen zur Performancemessung institutionalisiert?"

Mitarbeiter: „Keine Ahnung."

Auditor: „Finden in Ihrer Organisation statistische Methoden, wie SPC oder Pareto-Analyse Anwendung und werden Mitarbeiterbefragungen bzw. Fehlerursachen ausgewertet?"

Mitarbeiter: „Ich glaube nicht …

Auszug aus dem daraus folgenden Auditbericht:

... Die Abteilung Versand hat weder ein statistisches Auswerteverfahren noch einen KV-Prozess und kann daher kein zertifizierbares QM-System nachweisen.

...

Dieses überzeichnete Beispiel zeigt, dass die Informationen, die ein Auditor vom Auditierten erhalten möchte, stark von seiner Art der Fragestellung bzw. seiner Art der Informationsübermittlung abhängt. Haben Sie den Eindruck gewonnen, dass der Mitarbeiter den Auditor verstanden und infolgedessen die Antwort „keine Ahnung" gegeben hat?

Um verständliche Informationen bzw. Aussagen zu erhalten, hat der Auditor die Pflicht, seine Fragen, Aussagen oder Gesprächsbeiträge verständlich zu formulieren. Folgende „Verständlichmacher" sollten dabei Beachtung finden.

Klarheit gewährleisten

Verwendung einfacher Sätze

Vermeiden Sie komplizierte Sätze, Kettenfragen oder zu ausschweifende Erläuterungen.

Ein Negativbeispiel:

„Ein Qualitätsmanagementsystem, aufbauend auf der ISO 9001, unter Einbeziehung verschiedener weiterführender TQM-Aspekte, ist ein Instrument, das sowohl Planungsaspekte wie das Festlegen von Qualitätszielen und Qualitätsstrategien beinhaltet als auch die Implementierung sowie das Überprüfen mit Kennzahlen und Messgrößen fördert und darüber hinaus Verbesserungspotenziale für die Organisation eröffnet. Inwieweit wird dies in Ihrer Organisation berücksichtigt? "

Besser ist die Aufteilung in kurze Fragen:

Sind bei Ihnen Qualitätsziele definiert? Wenn ja, welche?

Beruhen diese auf übergeordneten Strategien?

Sind die Ziele mit messbaren Kennzahlen hinterlegt?

Erklärung von Fremdwörtern oder Abkürzungen, die dem Auditierten möglicherweise nicht bekannt sind

Gerade im Qualitätsmanagement werden viele Abkürzungen für neue Methoden und Werkzeuge verwendet (TQM, KVP, Six Sigma, SPC, CPK, TPM, JIT, BSC, EFQM, PDCA, FMEA etc.). Erläutern Sie dem Gesprächspartner Begriffe, die Ihnen möglicherweise schon lange geläufig sind oder selbstverständlich erscheinen.

Zeitliche und inhaltliche Abschweifungen vermeiden

Achten Sie auf das Zeitmanagement beim Auditgespräch und konzentrieren Sie sich auf das Wesentliche.

Informationen anschaulich gestalten

Beispiele geben, Vergleiche einsetzen

Erläutern Sie Ihre Aussagen oder Fragen mit Beispielen aus anderen Bereichen oder Abteilungen. In vielen Fällen lässt sich die Bedeutung einer Aussage verständlicher gestalten. Beispielsweise:

Auditor zur Bedeutung von Kennzahlen für ein Unternehmen: „Selbst wenn die festgelegten Unternehmenskennzahlen keine 100%ige Aussage über die zukünftige Entwicklung des Unternehmens zulassen, ist es doch besser, mit Kennzahlen ein Unternehmen zu steuern als ohne. Vergleichen Sie das mal mit einem Scheinwerfer. Ich fahre lieber mit einem Scheinwerfer in der Nacht Auto, statt ganz auf die Möglichkeit zu verzichten, Gefahren zu erkennen." ■

Konkrete Vorgänge heranziehen (visualisieren)

Bilder sagen mehr als tausend Worte. Diese Aussage gilt auch für das Auditinterview. Ziehen Sie deshalb immer die Möglichkeit in Betracht, konkrete Vorgänge in Form von Projektdokumentationen, EDV-Masken, Aufzeichnungen etc. als Grundlage für Fragen oder Ablauferläuterungen heranzuziehen.

Übersichtlichkeit schaffen

Überblick über die zu vermittelnde Information geben

Der Auditor sollte das Auditgespräch strukturieren und den Gesprächspartner über diese Struktur informieren. Damit sind alle Gesprächspartner in der Lage, die jeweilige gedankliche Verknüpfung einer Aussage zum angesprochenen Thema herzustellen. Gerade in der Einführungsphase der Auditdurchführung ist dies ein wichtiger Bestandteil.

„Roten" Gesprächsleitfaden beibehalten

Kommen Sie immer wieder auf Ihren „roten" Gesprächsleitfaden zurück. Sie können bei Abschweifungen Themen zurückstellen, die Abschweifung ansprechen („Meiner Meinung nach schweifen wir zu sehr vom Thema ab. Lassen Sie uns doch zum Punkt … zurückkehren").

Gesprächsergebnisse zusammenfassen

Das Zusammenfassen von Inhalten schafft Klarheit im Auditgespräch. Mit einer Zäsur während des Auditinterviews kann ein Thema abgeschlossen und der Beginn eines neuen Gesprächsinhalts deutlich angezeigt werden.

Neben diesen Grundsätzen zur besseren Verständigung muss die Beziehungsebene in die Betrachtung einer Aussage mit einbezogen werden.

Die Praxis zeigt, dass die rein sachliche Kommunikation ein Ideal darstellt und in Gesprächen oft nicht erreicht wird (siehe oben das Eisbergmodell). Neben der rationalen Seite der Kommunikation, der Sachebene, betrifft jede Kommunikation auch die emotionale Seite, die Beziehungsebene.

Die Aussage eines Auditierten: „Sie haben auf dem Auditbericht den Verteiler vergessen" kann ein gut gemeinter Hinweis oder eine Kritik an Ihrer Vorgehensweise darstellen.

Um dieses Zusammenspiel zwischen Sach- und Beziehungsebene näher zu erläutern, soll das Vier-Komponenten-Modell des Psychologen Friedemann Schulz von Thun herangezogen werden (Bild 7.3).

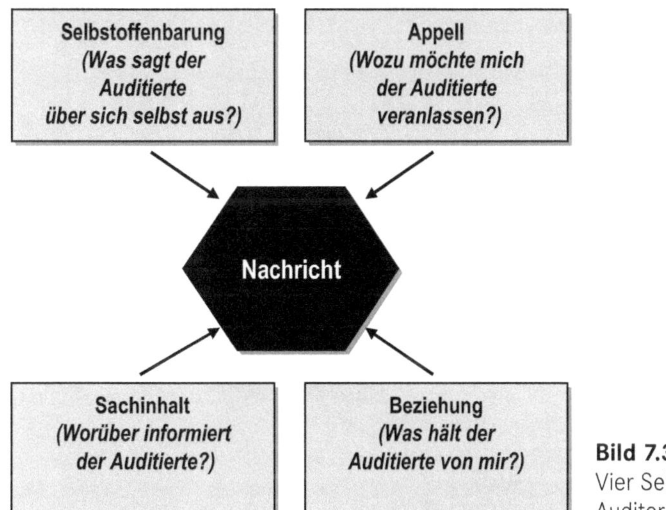

Bild 7.3
Vier Seiten einer Nachricht: der Auditor als Empfänger

Das Modell geht davon aus, dass jede Nachricht vier Seiten beinhaltet:

- einen Sachinhalt (Thema, sachliche Information),
- einen Selbstoffenbarungsinhalt (Aussage über den Sender),
- einen Appell an den Empfänger (Wunsch an das Verhalten des Empfängers) und
- einen Beziehungsinhalt (Aussage über die Beziehung Sender/Empfänger).

Die möglichen Seiten einer Nachricht sollen an einigen typischen Aussagen im Audit verdeutlicht werden (Tabelle 7.1).

Tabelle 7.1 Typische Auditaussagen im Spiegel der vier Seiten einer Nachricht

Aussage	Mögliche Seiten einer Nachricht	
„Sie sind ja vom Vertrieb. Sie können das nicht wissen."	Sachinhalt: Sie sind vom Vertrieb und haben nicht die entsprechende Information.	Selbstoffenbarung: Ich bin „Insider".
	Appell: Machen Sie sich schlau.	Beziehung: Sie sind ein Außenstehender.
„Wir sind hier, um Ihre Abteilung zu durchleuchten."	Sachinhalt: Wir untersuchen die Organisation der Abteilung.	Selbstoffenbarung: Wir sind gründlich.
	Appell: Verbergen Sie nichts.	Beziehung: Wir sind die Prüfer und stehen über Ihnen.
„Gegenfragen sind erlaubt."	Sachinhalt: Sie können Fragen stellen.	Selbstoffenbarung: Ich kann auf alle Fragen antworten.
	Appell: Fragen Sie bei Unklarheiten.	Beziehung: Sie sind ein willkommener Sparringspartner.
„Das war ja besser, als ich dachte."	Sachinhalt: Eine gute Darstellung.	Selbstoffenbarung: Ich habe Sie unterschätzt.
	Appell: Weiter so.	Beziehung: Sie kommen an mich noch nicht heran.

Diese Beispiele zeigen, dass es für den Auditor wichtig ist, sich der verschiedenen Seiten einer Nachricht bewusst zu sein. Nur dann ist er in der Lage, Aussagen des Gegenübers richtig zu deuten oder seine eigenen Aussagen zu präzisieren. Versuchen Sie, Ihr Kommunikationsverhalten unter folgenden Aspekten während oder nach einem Audit unter den in Bild 7.4 aufgeführten Fragestellungen zu betrachten.

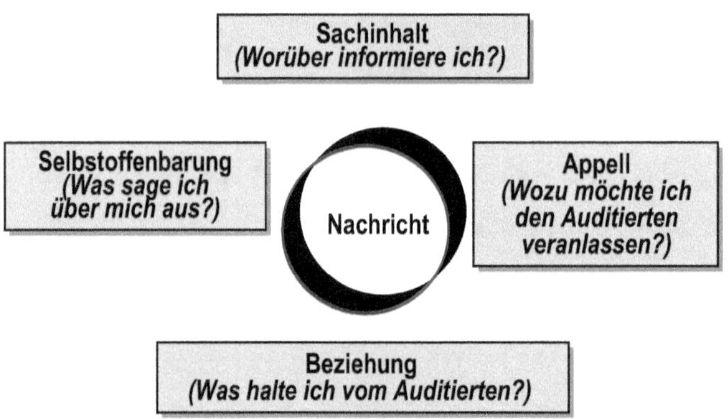

Bild 7.4 Vier Seiten einer Nachricht: der Auditor als Sender

Jede Aussage lässt einen großen Interpretationsspielraum zu. Was kann ich also als Auditor dafür tun, um Fehlinterpretationen meinerseits zu vermeiden?

Eine in der Praxis bewährte Vorgehensweise stellt das Rückformulieren des Gehörten dar.

BEISPIEL:

Auditierter: In unserer Organisation ist es wichtig, dass alle Mitarbeiter sich in den Verbesserungsprozess des Unternehmens mit einbringen. Wir fördern das durch verschiedene Initiativen, wie z. B. Mitarbeiterwork-shops, „Visionswochenenden", ein Verbesserungs-Vorschlagswesen etc.

All diese Initiativen haben zu einer stärkeren Einbeziehung und Identifikation der Mitarbeiter mit dem Unternehmen geführt, sodass die Mitarbeiterfluktuation in den letzten Jahren erheblich gesunken ist.

Auditor: Sie sagen also, dass es Ihren Unternehmen gelungen ist, durch verschiedene Maßnahmen zur Mitarbeitereinbindung die Mitarbeiterfluktuation zu senken.

...

Mit der Technik des Rückformulierens vergewissert sich der Auditor, ob er die wesentlichen Aspekte des Gehörten verstanden hat. Dabei sollte sich der Auditor auf einige Schwerpunkte beschränken und nicht mit demselben Wortlaut das vom Auditierten Gesagte wiederholen. Neben der Vermeidung von Missverständnissen wird der Auditor zudem in die Lage versetzt, das Gespräch zu lenken. Gerade bei weitschweifenden Ausführungen des Gesprächspartners bringt er die wesentlichen Inhalte auf den Punkt, um im Anschluss einen neuen Themenabschnitt anzugehen.

Alternative Aussage zu dem Beispiel:

...

Auditor: Sie haben die Mitarbeiterfluktuation durch Einbeziehung der Mitarbeiter gesenkt. Leiten sich daraus Rückschlüsse auf die Mitarbeiterzufriedenheit ab?

...

7.2.5 Nonverbales Verhalten

Neben der Technik des Rückformulierens sollte der Auditor auf das sogenannte nonverbale Verhalten des Auditierten achten und selbst seine Aufmerksamkeit auf diesen Aspekt legen. Welche Seite einer Nachricht gerade den Schwerpunkt einer Aussage bildet, lässt sich in vielen Fällen von der nonverbalen Kommunikation des Gegenübers ableiten.

Mimik, Gestik, Körperhaltung oder Blickkontakt können anzeigen, ob jemand am Auditgespräch aktiv teilnimmt oder kein Interesse bekundet. Die Beziehungsebene zwischen den Gesprächsteilnehmern drückt sich vor allem im nonverbalen Verhalten aus. Aussagen des Auditierten wie „das ist ja ganz interessant“ können bei verschiedener Gestik und Körperhaltung ganz unterschiedliche Bedeutung bekommen.

Aber nicht nur die eben angeführten Gesichtspunkte sind Teil der nonverbalen Kommunikation. Zusätzlich sind viele weitere Einflüsse maßgebend:

- Gang
- Distanzverhalten,
- Körperkontakt,
- Sprechweise (Lautstärke, Tempo, Tonfall, Sprechpausen etc.) sowie
- die äußere Erscheinung

beeinflussen den Eindruck, den man von seinem Gesprächspartner hat.

Ohne die Aussagen bzw. sachlichen Informationen wahrzunehmen, machen wir uns bereits ein Bild von unserem Gesprächspartner. Am deutlichsten wird dies am Phänomen des „ersten Eindrucks“. Der „erste Eindruck“ kann für das Auditgespräch von entscheidender Bedeutung sein.

Nachfolgende Beispiele verdeutlichen einige Grundkenntnisse über den „ersten Eindruck“:

- Der erste Eindruck“ wird vor allem durch die äußere Erscheinung geprägt. Dies kommt daher, dass der Mensch den größten Teil seiner Umgebung über das Auge wahrnimmt. Dieses Phänomen wird in dem Ausspruch „Bilder sagen mehr als tausend Worte“ deutlich. Für das Audit bedeutet dies, dass der Gesprächspartner vor allem auf das Äußere, das Verhalten, das Auftreten sowie Gestik und Mimik reagiert.
- Unbewusst beurteilt der Gesprächspartner das Gegenüber nach dem auffälligsten Charakterzug oder Merkmal. Dies kann dazu führen, dass von einem bestimmten Verhalten (ausgeprägte Gestik) auf den Charakter geschlossen wird (Hektiker) und eine Verallgemeinerung auf andere Charaktereigenschaften stattfindet (mögliche weitere Charaktereigenschaften: sprunghaft, unzuverlässig, emotional etc.).
- Durch den „ersten Eindruck“ entstehen häufig Vorurteile. Die ersten Minuten sind für die Meinungsbildung beim Gesprächspartner entscheidend. Ungewohnte Eindrücke werden als Erstes wahrgenommen und in vielen Fällen negativ beurteilt, weil sie nicht dem Gewohnten, der Norm, entsprechen. Am Beispiel der Kleidung kann dies verdeutlicht werden: Durch extreme Kleidung kann eher ein Gefühl von Ablehnung entstehen als durch „normale“ Kleidung.

Dabei muss jedoch immer die jeweilige Situation betrachtet werden. Besuchen Sie in einem T-Shirt eine Sitzung des Aufsichtsrats, wirken Sie ebenso deplatziert wie im Werkstattbereich mit Fliege und Nadelstreifenanzug.

- Der „erste Eindruck" bleibt in der Erinnerung des Gesprächspartners haften. Er versucht immer wieder diesen ersten Eindruck zu bestätigen. Ein Beispiel: Sie haben den Eindruck gewonnen, dass Ihr Gesprächspartner ein Theoretiker ist. In der Folge versuchen Sie Ihren Eindruck zu bestätigen und suchen in seinen Ausführungen nach Fremdworten, hinterfragen sehr kritisch neue Ideen auf ihre praktische Umsetzung oder suchen schon nach Gegenargumenten.

7.3 Schlussfolgerung

Über inhaltliche und methodische Aspekte des Audits hinaus werden an den Auditor Anforderungen in sozialer wie kommunikationstechnischer Hinsicht gestellt. Die Inhalte und Beispiele des vorangegangenen Kapitels sollten den Eindruck vermitteln, dass die Kommunikation eine entscheidende Einflussgröße für ein Audit darstellt. Jeder Auditor, der erfolgreich und professionell Audits durchführen möchte, muss sich daher dieser verschiedenen Facetten der Kommunikation bewusst sein. Er hat die Aufgaben, sich nicht nur auf inhaltliche Themenstellungen während eines Auditinterviews zu konzentrieren. Vielmehr muss er sich Kommunikationsaspekte bewusst sein, um inhaltliche Aussagen des Gesprächspartners richtig zu interpretieren.

Dieses Kapitel gibt nur einen kleinen Einblick in die Welt der Kommunikation. Es ist in keinster Weise Absicht des Buchs die Kommunikation im Auditgespräch aus rein wissenschaftlicher Sicht zu erörtern. Es will lediglich praktische Tipps und Hinweise aus unserer Erfahrung und der vielen Kollegen geben.

Wenn Sie als Auditor Ihr Kommunikationsverhalten verbessern möchten, empfehlen wir entsprechende Trainings von namhaften Anbietern. Sie können auch sogenannte Supervisionen bei Audits durchführen, um sich von einem erfahrenen Auditor oder Kommunikationstrainer Feedback hinsichtlich Ihres Kommunikationsverhaltens zu holen. In einigen Unternehmen ist dies zur Verbesserung der Qualifikation der Auditoren bereits standardmäßig umgesetzt.

7.4 Anhang: Lösung des Beispiels aus Kapitel 7.1

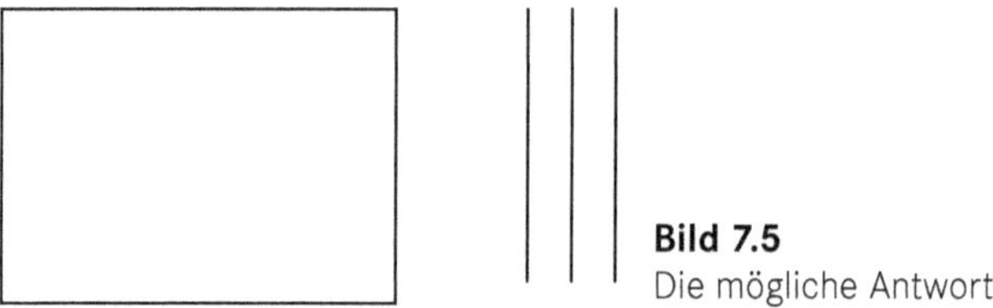

Bild 7.5
Die mögliche Antwort

Haben Sie die richtige Lösung gefunden? Wenn ja, schade. Diese Lösung meinten wir nicht. Unsere Vorstellung, die Sie zeichnen sollten, ist folgendermaßen:

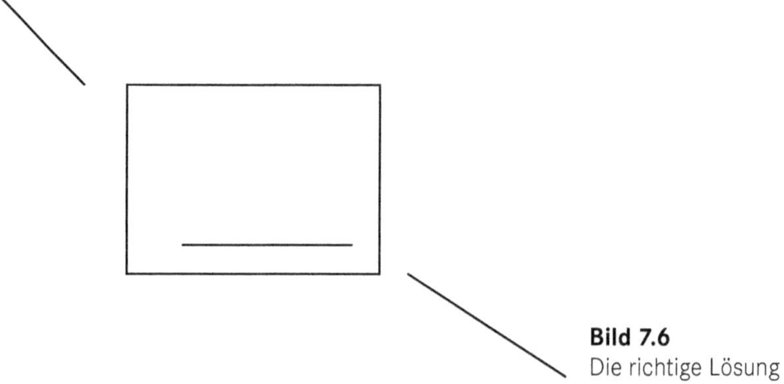

Bild 7.6
Die richtige Lösung

Die „Schuldfrage" nach der richtigen Ausdrucksweise oder dem richtigen Verständnis, die sich bei der richtigen Lösung zur Frage aus dem Beispiel ergibt, ist unerheblich. Haben wir uns nicht klar ausgedrückt oder haben Sie es einfach nur falsch verstanden?

Fakt ist, dass vermutlich die meisten Leser die falsche Antwort gegeben haben. Fakt ist auch, dass wir uns ungenau ausgedrückt haben. Dennoch haben Sie in Ihrer Welt versucht, die Aufgabe zu lösen. Die vermeintlich ausreichenden Informationen, die Sie zur Lösung brauchen, haben wir Ihnen gegeben: ein Quadrat, drei Striche, zeichnen!

Dieses Beispiel verdeutlicht den Begriff Kommunikation: Nicht, was ich sage, ist wahr. Nicht, was ich meine, kommt bei Ihnen in gleicher Weise an. Sie haben Ihre Vorstellung, Ihre Wirklichkeit. Gute Kommunikation bedeutet den Abgleich beider Welten bzw. die Sicherstellung, dass die Information des Senders und deren Zweck in der Wirklichkeit des Empfängers genauso verstanden werden wie in der Wirklichkeit des Senders.

8 Auditmanagement

Darum geht es

- Überblick über die Möglichkeiten zum Ausbau und zur Verbesserung des gesamten Auditwesens
- Themen und Methoden zur Verbesserung des Auditprozesses
- Anforderungen an den Auditprozess aus Sicht der Beteiligten
- Ansatzpunkte zum Management eines Auditprogramms (Weiterbildung von Auditoren, Messung der Auditorenleistung etc.)
- Möglichkeiten der Einbindung des Auditprozesses in die Gesamtorganisation (Zieldefinition, Einrichtung von Entscheidungsstellen, Ressourcenmanagement, Verbindung zum kontinuierlichen Verbesserungsprozess etc.)

8.1 Auditmanagement in Form von Prozessmanagement

In den vorangegangenen Kapiteln haben wir wichtige Aspekte und Wege zur operativen Gestaltung des Audits aufgezeigt. Die Themenbreite umspannte die Auditplanung und Auditvorbereitung bis hin zur Auditberichterstattung und Maßnahmenverfolgung.

Alle dort erörterten Aktivitäten beziehen sich insbesondere auf die inhaltliche Durchführung eines Audits und deren Konsequenzen. Der gesamte Auditprozess benötigt jedoch für sein systematisches Management die Betrachtung in einem erweiterten Umfeld. Das Auditprogramm, wie bereits im ersten Kapitel definiert, beinhaltet demnach alle Aspekte, die das gesamte Auditwesen in einem Unternehmen beeinflussen. Laut ISO 19011 besteht der Zweck des Auditprogramms darin, die Art und die Anzahl von Audits zu planen und die Ressourcen, die für ihre Durchführung erforderlich sind, zu ermitteln und bereitzustellen.

Das Auditprogramm beschäftigt sich mit der Erteilung von Befugnissen, den generellen Zielsetzungen von Audits, der Qualifikation von Auditoren, der Verbesserung der Audits etc. Der gesamte Auditprozess setzt das Auditprogramm einer Organisation in einem Zyklus „Planen-Tun-Prüfen-Handeln" systematisch um. Die Zielsetzung des Auditprogramms ist, wie Verantwortliche einer Organisation den Auditprozess systematisch steuern, also „managen" können. Deswegen betrachten wir im Folgenden statt des Auditprogramms den gesamtheitlichen Auditprozess eines Unternehmens. Bild 8.1 visualisiert das Management des Auditprogramms in Form des allgemeinen Prozessmanagements.

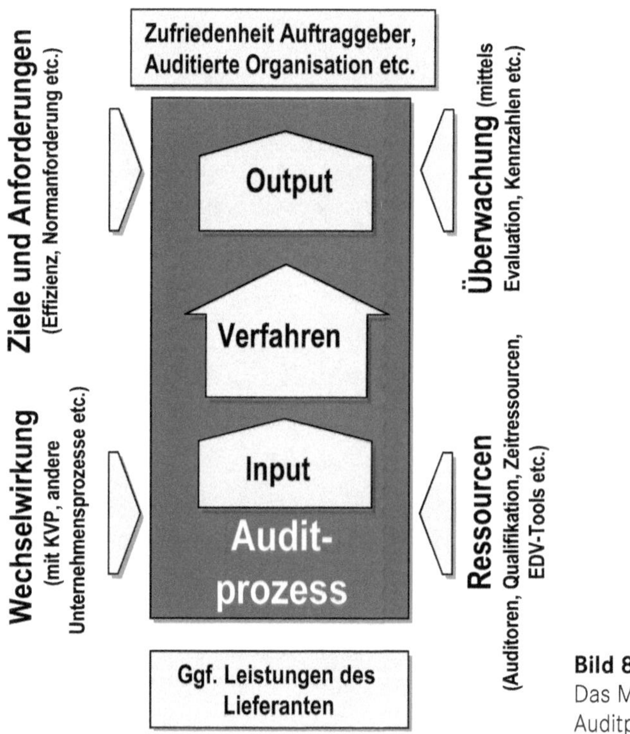

Bild 8.1
Das Management des Auditprozesses

Viele Organisationen führen Audits nur aufgrund der Notwendigkeit von externen Anforderungen durch. Zertifizierbare Normen (ISO 9001 etc.) oder entsprechende direkte Anforderungen durch die Kunden bilden die Grundlage dafür. Die Unternehmen begrenzen auf dieses Anforderungsumfeld ihre Betrachtungsweise und inhaltliche Interpretation von Audits. Warum sollte eine Organisation über die Anforderungen einer Norm bezüglich der Durchführung von Audits hinausgehen?

Der gesamte Auditprozess soll den eingeführten Standard der praktizierten Verfahren nicht nur halten, sondern den Gesamtprozess verbessern. Die Unternehmen, die Audits nur betreiben, um die Mindestanforderungen der relevanten Normen zu erfüllen, erhöhen nicht die Effizienz und Effektivität des Werkzeuges Auditwesen. Sie managen den Auditprozess nicht aktiv.

Das aktive Management des gesamten Auditprozesses schließt weiterführende Themen wie

- Eignung der Befugnisse und Zuständigkeiten,
- Einheitlichkeit der Auditorenleistung,
- Leistungsbewertung der Auditoren,
- erforderliche Ressourcen,
- Aufstellen von Qualitätskriterien für Audits oder
- Messung der Auditprozessqualität

systematisch mit ein. Es betrachtet nicht nur die Ergebnisse von durchgeführten Audits für eine Organisation selbst, sondern auch die Qualität des gesamten Auditprozesses.

Das folgende Kapitel erläutert die Begriffe Ziele, Anforderungen, Ressourcen, Verfahren, Kennzahlen, Wechselwirkungen und Nahtstellen im Umfeld des Auditwesens im Sinne eines umfassenden internen Auditprozessmanagements.

8.2 Ziele und Anforderungen des Auditprozesses

Wodurch zeichnet sich ein effektiver und effizienter Auditprozess aus?

Lassen Sie uns die Frage gemeinsam beantworten. Übertragen wir die Fragestellung auf die Prozesse im Unternehmen, dann lautet die Frage: Wodurch zeichnet sich ein effektiver und effizienter Unternehmensprozess aus? Sie werden wahrscheinlich mit folgender Antwort einverstanden sein: „Der Prozess trägt zum Unternehmenserfolg bei. Er erfüllt alle die an ihn gesteckten Erwartungen, gegebenenfalls übertrifft er diese. Er liefert gleichbleibend gute Ergebnisse und ist standardisiert. Er erfüllt die Erwartungen mit Verfahren, Aktivitäten, Ressourcen etc., die optimal aufeinander abgestimmt sind.“ Nicht anders lautet die Antwort bei dem Prozess des Auditierens. Ein guter Auditprozess liefert

- Auditergebnisse, die einen Nutzen für die Organisation bieten,
- Verifikation der Einhaltung von Normen,
- Ergebnisse mit einem optimalen Kosten-Nutzen-Faktor,
- Aufdeckung von Risiken etc.

Beantworten wir die Frage nach der Qualität des Auditprozesses, müssen wir zunächst die beabsichtigten Zielsetzungen ermitteln. Zu diesem Zweck klären wir vorher, wer die Kunden bzw. interessierten Parteien des Auditprozesses sind.

Aus folgenden Quellen leiten sich Anforderungen an den Auditprozess ab:

- Auftraggeber des Audits (oberste Leitung, Kunde),
- Verantwortlicher der auditierten Organisation,
- Mitarbeiter der auditierten Organisation,
- Kunden der auditierten Organisation (vor allem bei Zertifizierungsaudits),
- Behörden und öffentliche Stellen (auch als Vertreter der Gesellschaft),
- Auditoren.

Diese Quellen haben unterschiedliche Interessen und Erwartungen bezüglich der Ergebnisse des Auditprozesses. Außerdem folgen sie unterschiedlichen Prioritäten, wie die Matrixbewertung aus einem Inhouse-Workshop zum Thema Optimierung des Auditprozesses zeigt (Tabelle 8.1).

Tabelle 8.1 Anforderungen an den Auditprozess nach Priorität

Anforderung	Von GF	Von AL	Von MA	Von Kunde	Von Behörde	Von Auditor
Feststellen der Normkonformität	X					
Produktsicherheit	o	X	o	X	X	
Kosteneinsparungen	X	X	o			
Optimales Kosten-Nutzen-Verhältnis	X	o	o			
Ausreichend Zeit für Auditierung						X
Auditieren im Team						X
Ausbildung der Auditoren						X
Beseitigung von Fehlerquellen		X	X	X		
Beseitigen von Risiken	X	o	o	X	X	
Aufdecken von Entwicklungschancen	o	o				
Schnelle Abwicklung	X	X	X			
Einheitlichkeit der Auditorenleistung		X	X			X
Freundlichkeit		X	X			
Nachvollziehbarkeit (Dokumentation)		o		X		
Beitrag zur Verwirklichung der Unternehmensziele	X	o				

Anforderung	Von GF	Von AL	Von MA	Von Kunde	Von Behörde	Von Auditor
Beitrag zur Lösung von aufgezeigten Problemen	o	X	X			
Messbarkeit der Ergebnisse	o	o	o	X		

Legende:
GF = Geschäftsführung, AL = Abteilungsleiter, MA = Mitarbeiter der Abteilung, X = Hauptaspekte, o = Nebenaspekte

Aus den unterschiedlichen Erwartungen und Anforderungen von den unterschiedlichen Interessenspartnern an den Auditprozess und dessen Ergebnissen leiten sich direkt die Festlegungen für das Auditverfahren bzw. die Zielsetzungen für den Auditprozess ab. So resultieren aus den oben genannten Forderungen die möglichen Zielstellungen des Auditprogramms:

- Nachweis der Konformität der Managementsystemforderungen,
- Überprüfung der Erfüllung von Kundenforderungen bzw. Beurteilung der Leistungsfähigkeit eines Lieferanten,
- Beurteilung möglicher Risiken im Geschäftsumfeld,
- Beurteilung kommerzieller Handlungsfähigkeit und Effizienz von Abläufen,
- Überprüfung der Erfüllung von gesetzlichen Forderungen und sonstiger Regulative,
- Beurteilung der Erfüllung von Forderungen der Gesellschafter, Aktionäre oder sonstiger interessierter Parteien.

Beispielsituation:

Für das interne Auditwesen sind die Zielsetzungen des Auditprozesses üblicherweise die Einhaltung von Normanforderungen gegenüber der ISO 9001 sowie die Wirksamkeit des Qualitätsmanagements zu überwachen. In einem Unternehmen der Automobilzulieferindustrie legt die Geschäftsführung darüber hinaus jedes Jahr Auditschwerpunkte für die kommende Auditperiode fest. Diese Schwerpunkte sind:

- Eignung der Vorgabedokumentation für nicht-deutschsprachige Mitarbeiter
- Wartezeiten auf Informationen oder Materialien
- Identifikation von Risiken aus Sicht der Auditoren
- Verbesserung der Wissensermittlung und -bereitstellung
- etc.

Einige Schwerpunkte dieser Festlegungen bzw. Ziele behandeln die folgenden Kapitel. Sie stellen mögliche Lösungsansätze unter Berücksichtigung bestimmter Voraussetzungen vor.

8.3 Ressourcen

Das Auditwesen benötigt Ressourcen. Einerseits ist ein Aufwand zu leisten, der die Komponente der Auditoren betrifft (Schulung, EDV, Planungszeit etc.). Andererseits binden Audits zeitliche Ressourcen bei der auditierten Einheit. Die Normenlandschaft für Audits berücksichtigt diese Gesichtspunkte.

Die ISO 19011 geht mit einem eigenen Unterkapitel auf das Thema Ressourcen ein.

Es sollten Verfahren eingeführt werden, die sicherstellen, dass ausreichende Mittel zur Erreichung der Auditprogrammziele zur Verfügung stehen. Die ISO 19011 geht mit einem eigenen Unterkapitel auf das Thema Ressourcen ein.

Das oberste Management muss für einen optimal funktionierenden Auditprozess ausreichende Ressourcen zur Verfügung stellen. Der Auditprogrammmanager sollte Ressourcen wie Personal, Zeit, EDV-Tools etc. bereits in der Planung in Betracht ziehen. Die Aufwendungen hängen von dem jeweiligen individuellen Bedarf des Unternehmens und von den Zielsetzungen des Auditsystems ab. Der monetäre Betrag von Aufwendungen für den Auditprozess lässt sich in den vielen Unternehmen über die aufgewendeten Stunden angeben. Die Optimierungsaktivitäten sollten sich daher zum einen auf die aufgewendete Zeit als auch auf den Nutzen der Auditergebnisse beziehen. Die Koordination des Auditprozesses soll auf eine optimale Ausnutzung der Ressourcen ausgerichtet sein. Daher werden im folgenden Abschnitt einige Ansatzpunkte zur Optimierung dargestellt.

Qualifizierte Auditoren

Der Auditprogrammmanager muss bereits bei der Auswahl der Auditoren die Qualifikation der Auditoren berücksichtigen. Notwendige und wünschenswerte Eigenschaften sind im Kapitel 3.4 „Auswahl von Auditoren“ dargestellt. Das Auditprozessmanagement konzentriert sich auf die Aufrechterhaltung und gegebenenfalls Verbesserung der Qualifikation der Auditoren. Es trifft Festlegungen zur systematischen Auditorenaus- und -weiterbildung.

Je nachdem, wie sich das Auditwesen in einer Organisation weiterentwickelt hat, besteht die Notwendigkeit, das Qualifikationsspektrum der Auditoren entsprechend anzupassen. Im Kapitel „Trends im Auditwesen“ besprechen wir moderne Wege, die vor allem das interne Audit in Unternehmen zunehmend einschlägt. Audits in Form von Workshops, Audits in Form von Coaching oder als kombinierte Einheit mit einer Selbstbewertung sind an dieser Stelle beispielsweise für diese Trends aufgelistet. Auch inhaltlich erweitern sich die Audits. In der Vergangenheit oftmals begrenzt auf die Forderungen für Qualitätssicherungsfragen, umfassen sowohl interne als auch Zertifizierungsaudits in der heutigen Zeit Themenfelder wie Risikomanagement, Marketingaspekte, monetär betriebswirtschaftliche Aspekte und vieles mehr. Dies alles fordert in vielen Fällen die Weiterbildung der bisher eingesetzten Auditoren bzw. den Einsatz anderer Auditoren mit einem anderen Wissens- und Erfahrungshintergrund. Dabei spielen Themen wie

- Kenntnisse in Problemlösungstechniken,
- Kenntnisse in statistischer Prozessüberwachung,
- Kenntnisse in Risikoanalyse,
- Anwendung von Moderationstechniken,
- betriebswirtschaftliche Kenntnisse,
- Marketing- und Vertriebskenntnisse

eine bedeutende Rolle.

Die Erweiterung des Themenspektrums für die Qualifikation der Auditoren spiegelt die eine Komponente bei der Einsatzplanung der Auditoren im Rahmen des Auditprozessmanagements wider. Weiterhin muss der Verantwortliche in diesem Zusammenhang auch die Art und Weise, wie die (Mehr-)Qualifikation erreicht werden kann, betrachten. Bild 8.2 zeigt einige Möglichkeiten auf.

Bild 8.2
Formen der Weiterbildung für Auditoren

Neben den klassischen Ausbildungen, die immer (in abgeänderter Form) zur Auffrischung der Qualifikation genutzt werden können, stehen dem Unternehmen noch weitere Möglichkeiten offen. Neben Seminarbesuchen sollte das Unternehmen den Auditoren Literatur zu Qualitätsmanagementthemen aktiv zugänglich machen, die einen Bezug zu diesem Thema darstellen und als Ideenquelle für die Verbesserungen des Auditprozesses dienen können (Six Sigma, Self-Assessment, Kontinuierlicher Verbesserungsprozess, Problemlösungstechniken, Benchmarking etc.). Organisierte statt sporadische Erfahrungsaustausche sind ein weiteres effizientes Mittel zur Erhöhung der Qualifikation der Auditoren. Dazu ein Beispiel:

Ein Unternehmen der Chemieindustrie führt jährlich ein Treffen der internen Auditoren durch. Im Vormittagsprogramm stellt der Qualitätsmanagementbeauftragte neue Thematiken oder Anforderungen des Konzerns den Auditoren vor. Am Nachmittag behandeln die Auditoren in Gruppen schwierige Auditsituationen ihrer Praxis und stellen später im Plenum Lösungsansätze bzw. offene Fragen dar. ■

Die Diskussion von schwierigen Auditsituationen kann anhand von Fallstudien vorgenommen werden. Hauptziel dieser Diskussion ist die Vereinheitlichung der Bewertung von Auditergebnissen durch die Auditoren. Tabelle 8.2 soll einen Eindruck dieser Vorgehensweise vermitteln. Die dargestellten Auditsituationen werden in Kleingruppen bewertet. Die Teilnehmer müssen die angenommenen Rahmenbedingungen erläutern und ihre Bewertung begründen. Die Erläuterung von Rahmenbedingungen ist notwendig, weil sich sämtliche Faktoren, die Einfluss auf das Bewertungsergebnis haben, textlich nicht in angemessenem Umfang darstellen lassen. Die Ergebnisse werden anschließend im Plenum diskutiert. Weitere Auditsituationen finden Sie im Downloadbereich.

Tabelle 8.2 Bewertung von Auditsituationen

Nr.	Auditsituation	Zutreffende Anforderung	Bewertung und Annahmen
1	Bei einer Vor-Ort-Befragung bei Mitarbeitern einer Druckerei ergab sich, dass die Qualitätspolitik bei den Mitarbeitern des Außendienstes nicht bekannt war, wohl aber die für sie zutreffenden Qualitätsziele.	5.2.2 b wichtig: Regelkreis	2 teilweise erfüllt
2	Eine Prozessbeschreibung eines Unternehmens ist nur mit dem Freigabedatum gekennzeichnet und nicht mit einer laufenden Revisionsnummer.	7.5.2 a aktueller Überarbeitungsstatus	1 voll erfüllt
3	Die Qualitätsmanagementdokumentation einer Organisation weist keinen dokumentierten Prozess zur internen Kommunikation auf.	4.4.2 a, 7.5.1 b, 7.4 keine Forderung der Dokumentation – abhängig von Unternehmensgröße, aber Wirksamkeit muss funktionieren	1 voll erfüllt
4	Für den Neubau einer Fertigungshalle konnte beim Audit keine Projektplanung vorgelegt werden.	8.1, 8.3.2 Achtung: Projektplan erforderlich, in Abhängigkeit der Verwendung der Fertigungshalle. Bei Produktion ja.	3 nicht erfüllt
5	Herr Schmidt ist QMB eines 200 Mitarbeiter starken Unternehmens und im Organigramm in seiner Funktion als QMB direkt der Geschäftsführung unterstellt. Neben seiner Funktion als QMB ist er Leiter der Qualitätssicherungsabteilung der Produktion und somit in dieser Funktion dem Leiter Produktion unterstellt. Er nimmt an Führungskreissitzungen nicht teil.	5.3 Die Art der Rollenzuweisung obliegt der obersten Leitung. Der Auditor kann Empfehlungen abgeben.	1 voll erfüllt

Der interne Erfahrungsaustausch bringt nur begrenzt neue Strömungen ins Unternehmen ein. Deswegen ist für die Organisation der Erfahrungsaustausch mit anderen Unternehmen interessant. Finden sich keine Partner zum Austausch von Informationen, sollte das Unternehmen interne Auditoren dazu ermutigen, für externe Zertifizierungsgesellschaften oder Beratungsunternehmen freiberuflich tätig zu sein. Über diesen Weg kann das Unternehmen Vorgehensweisen anderer Bereiche oder Unternehmen beobachten und nutzen.

Vollzeit- und Teilzeit-Auditoren

Ein anderer Weg, neue Vorgehensweisen und Veränderungen im Qualitätsmanagement ins Unternehmen einzubringen, ist die Beschäftigung von freien Auditoren. Während Unternehmen bisher zögerlich auf freie Auditoren bzw. Berater in der Funktion als interner Auditor zurückgegriffen haben, setzten sich Zertifizierungsunternehmen mit diesem Thema seit einigen Jahren intensiv auseinander. Der hauptsächliche Grund hierfür liegt jedoch nicht im Nutzen der unterschiedlichen Kompetenzen und Erfahrungen der einzelnen Auditoren. Vielmehr ist dadurch eine variable Anpassungsmöglichkeit der Kapazitäten möglich. Die Auditorentätigkeit ist in vielen Unternehmen keine Vollzeittätigkeit. Deshalb muss das Auditmanagement die Abwägung treffen, ob es die Audits mit eigenem Personal in Form von Teilzeittätigkeit oder mit externem Personal (Vollzeittätigkeit) durchführt. Unter Teilzeit-Auditoren verstehen wir Auditoren, deren Kernaufgabe im Unternehmen nicht im Auditieren besteht. Vollzeit-Auditoren sind tagtäglich mit Qualitätsmanagement und Auditierung beschäftigt.

Unabhängig davon, ob die Auditoren intern oder extern beschäftigt sind, soll an dieser Stelle das Für und Wider von Vollzeit- oder Teilzeit-Auditoren erörtert werden.

Unternehmen ab einer gewissen Mitarbeiterzahl (ab ca. 500) sollten sich überlegen, ob sie neben dem Qualitätsmanagementbeauftragten weitere interne Auditoren ausbilden. Es sprechen einige Gründe für die Ausbildung weiterer Mitarbeiter mit der Teilzeitfunktion Auditor:

- Förderung des Qualitätsbewusstseins der Mitarbeiter durch breitere Basis ausgebildeter Auditoren,
- Förderung des Einblicks in unternehmensweite Abläufe und Zusammenhänge – Reduzierung des Abteilungsdenkens,
- für das Audit stehen verschiedene Know-how-Träger aus unterschiedlichen Bereichen zur Verfügung (Betriebswirtschaft, Technik, Arbeitssicherheit, Logistik etc.),
- keine übermäßige Belastung einer einzelnen Person (ein Auditor),
- flexiblere Zeiteinteilung der Audits machbar oder
- objektivere Bewertung durch Wechsel der Auditoren.

Die Ausbildung einer breiten Basis von internen Auditoren als Teilzeitkraft birgt eine Gefahr in sich.

Einige Unternehmen sind in den letzten Jahren dazu übergegangen, viele Auditoren aus unterschiedlichen Bereichen einzusetzen. Die internen Auditoren werden in einem Zwei- oder Dreitagesseminar geschult. Danach dürfen sie ohne größere Praxis, die sie beispielsweise durch das Begleiten von mehreren internen Audits mit erfahrenen Auditoren erhalten, eigenverantwortlich auditieren. Da diese Auditoren in den Unternehmen höchstens ein bis zwei Audits pro Jahr durchführen, haben sie keine Übung im Auditieren. Es ist nicht ihr Tagesgeschäft. Normanforderungen und deren Interpretationen, Neuerungen, die Weiterentwicklung des Qualitätsmanagements etc. sind nicht in vollem Umfang präsent. Dies führt manchmal zu Unsicherheiten oder Unstimmigkeiten. Trotzdem beinhaltet die Praxis der Auditorentätigkeit in Teilzeitfunktion neben den bereits aufgeführten Vorteilen einen weiteren, wichtigen Benefit für das Auditwesen einer Organisation. Bei diesen Mitarbeitern lässt sich eine Motivations- und Bewusstseinssteigerung für ihre gesamte Tätigkeit und das Unternehmen beobachten, die die Nachteile mindestens kompensiert oder gar übertrifft.

Eine entscheidende Frage bei der Einplanung mehrerer Auditoren ist deren Anzahl. Wie viele Auditoren braucht ein Unternehmen? Diese Frage hängt von vielen Faktoren ab. Das Auditmanagement muss diese Frage unternehmensspezifisch lösen. Hierzu einige Faktoren als Hilfestellungen:

- Anzahl der Audits,
- Verfügbarkeit der Auditoren pro Stunden,
- Fachkenntnis der Auditoren,
- Qualifikationsfreiraum für Auditoren durch Geschäftsleitung etc.

Ressourcen des auditierten Bereichs

Betrachten wir die notwendigen Ressourcen für den Auditprozess, neigen wir dazu, nur den Aufwand auf Auditorenseite abzuschätzen. Ein weiterer Teil an Ressourcenaufwand bezieht sich auf die auditierte Einheit. Die Vermeidung von unnötigen Ressourcen des auditierten Bereichs könnte durch Konzentration der Auditplanung auf folgende Gesichtspunkte verbessert werden:

- Vorbereitungshinweise für den auditierten Bereich

  Die Dauer und Effizienz eines jeden Gesprächs, einer Besprechung oder Konferenz hängt von der Güte der Vorbereitung der Beteiligten ab. Deshalb sollte der Auditor im Vorfeld des Audits dem auditierten Bereich Hinweise auf die Schwerpunkte seines Audits geben. Der auditierte Bereich kann somit Statistiken, Projektdokumentationen oder Analyseergebnisse bereithalten. Das Audit wird effizienter.

- Qualität der Planung (wann sind welche Personen notwendig?)

  Ein weiterer Aspekt zur Vermeidung von unnötigen Personalressourcen ist die optimale zeitliche Einplanung von Ansprechpartnern. Viele Verantwortliche in auditierten Bereichen blockieren Kundentermine oder Ähnliches, um im Bedarfsfall für ein Auditgespräch zur Verfügung zu stehen. Sie müssen dann häufig feststellen, dass sie nur kurz oder überhaupt nicht in das Auditgespräch mit einbezogen wurden. Aus diesem Grund ist es die Pflicht des Auditors, auf diesen Aspekt in der Planung zu achten, entsprechende Hinweise der auditierten Einheit zur Verfügung zu stellen und nicht unnötig Personalkapazitäten zu binden.

- Berichte auf Bedürfnisse des auditierten Bereichs abstimmen

  An dieser Stelle verweisen wir auf das Kapitel Auditberichterstattung. Es beschäftigt sich unter anderem ausführlich mit der Auditberichterstellung. Viele auditierte Bereiche erwarten sich einen kurzen und prägnanten Verbesserungspotenzialkatalog, auf den sie direkt mit Maßnahmen aufsetzen können. Ausführlich in Prosaform geschriebene Auditberichte und komplexe Strukturen der Berichterstattung erhöhen den Zeitaufwand für das Lesen und das Verständnis.

- Audits von Prozessen oder Projekten statt Abteilungsaudits

  Zur Vermeidung von unnötigen Personalressourcen kann die Durchführung von unterschiedlichen Auditarten beitragen. So können Prozessaudits oder das Auditieren von einzelnen Projekten dazu beitragen, den Umfang der Fragen bei den entscheidenden Personen auf das Wesentliche zu reduzieren. Der Auditor auditiert beispielsweise ein Projektteam, statt die Abteilungen nacheinander zu besuchen. Er vermeidet so Doppelfragen, unnötige Wege etc. und spart somit Zeit ein.

- EDV-Kommunikation

  Viele Unternehmen nutzen die zur Verfügung stehenden IT-Instrumente nicht in vollem Umfang. Dabei geht es nicht um die Implementierung neuer IT-Tools im Auditwesen. Trotz aller Vorteile, die diese Werkzeuge mit sich bringen, sollte das Auditwesen zunächst diejenigen EDV-Programme nutzen, die ohnehin im Unternehmen installiert sind und anderweitig verwendet werden. Als typisches Beispiel sei die EDV-technische Maßnahmenverfolgung durch Microsoft-Outlook, das in vielen Unternehmen bereits Anwendungspraxis – außer im Auditwesen – findet, genannt.

8.4 Verfahren

8.4.1 Festlegung des Auditprozesses

Viele Organisationen berücksichtigen in ihren bisherigen Verfahrensanweisungen für das Audit nur die Abfolge von Tätigkeiten wie sie Bild 8.3 zeigt.

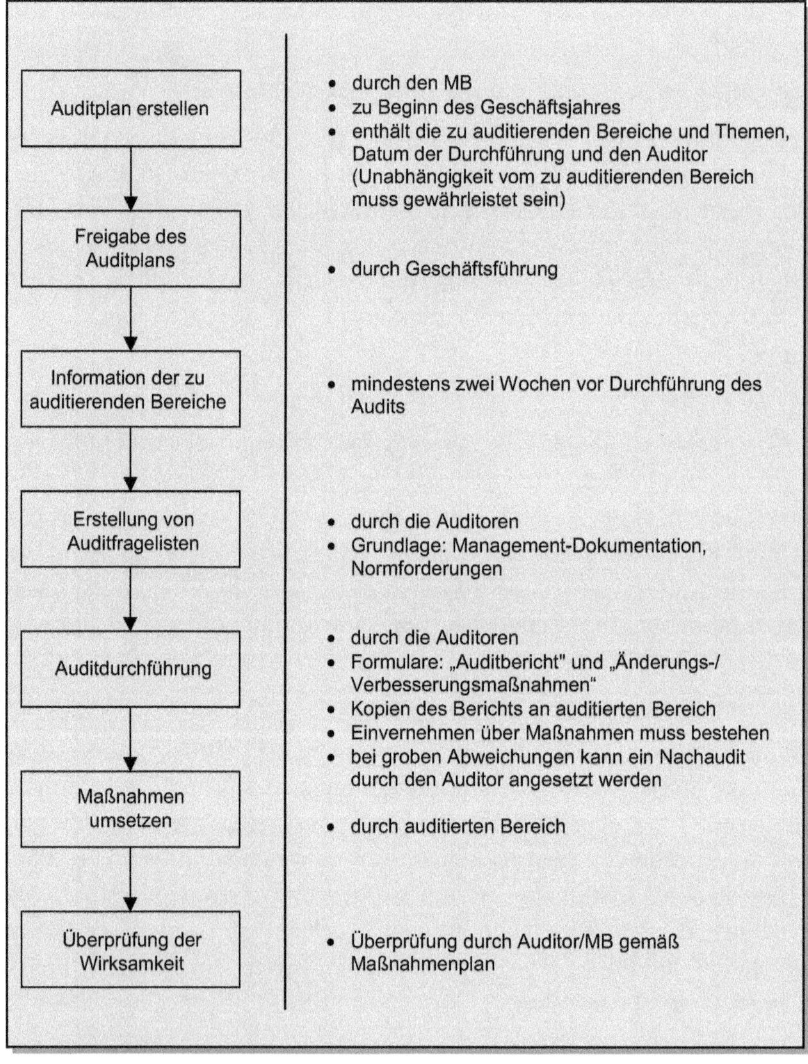

Bild 8.3 Auszug aus einer Verfahrensanweisung „interne Audits“

Über diese „klassischen Regelungen“ hinaus, sollte die Organisation weitere Festlegungen zu anderen Themen, wie sie in Kapitel 8.1 beispielsweise aufgelistet sind, treffen (Auditorenauswahl und deren Leistungsbeurteilung, Erfahrungsaustausch, Prozessziele, Leistungsbewertung des Auditwesens etc.). Diese bilden die Voraussetzung für einen optimalen Auditprozess.

Im Folgenden werden auszugsweise Themen des Auditmanagements angesprochen, die teilweise aus der entsprechenden Normenlandschaft oder aus praktischen Erfahrungen resultieren.

Auditmanagement

Die „Auditnorm" ISO 19011 empfiehlt, für das Auditprogramm eine oder mehrere Personen als Verantwortliche zu benennen. Diese können unabhängig von sonstigen Funktionen im Zusammenhang mit dem QM-System sein. Voraussetzung für die Ausübung dieser Stelle(n), meistens als Auditprogrammmanagement oder Auditmanagement bezeichnet, bilden Praxiserfahrung im Auditwesen, Managementfähigkeit und technisches und geschäftliches Verständnis hinsichtlich der zu auditierenden Tätigkeiten.

Meistens koordiniert der Qualitätsmanagementbeauftragte die internen Audits und ist somit zugleich der Auditprogrammmanager. In vielen Organisationen, insbesondere in kleinen und mittelständischen Unternehmen, trägt der Qualitätsmanagementbeauftragte weiterhin die Rolle des internen Auditors. In Unternehmen, die keine klassische Produktion besitzen und keine Qualitätssicherungsstelle oder eine ähnliche Funktion eingeführt haben, ist die Aufgabe der Auditkoordination nicht zwangsläufig bei einem Qualitätsmanagementbeauftragten zu finden. Die Aufgabe kann theoretisch jeder im Unternehmen wahrnehmen. Keine Anforderung der gängigen Qualitätsmanagementsystemnormen erhebt den Anspruch, dass der Qualitätsmanagementbeauftragte die Audits koordinieren muss. In manchen Unternehmen koordiniert ein Assistent des Vorstands die Audits der verschiedenen Stellen (Qualitätssicherung, Arbeitssicherheit, Umweltschutz).

Wer die Rolle des Auditprogrammmanagers einnimmt, bestimmt nicht nur die fachliche Kompetenz einer Person. Da es sich bei dem Auditprogrammmanager in den meisten Fällen nicht um einen „Vollzeitjob" handelt, bestimmt auch die zeitliche Ressource einer Funktion und die personalpolitische Zielsetzung die Festlegung dieser verantwortlichen Person.

In Zertifizierungsgesellschaften hat der Auditprogrammmanager eine zentrale Aufgabe. Sie ist Teil des Kerngeschäftes. Die Aufgabe liegt darin, den Auditprozess inklusive Terminkoordination, Auditorenzulassung, Einhaltung von Auditdauer etc. zu lenken und zu überwachen. Die Tätigkeit des Überwachens begründet sich aus der Anregung der entsprechenden Normenlandschaft, die Unabhängigkeit des Auditprogrammmanagements zu gewährleisten.

Das Auditprogrammmanagement in einer zertifizierten Organisation sollte in Verbindung mit den Gedanken der kontinuierlichen Verbesserung installiert werden. Neben der Aufgabe des Managements des Auditprozesses sollte der Auditprogrammmanager gleichzeitig Aufgaben des kontinuierlichen Verbesserungsprozesses innehaben. Dies kann beispielsweise Folgendes bedeuten:

- Koordination des Selbstbewertungsprozesses,
- Planung und Verfolgung von Maßnahmen aus Workshops zur kontinuierlichen Verbesserung oder
- Überwachen des Verbesserungsvorschlagswesens.

Diese Vereinigung der beiden Aufgabenschwerpunkte „Kontinuierlicher Verbesserungsprozess“ und „Auditmanagement“ birgt den Vorteil, dass entstehende Maßnahmen aus dem Kontinuierlichen Verbesserungsprozess über das Auditmanagement auf ihre Wirksamkeit hin überprüft werden.

Übergeordnete Entscheidungsstelle

Ist das Auditprogrammmanagement eine unabhängige Stelle, kann sie die zentrale Anlaufstelle bei Pattsituationen im Audit sein. Gemeint sind Situationen, in denen Uneinigkeit zwischen Auditoren und auditierter Organisation über die Auditschlussfolgerungen besteht. Obwohl Uneinigkeit bei ausführlicher und systematischer Untersuchung der Sachverhalte ausgeschlossen sein sollte, existieren immer wieder Fälle, bei denen sich die Auditoren nicht mit dem auditierten Bereich über die Auditschlussfolgerung einigen. Überzeugen die Auditoren den auditierten Bereich davon, dass die Auditoren missverstanden wurden oder die vorgeschlagene Maßnahme des auditierten Bereichs nicht funktionieren wird, führt dies zu keinen weiteren Problemen. Behalten beide beteiligten Parteien ihre Standpunkte bei, kann nur eine Schiedsstelle dieses Problem aufgreifen und lösen. Aus diesem Grund sollten vor allem größere Unternehmen eine unabhängige Entscheidungsstelle einrichten, die den Interessenskonflikt auflöst.

Diese Stelle sollte das Vertrauen des obersten Managements besitzen oder das oberste Management selbst sein. Einige Unternehmen nutzen den bestehenden Entscheider- bzw. Führungskreis zum Lösen dieser Pattsituationen. Bei kleineren Unternehmen stellt die Schiedsgerichtsstelle aus praktischer Sicht meistens die Geschäftsführung dar. Insbesondere in mittelständischen und größeren Unternehmen fehlt häufig die eindeutige Zuweisung dieser Verantwortlichkeit. Dazu ein Beispiel:

In der Abteilung Logistik eines Konzerns erfolgte die jährliche Verabschiedung der Qualitätsziele drei Monate nach der Budgetplanung und -festlegung. Mittel für dringende Qualitätsprojekte wurden aufgrund dessen fast systematisch jedes Jahr in Form eines „Nachtragshaushaltes“ geplant. Das durch das Audit aufgedeckte Verbesserungspotenzial konnte allerdings nicht an die Abteilung Logistik adressiert werden. Diese Abteilung war nicht in der Lage, über diesen Sachverhalt zu entscheiden. Außerdem wollte sie nicht aus bereichspolitischen Gründen diesen Aspekt zur Diskussion bringen. ■

Diese und ähnliche Begebenheiten begegnen uns in vielen Unternehmen. Meistens sprechen wir diese Aspekte beim Qualitätsmanagementbeauftragten oder im Abschlussgespräch an. Die Einrichtung einer zentralen Funktion, die sich dieser Verbesserungspotenziale oder Abweichungen annimmt, wäre in vielen Fällen sinnvoller. In großen Organisationen könnte der Auditor so in Form eines Aggregationsmodells den Sachverhalt bis zu der Stelle weiterleiten, welche die notwendige Entscheidungskompetenz zum Einleiten wirksamer Maßnahmen besitzt (Bild 8.4).

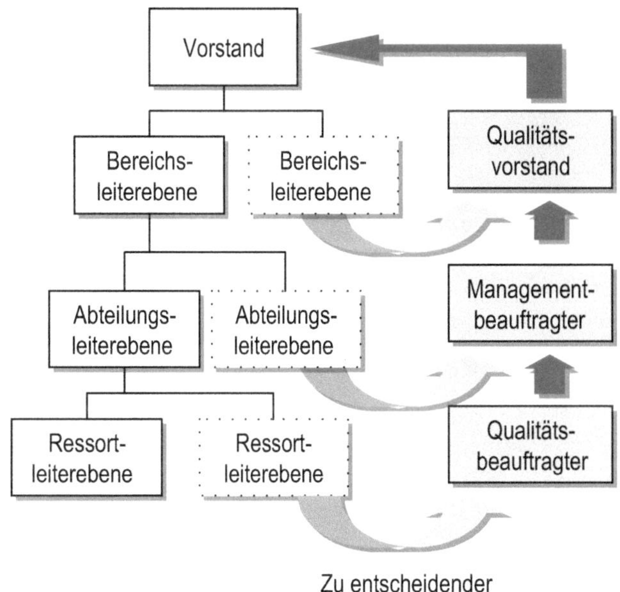

Bild 8.4
Aggregationsmodell eines mittelständischen Automobilzulieferers

Das Unternehmen kann einen weiteren Vorteil durch Einführung einer Entscheidungsstelle nutzen. Diese Stelle kann Nichtkonformitäten, Risiken oder Verbesserungspotenziale systematisch anderen Abteilungen oder Bereichen zur Berücksichtigung zugänglich machen. Ein Beispiel hierzu:

Ein Kollege stellte bei einem Abteilungsaudit im Werkstattbereich eines Facility-Managementunternehmens eine Nichtkonformität fest. Diese bezog sich auf das Nichteinhalten von Wartungsintervallen bei Kondensatoren. Der betroffene Abteilungsleiter entgegnete auf diese Feststellung hin, dass seiner Meinung nach alle anderen Werkstätten für andere Teile in ähnlicher Weise verfahren. Diese Aussage konnte der Kollege während des Audits nicht verifizieren.

Wäre eine übergeordnete Stelle vorhanden, könnte über einen offiziell festgelegten Ablauf die Information zu anderen Abteilungen gelangen. Ein Vorteil, den das Unternehmen nutzen sollte.

Voraussetzung für die Funktionstüchtigkeit einer übergeordneten Entscheiderstelle ist eine offene Unternehmenskultur. Falls Vorgesetzte im Unternehmen die Schuldfrage in den Vordergrund stellen, ist der Weg, aus Verbesserungspotenzialen anderer Abteilungen zu lernen, infrage gestellt. Abteilungen geben dann dem Auditor nicht offen Auskunft über Verbesserungspotenziale. Sie befürchten, öffentlich an den „Pranger" gestellt zu werden. Hierzu ein Beispiel:

Ein Qualitätsbeauftragter entgegnete auf die Aussage, dass eine Abteilung, die viele Verbesserungspotenziale aufweise, gegenüber anderen Bereichen besser sein könne: „Ich werde mich hüten, unsere Verbesserungspotenziale an die große Glocke zu hängen." Er erzählte, dass ein Kollege anregte, einen Erfahrungsaustausch zwischen den verschiedenen Werksqualitätsbeauftragten zu organisieren. Das Ergebnis war, dass die erste Sitzung durch die Geschäftsführung mit folgenden Worten eröffnet wurde: „Wir sind heute zusammengekommen, weil Herr X Probleme in seinem Bereich hat, mit denen er alleine nicht fertig wird." ■

Jeder Auditprogrammmanager muss die Vorteile der offenen Kommunikation der Verbesserungspotenziale gegenüber der Vertraulichkeit der Auditergebnisse unter Berücksichtigung der Unternehmenskultur abwägen.

Hilfestellung bei Korrekturmaßnahmen

Einige Unternehmen gehen dazu über, nicht nur die Verfolgung und Erledigung von Korrekturmaßnahmen über die Auditoren überprüfen zu lassen. Sie sehen den internen Auditor als Dienstleister, der einerseits Verbesserungspotenziale aufdeckt. Andererseits unterstützt er sie gleichzeitig bei der Lösung ihrer Probleme. Diese moderne Sichtweise des Auditors findet sich vor allem in Unternehmen, die den Weg zum Total Quality Management eingeschlagen haben. Diese Organisationen kombinieren in vielen Fällen den Prozess der Selbstbewertung mit dem Auditwesen. Der gesamte Prozess endet für den Auditor erst dann, wenn eine nachweislich wirksame Korrektur- oder Vorbeugungsmaßnahme installiert ist.

Die Unterstützung der Auditoren bei der Maßnahmenfestlegung sieht dabei wie folgt aus:

- Unterstützung bei Ursachenanalyse,
- ggf. Einbeziehung von Experten und Fachkräften,
- Moderation der Maßnahmenfestlegung,
- Priorisierung von Maßnahmen,
- Maßnahmenverfolgung etc.

Dazu sind einige spezielle Fähigkeiten des Auditors notwendig, die sich in vielen Unternehmen bislang nicht im Anforderungsprofil für interne Auditoren fanden (siehe auch „Ressourcen").

Erstkontakt mit unbekannten externen Auditoren

Im Falle einer externen Auditierung durch eine unabhängige Zertifizierungsgesellschaft oder durch unbekannte Kundenauditoren sollte der Auditmanager den Erstkontakt mit den externen Auditoren bei der Planung mit einbeziehen. Grund hierfür ist die Notwendigkeit nach der Abstimmung verschiedener Gesichtspunkte mit dem externen Auditor im Vorfeld der Audits.

Die Art der Kommunikation kann unterschiedlich sein. Einige externe Auditoren kommunizieren mit der auditierten Organisation informell telefonisch. Andere wiederum bevorzugen ausschließlich schriftlichen Kontakt. Die unterschiedlichen Kommunikationskanäle müssen angestimmt sein. Wichtig ist die Entscheidung, was die beiden Parteien inhaltlich in Schriftform oder mündlich festlegen wollen. Weitere wesentliche Gesichtspunkte, die der Auditmanager in einem Erstgespräch mit den externen Auditoren abklären sollte, sind die vorgesehenen Auditzeiten, die Zusammensetzung des Auditteams und die Einigung über den Zugang zu den relevanten Dokumenten. Gerade der letzte Aspekt muss die Organisation mit den Auditoren klären, um falsche Schlussfolgerungen oder Spannungsfelder während des Audits zu vermeiden.

Neben der Notwendigkeit, bestimmte Sachverhalte im Vorfeld der externen Audits abzustimmen, bildet das erste Gespräch mit dem externen Auditor vor der Durchführung der Audits eine wichtige Grundlage, seine Einstellung, Prinzipien und Vorgehensweisen kennenzulernen. Wie der Erstkontakt als Auswahlinstrument genutzt werden kann, wird in Kapitel 3 erläutert.

Ehrenkodex

Die relevante Norm ISO 19011 regt dazu an, einen Ehrenkodex für Auditoren festzulegen. Bild 8.5 zeigt ein entsprechendes Beispiel (siehe auch Abschnitt 1.5.1 „Ethische Verpflichtung“; dort wird die Bedeutung von ethischen Werten und Vorgehensweisen erläutert).

Die Leitsätze unseres Handelns sind:

Das Audit ...

- ... trägt zum Unternehmenserfolg bei.
- ... ist objektiv und beruht auf Zahlen, Daten, Fakten.
- ... und sein Ergebnis sind der Erfolg aller Beteiligten.
- ... schafft Verbesserungen.
- ... ist keine Schuldigensuche.
- ... ist prozessorientiert und transparent.
- ... orientiert sich an den Erwartungen der Kunden, Mitarbeiter und Inhaber.

Bild 8.5
Ehrenkodex für Auditoren

Der Auditprogrammmanager hat die Aufgabe, die Einhaltung dieser ethischen Grundsätze zu überprüfen. Dies kann er über verschiedenste Vorgehensweisen praktizieren (Nachfragen bei Auditierten, Zufriedenheitsfragebogen, Auswertung der Auditergebnisse, Befragung der Auditoren, Teilnahme am Erfahrungsaustausch der Auditoren etc.).

8.4.2 Überwachungsmethoden

Die „Audit-Normenlandschaft" empfiehlt an den unterschiedlichen Stellen die Überwachung und die Verbesserung des Auditprozesses. So beschäftigt sich die ISO 19011 eingehend mit der Verbesserung des gesamten Auditprogramms.

Betrachtet der Leser die grundsätzliche Möglichkeit, in welchen Bereichen Verbesserungen im Auditprogramm stattfinden können, sieht er sich mit zwei Handlungsfeldern konfrontiert. Zum einen ist die Überwachung und die damit einhergehende mögliche Verbesserung der Leistungsfähigkeit der Auditoren zu gewährleisten. Zum anderen muss der Auditprogrammmanager den Auditprozess selbst überwachen und Verbesserungsmaßnahmen einleiten.

Welche Methoden stehen dem Auditmanager zur Verbesserung der Auditprogramme generell zur Verfügung? Hier eine Auswahl möglicher Vorgehensweisen:

- Auswahl und Aufstellen von Qualitätsmerkmalen und -indikatoren für den Auditprozess und deren Auswertung,
- Schulungsworkshops,
- Vergleiche der Leistung der Qualitätsauditoren,
- Überprüfung von Auditberichten,
- Leistungsbewertungen,
- turnusmäßiger Wechsel der Qualitätsauditoren zwischen den Auditteams,
- regelmäßiger Erfahrungsaustausch der Auditoren.

Betrachten wir zunächst die Überwachung der Auditorenleistung.

Voraussetzung für die optimale Auditorenleistung ist die Kommunikation der Zielsetzung der Audits und die Erwartungen an die Auditoren. Nur wenn die Auditoren die Auditzielsetzung und Erwartungshaltung aller Interessenspartner kennen, ist eine optimale Einstellung und Vorbereitung der Auditoren möglich. Diese Thematik ist bereits an einigen anderen Stellen ausreichend besprochen worden.

Sind die eindeutigen Zielsetzungen und Erwartungshaltungen an die Auditoren kommuniziert, erfolgt die Bewertung der Auditorenleistung. Ziel ist dabei nicht nur die Auditorenleistung des Einzelnen zu sichern, sondern ein einheitliches Niveau der Auditorenleistung zu gewährleisten. Die Bewertung des einzelnen

Auditors sollte aus diesem Grund mit Vergleichen untereinander gekoppelt sein und gegen Standards erfolgen.

In einigen Unternehmen gibt es bereits Ansätze zur Überwachung des Auditprozesses über Vergleiche und Standards. Nachfolgend werden einige praktizierte Beispiele von Methoden aufgelistet, die Organisationen für die Überwachung und Verbesserung der Auditorenleistung und des Auditprozesses gleichermaßen heranziehen.

Beispiel 1: Überprüfung mittels eines Auditprozessreviews

Das folgende Beispiel zeigt die Inhalte eines jährlichen Auditprozessberichts (Bild 8.6). Nicht nur der Verantwortliche für den Auditprozess erstellt einen Prozessbericht, sondern jeder Prozessverantwortliche des Unternehmens für seinen Prozess. Die dem Bericht zugrunde liegende Struktur ist dabei für alle Prozesse gleich.

Inhaltsverzeichnis

1. Entwicklung der Prozesskennzahlen
   1.1 Anzahl Auditstunden
   1.2 Anzahl Muss/Kann-Maßnahmen
   1.3 Dauer der Auditberichterstellung
   ...
2. Maßnahmen zur Aufrechterhaltung des Prozesses
   2.1 Durchgeführte Auditorenweiterbildung
   2.2 Einführung von Produktaudits
   ...
3. Maßnahmen zur Prozessverbesserung
   3.1 Erweiterung des Auditprozesses bis zur Unterstützung bei Maßnahmenumsetzung
   3.2 Erfahrungsaustausch durch Audits bei anderen Unternehmen
   3.3 Audits zur Gesetzeskonformität
   ...
4. Zukünftige Zielsetzungen
   Audits im Wechsel mit Selbstbewertungsworkshops
   ...

Bild 8.6 Gliederung des Auditprozessreviews eines mittelständischen Automobilzulieferers

Beispiel 2: Witness-Audits

Witness-Audit bezeichnet ein Audit, bei dem ein unabhängiger Dritter die Auditoren und die praktizierten Verfahren beobachtet, um gegebenenfalls Korrekturmaßnahmen bezüglich des Auditprozesses einzuleiten.

Ein Unternehmen der Chemieindustrie führt alle drei Jahre ein Witness-Audit für die im internen Audit eingesetzten Auditoren durch. Dieses Witness-Audit wird auch für die Zulassung neuer Auditoren durchgeführt. Ein Prozessaudit wird durch den Auditprogrammmanager beobachtet. Die Ergebnisse werden in einem Bericht dokumentiert und mit den Auditoren besprochen.

Beispiel 3: Verschiedene Maßnahmen eines Konzerns aus der Softwarebranche

Das Unternehmen nutzt unterschiedliche Ergebnisse und Methoden zur Überprüfung der Auditqualität wie beispielsweise

- Ergebnisse aus Kundenaudits,
- Review der eigenen Auditergebnisse,
- Beschäftigung unabhängiger Auditoren zur Evaluierung der verwendeten Audittechniken oder
- Benchmarking.

Beispiel 4: Fragebogen im Vorfeld eines Nutzergesprächs

Ein weiteres Unternehmen der Automobilindustrie führt jährlich ein sogenanntes Nutzergespräch zur Leistungsbewertung des Auditprozesses durch. Beteiligt sind sämtliche Auditoren und Vertreter der Fachbereiche. Diskutiert werden die Ergebnisse und gemeinsamen Maßnahmen des im Vorfeld durch die Fachbereiche beantworteten Evaluationsfragebogens (Bild 8.7).

Evaluation der Auditorenleistung

Sehr geehrte Damen und Herren,

wir möchten Sie bezüglich der Leistung unseres Auditwesens befragen. Dies dient dazu, den Auditprozess zu optimieren und Ihnen die Gelegenheit zum Feedback zu bieten. Das Ausfüllen nimmt nur sehr kurze Zeit in Anspruch. Bitte mailen oder faxen Sie innerhalb der nächsten Tage den ausgefüllten Fragebogen an den Leiter QSU (Qualität, Sicherheit, Umweltschutz).

Fachbereich: ____________________

Audit vom: ____________________

Verbesserungspotenziale:

1 Planung

1.1 Wurden Sie in die Planung des Auditablaufs aus Ihrer Sicht ausreichend mit eingebunden?

☹☹	☹	😐	☺	☺☺

1.2 Erfolgte die Planung des Audits rechtzeitig?

☹☹	☹	😐	☺	☺☺

2 Allgemeines

2.1 Empfanden Sie das Audit als motivierend?

☹☹	☹	😐	☺	☺☺

2.2 Bot das Audit Hilfestellung und Lösungsansätze?

☹☹	☹	😐	☺	☺☺

2.3 War das Audit aus Ihrer Sicht objektiv?

☹☹	☹	😐	☺	☺☺

3 Auditteam

3.1 Wie beurteilen Sie das methodische Fachwissen (Normenkenntnisse, Gesetzeskenntnisse, Auditablauf, Gesprächsführung) der Auditoren?

☹☹	☹	😐	☺	☺☺

3.2 Wie beurteilen Sie die Fachkenntnisse der Auditoren bzgl. Ihrer Tätigkeit?

☹☹	☹	😐	☺	☺☺

4 Auditbericht

4.1 Entspricht der Auditbericht Ihren Erwartungen an eine gute Serviceleistung ?
(Zeitnahe Erstellung, Übersichtlichkeit, Struktur...)

☹☹	☹	😐	☺	☺☺

Bild 8.7 Evaluationsfragebogen

Beispiel 5: Checkliste zur Prozessoptimierung

Für die Optimierung von Prozessen verwenden einige Unternehmen Checklisten (Tabelle 8.3). Diese kann die Organisation auch auf den Auditprozess anwenden (ebenfalls im Downloadbereich zu finden).

Input (Produkte, Hilfsmittel, Infos, Lieferanten):			
Arbeitsschritt:	Durchführung:	Hilfsmittel:	Kennzahlen:
Output: (Infos, Produkte, Infos über Arbeitsschritt an Dritte, Kunden):			

Tabelle 8.3 Prozess-Checkliste

Lfd. Nr.	Aspekte der kritischen Prozessbetrachtung	Einstufung (A, B, C)	Verbesserungspotenzial
1	Prozessschritt an richtiger Stelle?		
2	Unnötige Bewegungen vorhanden?		
3	Unnötiger Transport vorhanden?		
4	Gibt es modernere Arbeitstechniken? (Benchmarking)		
5	Ist der Durchführende die richtige Funktion?		
6	Werden die richtigen Kennzahlen zur Prozesssteuerung verwendet? (Zeit, Qualität, Menge, Termin ...)		
7	Wie viel Zeit benötigt ein Arbeitsschritt?		
8	Kann der Arbeitsschritt parallel ausgeführt werden?		
9	Arbeitsschritt standardisiert oder gibt es viele Ausnahmen?		
10	Verantwortlichkeit eindeutig geregelt?		
11	Welche Probleme, Schwierigkeiten tauchen bei diesem Arbeitsschritt auf?		

Lfd. Nr.	Aspekte der kritischen Prozessbetrachtung	Einstufung (A, B, C)	Verbesserungs-potenzial
12	Welche umweltkritischen Aspekte des Arbeitsschrittes gibt es?		
13	Welche arbeitssicherheitskritischen Aspekte des Arbeitsschrittes gibt es?		
14	Arbeitsschritt im Einklang mit den Unternehmenszielen?		
15	Wertschöpfend? (Nutzleistung, Stützleistung, Blindleistung, Fehlleistung)		
16	Welche Kosten verursacht der Arbeitsschritt?		
17	Sind die Ergebnisse des Arbeitsschrittes zufriedenstellend?		
18	Nimmt der Arbeitsschritt eine Schlüsselposition ein?		
19	Enthält der Arbeitsschritt vermeidbare oder zu vereinfachende Prüfungen?		
20	Personal für den Arbeitsschritt ausreichend geschult?		
21	Kennzeichnung, Rückverfolgbarkeit, Prüfstatus gewährleistet?		
22	Welche Aufzeichnungen ergeben sich aus dem Arbeitsschritt?		
23	Gibt es vermeidbare Lagerung?		
24	Gibt es vermeidbare Wartezeiten?		
25	Werden die Betriebsmittel ausreichend genutzt?		
26	Gibt es Kapazitätsengpässe?		

8.4.3 Überwachung mithilfe von Kennzahlen

Eine praktikable Form, um den Auditprozess zu überwachen, ist die Anwendung und Auswertung von Kennzahlen. Kennzahlen können einem Auditprogrammmanager oder Qualitätsmanagementbeauftragten Aufschlüsse über eventuelle Verbesserungspotenziale liefern. Dieser Effekt tritt allerdings nur dann ein, wenn passende Kennzahlen verwendet werden. Die Literatur zu Prozesskennzahlen liefert mehrere Ansätze zur Findung und Entscheidungshilfe für die Auswahl und Implementierung von Prozesskennzahlen. Als geeigneter Einstieg für die Übersicht über eine mögliche Struktur von Themenfeldern, in denen Kennzahlen beim Auditprozess sinnvoll erscheinen, kann die einfache Form, die sich aus dem magischen

Dreieck (Zeit, Kosten, Leistung) der Betriebswirtschaftslehre und der Prozesssicherheit ableiten, gewählt werden:

- Durchlaufzeit des Prozesses,
- Produktivität des Prozesses und
- Sicherheit des Prozesses.

Dies ist nicht die einzig mögliche Einteilung. Die ASQ (American Society for Quality) verwendet z. B. eine Unterteilung in die drei Kategorien

- Leistung des Auditors,
- Service-Leistung und
- Beitrag zur Wertschöpfung.

Viele Beteiligte verstehen den Auditprozess als interne Dienstleistung. Dienstleistungen scheinen häufig nur schwer in objektiven Zahlen messbar zu sein. Insbesondere die bei Dienstleistungen zwangsläufig vorkommende subjektive Einschätzung durch die Beteiligten, die in Kennzahlenform verarbeitet werden, bereitet vielen Anwendern und Nutzern dieser Kennzahlen Schwierigkeiten. Viele Betroffenen halten Kennzahlen, die aus subjektiven Eindrücken entstanden sind, für nicht geeignet. Merkmale wie Höflichkeit, Pünktlichkeit, Beharrlichkeit, Durchhaltevermögen, Integrität etc. sind für sie nicht eindeutig messbar. Diese Art von Kennzahlen kann ebenfalls einen Beitrag zu einer Bewertung des Prozesses liefern. Insbesondere dann, wenn sich über die Vielzahl von Ergebnissen ein objektiver Wert ergibt. Dennoch sollte grundsätzlich für die Leistungsbewertung des Auditprozesses auf die Ausgewogenheit sogenannter harter (aus objektiven Merkmalen) und weicher (aus subjektiven Merkmalen) Kennzahlen geachtet werden.

Die Sinnhaftigkeit der verschiedenen Kennzahlen für den Auditprozess richtet sich nach Komplexität, Größe, Struktur und Zielen des Unternehmens. In manchen Fällen sind Kennzahlen speziell für den Auditprozess für überflüssig (in sehr kleinen Unternehmen oder in Unternehmen, bei denen der Auditprozess in einen gesamtheitlichen kontinuierlichen Verbesserungsprozess integriert ist etc.). In vielen Fällen ist jedoch die Güte des Auditprozesses am besten über die Auswertung von Kennzahlen zu überwachen und zu verbessern. Der Anwender muss wie bei allen anderen Indikatoren auch auf die Eignung der Kennzahlen achten. Dies soll an einem Beispiel verdeutlicht werden:

Ein Unternehmen hat seit fast zehn Jahren ein Qualitätsmanagement aufgebaut und ist seit neun Jahren zertifiziert. Grundlegende Änderungen in der Organisationsstruktur fanden seitdem nicht statt. Eine Untersuchung der letzten Auditserien der beiden letzten Jahre ergab, dass achtzig Prozent der Abweichungen und Feststellung der internen Audits im Bereich Lenkung der Vorgabe- und Nachweisdokumente lagen. Aufgrund dieser Kennzahl liegt der Verdacht nahe, dass die Auditoren in diesem Unternehmen schwerpunktmäßig in diesem Themenfeld auditiert haben. Weiterhin steht die Vermutung im Raum, dass die Nichtkonformitäten formal in vielen einzelnen Abweichungen formuliert worden sind. Beide Erkenntnisse lassen auf ein Verbesserungspotenzial im Auditprozess schließen. Die Ursache für die hohe Fehlerquote im Bereich Dokumentenlenkung könnte jedoch auch auf eine nicht optimal abgestimmte Dokumentation des Managementsystems hinweisen. ■

Das vorliegende Beispiel zeigt die Wichtigkeit, Kennzahlen richtig einzusetzen und zu interpretieren. Für jede Organisation können die unterschiedlichsten Parameter sinnvoll sein. Tabelle 8.4 stellt einige Anregungen zu möglichen Kennzahlen nach der vorgeschlagenen einfachen Struktur dar. Sie können diese für Ihre Organisation verwenden oder Verbesserungsziele für Ihren Auditprozess ableiten.

Tabelle 8.4 Kennzahlen zum Auditprozess

Durchlaufzeit			
Nr.:	**Kennzahl**	**Ermittlung**	**Erläuterung**
1	Berichtszeit	Durchschnittliche Zeit vom Abschluss des Audits vor Ort bis zur Abgabe des Auditberichts	Diese Kennzahl wurde in einem Unternehmen eingeführt, um die Serviceleistung von Auditoren zu monitoren.
2	Zeit zur Korrekturmaßnahmenumsetzung	Durchschnittlicher Zeitraum von der Auditberichterstellung bis zur Erledigung der Korrekturmaßnahme	Diese Kennzahl wird in einem Unternehmen gemessen, das die Korrekturmaßnahmen auf elektronischer Basis definiert und verfolgt.
3	Zeit zur Korrekturmaßnahmenumsetzung nach Anzahl	Einteilung der Korrekturmaßnahmen in drei Kategorien 1. Kategorie = unter einem Monat Bearbeitungszeit 2. Kategorie = über einen Monat Bearbeitungszeit 3. Kategorie = über drei Monate Bearbeitungszeit Messung der jeweiligen Anzahl von Maßnahmen über das Jahr hinweg	Mit dieser Aufstellung wollte die Organisation die schnellere Abarbeitung von Auditkorrekturmaßnahmen forcieren. Dies wurde auch auf Korrekturmaßnahmen aus Reklamationen und Qualitätszirkeln angewendet.

Produktivität			
Nr.:	Kennzahl	Ermittlung	Erläuterung
1	Anteil Verbesserungen	Jährlich ermittelter prozentualer Anteil von reinen Hinweisen oder Empfehlungen an den gesamten Auditsachverhalten	Das Unternehmen wollte damit den Fortschritt in Richtung Prävention und Vorbeugung ermitteln.
2	Anteil umgesetzter Verbesserungspotenziale	Jährlich ermittelter prozentualer Anteil von umgesetzten Hinweisen an den gesamten Hinweisen	Die Organisation wollte damit die Brauchbarkeit und den Nutzen der von den Auditoren getroffenen Empfehlungen eruieren. Zusätzlich wurde die durchschnittliche Anzahl der Hinweise pro Audit gemessen.
3	Audittage von externen Kunden	Jährliche Erfassung der Anzahl Audittage von externen Kunden	Aufgrund der Ermittlung sollte die Reduzierung von Kosten durch externe Auditierung ermittelt werden. Die Praxis zeigte in diesem Fall, dass keine Reduzierung der Audittage eintrat.
4	Einsparungen in Euro	Ermittlung eines jährlichen Geldbetrags unter Berücksichtigung der Investitionen aufgrund von Auditmaßnahmen	Der Return on Invest wurde nach Möglichkeit für die einzelnen umgesetzten Korrekturmaßnahmen berechnet. Für Maßnahmen, die nicht berechenbar waren (Erhöhung der Mitarbeiterzufriedenheit) wurde ein geringer Pauschalwert angenommen. Dieses Vorgehen wurde in Anlehnung an das im Unternehmen praktizierte Verbesserungsvorschlagswesen umgesetzt.
5	Anzahl der Reklamationen	Jährliche Ermittlung der Anzahl von Reklamationen	Gemessen werden sollte die langfristige Auswirkung des Qualitätsmanagements und in diesem Zusammenhang der Beitrag der Audits.

Sicherheit			
Nr.:	Kennzahl	Ermittlung	Erläuterung
1	Anzahl verschobener Audits	Jährliche Ermittlung der Anzahl verschobener Audits	Über diese Kennzahl wollte das Unternehmen die Qualität der Auditplanung und die Akzeptanz (Stellenwert) der Audits in der Organisation messen.
2	Anzahl von Audits, bei denen die geplanten Themen nicht behandelt werden konnten	Jährliche Ermittlung aufgrund von Auditberichten	Über diese Kennzahl wollte das Unternehmen die Qualität der Auditplanung messen.
3	Zufriedenheitsindex der Abteilungen	Ermittlung der Zufriedenheit der Mitarbeiter mit Audits in einer zweijährig stattfindenden Mitarbeiterbefragung	Ziel: Messung der Qualität des Auditwesens aus Sicht der Mitarbeiter.
4	Zahl von Feststellungen bei externen Audits	Ermittlung der Anzahl von Feststellungen und Abweichungen bei einzelnen Audits	Ziel: Vergleich mit den Ergebnissen der internen Audits; Ableiten von Maßnahmen zur Qualitätsverbesserung der internen Audits.
5	Zahl der Maßnahmen, die bei der ersten Festlegung nicht wirksam waren	Zweijährige Ermittlung der Anzahl von nichtwirksamen Maßnahmen	Ziel: Schaffung eines Bewusstseins bei Auditoren und Mitarbeitern zur Gestaltung wirksamer Korrekturmaßnahmen.

8.5 Wechselwirkungen/Nahtstellen

Der Qualitätsauditprozess steht wie alle Prozesse des Unternehmens in Wechselwirkung mit anderen Unternehmensprozessen. Insbesondere zum kontinuierlichen Verbesserungsprozess bestehen in den meisten Organisationen viele Schnittstellen. In manchen Unternehmen bildet der Auditprozess eine Teilmenge eines übergeordneten kontinuierlichen Verbesserungsprozesses. Einige Unternehmen koppeln das Auditverfahren direkt mit der Methode der Selbstbewertung (siehe auch Kapitel 11). In Kapitel 11 wird auch an einigen Praxisbeispielen die Integration der Audits in ein gesamtheitliches Unternehmenskonzept erläutert. Die Durchführung sogenannter integrierter Audits gewinnt zunehmend an Bedeutung. Schnittstellen insbesondere zu Umwelt- oder Arbeitssicherheitsmanagementsystemen finden sich bei Sicherheitsanalysen von Anlagen, Baustellenaudits bei Fremdfirmen, Sicherheitsbegehungen und vielen anderen bereits praktizierten Verfahren insbesondere in der Industrie. Immer mehr Unternehmen gehen inzwischen dazu über, in die bisherigen Qualitätsaudits Aspekte des Risikomanagements mit zu integrieren. Finanzielle betriebswirtschaftliche Fragestellungen, geschäftliche Risiken im Marktumfeld etc. sind somit in die Fragestellungen der Audits mit einbezogen.

Das Management von Auditprogrammen unter Betrachtung von Wechselwirkungen und Schnittstellen mit anderen Aktivitäten im Unternehmen übernimmt aus diesen Gründen zukünftig eine immer wichtiger werdende Rolle. Die Koordination und Zuweisung von Verantwortlichkeiten der unterschiedlichen Audits mit den vielfältigsten Fragestellungen ist ein Teil des Prozessmanagements einer Organisation. Eine genaue Zuordnung und Transparenz des Auditprozesses, eingebettet in die umfassende Prozesslandschaft eines Unternehmens, stellt die wichtige Voraussetzung dar, um Doppelarbeiten und unnötige Ressourcen zu vermeiden, die Akzeptanz für das Auditwesen und die Effektivität des gesamten Auditprozesses zu erhöhen.

9 Qualitätsmanagement-Audits in der Normenlandschaft

Darum geht es

- Eine Übersicht über Normen zum Thema Qualitätsmanagement-Audits
- Eine kurze Darstellung relevanter Anforderungen aus verschiedenen Qualitätsmanagementsystem-Normen
- Eine Darstellung der Unterschiede in der Anforderungstiefe der Qualitätsmanagementsystem-Normen

9.1 Die ISO 19011

Die ISO 19011 bildet als „Leitfaden zur Auditierung von Managementsystemen" die Empfehlungen zum Auditprozess ab. Im Gegensatz zur ISO 9001 hat sie als Leitfaden nur empfehlenden Charakter. Das vorliegende Buch verarbeitet viele Aspekte dieser Norm. Im Jahr 2018 wurde die Erstausgabe von 2002 zum dritten Mal revisioniert.

Sie gibt praktische Anleitung zum Management des Auditprozesses. Der Schwerpunkt verlagerte sich auf das Managen von Auditprogrammen. Bild 9.1 zeigt das übergeordnete Inhaltsverzeichnis der Norm. Ergänzend zu den Normabschnitten der ISO 19011 gibt es noch einen Anhang A, der zusätzliche Anleitung für Auditoren zum Planen und Durchführen von Audits gibt.

Bild 9.1
Struktur der ISO 19011

Im nachstehenden Abschnitt werden die Inhalte der ISO 19011 in einer kurzen Zusammenfassung dargestellt. Damit erhalten Sie einen Überblick über die wesentlichen Aspekte dieser Norm. Eine tiefer greifende Darstellung erübrigt sich, da in den weiteren Kapiteln dieses Buches viele Ansätze dieser Norm aufgegriffen und diskutiert werden.

Kapitel 1, 2 und 3: Anwendungsbereich, Normative Verweise, Begriffe

Der Anwendungsbereich bezieht sich auf alle Organisationen, die interne wie auch externe Audits durchführen. Allerdings gilt diese Norm nicht für das Zertifizierungsumfeld. Für Zertifizierungsgesellschaften und deren Auditoren gilt die Norm DIN EN ISO/IEC 17021. Sie ist die Grundlage für den Zertifizierungsvorgang. Kunden beziehungsweise Lieferantenaudits beziehen sich jedoch auf die ISO 19011.

Nähere Erläuterungen zu Begriffsdefinitionen sind in Kapitel 1 dargestellt.

Kapitel 4: Auditprinzipien

Der Bedeutung von Prinzipien für den Erfolg eines Audits wird in der ISO 19011 Rechnung getragen. In einem eigenen Kapitel stellen die Autoren wesentliche Auditprinzipien heraus, die sich sowohl auf die Auditoren als auch auf den Auditprozess beziehen (siehe Bild 9.2). Diese Auditprinzipien bilden die Basis für die folgenden Kapitel der Norm.

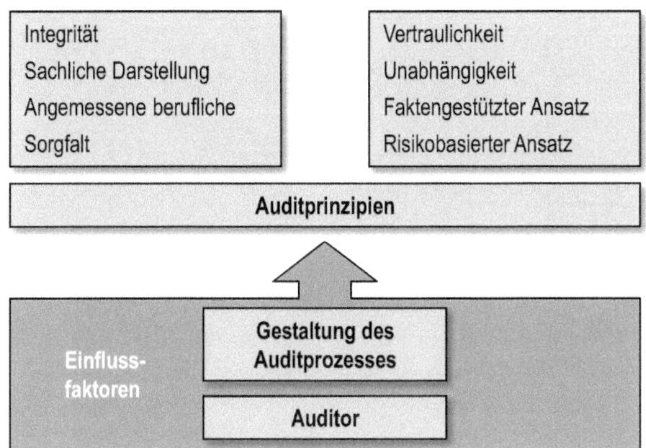

Bild 9.2 Auditprinzipien der ISO 19011

Kapitel 5: Steuerung eines Auditprogramms

Die ISO 19011 gibt Ansatzpunkte und Hinweise zur Festlegung von Verantwortungen und Befugnisse im Rahmen der Auditierung. Sie regt an, bei den Auditzielen verschiedene Themenfelder in Betracht zu ziehen. Sie erweitert die möglichen Auditziele auf Themen, wie z. B.

- kommerzielle Absichten der Organisation,
- Erfordernisse interessierter Parteien oder
- mögliche Risiken für die Organisation.

Aus diesen Rahmenbedingungen, die durch Ansatzpunkte zu Umfang des Auditprogramms, des Ressourcenmanagements und des Auditverfahrens bestehen, werden weiterhin Anregungen zu Umsetzung, Dokumentation sowie Überwachung und Bewertung gegeben.

Kapitel 6: Durchführen eines Audits

Das Kapitel Durchführung eines Audits fassen die Autoren in einem Flow-Chart zusammen, das in Bild 9.3 die Grundzüge dieses Kapitels darstellt.

Bild 9.3
Audittätigkeiten nach 19011

Kapitel 7: Kompetenz und Beurteilung von Auditoren

Das Kapitel 7 der ISO 19011 legt Anforderungen bzw. wünschenswertes Verhalten und Fähigkeiten für Auditoren im Allgemeinen fest. Über diese persönlichen Verhaltensweisen hinaus gibt sie Hinweise zu möglichen Bewertungsverfahren zur Auswahl von Auditoren. Ebenso bezieht die ISO 19011 Möglichkeiten zur Aufrechterhaltung der Qualifikation und Verbesserung der Auditoren mit ein.

9.2 Anforderungen der ISO/IEC 17021

Die ISO/IEC 17021 „Konformitätsbewertung – Anforderungen an Stellen, die Managementsysteme auditieren und zertifizieren" legt für die Zertifizierungsstellen die Anforderungen fest. Sie enthält die Festlegungen für den Ablauf von externen Zertifizierungsaudits und an die Kompetenz der Zertifizierungsauditoren. Wie die ISO 19011 betrachtet sie alle Managementsysteme und besitzt damit Gültigkeit z. B. für Umwelt-, Qualitäts-, Arbeitssicherheits- und Energiemanagementsysteme.

Während also der Anwendungsbereich der ISO 19011 interne Audits (First-Party-Audits) und Lieferantenaudits (Second-Party-Audits) umfasst, ist die ISO/IEC 17021 hingegen die Norm für diejenigen Organisationen, die im Rahmen eines international anerkannten Verfahrens Managementsysteme zertifizieren wollen (Third-Party-Audits). Deshalb handelt es sich im Unterschied zur ISO 19011, die nur empfehlenden Charakter besitzt, bei der ISO/IEC 17021 um Muss-Forderungen. Diese müssen die Zertifizierungsstellen und ihren Auditoren zwingend einhalten. Die Norm richtet sich an die Auditprogramm-Manager, Auditteamleiter und

Auditoren, wobei die verantwortliche Person der Zertifizierungsstelle dem Auditprogramm-Manager der ISO 19011 entspricht.

In Tabelle 9.1 sind die Unterschiede zur ISO 19011 aufgelistet. Dies soll zeigen, an welchen Punkten ein gravierender Unterschied dieser speziellen Norm für Zertifizierungsgesellschaften und deren Auditoren im Vergleich zu der allgemeingültigen Auditnorm besteht. Die grundlegenden Aspekte sind in beiden Normen gleichermaßen enthalten.

Tabelle 9.1 ISO 17021: Unterschiede zur ISO 19011

Kapitel der ISO 17021	Unterschiede der Forderungen DIN EN ISO/IEC 17021 und DIN EN ISO 19011
DIN EN ISO 17021: Kapitel 4 – Grundsätze	
4 Grundsätze	Offenheit für Beschwerden und deren Bearbeitung, um Vertrauen in die Zertifizierungstätigkeit zu schaffen Risikobasierter Ansatz als vertrauensbildendes Prinzip
DIN EN ISO 17021: Kapitel 5 – Allgemeine Anforderungen	
5 Allgemeine Anforderungen	***Folgende Aspekte sind in der ISO 19011 nicht enthalten:*** Rechts- und Vertragsfragen (5.1) Handhabung der Unparteilichkeit (5.2) Haftung und Finanzierung (5.3)
5.2 Handhabung der Unparteilichkeit	***Folgende Aspekte sind in der ISO 19011 nicht enthalten:*** Verpflichtung zur Unparteilichkeit Erstellung einer öffentlich zugänglichen Politik über den Umgang mit Unparteilichkeit Prozess zur Risikoidentifikation und -bewertung (eventuelle Interessenskonflikte) Verweigerung einer Zertifizierung bei Bestehen einer organisatorischen Beziehung (z. B. über Tochterfirmen)
	Ausschluss von Beratungen bzw. Übertragung zu Beratungsfirmen in jedweder Form (Zweijahresfrist für Personen) Vermeidung von kommerziellem oder ähnlichem Druck Zertifizierungsstellen müssen Forderung an Offenlegung etwaiger Interessenkonflikte ihres Personals einfordern
DIN EN ISO 17021: Kapitel 6 – Strukturelle Anforderungen	
6 Strukturelle Anforderungen	***Folgende Aspekte sind in der ISO 19011 nicht enthalten:*** Organisationsstruktur und oberste Leitung (der Gesellschaft) definieren Formelle Regeln für Ausschüsse, die in Zertfizierungstätigkeiten eingebunden sind Verfahren zur Wirksamenkontrolle der Zertifizierungstätigkeiten (auch von Zweigstellen, Partnern ...)

Tabelle 9.1 ISO 17021: Unterschiede zur ISO 19011 *(Fortsetzung)*

Kapitel der ISO 17021	Unterschiede der Forderungen DIN EN ISO/IEC 17021 und DIN EN ISO 19011
DIN EN ISO 17021: Kapitel 7 – Anforderungen an Ressourcen	
7.1 Kompetenz des Personals 7.1.1 Allgemeine Überlegungen 7.1.2 Festlegung der Kompetenzkriterien	***Folgende Aspekte sind in der ISO 19011 nicht enthalten:*** Dokumentierter Prozess zur Ermittlung der Kompetenzkriterien Ergebnis dieses Prozesses sind die dokumentierten Kriterien für Wissen und Fertigkeiten ***Folgende Aspekte sind in der ISO 19011 enthalten, aber nicht in der ISO 17021:*** Festlegung der Rolle des Auditprogrammmanagers (z. B. Berichtsfunktion zur obersten Leitung), dafür allerdings detaillierte Anforderungen an verschiedene Funktionen im Anhang A (z. B. Treffen der Zertifikatsentscheidung, Auditieren der Auditteams) Auditprogrammmanager muss Kompetenz besitzen, um Auditprogramm sowie die damit verbundenen Risiken wirksam und effizient zu managen Auditprogrammmanager sollte ständig in geeigneten beruflichen Tätigkeiten eingebunden sein, die es ihm ermöglichen, sich diesbezüglich zu entwickeln
7.1.3 Beurteilungsprozess 7.1.4 Weitere Überlegungen	***Folgende Aspekte sind in der ISO 19011 nicht enthalten:*** Dokumentierter Prozess für eine erste und laufende Überwachung der Kompetenz und Leistungsfähigkeit des gesamten Personals, das an der Zertifizierung beteiligt ist Berücksichtigung des Personals, das am Management und an der Durchführung von Audits beteiligt ist Anhang B beschreibt mögliche Beurteilungsmethoden ähnlich 7.4 der ISO 19011 Anhang C gibt einen Beispielprozess zur Ermittlung und Aufrechterhaltung der Kompetenz
7.2 Personal, das in die Zertifizierungstätigkeit einbezogen ist	***Folgende Aspekte sind in der ISO 19011 nicht enthalten:*** Ausreichende Anzahl Erste Kompetenzbewertung eines Auditors muss einen Nachweis über dessen Fähigkeit beinhalten Verständlich Machen von Verantwortlichkeiten und Befugnissen, Anforderungen, dokumentierte Verfahren Ermittlung des Schulungsbedarfs Kompetenz von Personen die Zertifizierungsentscheidungen treffen sicherstellen Dokumentiertes Verfahren zur Überwachung von Auditoren über Kombination von: ▪ Vor-Ort-Beobachtung ▪ Überprüfung der Auditberichte ▪ Rückinformation aus Markt/Kunde

Kapitel der ISO 17021	Unterschiede der Forderungen DIN EN ISO/IEC 17021 und DIN EN ISO 19011
7.3 Einsatz einzelner externer Auditoren und externer Fachexperten	***Folgende Aspekte sind in der ISO 19011 nicht enthalten:*** Schriftliche Vereinbarungen treffen
7.4 Aufzeichnungen über das Personal	***Folgende Aspekte sind in der ISO 19011 nicht enthalten:*** Führen von Aufzeichnungen zu Qualifikation, Schulung etc.
7.5 Ausgliederung	Beschreibung eines Prozesses zur Ausgliederung an eine andere Organisation Beispiele für inhaltliche Regelungen: ▪ Rechtlich durchsetzbare Vereinbarungen ▪ Keine Ausgliederung von Entscheidungen zur Zertifikatsvergabe ▪ Prozess zur Zulassung und Überwachung ausgegliederter Dienstleistungen
DIN EN ISO 17021: Kapitel 8 – Anforderungen an Informationen	
8 Anforderungen an Informationen	***Folgende Aspekte sind in der ISO 19011 nicht enthalten:*** Öffentlich zugängliche Informationen Zertifizierungsdokumente Verweis auf Zertifizierung und Zeichennutzung
8.4 Vertraulichkeit	***Folgende Aspekte sind in der ISO 19011 nicht enthalten:*** Eine Reihe von Detailregelungen zur Ermöglichung der Vertraulichkeit, z. B.: Bei Weiterleitung von Informationen an Dritte muss Zertifizierungsgesellschaft ihre Kunden darüber informieren Geeignete Prozesse und Ausrüstungen zum Umgang mit vertraulichen Informationen
8.5 Informationsaustausch zwischen einer Zertifizierungsstelle und ihren Kunden	***Folgende Aspekte sind in der ISO 19011 nicht enthalten:*** Ausführliche Beschreibung der Formalitäten zum Erstaudit (Ablauf, Geltungsbereich etc.) Forderungen der Zertifizierungsstelle inklusive Veränderungen Dokumente mit Beschreibung der Rechte und Pflichten von Kunden ***Folgende Aspekte sind in der ISO 19011 enthalten, aber nicht in der ISO 17021:*** Befugnis für Durchführung Informationen zu Auditmethoden Zugang zu relevanten Dokumenten erbitten Vorkehrungen für Audit einschließlich Termine Abklärung der Sicherheitsaspekte Anwesenheit von Beobachtern und Betreuern

Tabelle 9.1 ISO 17021: Unterschiede zur ISO 19011 *(Fortsetzung)*

Kapitel der ISO 17021	Unterschiede der Forderungen DIN EN ISO/IEC 17021 und DIN EN ISO 19011
DIN EN ISO 17021: Kapitel 9 – Anforderungen an Prozesse	
9.1.1 Antrag	***Folgende Aspekte sind in der ISO 19011 nicht enthalten:*** Einfordern eines bevollmächtigten Vertreters, um Informationen über Geltungsbereich, weitere Detailinformationen etc. zu erhalten Auflistung der Forderungen, die für eine formale Überprüfung und Bestätigung notwendig ist, ob die zu auditierende Organisation in einen Zertifizierungsvertrag eintreten kann
9.1.2 Antragsprüfung	***Folgende Aspekte sind in der ISO 19011 nicht enthalten:*** Formelle und inhaltliche Anforderungen zur Antragsprüfung (Klärung von Mindestaspekten wie ausreichende Informationen für Erstellung eines Auditprogramms, Klärung von Differenzen, Feststellen der notwendigen Kompetenz und Fähigkeit etc.)
9.1.3 Auditprogramm	***Folgende Aspekte sind in der ISO 19011 nicht enthalten:*** Auditprogramm mit zweistufigem Erstaudit, Überwachungsaudit im ersten und zweiten Jahr nach der Zertifikatsentscheidung und im dritten Jahr ein Re-Zertifizierungsaudit unmittelbar vor Ablauf der Zertifizierung Überwachungsaudit mindestens einmal im Kalenderjahr Erstes Überwachungsaudit darf nicht mehr als zwölf Monate nach dem Datum der Zertifikatsentscheidung liegen Dokumentiertes Verfahren zur Ermittlung des Auditzeitaufwandes unter Berücksichtigung verschiedener Kriterien (z. B. Komplexität des Managementsystems, technologischer Kontext etc.) Zeitaufwände von Dolmetschern, Fachexperten zählen nicht als anrechenbare Auditzeit Falls Stichproben an Mehrfachstandorten angewandt werden, muss das Programm zur Stichprobenprüfung geprüft und aufgezeichnet werden Geeignetes Vor-Ort-Audit bei Mehrfach-Managementsystem-Zertifizierungen
9.2 Planen von Audits	***Folgende Aspekte sind in der ISO 19011 nicht enthalten:*** Detaillierte Anforderung zu Auditzielen, zum Beispiel: ▪ Feststellen der Konformität ▪ Feststellen der Fähigkeit des Managementsystems zur Erfüllung der gesetzlichen, behördlichen, ... Anforderungen Auditkriterien müssen Folgendes enthalten: Anforderungen eines festgelegten normativen Dokuments sowie die festgelegten Prozesse und Dokumentation des vom Kunden entwickelten Managementsystems Prozess zur Auswahl des Auditteams inklusive Auditteamleiter

Kapitel der ISO 17021	Unterschiede der Forderungen DIN EN ISO/IEC 17021 und DIN EN ISO 19011
	Regelungen zum Einsatz von Fachexperten, Dolmetschern sowie zum Umgang mit Auditoren in Ausbildung (z. B. auszubildende Auditoren als Teilnehmer, wenn dafür kompetenter Auditteamleiter mit Beurteilung beauftragt wird) Mindestaspekte und Kommunikation eines Auditplans (z. B. Auditziele, Auditkriterien, Auditumfang etc.) ***Folgende Aspekte sind in der ISO 19011 enthalten, aber nicht in der ISO 17021:*** Generell ist die ISO 19011 allgemeiner gehalten und gibt verschiedene Möglichkeiten an, zum Beispiel Vielzahl von Möglichkeiten für Auditziele, mögliche Auditplanaspekte sind weiter gefasst etc.
9.3 Erstaudit und Zertifizierung 9.3.1 Erstzertifizierungsaudit	***Folgende Aspekte sind in der ISO 19011 nicht enthalten:*** Unterscheidung in Stufe 1 und Stufe 2 Stufe 1: ▪ Auditierung der Dokumentation ▪ Beurteilung der Standortbedingungen ▪ Bewertung des Status quo des Kunden ▪ Informationen über den Geltungsbereich ▪ Bewertung der Zuteilung der Ressourcen für Stufe 2 ▪ Schwerpunktschaffung für Stufe 2 ▪ Beurteilung der Planung und Durchführung interner Audits und der Managementbewertung ▪ Bewertung, dass Kunde auditierfähig ist Stufe 2: ▪ Sammeln von Konformitätsnachweisen ▪ Überwachung der Leistung ▪ Leistungsfähigkeit des Managementsystems ▪ Betriebssteuerung der Prozesse der Kunden ▪ Überprüfung der normativen Anforderungen Zusammenfassend: Analyse aller Informationen aus Stufe 1 und Stufe 2 durch Auditteam mit anschließender Bewertung und Auditschlussfolgerung
9.4 Durchführen von Audits 9.4.1 Allgemeines	***Folgende Aspekte sind in der ISO 19011 nicht enthalten:*** Zertifizierungsstelle muss über einen Prozess verfügen In Anmerkung: „vor Ort“ kann einen Fernzugang miteinschließen ***Folgende Aspekte sind in der ISO 19011 enthalten, aber nicht in der ISO 17021:*** Einführung des Begriffes Remote Tabelle mit Auflistung für Beispiel von Methoden für ein Remote-Audit

Tabelle 9.1 ISO 17021: Unterschiede zur ISO 19011 *(Fortsetzung)*

Kapitel der ISO 17021	Unterschiede der Forderungen DIN EN ISO/IEC 17021 und DIN EN ISO 19011
9.4 Durchführen von Audits 9.4.2 Durchführen der Eröffnungsbesprechung	***Entspricht weitgehend den Inhalten der ISO 19011***
9.4 Durchführen von Audits 9.4.3 Kommunikation während des Audits	***Folgende Aspekte sind in der ISO 19011 nicht enthalten:*** Muss-Anforderung an das Auditteam den Fortschritt des Audits in regelmäßigen Zeitabständen zu bewerten; Maßnahmen ermitteln, ggf. Abbruch
9.4 Durchführen von Audits 9.4.4 Erlangung und Verifizierung von Informationen	***Folgende Aspekte sind in der ISO 19011 nicht enthalten:*** Mindest-Verfahren: Befragungen, Beobachtung von Prozessen und Tätigkeiten, Auswertung von Dokumentationen und Aufzeichnungen
9.4 Durchführen von Audits 9.4.5 Ermittlung und Aufzeichnung der Auditfeststellungen	***Folgende Aspekte sind in der ISO 19011 nicht enthalten:*** Auditfeststellungen, die Konformitäten zusammenfassen und Nichtkonformitäten detailliert beschreiben Nichtkonformitäten dürfen nicht als Verbesserungsmöglichkeiten aufgezeichnet werden Nichtkonformitäten müssen mit Bezug zur Anforderung aufgezeichnet werden Zurückhaltung des Auditors bei Vorschlägen zu Ursachen und Lösungen von Nichtkonformitäten Ungelöste Meinungsverschiedenheiten aufzeichnen
9.4 Durchführen von Audits 9.4.5 Erarbeitung der Auditschlussfolgerung	***Folgende Aspekte sind in der ISO 19011 nicht enthalten***: Muss-Anforderungen zu Auditschlussfolgerung ähnlich den ersten vier Kann-Bestimmungen der ISO 19011 (Bewerten der Auditfeststellungen, Auditschlussfolgerungen unter Berücksichtigung der Ungewissheit etc.)
9.4 Durchführen von Audits 9.4.7 Durchführung der Abschlussbesprechung	***Folgende Aspekte sind in der ISO 19011 nicht enthalten:*** ***Erklärung des Prozesses der Zertifizierungsstelle für die Behandlung von Nichtkonformitäten*** ***Zeitrahmen, innerhalb dessen der Kunde einen Plan für Korrekturen und Korrekturmaßnahmen vorlegen muss*** ***Nach dem Audit erfolgende Tätigkeit der Zertifizierungsstelle*** ***Aufzeichnung von nicht gelösten Meinungsverschiedenheiten*** ***Folgende Aspekte sind in der ISO 19011 enthalten, aber nicht in der ISO 17021:*** ***Freiwillige Einigung über Zeitraum der Korrekturmaßnahmen***

Kapitel der ISO 17021	Unterschiede der Forderungen DIN EN ISO/IEC 17021 und DIN EN ISO 19011
9.4 Durchführen von Audits 9.4.8 Auditbericht	***Folgende Aspekte sind in der ISO 19011 nicht enthalten:*** Benennung der Zertifizierungsstelle Audittyp (Erst-, Überwachungs-, Re-Zertifizierungsaudit) Zertifizierungsstelle muss Auditbericht in Schriftform erstellen Auditteam darf Verbesserungsmöglichkeiten aufzeigen, aber keine zielgerichteten Lösungen empfehlen Eigentumsrecht am Auditbericht ist bei der Zertifizierungsstelle Klare Aufzeichnung als Grundlage für Zertifizierungsentscheidung **Folgende Aspekte sind in der ISO 19011 enthalten, aber nicht in der ISO 17021:** ▪ Zusammenfassung des Auditprozesses ▪ Bestätigung der Auditziele ▪ Diejenigen Bereiche, die nicht vom Auditumfang erfasst wurden ▪ Vereinbarte Pläne für Nachfolgemaßnahmen ▪ Aussage zum vertraulichen Charakter der Inhalte ▪ Alle Folgen für das Auditprogramm bzw. für nachfolgende Audits ▪ Auditberichtsausgabe innerhalb eines vereinbarten Termins
9.4 Durchführen von Audits 9.4.9 Analyse der Ursachen von Nichtkonformitäten	***Folgende Aspekte sind in der ISO 19011 nicht enthalten:*** ***Zertifizierungsstelle muss vom Kunden fordern, die Ursachen für Nichtkonformitäten zu analysieren und spezifische Korrekturmaßnahmen zu beschreiben und in einem festgelegten Zeitraum zu beseitigen*** ***Folgende Aspekte sind in der ISO 19011 enthalten, aber nicht in der ISO 1702 1:*** ***Ermittlung von Ursachen für Auditfeststellungen durch Auditor möglich***
9.4 Durchführen von Audits 9.4.10 Wirksamkeit der Korrekturen und Korrekturmaßnahmen	***Folgende Aspekte sind in der ISO 19011 nicht enthalten:*** ***Zertifizierungsstelle muss die vom Kunden vorgelegten Korrekturmaßnahmen bewerten, ob sie annehmbar sind*** ***Zertifizierungsstelle muss Wirksamkeit der durchgeführten Korrekturmaßnahmen verifizieren*** ***Folgende Aspekte sind in der ISO 19011 enthalten, aber nicht in der ISO 17021:*** ***Auditierte Organisation sollte Verantwortlichen für das Auditprogramm über Stand der Maßnahmen informieren*** ***Wirksamkeit der Maßnahmen sollte überprüft werden, aber keine Aussage, wer dies zu tun hat***

Tabelle 9.1 ISO 17021: Unterschiede zur ISO 19011 *(Fortsetzung)*

Kapitel der ISO 17021	Unterschiede der Forderungen DIN EN ISO/IEC 17021 und DIN EN ISO 19011
Kein Vergleichskapitel	***Folgende Aspekte sind in der ISO 19011 enthalten, aber nicht in der ISO 17021:*** ***Beendigung des Audits, wenn alle Tätigkeiten durchgeführt worden sind*** ***Dokumente sollten nach Vereinbarung aufbewahrt oder vernichtet werden*** ***Keine Weitergabe irgendwelcher Informationen an Dritte ohne Genehmigung nach Abschluss des Audits*** ***Lehren aus Audits sollten in das Verbesserungsmanagement des Auditprogramms einfließen***
9.5 Zertifikats-entscheidung	***Folgende Aspekte sind in der ISO 19011 nicht enthalten:*** Zertifikatsentscheidungen müssen von Personal durchgeführt werden, die nicht die Audits durchgeführt haben Zertifikatsentscheidungen durch Personen die bei der Zertifizierungsstelle angestellt bzw. rechtlich durchsetzbaren Vereinbarungen unterliegen Jede Zertifizierungsentscheidung aufzeichnen Prozess zur Durchführung einer wirksamen Bewertung von Zertifizierungsentscheidungen Definierte Mindestinformation für Zertifikatsentscheidung (z. B. Auditbericht, Bestätigung der Auditziele etc.) Maßnahmen für wesentliche Nichtkonformitäten innerhalb von sechs Monaten verifizieren, sonst erneute Stufe 2
9.6 Aufrechterhaltung der Zertifizierung 9.6.1 Allgemeines	***Folgende Aspekte sind in der ISO 19011 nicht enthalten:*** ***Regelungen für die Voraussetzungen zur Aufrechterhaltung der Zertifizierung***
9.6 Aufrechterhaltung der Zertifizierung 9.6.2 Überwachungs-tätigkeiten	***Folgende Aspekte sind in der ISO 19011 nicht enthalten:*** Beschreibung aller Forderungen, die eine Zertifizierungs-gesellschaft erfüllen muss für die Aufrechterhaltung des Zertifikats ihres Kunden Mindestinhalte eines Überwachungsaudits, zum Beispiel: ▪ Interne Audits und Managementbewertung ▪ Bewertung der ergriffenen Maßnahmen zu Nichtkonformitäten ▪ Umgang mit Beschwerden ▪ Wirksamkeit des Managementsystems
9.6 Aufrechterhaltung der Zertifizierung 9.6.3 Re-Zertifizierung	***Folgende Aspekte sind in der ISO 19011 nicht enthalten:*** Beschreibung aller Forderungen, die eine Zertifizierungsgesell-schaft erfüllen muss für die Durchführung einer Re-Zertifizierung Z. B. Durchführung Stufe 1 Audit bei signifikanten Veränderungen Keine Zertifikatsempfehlung, falls Korrekturmaßnahmen vor Ablauf des Zertifizierungsdatums nicht verifiziert werden können

Kapitel der ISO 17021	Unterschiede der Forderungen DIN EN ISO/IEC 17021 und DIN EN ISO 19011
9.6 Aufrechterhaltung der Zertifizierung 9.6.4 Audits aus besonderem Anlass	***Folgende Aspekte sind in der ISO 19011 nicht enthalten:*** Erweiterung des Geltungsbereichs Kurzfristig angekündigte Audits
9.6 Aufrechterhaltung der Zertifizierung 9.6.5 Aussetzung, Zurückziehung oder Einschränkung des Geltungsbereichs der Zertifizierung	***Folgende Aspekte sind in der ISO 19011 nicht enthalten:*** Beschreibung aller Aspekte zu diesem Thema
9.7 Einsprüche 9.8 Beschwerden	***Folgende Aspekte sind in der ISO 19011 nicht enthalten:*** Auflistung der Forderungen für den Prozess für den Umgang mit Einsprüchen und Beschwerden (Einspruchs- und Beschwerdeprozess der Zertifizierungsgesellschaft)
9.9 Aufzeichnungen zu Kunden	***Folgende Aspekte sind in der ISO 19011 nicht enthalten:*** Zertifizierungsvereinbarungen Begründung für die verwendete Methodik der Stichprobenprüfung und Auditdauer Aufzeichnungen zu Beschwerden Ausschussberatungen und -entscheidungen Dokumentation der Zertifizierungsentscheidung Zertifizierungsdokumente ***Folgende Aspekte sind in der ISO 19011 enthalten, aber nicht in der ISO 17021:*** Aufzeichnungen in Bezug auf Auditpläne Aufzeichnungen zu Auditrisiken
DIN EN ISO 17021: Kapitel 10 – Managementsystemanforderungen für Zertifizierungsstellen	
10 Managementsystemanforderungen für Zertifizierungsstellen	***Folgende Aspekte sind in der ISO 19011 nicht enthalten:*** Forderungen an das Managementsystem der Zertifizierungsstelle
DIN EN ISO 17021: Anhänge	
Anhang A (normativ) Gefordertes Wissen und geforderte Fertigkeiten	***Folgende Aspekte sind in der ISO 19011 nicht enthalten:*** Tabelle mit Forderungen für Wissen und Fertigkeiten Wissen über Prozesse der Zertifizierungsgesellschaft Präsentationsfertigkeiten
Anhang B (informativ) Mögliche Beurteilungsmethoden	***Folgende Aspekte sind in der ISO 19011 nicht enthalten:*** Enthält vergleichbare Aspekte, wie ISO 19011, zusätzlich Rückmeldung von früheren Arbeitgebern und Kunden

Tabelle 9.1 ISO 17021: Unterschiede zur ISO 19011 *(Fortsetzung)*

Kapitel der ISO 17021	Unterschiede der Forderungen DIN EN ISO/IEC 17021 und DIN EN ISO 19011
Anhang C (informativ) Beispiel eines Verfahrensablaufes zur Kompetenzermittlung und -aufrechterhaltung	***Folgende Aspekte sind in der ISO 19011 nicht enthalten:*** Darstellung eines Prozessablaufes, ansonsten keine konkreten Anforderungen
Anhang D (informativ) Erwünschte persönliche Verhaltensweisen	***Folgende Aspekte sind in der ISO 19011 nicht enthalten:*** Enthält vergleichbare Aspekte wie in der ISO 19011
Anhang E (informativ) Prozess der Auditierung und Zertifizierung	***Folgende Aspekte sind in der ISO 19011 nicht enthalten:*** Darstellung eines Flussdiagramms

9.3 Anforderungen verschiedener Normen an interne Audits

Viele Organisationen nutzen das interne Auditwesen als wesentliches Instrument zur Aufrechterhaltung und Verbesserung des zugrunde liegenden Managementsystems. Fast alle Normen definieren eigene Anforderungen an das Management des Auditprozesses. Mit nachfolgenden Tabellen erhalten Sie einen Überblick über die Anforderungen. Die ISO 9001 bildet dabei die Basisanforderung. Die Tabellen der weiterführenden Normen enthalten demzufolge nur die zusätzlichen Anforderungen der jeweiligen Norm gegenüber der ISO 9001.

9.3.1 Anforderungen der ISO 9001

Tabelle 9.2 Schwerpunkte der Anforderungen der ISO 9001 an das interne Auditwesen

Aspekt des Auditprozesses	Schwerpunkte der Anforderung
Auditprinzipien	Objektivität und Unparteilichkeit des Auditprozesses
Systematik des Auditverfahrens	Festlegung von Verantwortlichkeiten zu Planung, Durchführung, Berichterstattung, Umsetzung von Maßnahmen
Ziele des Audits	Aufrechterhaltung und Wirksamkeit des Qualitätsmanagementsystems ermitteln bezüglich Normanforderungen der ISO 9001 sowie von der Organisation selbst festgelegter Anforderungen

Aspekt des Auditprozesses	Schwerpunkte der Anforderung
Anforderung an Auditoren	Auditoren so auswählen und Audits so durchführen, dass Objektivität und Unparteilichkeit des Auditprozesses sichergestellt sind
Planung und Vorbereitung	Planung eines Auditprogramms unter Einbeziehung des Status und der Bedeutung zu auditierender Bereiche und Prozesse sowie Ergebnisse früherer Audits Festlegung von: Auditkriterien, Auditumfang, Audithäufigkeit, Auditmethoden
Realisierung von Audits	Durchführung interner Audits in geplanten Abständen
Auditberichterstattung	Führen von dokumentierten Informationen zur Auditberichterstattung
Audit-Follow-up	Korrekturen und Korrekturmaßnahmen ohne ungerechtfertigte Verzögerung zur Beseitigung erkannter Fehler und Fehlerursachen ergriffen werden Verifizierung der Folgemaßnahmen und Berichterstattung über die Verifizierungsergebnisse

9.3.2 Zusätzliche Ansatzpunkte der ISO 9004

Tabelle 9.3 Schwerpunkte zusätzlicher Anregungen der ISO 9004 an das interne Auditwesen

Aspekt des Auditprozesses	Schwerpunkte der zusätzlichen Ansatzpunkte
Auditprinzipien	Wirksamer und effizienter Auditprozess
Systematik des Auditverfahrens	-
Ziele des Audits	Ermittlung von Stärken und Schwächen des Qualitätsmanagementsystems Beurteilung der Effizienz der Organisation
Anforderung an Auditoren	-
Planung und Vorbereitung	Planung von Audits flexibel gestalten Bei der Planung Eingaben interessierter Parteien sowie des auditierten Bereichs berücksichtigen
Realisierung von Audits	Zu beachtende Themen können sein: Wirksame und effiziente Prozessverwirklichung, Analyse von Daten zu den Qualitätskosten, Angemessenheit und Genauigkeit der Leistungsmessung etc.
Auditberichterstattung	Anerkennung und Motivation von Personen durch Erfassung hervorragender Leistungen
Audit-Follow-up	Leitung soll Verbesserungsmaßnahmen sicherstellen

9.3.3 Zusätzliche Anforderungen der IATF 16949

Tabelle 9.4 Schwerpunkte zusätzlicher Anforderungen der IATF 16949 an das interne Auditwesen

Aspekt des Auditprozesses	Schwerpunkte der zusätzlichen Anforderungen
Auditprinzipien	–
Systematik des Auditverfahrens	Verwendung gesonderter Checklisten für jede auditierte Aktivität bzw. Prozess
Ziele des Audits	–
Anforderung an Auditoren	Neben der Forderung aus der ISO 9001 zu Objektivität und Unparteilichkeit stellt die IATF 16949 in Abschnitt 7.2 eine Vielzahl von Anforderungen an die Qualifikation von internen und Second-Party-Auditoren.
Planung und Vorbereitung	Alle Schichten in die interne Auditplanung einbeziehen Durchführung einer mindestens jährlichen Auditplanung Durchführung zusätzlicher Audits bei Auftreten von internen/externen Fehlern oder Kundenreklamationen
Realisierung von Audits	Auditierung von Produktentstehungsprozessen und Produktionsprozessen Durchführung von Produktaudits ggf. auch Softwareentwicklungsassessments
Auditberichterstattung	–
Audit-Follow-up	–

9.3.4 Zusätzliche Anforderungen des VDA 6 Teil 1

Tabelle 9.5 Schwerpunkte zusätzlicher Anforderungen des VDA 6 Teil 1 an das interne Auditwesen

Aspekt des Auditprozesses	Schwerpunkte der zusätzlichen Anforderungen
Auditprinzipien	–
Systematik des Auditverfahrens	–
Ziele des Audits	–
Anforderung an Auditoren	Unabhängig vom Bereich, über den berichtet wird; Schlussfolgerung: dürfen nicht aus der zu auditierenden Organisationseinheit kommen Qualifikation nach ISO 19011 und Ausbildung nach EOQ-Richtlinie mit Prüfung oder gleichwertiger Ausbildung Aufrechterhaltung der Befähigung Die Befähigung ist auf akzeptable Weise nachzuweisen. Etc.
Planung und Vorbereitung	Planung elementbezogener Systemaudits Planung von Produkt- und Prozessaudits
Realisierung von Audits	Alle Elemente in allen Bereichen und Standorten eines Unternehmens sind innerhalb von drei Jahren zu überprüfen.
Auditberichterstattung	Verteilung des Auditberichts an betroffene Organisationseinheiten und Unternehmensleitung
Audit-Follow-up	Aktionsplan zu vorgeschlagenen Maßnahmen Die Wirksamkeit von Korrekturmaßnahmen ist in einem angemessenen Zeitraum zu bewerten.

10 Zertifizierung und Akkreditierung

Darum geht es

- Das Zertifizierungsverfahren
- Erläuterung auditbezogener Begriffe im Zusammenhang mit der Zertifizierung (Voraudit, Überwachungsaudit, Nachaudit, Wiederholungsaudit/Re-Zertifizierungsaudit)
- Diskussion zur Abgrenzung der Auditierung im Zertifizierungsverfahren zur Beratung
- Das Akkreditierungsverfahren
- Aus dem Zertifizierungs- und Akkreditierungsverfahren resultierende Vorgaben für die Auditorenpraxis

10.1 Definition und Zweck

In der Praxis sind drei Zertifizierungsobjekte (Produkt, System, Personal) vorhanden. Weite Verbreitung findet die Zertifizierung von Produkten und die Zertifizierung von Systemen oder Verfahren. Bei der Produktzertifizierung stellt eine unabhängige Stelle durch Prüfungen am Produkt oder Produktaudits die Erfüllung von Qualitätsanforderungen fest. Ein bekanntes Produktzertifizierungsverfahren ist die Überprüfung von Sicherheitsanforderungen an ein Produkt, das z.B. in ein GS-Zeichen (geprüfte Sicherheit) mündet. Auf die Zertifizierung von Produkten wird an dieser Stelle nicht weiter eingegangen, da sich der Inhalt dieses Buches vor allem mit Systemauditierungen beschäftigt.

Zertifizierung: Bestätigung durch eine dritte Seite, bezogen auf Produkte, Prozesse, Systeme oder Personen

Anmerkung: Zertifizierung ist auf alle Gegenstände der Konformitätsbewertung anwendbar, mit Ausnahme der Konformitätsbewertungsstellen selbst, für die die Akkreditierung gilt (DIN EN ISO/IEC 17000:2005).

Die Zertifizierung von Systemen ist vor allem durch die Zertifizierung von Qualitätsmanagementsystemen nach ISO 9001 bekannt geworden. Das Systemzertifikat unterscheidet sich vom Produktzertifikat in der Form, dass nicht die Anforderungen an ein Produkt überprüft werden. Die unabhängige Stelle überprüft Anforderungen einer Norm oder eines Regelwerkes an ein System. Die Güte der Überprüfung hängt maßgeblich von der Eindeutigkeit der jeweiligen Norm und der Genauigkeit der Regelungen ab. Anforderungen an ein Produkt lassen sich in vielen Fällen eindeutiger und einfacher in einem Regelwerk definieren, da sie physikalischer oder technischer Art sind.

Viele Verbraucher erwarten, dass z. B. ein nach ISO 9001 zertifiziertes Unternehmen qualitativ hochwertige Produkte herstellt. Ein Systemzertifikat bescheinigt jedoch nur die Fähigkeit des Unternehmens, die Anforderungen des Normenkataloges zu erfüllen. Eine zwangsläufige Auswirkung auf die Produkte ist nicht sichergestellt. Vergleichen Sie ein Systemzertifikat mit einem Meisterbrief. Sie können als Kunde des Meisters davon ausgehen, dass der Meister bestimmte Techniken, Methoden usw. anwenden kann. Sie können nicht davon ausgehen, dass er diese mit Sicherheit bei Ihrem Produkt oder Auftrag anwendet. Durch den Meisterbrief haben Sie möglicherweise jedoch größeres Vertrauen in die zukünftige Leistung gewonnen.

Zusammenfassend liegt der Zweck der Zertifizierung eines Managementsystems darin, Vertrauen in die Fähigkeit des Unternehmens bezüglich der Qualität zu gewinnen. Dies beweisen auch viele Studien, die sich mit der Frage nach Gründen für die Zertifizierung beschäftigen. Christian Malorny weist in seinem Buch „TQM umsetzen" darauf hin, dass im Rahmen einer Untersuchung auf die Frage nach den Gründen für die Zertifizierung 76 % der Unternehmen den Wettbewerbsvorteil und 60 % die Forderung des Kunden angaben. Diese Aussage belegt er mit weiteren Beispielen aus anderen Untersuchungsergebnissen.

Was ergibt sich aus diesen Erkenntnissen für die Tätigkeit des Auditors im Rahmen eines Zertifizierungsaudits? Diese Frage wird zusammenfassend im letzten Abschnitt dieses Kapitels beantwortet. Zuerst wird auf die Einbindung des Audits in das Zertifizierungsverfahren eingegangen.

■ 10.2 Das Zertifizierungsverfahren

Das Zertifizierungsverfahren gestaltet sich bei fast allen Zertifizierungsgesellschaften in ähnlicher Weise. Bild 10.1 zeigt ein typisches Ablaufschema. Da die ISO 17021 Anforderungen an die Prozesse einer Zertifizierungsstelle festlegt, gibt sie damit den Rahmen für den Zertifizierungsablauf vor.

Der Ablauf eines Zertifizierungsprozesses lässt sich in folgende Phasen einteilen:

1. Phase: Angebot, Zertifizierungsantrag und Vertrag.
2. Phase: Durchführung des Zertifizierungsaudits in zwei Stufen (Voraudit, Zertifizierungsaudit).
3. Phase: Zertifizierungsentscheidung/Zertifikatserteilung.
4. Phase: Überwachung des Zertifikats und Re-Zertifizierung.

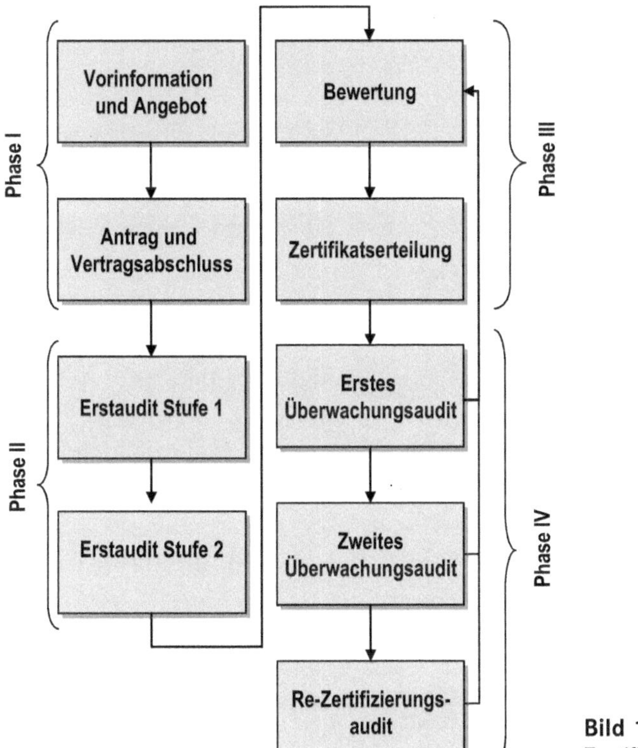

Bild 10.1
Zertifizierungsverfahren

10.2.1 Phase 1: Angebot, Zertifizierungsantrag und Vertrag

Vorgespräch

Der Zertifizierungsprozess kann mit einem unverbindlichen Informationsgespräch eingeleitet werden. Dabei kommen Mitarbeiter der Zertifizierungsgesellschaft für ca. zwei bis drei Stunden in das Unternehmen (z. B. ein Vertriebsmitarbeiter mit einem potenziellen Auditor).

In diesem Gespräch, das keinen beratenden Charakter haben darf, können Fragen geklärt und Unklarheiten über die Vorgehensweise beseitigt werden. Es bietet dem

Unternehmen auch die Möglichkeit, zu überprüfen, ob die Zertifizierungsgesellschaft und deren Auditoren fachlich geeignet sind und ob die „persönliche Chemie“ stimmt.

Sie können in einem Vorgespräch z. B. folgende Punkte besprechen:

- Leistungsspektrum der Zertifizierungsgesellschaft,
- grundsätzliche Voraussetzungen für die Zertifizierung,
- Normgrundlage und Geltungsbereich,
- Ablauf des Zertifizierungsverfahrens,
- Terminvorstellungen,
- voraussichtliche Kosten der Zertifizierung,
- Informationen zu den vorgesehenen Auditoren.

Fragebogen (Selbstauskunft)

Nach der Auswahl einer Zertifizierungsgesellschaft und anschließender Kontaktaufnahme (eventuell auch durch ein Vorgespräch) wird die Organisation zunächst über den grundsätzlichen Zertifizierungsablauf informiert. Zur Angebotserstellung benötigt die Zertifizierungsgesellschaft genauere Informationen. Dazu erhält die antragstellende Organisation einen Fragebogen (Bild 10.2 zeigt typische Inhalte des Selbstauskunftsfragebogens), in dem durch einen bevollmächtigten Vertreter Angaben zum Unternehmen zusammengestellt werden. Folgende Informationen sind für die Zertifizierung bereitzustellen:

- Geltungsbereich der Zertifizierung (d. h., welche Bereiche zertifiziert werden sollen),
- allgemeine Merkmale der Organisation (Name, Anschrift, Branche, Mitarbeiterzahl, Standorte, bedeutsame Aspekte ihrer Prozesse und Tätigkeiten, alle maßgeblichen rechtlichen Verpflichtungen),
- allgemeine Informationen, die für den beantragten Zertifizierungsbereich relevant sind (z. B. Tätigkeiten, personelle und technische Ressourcen, ggf. Funktionen und Beziehungen in einer größeren Körperschaft),
- Informationen zu relevanten ausgegliederten Prozessen,
- Normen oder andere Anforderungen, nach denen die Zertifizierung angestrebt wird,
- Informationen zur Nutzung von Beratungsleistungen bezüglich des Managementsystems.

Der Beauftragte der obersten Leitung oder z. B. die Unternehmensleitung selbst beantwortet diese Kurzfrageliste. In vielen Fällen wird sie durch ein Organigramm ergänzt und unterschrieben an die Zertifizierungsgesellschaft zurückgeschickt.

Unternehmen		
Eingetragener Name		
Konzernzugehörigkeit (falls zutreffend)		
Adresse		
Telefon		
Hauptstandort		
Gesamtanzahl der Mitarbeiter		
Ggf. Angaben zum Schichtbetrieb		
Anzahl Standorte/ Niederlassungen		
Adressen der Standorte/ Niederlassungen	**Anzahl Mitarbeiter**	**Bemerkungen**
Geschäftsführung/Leitung		
Name		
Telefon		
E-Mail		
Management-Beauftragte(r)		
Name/Abt.		
Telefon		
E-Mail		

Bild 10.2 Auskunftsfragebogen

Die Zertifizierungsgesellschaft prüft den Fragebogen sowie den Antrag hinsichtlich Vollständigkeit der Informationen, Machbarkeit durch die Zertifizierungsstelle, Gewährleistung der Unparteilichkeit usw. Danach erhält das Unternehmen einen Kurzbericht über die Vorverteilung seines QM-Systems, aus dem hervorgeht, ob ein Zertifizierungsaudit eingeleitet wird.

Angebot/Vertrag

Die Zertifizierungsgesellschaft erstellt aufgrund der Ergebnisse des Fragebogens und des Vorgesprächs ein Angebot (in der Regel für einen kompletten Dreijahreszyklus). Für die Erstellung eines Angebotes benötigt sie folgende Mindestinformationen,

- Anzahl der Standorte des Unternehmens (gewünschter Geltungsbereich des Zertifikats),
- Anzahl Produktionslinien/Geschäftsbereiche (gewünschter Geltungsbereich des Zertifikats),
- Informationen über ausgegliederte Prozesse,
- Normen, nach denen zertifiziert werden soll,
- Anzahl der Mitarbeiter.

Die Ermittlung der Audittage (à acht Arbeitsstunden) für die Erstzertifizierung erfolgt in zwei Stufen. Zunächst wird aus einer Kalkulationstabelle (Bild 10.3) in Abhängigkeit von der (wirksamen) Mitarbeiterzahl die Auditzeit ermittelt. Quelle für diese Tabelle das dazu international relevante Dokument der IAF (International Accreditation Forum) „Determination of audit time of quality and environmental management systems“ (Ausgabe 5:2015). Die wirksame Mitarbeiterzahl umfasst alle Personen, deren Aktivitäten in den Geltungsbereich des Zertifikats fallen und die zum Zeitpunkt des Audits am Standort beschäftigt sind. Dazu zählen auch Saison- und Zeitarbeitskräfte sowie Mitarbeiter von Fremdfirmen (= Subkontraktoren).

Die wirksame Mitarbeiterzahl wird wie folgt ermittelt:

- alle Vollzeitarbeitskräfte,
- Leiharbeitskräfte und Subkontraktoren sind voll (gemäß ihrer Arbeitszeit) einzubeziehen, wenn die Tätigkeiten relevant im Rahmen des Geltungsbereichs sind,
- „geringfügig Beschäftigte“ werden als Viertelarbeitskräfte angesehen,
- Teilzeitkräfte werden gemäß ihrer Arbeitszeit anteilig auf Vollzeitkräfte umgerechnet.

Zusätzliche Standortfaktoren können die Auditzeit nach oben oder unten korrigieren. Daraus ergibt sich die tatsächliche Gesamtauditzeit. Die Auditzeit erhöhende Standortfaktoren sind z. B.:

- komplizierte Logistik durch vernetzte Standorte,
- erforderliche Dolmetscher,
- sehr große Standorte mit geringer Mitarbeiterdichte,
- hohe Vielfalt an Vorschriften (z. B. Nahrungs-, Arzneimittel, Luft- und Raumfahrt, Atomenergie),
- sehr komplexe Prozesse mit einer relativ hohen Zahl einmaliger Tätigkeiten.

Anzahl der Beschäftigten	Auditaufwand bei Zertifizierungsaudits (Manntage) Stufe 1 + Stufe 2
1–5	1,5
6–10	2
11–15	2,5
16–25	3
26–45	4
46–65	5
66–85	6
86–125	7
126–175	8
176–275	9
276–425	10
426–625	11
626–875	12
876–1.175	13
1.176–1.550	14
1.551–2.025	15
2.026–2.675	16
2.676–3.450	17
3.451–4.350	18
4.351–5.450	19
5.451–6.800	20
6.801–8.500	21
8.501–10.700	22
>10.700	Dem obigen Verlauf folgend

Bild 10.3
Auditaufwand-Tabelle

Die Auditzeit reduzierende Standortfaktoren können z. B. sein:

- Nicht-Anwendbarkeiten,
- kein oder geringes Prozess- oder Produktrisiko,
- Vorkenntnisse zum Managementsystem aus anderen Zertifizierungsgebieten,
- kleiner Standort mit hoher Mitarbeiterdichte,
- hoher Anteil Mitarbeiter mit gleichen, einfachen Aufgaben,
- ausgereiftes Managementsystem (z. B. keine Nichtkonformitäten in den letzten zwei Jahren),
- identische Tätigkeiten in allen Schichten,
- Kleinstfirma, Familienbetrieb, einfache Abläufe, maximal sechs Mitarbeiter.

Darüber hinaus gelten noch einige einschränkende Regelungen für die Kalkulation der Audittage. Für ein Überwachungsaudit setzen die Zertifizierungsgesellschaften in der Regel ein Drittel, für ein Re-Zertifizierungsaudit zwei Drittel des Aufwandes einer Erstzertifizierung an. Die Auditzeit vor Ort darf 90 % der Gesamtzeit nicht unterschreiten. Die Zahl der Audittage darf nicht durch eine Erhöhung der Stunden pro Arbeitstag reduziert werden.

Auf Basis der kalkulierten Audittage und weiterer notwendiger Aufwendungen setzen sich die Gesamtkosten wie folgt zusammen:

- Auditvorbereitung (z. B. Planung),
- Auditdurchführung (Prüfung der QM-Dokumentation, Zertifizierungsaudit vor Ort: Audit Stufe 1 und 2),
- Auditnachbereitung (Berichterstellung),
- Zertifikatsfreigabe, -erstellung und -registrierung,
- Reisekosten, Übernachtungskosten,
- eventuell Zertifikatsgebühren für das erste Jahr,
- eventuell Kosten für weitere Zertifikate (z. B. mehr als drei Originalzertifikate, weitere Sprachen).

Betrachten wir die Gesamtlaufzeit des Zertifikats, kommen Kosten hinzu:

- zwei Überwachungsaudits,
- eventuell Zertifikatsgebühren für zwei weitere Jahre.

Sofern das Angebot akzeptiert wird, übergibt die Zertifizierungsgesellschaft einen Zertifizierungsantrag, der (im günstigsten Fall bereits vorausgefüllt) alle wesentlichen Daten des Angebots hinsichtlich Informationen zur auditierenden Organisation und dem Zertifizierungsprozess umfasst. Ist dieser Antrag von einem Verantwortlichen der zu auditierenden Partei unterschrieben an die Zertifizierungsstelle weitergeleitet, wird dieser nochmals formal in der Gesellschaft geprüft. Dieser Prüfvorgang hat zum Zweck, alle formalen Fehler im Vorfeld auszuschließen. Beispielsweise muss die Zertifizierungsgesellschaft an dieser Stelle die richtige und kompetente Zuordnung des Auditteams vornehmen (Qualifikation, Scope).

Im Anschluss schließen die Zertifizierungsgesellschaft und die Organisation einen Vertrag über die Zertifizierung eines Managementsystems ab. Nach drei Jahren folgt das Re-Zertifizierungsaudit und ist dann Bestandteil eines neuen Vertrages, den das Unternehmen mit der Zertifizierungsgesellschaft abschließt.

Matrixzertifizierung/Verbundzertifizierung

Für Unternehmen mit mehreren Niederlassungen oder Standorten besteht die Möglichkeit einer Verbundzertifizierung (Multi-Site-Verfahren). Als Multi-Site-Organisation gilt ein Unternehmen mit einer identifizierten Zentrale (auch als Zentralbüro bezeichnet), in der bestimmte Aktivitäten geplant, kontrolliert oder geleitet werden, und einem Netzwerk von dezentralen Büros oder Filialen, an denen diese Aktivitäten ausgeführt werden. Dies trifft z.B. zu für Franchising-Unternehmen, Hersteller mit einem Netz an Verkaufsbüros oder Gesellschaften mit mehreren Standorten. Voraussetzung ist ein gemeinsames Managementsystem (gemeinsame Qualitätspolitik, ähnliche Produkte bzw. Dienstleistungen, zentrale Managementbewertung, interne Audits für alle Standorte unter der Leitung der Zentrale).

Das zu auditierende Managementsystem gilt für alle beteiligten Unternehmen dieses „Verbunds". Während die Zentrale im Rahmen der Zertifizierungs- bzw. Überwachungsaudits jedes Mal auditiert wird, erfolgt die Auswahl der Standorte nach einem Stichprobenverfahren. Im Laufe des Zertifizierungszyklus werden die einzelnen Standorte sukzessive in die Auditierung einbezogen. Die Entscheidung über die Zertifizierung wird anhand der Stichprobe getroffen. Alle Standorte müssen eine Verbindlichkeitserklärung zur Einhaltung des zentralen Managementsystems abgeben, aus der auch die Weisungsbefugnis eines zentralen QMB hervorgeht. Erfüllt ein Standort die Anforderungen nicht, ist das Zertifikat für den gesamten Geltungsbereich, also auch für die Zentrale (Hauptzertifikat) und alle anderen Filialen (Unterzertifikate) gefährdet.

Gruppenzertifizierungen

Für kleine und mittelständische Unternehmen gibt es die Möglichkeit der Kostenreduzierung durch eine Gruppenzertifizierung. Hierbei schließen sich mehrere Unternehmen zusammen und entwickeln ein für alle Unternehmen geltendes Managementhandbuch. Lediglich die Arbeits- und Verfahrensregelungen und -dokumentationen sind unternehmensspezifisch. Dafür muss allerdings eine Verbindung zwischen den Unternehmen bestehen (z.B. arbeiten die Unternehmen zusammen entlang einer Wertschöpfungskette oder haben den gleichen Unternehmenszweck). Da nur ein Managementhandbuch geprüft werden muss, reduzieren sich die Kosten. Jedes Unternehmen wird einzeln vor Ort begutachtet. Je mehr Unternehmen sich zu einer Gruppe zusammengeschlossen haben, desto niedriger sind die Zertifizierungskosten. Die Gruppe muss mindestens aus drei Unternehmen bestehen und darf maximal 15 Unternehmen umfassen.

10.2.2 Phase 2: Vorbereitung und Durchführung des Zertifizierungsaudits

Auditplanung

Für jedes Audit erstellt der zuständige Leadauditor einen Auditplan. Er stimmt diesen mit dem Kunden im Vorfeld der Auditierung ab. Kapazitäts- bzw. Know-how-Aspekte können den Einsatz verschiedener Auditoren erfordern.

Spätestens nach dem Vertragsabschluss benennt die Zertifizierungsgesellschaft ein Auditteam, das die Anforderungen des Zertifizierungsaudits kompetent abdecken kann. Die Namen der vorgesehenen Auditoren und auf Wunsch auch Hintergrundinformationen zu jedem Auditteammitglied sind der Organisation rechtzeitig mitzuteilen. Der Organisation hat genügend Zeit zu bleiben, der Benennung eines Auditors oder Fachexperten zu widersprechen. Handelt es sich um einen begründeten Einspruch (z.B. wenn der Auditor Mitarbeiter eines Konkurrenzunternehmens ist), wird das Auditteam ggf. von der Zertifizierungsstelle neu zusammengestellt.

Die Zertifizierungsgesellschaft muss ihre Kunden explizit darauf hinweisen, dass gegen die Zusammensetzung des Auditteams Einspruch erhoben werden kann.

Für die Zusammenstellung des Auditteams gelten z.B. folgende Kriterien:

- Auditdurchführung unter der Leitung eines leitenden Auditors.
- Auditdauer unter vier Tage: Einsatz eines Auditteams mit mehr als einem Teammitglied optional.
- Auditdauer ab vier Tage: Einsatz eines Auditteams mit mindestens zwei Teammitgliedern obligatorisch (bezogen auf einen Standort).
- Mindestens ein Auditteammitglied muss über die nachweisbare technische Branchenkompetenz, bezogen auf den Geltungsbereich des Zertifikats, verfügen (gilt auch für Audits Stufe 1). Werden mehrere Managementsysteme auditiert, so müssen die Kompetenzkriterien für jede Norm erfüllt werden.

Die Auditoren können gemeinsam oder alleine vorgehen. Wenn die Anzahl der Manntage aus der Kalkulation voll berücksichtigt werden soll, muss nachweislich eine Trennung der Auditoren für ca. 50 % der Auditzeit erfolgen und dies aus dem Auditplan hervorgehen (z.B. mindestens zwei Ansprechpartner des Auftraggebers in einer Abteilung, die von zwei Auditoren auditiert wird).

Temporäre Standorte, wie z.B. Baustellen, Objekte oder Projekte vor Ort, müssen im Auditprogramm berücksichtigt werden. Die Notwendigkeit der Besuche richtet sich nach der Relevanz dieser Standorte. Gründe für die Auswahl der Standorte dokumentiert der leitende Auditor im Auditbericht.

Voraudit

Im ersten Abschnitt eines Zertifizierungsverfahrens hat ein Unternehmen die Möglichkeit, ein freiwilliges Voraudit, d.h. eine Vorabbewertung durch die Zertifizierungsstelle zu beauftragen. Diese Vorabbewertung bezieht sich auf

- eine Vorverurteilung der QM-Unterlagen (QM-Handbuch oder Prozessfestlegungen und eventuell weitere Unterlagen),
- die Durchführung eines Voraudits vor Ort.

Diese Vorabbewertung ist freiwillig und vergleichbar mit der Generalprobe für das eigentliche Zertifizierungsaudit. Es können externe Berater oder auch Zertifizierungsgesellschaften durchführen.

Ein freiwilliges Voraudit sollte dann eingeleitet werden, wenn in einem Unternehmen Unsicherheiten hinsichtlich des Aufbaus des QM-Systems bestehen. Bei einer Vorverurteilung der QM-Unterlagen übergibt das Unternehmen dem Auditleiter das QM-Handbuch und ggf. weitere Unterlagen mit dem Ziel, Schwachstellen in der Dokumentation des QM-Systems zu finden und aufzuzeigen. Das Voraudit vor Ort soll etwaige Schwachstellen in der Umsetzung des dokumentierten QM-Systems aufzeigen. Das Unternehmen sollte nicht den Fehler begehen, die bekannten Schwachstellen zu verschweigen. Das Ziel des Voraudits, bestehende Schwächen offenzulegen, kann sonst nicht erreicht werden.

Der Umfang des Voraudits ist sehr unterschiedlich (z. B. nur ausgewählte Bereiche) und er wird vom leitenden Auditor in Absprache mit dem Unternehmen festgelegt. In kleinen und mittleren Betrieben dauert ein Voraudit in der Regel nur einige Stunden, in größeren Unternehmen sicher einen ganzen Tag. Die Begutachtung kann dann nicht sehr in die Tiefe gehen. Der Auditor teilt dem Unternehmen die Ergebnisse des Voraudits in einem Abschlussgespräch mit. Außerdem erstellt der Auditor in den meisten Fällen einen Voraudritbericht, je nach Vereinbarung.

Führt eine Zertifizierungsgesellschaft ein Voraudit durch, kann sie dies nur einmal vor einem Zertifizierungsaudit tun. Vor Wiederholungsaudits nach drei Jahren kann es kein Voraudit mehr geben. Wäre es möglich, mehrere Voraudits durchzuführen, käme das einer unerlaubten Beratung sehr nahe.

Bei Unsicherheiten sollte lieber ein Voraudit in Kauf genommen werden, als das Zertifizierungsaudit nicht zu bestehen. Sollte sich ein Unternehmen hingegen in Bezug auf sein Managementsystem sehr sicher sein, spricht nichts gegen den direkten Einstieg in den nächsten Abschnitt der Zertifizierung, der Auditdurchführung.

Auditdurchführung

Erstzertifizierungsaudit

Nach ISO/IEC 17021 muss das Erstzertifizierungsaudit eines Managementsystems in zwei Stufen durchgeführt werden.

Audit der Stufe 1

Das Stufe-1-Audit dient hauptsächlich dazu, die Managementsystemdokumentation zu auditieren. Darüber hinaus hat der Auditor folgende Aufgaben bei diesem Audit:

- Standort und die standortspezifischen Bedingungen des Kunden zu bewerten,
- den Status und das Verständnis des Kunden bezüglich der Normanforderungen zu bewerten, insbesondere im Hinblick auf die Identifizierung von Schlüs-

selleistungen bzw. bedeutsamen Aspekten, Prozessen, Zielen und das Betreiben des Managementsystems,

- Informationen bezüglich des Geltungsbereichs des Managementsystems, der Prozesse und des Standorts (der Standorte) sowie zugehörige gesetzliche und behördliche Aspekte und deren Einhaltung (z. B. Qualitäts-, Umwelt- und rechtliche Aspekte der Tätigkeiten, inklusive Risiken),
- die Zuteilung der Ressourcen für Stufe-2-Audits zu bewerten und Einzelheiten für Audits Stufe 2 abzustimmen,
- den Schwerpunkt für die Planung der Stufe-2-Audits zu schaffen (Identifikation signifikanter Aspekte),
- zu beurteilen, ob interne Audits und Managementbewertungen geplant und durchgeführt werden und dass der Umsetzungsgrad des Managementsystems für ein Stufe-2-Audit ausreichend ist.

Die ISO 17021 empfiehlt für die meisten Managementsysteme, dass mindestens Teile des Audits der Stufe 1 auf dem Betriebsgelände der zu auditierenden Organisation stattfinden. Für das Audit Stufe 1 wird ein Auditplan erstellt. Die Dauer beträgt im Regelfall einen Tag, mindestens einen halben Tag. Maximal 50 % des Gesamtauditaufwands können auf die Audit-Stufe 1 angerechnet werden.

Der leitende Auditor entscheidet anhand festgelegter Kriterien darüber, ob das Audit Stufe 1 vollständig vor Ort beim Unternehmen durchzuführen ist, oder ob Teile des Audits auch durch Unterlagenprüfung in der Zertifizierungsstelle erfolgen können.

BEISPIELE:

Das Audit Stufe 1 findet immer vollständig beim Kunden vor Ort statt bei Produkten mit hoch eingeschätztem Produktrisiko.

Das Audit Stufe 1 kann im Büro stattfinden bei kleinen Unternehmen mit einem Standort, wenn das Produktrisiko gering ist.

Die Prüfung der Managementsystemdokumentation umfasst typischerweise folgende Unterlagen:

- Managementhandbuch,
- dokumentierte Prozesse, Verfahren und Arbeitsanweisungen wie Arbeitsplatzbeschreibungen und Qualifikationsprofil des Mitarbeiters usw.

Es müssen (und können) nicht alle Unterlagen bei einer Zertifizierung geprüft werden. In der Zertifizierungspraxis prüft der Auditor vor dem Zertifizierungsaudit (Audit Stufe 2) insbesondere das Managementhandbuch und die dokumentierten Verfahren bzw. Prozesse. Bei der Zertifizierung vor Ort wird der Zertifizierungsauditor dann in weitere Teile der Dokumentation Einsicht nehmen.

Die vorgelegte Dokumentation wird dahingehend überprüft, ob

- die Dokumentation den formalen Kriterien entspricht (Vollständigkeit, Verantwortung, Freigabe ...),
- hinsichtlich der Durchführung der Tätigkeit vermutlich genügend Informationen zur Verfügung stehen (endgültige Prüfung in der Befragung vor Ort),
- der beschriebene Ablauf logisch erscheint (Überprüfung vor Ort),
- Nachweise über die Lenkung der Dokumente und ihre Überarbeitung geführt werden,
- eine Rückverfolgbarkeit und Wiederauffindbarkeit von Dokumenten gewährleistet ist,
- Prüfungsstatus, Befugnisse und Genehmigungen vorliegen,
- Rückverfolgbarkeit zum Prozess oder Produkt gegeben ist.

Der Auditor muss Auditfeststellungen aus Stufe 1 dokumentieren und der auditierten Organisation mitteilen. Dies gilt ebenso für Hinweise zu identifizierten Schwachstellen, die während des Stufe-2-Audits als Nichtkonformität eingestuft werden könnten. Bei der Festlegung des zeitlichen Abstands zum Audit Stufe 2 muss der leitende Auditor berücksichtigen, wie viel Zeit die Organisation benötigt, um Lösungen zu den erkannten Schwachstellen zu finden (z. B. Ergänzung von Unterlagen). Ggf. muss der Auditor die ursprüngliche Planung für das Stufe-2-Audit anpassen.

Im Auditbericht des Stufe-1-Audits dokumentiert der Auditor die Entscheidung, ob das Zertifizierungsaudit ohne Weiteres möglich ist. Sind alle Anforderungen der Norm erfüllt, erfolgt die Detailplanung für das Audit Stufe 2.

Spätestens vier Wochen vor dem Audit Stufe 2 muss die exakte Formulierung des Geltungsbereichs des Zertifikats in Abstimmung mit der Organisation festgelegt werden.

Audit der Stufe 2

Zweck des Audits Stufe 2 ist es, die Umsetzung und Wirksamkeit des Managementsystems zu beurteilen. Der Auditor soll insbesondere die praktische Anwendung der dokumentierten Verfahren und die Normkonformität überprüfen. Dieses Audit muss vor Ort bei der zu auditierenden Organisation durchgeführt werden und mindestens das Folgende umfassen:

- Informationen und Nachweise über die Konformität mit allen Anforderungen der anwendbaren Managementsystemnorm und anderen normativen Dokumenten,
- Überwachung der Leistung, Messung, Berichterstellung und Überprüfung der Schlüsselleistungsziele und -vorgaben,

- das Managementsystem und dessen Leistungsfähigkeit in Bezug auf Einhaltung der gesetzlichen Vorgaben,
- operative Steuerung der Prozesse der Organisation,
- interne Auditierung und Managementbewertung,
- Verantwortung der Leitung für die grundsätzlichen Regelungen der Organisation,
- Verbindungen zwischen normativen Anforderungen, Politik, Leistungszielen und -vorgaben, allen anwendbaren gesetzlichen Anforderungen, Verantwortlichkeiten, Kompetenz des Personals, Tätigkeiten/Arbeitsweise, Verfahren, Leistungsdaten sowie Feststellungen und Schlussfolgerungen aus internen Audits.

Das Audit Stufe 2 kann bei Bedarf direkt im Anschluss an das Audit Stufe 1 durchgeführt werden, unter der Voraussetzung, dass der Organisation im Vorfeld die Konsequenzen beim Auftreten von Schwachstellen im Stufe-1-Audit dargelegt wurden (ggf. Einstufung der Schwachstellen als Nichtkonformität im Stufe-2-Audit oder Auditunterbrechung). Der Abstand zwischen den beiden Auditstufen sollte nicht mehr als drei Monate betragen.

Ablauf eines Vor-Ort-Audits

In dieser Phase muss das zu zertifizierende Unternehmen demonstrieren, wie die schriftlich festgelegten Anweisungen in der Praxis umgesetzt werden. Unabhängig davon, ob es sich um ein Erstzertifizierungsaudit, ein Überwachungs- oder ein Wiederholungsaudit handelt: Die Aufgaben, die im Unternehmen entstehen, sind gleich. Die Auditoren überprüfen die praktische Anwendung der dokumentierten Verfahren und bewerten sie im Hinblick auf die Erfüllung der Normanforderungen. Der Ablauf wurde in den vorangegangenen Kapiteln dieses Buches dargestellt.

10.2.3 Phase 3: Bewertung/Zertifikatserteilung

Bewertung der Auditergebnisse

Das Auditorenteam analysiert alle Informationen und Nachweise aus den Audits der Stufe 1 und Stufe 2, um die Feststellungen zu bewerten und sich auf Auditschlussfolgerungen zu einigen. Diese fasst das Auditorenteam im Auditbericht zusammen. Details zum Auditbericht sind im Kapitel 5 enthalten.

Ergeben sich kritische Abweichungen, muss das Unternehmen die Maßnahmen vor der Zertifikatserteilung (bzw. vor Ablauf relevanter Fristen) umsetzen. Kritische Abweichungen können im Extremfall auch zu einem sofortigen Auditabbruch führen.

Bei Abweichungen muss die auditierte Organisation die Ursachen analysieren und Korrekturmaßnahmen festlegen, um die Abweichungen zu beseitigen. Dies geschieht in Abstimmung mit dem leitenden Auditor. Die Zertifizierungsstelle muss die vorgelegten Korrekturen bewerten und feststellen, ob sie annehmbar sind. Dies erfolgt mittels eines Nachaudits und/oder anhand nachzureichender Unterlagen innerhalb eines definierten Zeitraums. Gemäß DIN EN ISO 17021 darf das Auditteam „Verbesserungsmöglichkeiten aufzeigen, aber keine zielgerichteten Lösungen empfehlen".

Nachaudit (Folgeaudit)

Werden bei einem Erstzertifizierungs-, Überwachungs- oder Wiederholungsaudit Nichtkonformitäten festgestellt, kann dies ein Nachaudit (Folgeaudit) erforderlich machen, um die Umsetzung und Wirksamkeit von eingeleiteten Maßnahmen zu überprüfen. Der Umfang des Nachaudits beschränkt sich auf die Prüfung der Korrekturmaßnahmen für die festgestellten Abweichungen. Im Auditbericht muss bestätigt sein, dass die kritischen Abweichungen erfolgreich korrigiert worden sind. Für die Durchführung eines Folgeaudits muss der Kunde einen Auftrag erteilen. Durch ein Nachaudit entstehen zusätzliche Kosten.

Erinnern wir uns an dieser Stelle an unsere Autofahrer. Sind die Fehler, die während der Fahrprüfung gemacht werden, nur geringfügig, wird dem Autofahrer trotzdem der Führerschein ausgehändigt. Nur bei gravierenden Mängeln seiner Fahrpraxis wird er sich einer zweiten Prüfung unterziehen müssen.

Zertifikatserteilung

Ist das Zertifizierungsverfahren positiv verlaufen, empfiehlt der Auditteamleiter die Zertifikatserteilung. Die endgültige Entscheidung, ob das Zertifikat erteilt wird, trifft dann die Zertifizierungsstelle.

Die Prüfung des Zertifizierungsverfahrens erfolgt durch „benannte Personen", innerhalb der Zertifizierungsgesellschaft, denen vom leitenden Auditor folgende Unterlagen zur Verfügung gestellt werden:

- Auditdokumentation (Kalkulation, ggf. Vertrag),
- Auditteamzusammensetzung,
- Auditplan Stufe-1- und Stufe-2-Audit,
- handschriftliche Aufzeichnungen oder Auditprotokoll,
- Auditbericht Stufe-1- und Stufe-2-Audit,
- ggf. Nichtkonformitätsberichte (Abweichungsberichte),
- Freigabeprotokoll.

Bei positiver Bewertung geben die benannten Personen Zertifizierungsverfahren frei und das Zertifikat wird erteilt. Die Gültigkeit des Zertifikats beträgt maximal drei Jahre. Für das Ende der taggenauen Gültigkeit ist der Zeitpunkt der Zertifizierungsentscheidung maßgebend.

Die Zertifizierungsstellen sind verpflichtet, alle ihnen zugänglich gemachten Informationen über das Unternehmen des Auftraggebers vertraulich zu behandeln. Alle erhaltenen QM-Unterlagen müssen an das Unternehmen zurückgegeben werden.

Erteilte Zertifikate werden durch eine Eintragung in das Verzeichnis für zertifizierte Unternehmen registriert. Hierfür ist die Geschäftsstelle des jeweiligen Zertifizierers verantwortlich. Wird die Erteilung eines Zertifikats abgelehnt, hat der Kunde die Möglichkeit, gegen die Nichterteilung eines Zertifikates Einspruch zu erheben. Dieser Einspruch wird dem Schiedsausschuss vorgelegt, welcher Maßnahmen zur Prüfung des Falles einleitet. Das Ergebnis der Schiedsstelle ist für die Zertifizierungsstelle maßgebend.

10.2.4 Phase 4: Überwachung des Zertifikats

Überwachungsaudits

Nachdem die Zertifizierungsgesellschaft das Zertifikat ausgestellt hat, überwacht sie regelmäßig das Managementsystem des Unternehmens. Dies geschieht durch Überwachungsaudits, die mindestens einmal im Jahr durchgeführt werden müssen.

Weitere Überwachungstätigkeiten können beinhalten:

- Anfragen der Zertifizierungsstelle an die auditierte Organisation zu Zertifizierungsaspekten,
- Bewertung der Angaben der Organisation im Hinblick auf ihre Tätigkeiten (z. B. Werbematerial, Webseiten),
- Aufforderung an die Organisation, Dokumente und Aufzeichnungen bereitzustellen,
- andere Mittel zur Überwachung der Leistungsfähigkeit der zertifizierten Organisation.

Die Überwachungsaudits sind Vor-Ort-Audits, stellen aber nicht unbedingt vollständige Systemaudits dar. Das Überwachungsauditprogramm muss mindestens umfassen:

- interne Audits und Managementbewertung,
- eine Bewertung der ergriffenen Korrekturmaßnahmen zu Nichtkonformitäten des vorhergehenden Audits,

- Behandlung von Beschwerden,
- Wirksamkeit des Managementsystems hinsichtlich der Zielerreichung,
- Fortschritt bei geplanten Tätigkeiten, die auf eine ständige Verbesserung zielen,
- anhaltende Betriebssteuerung und -lenkung (Ablauflenkung),
- Bewertung jeglicher Änderungen,
- Verwendung der Zertifizierungszeichen oder andere Verweise auf die Zertifizierung.

Das Datum des ersten Überwachungsaudits wird zwischen dem zertifizierten Unternehmen und der Zertifizierungsstelle vereinbart (auditrelevantes Datum). Es darf nicht mehr als zwölf Monate nach dem Datum der Zertifikatserteilung liegen. Das zweite Überwachungsaudit muss innerhalb des darauffolgenden Kalenderjahres stattfinden.

Abweichungen von den festgelegten Fristen erfordern die Zustimmung des Akkreditierers bzw. der anerkennenden Stelle oder führen zur Aussetzung des Zertifikats. Wird das Überwachungsaudit nicht bis zum auditrelevanten Datum durchgeführt, wird das Zertifikat ausgesetzt.

Bis drei Monate nach dem auditrelevanten Datum kann ein Audit nach Entscheidung der Zertifizierungsstelle mit erhöhtem Aufwand erfolgen, um die Aussetzung aufzuheben. Drei Monate nach dem auditrelevanten Datum ist das Zertifikat zurückzuziehen. Einzelfallentscheidungen sind möglich.

Bei Nichtkonformitäten verfährt der leitende Auditor wie im Zertifizierungsaudit. Die Dokumentation und Prüfung des Zertifizierungsverfahrens erfolgt analog zum Zertifizierungsaudit.

Die Fälligkeitstermine werden in der Liste der zertifizierten Unternehmen geführt. Unternehmen sollten aber auch von sich aus rechtzeitig weitere Termine vereinbaren. So ist es sinnvoll, die Termine für die Überwachungsaudits ein Jahr im Voraus festzulegen.

Re-Zertifizierung (Wiederholungsaudit)

Das Wiederholungsaudit muss vor Ablauf des Zertifikates abgeschlossen sein, um die Gültigkeitsdauer des Zertifikates zu verlängern (d.h. zertifikatsgefährdende Maßnahmen müssen wirksam abgeschlossen sein). Hierzu ist ein neuer Vertrag zwischen Zertifizierungsgesellschaft und Unternehmen abzuschließen. Das Unternehmen kann zu diesem Zeitpunkt am einfachsten einen Wechsel der Zertifizierungsgesellschaft vornehmen.

Im Wiederholungsaudit werden die kontinuierliche Konformität und Wirksamkeit des Managementsystems als Ganzes sowie die anhaltende Bedeutung und Anwendbarkeit auf den Geltungsbereich bestätigt. Die Leistungsfähigkeit des Managementsystems über den Zeitraum der Zertifizierung und eine Überprüfung früherer Auditberichte zu Überwachungsaudits sind bei der Re-Zertifizierung zu berücksichtigen.

Das Re-Zertifizierungsaudit beinhaltet eine Überprüfung der Managementsystem-Dokumentation und ein Audit vor Ort (gemäß Audit Stufe 2). Es werden alle Normanforderungen auditiert. Bei signifikanten Änderungen des Managementsystems, der Organisation oder anderer Rahmenbedingungen (z. B. gesetzliche Änderungen) kann die Planung eines Stufe-1-Audits bei der Re-Zertifizierung erforderlich sein. Die Entscheidung trifft der leitende Auditor.

In Verbindung mit der Re-Zertifizierung wird eine erneute Kalkulation des Verfahrens vorgenommen, um zu klären, ob die vertraglichen Rahmenbedingungen noch zutreffen.

Audits aus besonderem Anlass

Soll der Geltungsbereich eines Zertifikats erweitert werden, muss die Zertifizierungsstelle den Antrag prüfen und notwendige Audittätigkeiten planen, um über die Erweiterung entscheiden zu können (Erweiterungsaudit). Dies kann im Zusammenhang mit einem Überwachungsaudit, einem Re-Zertifizierungsaudit oder zu einem eigens festgesetzten Termin erfolgen. Die Gültigkeitsdauer des Zertifikats ändert sich dadurch nicht.

Zur Untersuchung von Beschwerden im Zusammenhang mit der Zertifizierung kann die Zertifizierungsstelle kurzfristig angekündigte Audits veranlassen. Auch als Konsequenz von relevanten Änderungen oder auf ausgesetzte Zertifizierungen können solche Audits notwendig sein.

Bei der Auswahl des Auditteams ist hierbei besondere Sorgfalt anzuwenden, da die Organisation nicht die Möglichkeit hat, gegen Auditteammitglieder Einwand zu erheben.

Aussetzung, Zurückziehung oder Einschränkung des Geltungsbereichs von Zertifikaten

Eine Zertifizierungsstelle legt klare Regelungen und dokumentierte Verfahren fest, anhand derer Zertifikate ausgesetzt bzw. entzogen werden oder der Geltungsbereich eingeschränkt wird.

Das Zertifikat muss ausgesetzt werden, wenn

- das zertifizierte Managementsystem die Zertifizierungsanforderungen, einschließlich der Anforderungen an die Wirksamkeit des Managementsystems, dauerhaft oder schwerwiegend nicht erfüllt,

- die Organisation die Durchführung der geforderten Überwachungs- und Re-Zertifizierungsaudits nicht gestattet oder
- die zertifizierte Organisation freiwillig um eine Aussetzung gebeten hat.

Bei Aussetzung ist das Zertifikat zeitweise außer Kraft gesetzt. Die Organisation darf dann nicht mehr mit ihrer Zertifizierung werben. Die Zertifizierungsstelle muss den Status der Aussetzung öffentlich zugänglich machen. Wenn die Probleme, die zur Aussetzung geführt haben, nicht innerhalb einer von der Zertifizierungsstelle vorgegebenen Frist abgestellt werden, muss das Zertifikat entzogen bzw. der Geltungsbereich eingeschränkt werden. Die Aussetzung sollte einen Zeitraum von sechs Monaten nicht übersteigen.

Die Zertifizierungsstelle muss die Bedingungen für die Zurückziehung des Zertifikats mit dem Kunden vertraglich regeln, um sicherzustellen, dass dieser nach Kenntnisnahme der Zurückziehung jede weitere Verwendung von Werbematerialien unterlässt, die sich auf seinen zertifizierten Status beziehen.

Ausgesetzte Zertifikate oder solche, bei denen die Gefahr einer Aussetzung besteht, dürfen nicht von einer anderen Zertifizierungsgesellschaft übernommen werden.

Die zertifizierten Unternehmen verpflichten sich, der Zertifizierungsstelle alle wichtigen Änderungen ihres Managementsystems und Änderungen der Firmenstruktur und der Organisation, die Einfluss auf das System haben, mitzuteilen.

Das Zertifikat kann entzogen werden, wenn

- der Kunde gegen die geschlossenen Verträge verstößt,
- die Aussetzung des Zertifikates nicht verlängert wird,
- der Kunde seinen finanziellen Verpflichtungen gegenüber der Zertifizierungsstelle nicht nachkommt.

Einsprüche

Jeder Kunde hat das Recht, gegen Entscheidungen der Zertifizierungsstelle Einspruch zu erheben. Die Zertifizierungsgesellschaft muss den Umgang mit Einsprüchen in einem dokumentierten Verfahren regeln und dieses öffentlich zugänglich machen. Einsprüche dürfen weder von den betroffenen Auditoren noch von den Personen, die die Zertifizierungsentscheidung getroffen haben, bearbeitet werden.

Einsprüche sind in der Regel schriftlich einzureichen. Bei den meisten Zertifizierungsstellen werden Einsprüche durch den Schiedsausschuss bearbeitet. Ist der Einspruch berechtigt, so werden die für die Zertifizierungsstelle entstandenen Kosten bei den meisten Anbietern nicht berechnet. Wird der Einspruch als unberechtigt zurückgewiesen, so sind die entstandenen Kosten vom Unternehmen zu übernehmen. Die Zertifizierungsstellen unterliegen in finanziellen Dingen dabei keinem vorgeschriebenen Reglement.

Beschwerden

Beschwerden können sich entweder auf die Zertifizierungstätigkeiten oder auf die zertifizierte Organisation beziehen. Der Umgang mit Beschwerden muss von der Zertifizierungsstelle in einem öffentlich zugänglichen Prozess beschrieben werden. Bei Beschwerden über eine zertifizierte Organisation muss die Untersuchung die Wirksamkeit des Managementsystems beinhalten.

10.3 Das Akkreditierungsverfahren

10.3.1 Akkreditierung in Deutschland

Akkreditierung bezeichnet die „formelle Anerkennung der Kompetenz einer Organisation, spezifische Aufgaben auszuführen" (hier: Zertifizierungen von Managementsystemen durchzuführen).

Akkreditiert werden z. B.:

- Prüf- und Kalibrierlaboratorien für die Durchführung bestimmter Aufgaben,
- Zertifizierungsstellen, die Produkte, Managementsysteme bzw. Personal zertifizieren,
- Überwachungsstellen, die Inspektionen von Produkten und Anlagen durchführen.

Das Akkreditierungswesen ist in Europa in den letzten Jahren stark verändert worden. Folge war im Jahr 2008 eine EU-weite Verordnung (EG) Nr. 765/2008 mit erheblicher Konsequenz für Deutschland.

Das wesentliche Ziel des Gesetzespakets ist dabei die Stärkung des grenzüberschreitenden Warenverkehrs. Aufgrund der europäischen Vorgaben gibt es jetzt nur noch eine nationale Akkreditierungsstelle. Daher folgte der Zusammenschluss der genannten Akkreditierungsstellen („beliehene Stelle"). Damit wurde das Akkreditierungswesen in Deutschland völlig neu zum 1. Januar 2010 geregelt und strukturiert.

Seitdem ist die Deutsche Akkreditierungsstelle (DAkkS) die einzige nationale Akkreditierungsstelle, die Akkreditierungen gemäß der Verordnung (EG) Nr. 765/2008 und dem Akkreditierungsstellengesetz (AkkStelleG) erteilt. In die DAkkS gingen der ehemals Deutsche Akkreditierungsrat (DAR) und die darunter hängenden Akkreditierungsstellen sowohl im gesetzlich geregelten als auch in nicht gesetzlich geregelten Bereichen auf.

Im Hinblick auf die mit Beginn des Jahres 2010 anstehenden grundlegenden Veränderungen des deutschen Akkreditierungswesens durch das Inkrafttreten der Verordnung (EG) Nr. 765/2008 sowie der Verabschiedung des Akkreditierungsstellengesetzes (AkkStelleG) durch den Bundestag im Juli 2009 schlossen sich die drei wichtigsten privaten Akkreditierungsgesellschaften zusammen. Aus der Deutschen Akkreditierungsstelle Chemie GmbH (DACH), der Deutsches Akkreditierungssystem Prüfwesen GmbH (DAP) und der Trägergemeinschaft für Akkreditierung GmbH/DATech (TGA) wurde im September 2009 die Deutsche Gesellschaft für Akkreditierung GmbH (DGA). Der Mitgliedsstatus von DACH, DAP und TGA/DATech in der europäischen Akkreditierungsorganisation EA ging durch die Verschmelzung auf die DGA über. Diese verschmolz dann 2009 mit der DAkkS. Darüber hinaus wurde auch der Deutsche Kalibrierdienst (DKD) in die DAkkS übergeleitet.

Akkreditierungen von Prüf- und/oder Zertifizierungsstellen erfolgen seitdem ausschließlich über die DAkkS. Diese arbeitet in Europa nach einheitlichen Regeln und Normen (Reihe DIN EN ISO/IEC 17000).

Die Kompetenz von Stellen, welche nach DIN EN ISO/IEC 17000 ff. akkreditiert werden wollen, wird von der DAkkS durch Fachexperten mit hoher Sachkompetenz und einer speziellen Schulung auf dem Gebiet der Akkreditierung begutachtet. Die im Verfahren der Akkreditierung bestätigte Kompetenz wird durch eine regelmäßige Überwachung mindestens einmal im Jahr immer wieder überprüft. In allen europäischen EU-Ländern werden Akkreditierungen durch eine zentrale fachübergreifende Stelle vorgenommen.

Im spezifischen Fall der Zertifizierungsgesellschaften für Managementsysteme gilt die Vorgabe der ISO/IEC 17021. Darüber hinaus gibt es weiterführende Dokumente (mandatory documents, resultierend aus dem ehemaligen ISO Guide 62), die genauere Spezifikationen für die jeweiligen einzelnen Zertifizierungsgesellschaften enthalten.

Im Falle der Gewährleistung von Gesundheitsschutz, Sicherheit, Umweltschutz und Verbraucherschutz handelt es sich um hoheitliche Aufgaben des Staates. Hier fiel die Akkreditierung unter den gesetzlich geregelten Bereich, d. h., Bund und Länder waren (und sind weiterhin) dafür zuständig. Dies betrifft zum Beispiel Produkte und Dienstleistungen, die einer gesetzlichen Prüf- und/oder Zertifizierungspflicht unterliegen. Diese Prüfung/Zertifizierung muss von einer staatlich anerkannten Stelle durchgeführt werden. Um einheitliche und international anerkannte Stellen für die Konformitätsbewertung zu schaffen, wurde die Koordinierungsgruppe des gesetzlich geregelten Bereichs (KOGB) gegründet. Da die Akkreditierung jedoch auf die DAkkS als einzige Stelle in Deutschland für Akkreditierungen überging, satteln diese sogenannten AKS-Anerkennungen in einem zweistufigen Prozess auf anerkennungsgeeigneten Akkreditierungen der DAkkS GmbH auf.

10.3.2 Internationale Akkreditierung

Inzwischen haben sich weltweit Akkreditierungssysteme gebildet, die auf der Grundlage von EN- bzw. ISO-Normen Zertifizierungsstellen und Prüflaboratorien akkreditieren. Die entsprechenden weltweiten und europäischen Organisationen sind in Bild 10.4 dargestellt.

Bild 10.4 Weltweites Akkreditierungssystem

Das IAF (International Accreditation Forum) ist der Zusammenschluss aller nationalen Akkreditierungsstellen, die Zertifizierungsstellen akkreditieren. ILAC (International Laboratory Accreditation Cooperation) ist die entsprechende Organisation für Prüf- und Kalibrierlaboratorien weltweit.

Ziel beider Organisationen sind die Absprache einer einheitlichen Interpretation der relevanten Normen und die Vereinbarung von einheitlichen Vorgehensweisen bei der Akkreditierung, Zertifizierung und Prüfung. Das Ergebnis dieser Absprachen und Vereinbarungen sollte ein Abkommen über die gegenseitige Anerkennung von Akkreditierungen auf der Basis von wechselseitigen Begutachtungen (Peer Assessments) sein.

In Europa übernimmt diese Aufgaben die Europäische Akkreditierungsorganisation EA (European Cooperation for Accreditation).

Sowohl im ehemals gesetzlich geregelten als auch im ehemals gesetzlich nicht geregelten Bereich gibt es ein internationales Bestreben, Akkreditierungsstellen gegenseitig anzuerkennen. International gibt es ein Mutual Recognition Agreement (MRA), d.h. ein „Gegenseitiges Anerkennungsabkommen" zwischen staatlichen Behörden verschiedener Länder. Die gegenseitige Anerkennung von Akkreditierungen im freiwirtschaftlichen (= gesetzlich nicht geregelten) Bereich wurde über ein Abkommen zwischen Akkreditierungsstellen im Multilateral Recognition Arrangement vereinbart (MLA - „Gegenseitige Anerkennungsvereinbarung"). Darin ist die DAkkS als offizielle Rechtsnachfolge der TGA, DAP und DATech das derzeit einzige anerkannte Mitglied für Deutschland.

10.3.3 Die Normenreihe DIN EN ISO/IEC 17000

Die Normenreihe DIN EN ISO/IEC 17000 enthält allgemeine Kriterien für die Begutachtung des organisatorischen Aufbaus, der Ausstattung mit Personal und technischen Einrichtungen sowie der Arbeitsweise von Prüflaboratorien, Inspektionsstellen, Zertifizierungs- und Akkreditierungsstellen. Im Hinblick auf die Schaffung des EU-Binnenmarktes, aber auch im EWR (Europäischer Wirtschaftsraum) sollen die Festlegungen in dieser Normenreihe dazu beitragen, Vertrauen in die gegenseitige Anerkennung der Arbeitsergebnisse dieser Stellen zu bilden.

Grundlage dieser Normenreihe ist das sogenannte „globale Konzept für Zertifizierung und Prüfwesen" im Rahmen der „neuen Konzeption auf dem Gebiet der technischen Harmonisierung und Normung" der EU-Kommission. Die gegenwärtig bestehende Normenserie wird als DIN-Norm übernommen und umfasst nachfolgende Normen:

- **DIN EN ISO/IEC 17000** Konformitätsbewertung - allgemeine Begriffe und Grundlagen
- **DIN EN ISO/IEC 17011** an Stellen, die Konformitätsbewertungsstellen begutachten und akkreditieren (ehemalig DIN EN 45002/45003/45010)
- **DIN EN ISO/IEC 17020** Allgemeine Kriterien für den Betrieb verschiedener Typen von Stellen, die Inspektionen durchführen (ehemalig DIN EN 45004)
- **DIN EN ISO/IEC 17065** für Stellen, die Produkte, Prozesse und Dienstleistungen zertifizieren (ehemalig DIN EN 45011)
- **DIN EN ISO/IEC 17021** für Stellen, die Managementsysteme zertifizieren
- **DIN EN ISO/IEC 17024** für Stellen, die Personal zertifizieren (ehemalig DIN EN 45013)
- **DIN EN ISO/IEC 17025** Allgemeine Anforderungen an die Kompetenz von Prüf- und Kalibrierlaboratorien (ehemalige DIN EN 45001)
- **DIN EN ISO/IEC 17050 Teil 1/2** für Konformitätserklärungen von Anbietern (ehemalige DIN EN 45014)

10.4 Schlussfolgerungen aus der Zertifizierungspraxis für die Auditorentätigkeit

Die Überlegungen der Zertifizierungsgesellschaften zu Dauer und Umfang der Audits bieten eine Hilfestellung zur Abschätzung des internen Bedarfs an Audittagen für Systemauditierungen. Bild 10.3 kann als Hilfestellung für Unternehmen zur Auditplanung dienen, die ein Qualitätsmanagementsystem einführen.

Darüber hinaus sollten sich viele Organisationen überlegen, die Praxis der Überwachungsaudits auch intern zu nutzen. Wir verstehen darunter die Bestrebung, sich in internen Überwachungsaudits ebenso auf die Anforderungen hinsichtlich Verbesserungen zu konzentrieren und in möglicherweise zwei- oder dreijährigem Abstand das gesamte Qualitätsmanagementsystem zu überprüfen. Ebenso koordinieren bereits einige Organisationen die internen Audits mit den externen Audits (vgl. hierzu Kapitel 8).

Organisationen mit einem Stab interner Auditoren sollten auch die Möglichkeit eigener interner Norminterpretationen in Betracht ziehen. Dies wird von einigen Zertifizierungsgesellschaften zur Verbesserung der Einheitlichkeit der Auditorenleistung praktiziert. Diese Interpretationen können als Hilfestellung für neue Auditoren dienen und halten den Erfahrungsschatz der erfahrenen Auditoren fest. Des Weiteren wird durch diese Interpretationen die Einheitlichkeit in der Auditorenleistung gefördert.

Gehen wir nun davon aus, dass der Hauptzweck einer Zertifizierung darin besteht, die Qualitätsfähigkeit eines Unternehmens nachzuweisen. Welche Schlussfolgerung ergibt sich daraus für die Tätigkeit des Auditors? Lassen Sie uns der Einfachheit halber zunächst den Zertifizierungsauditor in Betracht ziehen.

Der Zertifizierungsauditor hat in erster Linie die Konformität des Qualitätsmanagementsystems mit den Normvorgaben zu überprüfen. Diese Erwartung stellen vor allem die Kunden der zu zertifizierenden Organisation an das Zertifizierungsaudit. In zweiter Linie möchten einige der zu zertifizierenden Organisationen mithilfe des externen Auditors Potenziale zur Verbesserung des Unternehmens identifizieren. Am besten sollte ihnen der Auditor zusätzlich Lösungswege aufzeigen. Aus diesen unterschiedlichen Anforderungen entsteht für den Auditor ein Zielkonflikt. Die Anforderungen des direkten Kunden (zu zertifizierende Organisation) widersprechen den Erwartungen des indirekten Kunden (Kunde der Organisation), die in der Anforderung nach Ausschluss von Beratungstätigkeiten des Auditierenden im Rahmen einer Zertifizierung münden.

Kann der Zertifizierungsauditor diesen Zielkonflikt lösen? Wohl kaum. Letztendlich werden die Kundenanforderungen diesen Zielkonflikt auflösen. Einige Organisationen werden sich nur dann zertifizieren lassen, wenn sie neben dem Zertifikat einen zusätzlichen Nutzen von der Zertifizierungsgesellschaft erhalten.

Auf der anderen Seite werden Kunden bestimmter Branchen weiterhin einen Nachweis zur Qualitätsfähigkeit des Unternehmens einfordern. Diese Forderungen werden jedoch spezifischer und haben geringere Interpretationsspielräume. Erste Trends sind in der Automobilindustrie, dem Gesundheitswesen, der Medizintechnik oder der Telekommunikationsbranche erkennbar.

Die Folge für den externen Auditor ist offensichtlich. In beiden Fällen muss sich der Auditor weiterbilden, um den Anforderungen in Zukunft gerecht zu werden.

Betrachten wir den internen Auditor, lässt sich auch hier die Anforderung nach Weiterbildung erkennen. Der Schwerpunkt beim internen Auditor wird allerdings darauf liegen, mit dem Audit nicht nur Verbesserungen zu identifizieren, sondern gleichzeitig als interner Berater zu fungieren.

11 Tendenzen im Auditwesen

Darum geht es

- Wege zur Verbindung von Selbstbewertungsmethoden und Auditwesen
- Vorgehensweisen zur Auditierung in Workshop-Form
- Fallbeispiele zur unternehmensspezifischen Anpassung des Auditwesens
- Weitere Erläuterungen und Ausblicke im Auditwesen: integrierte Audits, finanzielle und monetär betriebswirtschaftliche Aspekte
- Notwendigkeit von Weiterqualifikationen der Auditoren
- Remote-Audits
- Risikoaudits

11.1 Assessment und Audit

Viele Unternehmen bemängeln eine eingefahrene Auditroutine in ihrer Organisation. Sie sind der Meinung, dass die Audits immer weniger zum Unternehmenserfolg beitragen. Häufig verstehen die Mitarbeiter unter Audit eine Prüfung, die jedes Jahr aus formalen Gründen stattfinden muss und nicht unbedingt Verbesserungspotenziale aufdeckt. Christian Malorny stützt diese Wahrnehmung: „Es ist eine heute in der wissenschaftlichen Literatur weithin gesicherte Erkenntnis, dass die regelmäßige Auditierung eines QM-Systems nach der DIN EN ISO 9001 keine Steigerung der Wettbewerbsfähigkeit mit sich bringt.“

Einige Unternehmen versuchen dem entgegenzuwirken und reformieren ihr internes Auditwesen. Sie setzen neue Qualitätsoffensiven und Qualitätsthemen und führen neue Auditverfahren ein. Die Tendenzen werden im folgenden Kapitel dargestellt, teilweise anhand von Fallbeispielen aus der Praxis.

Neben der Auditierung von Qualitätsmanagementsystemen hat sich eine weitere Methode zur Bewertung von Qualitätsmanagementsystemen herauskristallisiert.

Das Assessment bzw. das Self-Assessment hielt Einzug in die Welt des Qualitätsmanagements. Gefördert durch die EFQM (European Foundation for Quality Management) mittels des EEA (European Excellence Award) in Europa und viele andere länderspezifische Qualitätspreise, gewinnt die Selbstbewertung immer mehr an Bedeutung.

Die gegenwärtige Literatur und Podiumsdiskussionen beschäftigen sich derzeit stark mit der zukünftigen Form der Bewertung. Einige Veröffentlichungen gehen so weit, die Selbstbewertungsmethode in Verbindung mit einem Bewerbungsschema als möglichen Ersatz für eine Zertifizierung zu handeln. Beispielsweise spricht sich hierfür die Automobilbranche aus, wie die Konferenz des VDA (Verband der Automobilindustrie) in Wien zeigte. Ähnliche Diskussionen führt das Gesundheitswesen im Zuge einer möglichen Einführung und Nachweisbarkeit eines Qualitätsmanagementsystems (siehe Gesundheitsreformgesetz).

Diese Diskussion ist nicht zielführend. Nicht die Beantwortung der Frage ist entscheidend, ob ein Selbstbewertungsverfahren die Auditierung oder die Zertifizierung ersetzen kann. Vielmehr können sich beide Methoden gegenseitig ergänzen und bei optimaler Anwendung und Nutzung beider Systeme zum erheblichen Mehrwert für eine Organisation beitragen.

Durch die Selbstbewertung generiert sich eine wesentlich höhere Anzahl an Verbesserungspotenzialen und Maßnahmen als aus einem „klassischen" Audit. Dies liegt möglicherweise an der höheren Selbstverantwortung der Mitarbeiter beim Selbstbewertungsprozess und der damit einhergehenden höheren Bereitschaft für mögliche resultierende Veränderungen. Bei einem Audit ist zum Teil eine eher ablehnende Haltung gegenüber den externen Vorschlägen bewusst oder unbewusst präsent. Die Selbstbewertung eignet sich folglich sehr gut zum Anstoß und zur Verabschiedung von Verbesserungs- und Veränderungsmaßnahmen.

Worin liegt nun der Vorteil des Audits?

Gerade die als Nachteil empfundene Auditierung durch Organisationsfremde bietet andererseits einen großen Vorteil. Die objektive Inaugenscheinnahme von Aktivitäten und Vorgängen verhindert eine Betriebsblindheit, die jeder noch so ehrlichen und selbstkritischen Organisation zu eigen ist. Die Neutralität der Audits schließt das Einbringen von Bereichspfründen und bewusstes Abwenden zusätzlicher Arbeitsaufwendungen je nach Durchsetzungskraft einzelner Führungskräfte im Großen und Ganzen aus.

Audits haben einen weiteren Vorteil gegenüber der Selbstbewertung. Audits können durch eine detaillierte und tiefergehende stichprobenartige Verfolgung die Wirksamkeit von Maßnahmen verifizieren.

Bei einem Selbstbewertungsworkshop wurde die Aktualität und Standardisierung der Prozessvorgaben durch den Führungskreis mit sehr gut bewertet. Als Stärke wurde ein hohes Maß an nachvollziehbaren Arbeitsrichtlinien und Anweisungen angegeben. Ein nachfolgendes Zertifizierungsaudit ergab, dass große Teile der Arbeitsvorgaben, Arbeitssicherheitsrichtlinien für neue Produkte nicht vorhanden bzw. nicht aktuell waren. ■

Das Audit deckt in diesem Beispiel Verbesserungspotenziale auf, die in einer Selbstbewertung nicht entdeckt wurden.

Die Zusammenfassung und Abwägung aller Vor- und Nachteile beider Methoden, Selbstbewertungen und Audits, entfalten in der kombinierten Anwendung ihre höchste Wirksamkeit. Einige Unternehmen praktizieren bereits diese Kombination aus Selbstbewertung und Auditwesen. Anhand von drei Fallbeispielen werden nachfolgend die jeweiligen Vorgehensweisen erläutert.

11.1.1 Fallbeispiel 1

Ein Unternehmen der Chemieindustrie trifft über die Selbstbewertung eine Vorauswahl zur internen Auditierung. Der Ablauf gestaltet sich nach dem in Bild 11.1 vorgestellten Verfahren.

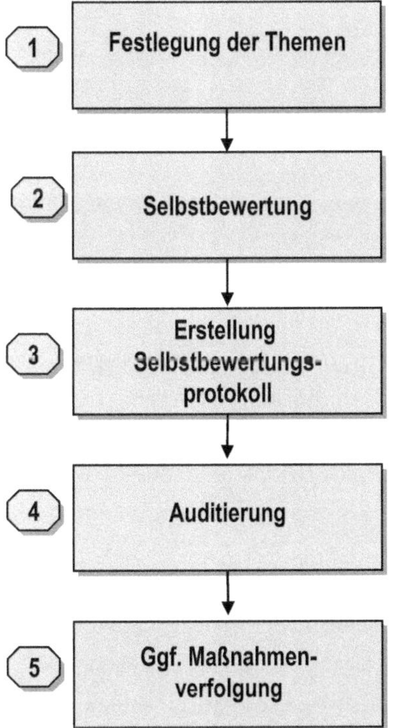

Bild 11.1
Selbstbewertung im Vorfeld der Auditierung: ein Fallbeispiel

Erster Schritt: Festlegen der Themen

In einer unternehmensübergreifenden Planung legt der Managementbeauftragte für einen Zeitraum von zwei Jahren die Abteilungen bzw. Unternehmensbereiche zur Selbstbewertung und Auditierung fest. Zum Teil gibt der Managementbeauftragte die Themenfelder der Selbstbewertung und Auditierung vor. Auch der jeweilige Bereich muss zusätzliche Themen auswählen. Die durch den Managementbeauftragten vorgegebenen Themen sind mit der Unternehmensleitung abgestimmt und berücksichtigen die Bedürfnisse zur Aufrechterhaltung der im Unternehmen implementierten Normen (ISO 9001 und ISO 14001). Bei Bedarf erfolgt die Integration neuer bzw. Streichung alter Themenfelder. Bei einer Bereichsselbstbewertung werden somit vier Themenfelder berücksichtigt. Einen Auszug der Themenfelder zeigt folgende Auflistung:

- Führung
- Zielvereinbarung
- Kontinuierlicher Verbesserungsprozess
- Systemverwaltung (Dokumentenlenkung, Aufzeichnungen)
- Qualitätssicherungsaktivitäten
- Gesetzeseinhaltung
- Umweltleistung
- Arbeitssicherheit
- Kernprozessmanagement (hier bezieht sich die Selbstbewertung und Auditierung auf den jeweiligen im Managementsystem definierten Kernprozess des Bereichs)
- Ressourcenmanagement etc.

Zweiter Schritt: Selbstbewertung

Die Selbstbewertung findet anhand eines Katalogs von Ansatzpunkten statt. Dem jeweiligen Bereich stehen verschiedene Möglichkeiten zur Selbstbewertung offen. Er kann eine Fragebogenmethode einsetzen oder einen Selbstbewertungsworkshop im Führungskreis ansetzen. Identifiziert werden Stärken und Verbesserungspotenziale. Eine Vergabe von Punkten und Zielerreichungsgraden ist nicht vorgesehen. Im Anschluss an die Identifikation der Verbesserungspotenziale erfolgt die Priorisierung und Maßnahmenverabschiedung. In der Regel entstehen fünf bis zehn Maßnahmen aus der Selbstbewertung.

Dritter Schritt: Erstellung Selbstbewertungsprotokoll

Der Bereich leitet die Ergebnisse der Selbstbewertung (Stärken, Verbesserungspotenziale und Maßnahmen) an den Managementbeauftragten, die Unternehmensleitung und den Auditor weiter.

Vierter Schritt: Auditierung

Ca. sechs Monate nach der Selbstbewertung findet das Audit in dem jeweiligen Bereich statt. Der Auditor überprüft zum einen die Erledigung und die Wirksamkeit der durch die Selbstbewertung entstandenen Maßnahmen. Zum anderen nimmt er Stichproben zu den Festlegungen der eingeplanten Themenfelder unabhängig vom Selbstbewertungsprozess.

Fünfter Schritt: ggf. Maßnahmenverfolgung

In einem Auditmaßnahmenbericht hält er gegebenenfalls weitere Maßnahmen fest. Die Verfolgung der Maßnahmen wird ähnlich dem klassischen Auditwesen über nachfolgende Audits oder festgelegte Erledigungstermine verfolgt.

Das Unternehmen sieht in der dargestellten Vorgehensweise den Vorteil, flexibel auf neue Themen reagieren zu können. Darüber hinaus möchte es die Eigenverantwortung der jeweiligen Bereiche betonen und trotzdem die Umsetzungsdisziplin durch Auditoren aus anderen Bereichen beibehalten.

11.1.2 Fallbeispiel 2

Ein Unternehmen im Bereich Anlagenbau mit 350 Mitarbeitern wählte eine einfachere Form, um die Selbstbewertung mit dem Auditwesen zu verknüpfen. Audits und Selbstbewertung finden über das gesamte Unternehmen im Wechsel statt. In einem Jahr plant der Qualitätsmanagementbeauftragte die Audits in klassischer Form. Im darauffolgenden Jahr findet statt der internen Audits eine Selbstbewertung in den drei Hauptbereichen Entwicklung, Vertrieb und Produktion statt.

Die Selbstbewertung richtet sich dabei an der ISO 9004 aus. Der Grund dafür besteht darin, die von der ISO 9001 bekannten Strukturen auch bei der Selbstbewertung beizubehalten. Damit wollte das Unternehmen eine Implementierung der neuen Vorgehensweise erleichtern.

Die Selbstbewertung gestaltet sich wie folgt:

Die Teilnehmer der Selbstbewertung sind die leitenden Führungskräfte der jeweiligen Bereiche (Bereichsleiter, Abteilungsleiter und Meister; ca. 15 Teilnehmer pro Bereich). Über einen Selbstbewertungsfragebogen ermittelt der Qualitätsmanagementbeauftragte Verbesserungspotenziale, Stärken und eine Punktebewertung zu den jeweiligen Selbstbewertungsfragen. Bild 11.2 zeigt auszugsweise Fragen und Form der Fragestellung. Den kompletten Fragebogen finden Sie im Downloadbereich. Er bereitet die Ergebnisse auf und stellt sie bei einem Selbstbewertungsworkshop des jeweiligen Bereiches vor. In diesem Workshop werden gemeinsam mit fünf bis sechs Vertretern des Bereichs und einem Mitglied der Unternehmensführung Maßnahmen verabschiedet. Parallel zu den Selbstbewertungen finden in dem Jahr der Selbstbewertung stark verkürzte Audits zur alleinigen Überwachung der im Vorjahr festgelegten Maßnahmen statt.

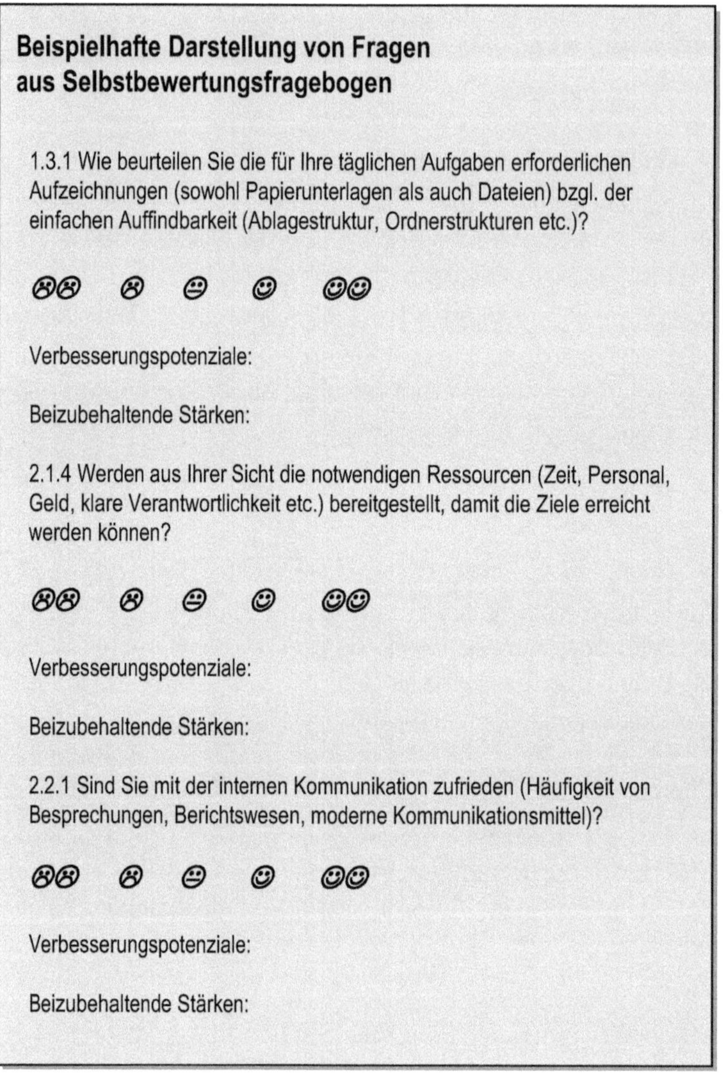

Beispielhafte Darstellung von Fragen aus Selbstbewertungsfragebogen

1.3.1 Wie beurteilen Sie die für Ihre täglichen Aufgaben erforderlichen Aufzeichnungen (sowohl Papierunterlagen als auch Dateien) bzgl. der einfachen Auffindbarkeit (Ablagestruktur, Ordnerstrukturen etc.)?

☹☹ ☹ 😐 ☺ ☺☺

Verbesserungspotenziale:

Beizubehaltende Stärken:

2.1.4 Werden aus Ihrer Sicht die notwendigen Ressourcen (Zeit, Personal, Geld, klare Verantwortlichkeit etc.) bereitgestellt, damit die Ziele erreicht werden können?

☹☹ ☹ 😐 ☺ ☺☺

Verbesserungspotenziale:

Beizubehaltende Stärken:

2.2.1 Sind Sie mit der internen Kommunikation zufrieden (Häufigkeit von Besprechungen, Berichtswesen, moderne Kommunikationsmittel)?

☹☹ ☹ 😐 ☺ ☺☺

Verbesserungspotenziale:

Beizubehaltende Stärken:

Bild 11.2 Selbstbewertungsfragebogen

11.1.3 Fallbeispiel 3

Eine weitere Vorgehensweise bietet das Auditwesen eines großen Automobilherstellers im Rahmen des Projekts „Qualitätsmanagement im Autohaus". Es zeigt einige neue Ansätze zur Belebung des Auditwesens auf. Nachfolgend werden die Vorgehensweise und anschließend zusammenfassend die Vorteile dargestellt.

Die Einführung des Qualitätsmanagementsystems im Autohaus (QMA) gliedert sich in zwei Phasen. Die erste Phase „Entwicklung des Qualitätsmanagementsystems“ wird durch das QMA-Erstaudit abgeschlossen. Die zweite Phase „kontinuierliche Verbesserung“ widmet sich dem Erhalt und der Optimierung des Systems. Die Folgeaudits fördern den kontinuierlichen Verbesserungsprozess. Bild 11.3 zeigt in einem Grobschema die Vorgehensweise der Auditierung und Selbstbewertung auf.

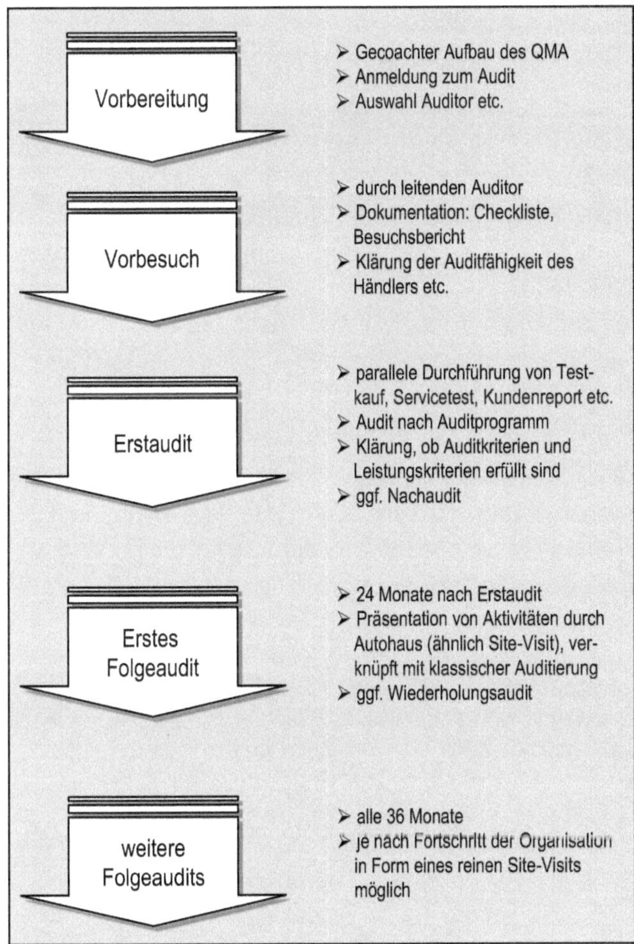

Bild 11.3 Das Qualitätsaudit im Rahmen des QMA

Vorbereitung

Die Anmeldung zum Audit durch den Händler und den QMA-Coach erfolgt spätestens vier Monate vor dem geplanten Audittermin. Für die Anmeldung existiert ein Formular mit definierten Zugangsvoraussetzungen. Diese beinhalten auszugsweise:

- 80 % der Dokumentation müssen im Betrieb eingeführt und intern auditiert sein.
- Ein Maßnahmenplan zur Komplettierung der Dokumentation muss vorliegen.

Vorbesuch

Der Vorbesuch ähnelt einem Voraudit bei Zertifizierungen. Er dient zur Planung des Erstaudits und zur Vorbereitung des Autohauses auf die Anforderungen des Erstaudits. Der Auditor stellt z. B. Auditgrundlagen, Auditkriterien, die Vorgehensweise und Nachbereitung des Erstaudits vor.

Erstaudit

Das Erstaudit besteht nicht nur aus der Abarbeitung einer Auditfragenliste. Das Audit im Autohaus unterscheidet sich von anderen Audits in der Definition der Grundlagen für das Audit. Neben den eigentlichen Auditergebnissen sind Testkäufe, Servicetests, Ergebnisse von Kundenbefragungen, betriebswirtschaftliche Daten und andere Grundlagen Teil der Auditkriterien. Andere Controlling-Instrumente sind somit Bestandteil der Auditierung. Das Audit ist in ein Gesamtkonzept integriert. Das Auditergebnis ist also nicht nur von den Ergebnissen der Vor-Ort-Untersuchung abhängig, sondern auch von den positiven Bewertungen aus oben genannten Instrumenten.

Ein weiterer Unterschied zu herkömmlichen Audits nach ISO 9001 besteht in der Definition von festen Stichproben. Damit werden eine erhöhte Vergleichbarkeit der Auditergebnisse und eine einheitlichere Leistung der Auditoren erreicht. Beispiele zur Stichprobendefinition finden sich in Tabelle 11.1.

Tabelle 11.1 Beispiele zur Stichprobendefinition für das QMA-Audit

Themenfeld	Stichprobe
Führung	Mindestens zwei Mitarbeiter aus jedem Fachbereich befragen, ob und in welcher Form das QMA und die Leitsätze des Unternehmens sowie die Aussagen der Geschäftsleitung zur Qualitätspolitik veröffentlicht und vertieft wurden.
Organisation	Mindestens zwei Drehmomentschlüssel, Messschieber und Luftdruckprüfer auf Kennzeichnung und Prüfprotokoll prüfen. Erstkalibrierung neuer Prüfmittel beachten. Sektionaltore, Hebebühnen, Kompressor, DIS-Tester, Bremsenprüfstand und Feuerlöscher betrachten. Sicherheitsprüfung aller elektrischen Kleingeräte zeigen lassen (Forderung nach VDE 0701).
Organisation	Liste der Lieferanten, sortiert nach Umsatz der letzten 12 Monate, zeigen lassen. Mindestens die fünf umsatzstärksten Lieferanten müssen nach einem System regelmäßig bewertet werden.

Themenfeld	Stichprobe
Personal	Mindestens zwei Mitarbeiter aus jedem Fachbereich befragen, ob und in welcher Form eine Beurteilung stattgefunden hat. Sind die Gespräche nur mit Führungskräften und Verkäufern nachweisbar, so werden maximal vier Punkte vergeben.
Rechnungs-wesen/ Controlling	Mindestens 80 % der geplanten Mahntermine aus den letzten sechs Monaten müssen eingehalten worden sein. Eine Übersicht zur Mahnstufe 3 und 4 muss verfügbar sein. Offene Posten müssen nach Entstehungsart als Summe dargelegt sein. Wöchentlicher Mahnrhythmus ist gut, länger als drei Wochen wird nicht akzeptiert.
Verkauf neue Automobile	Mindestens sechs Probefahrtkontakte prüfen. Nutzverträge müssen vollständig ausgefüllt sein. Probefahrt muss in einem Terminkalender erfasst sein und in VUP/Sales Assistant dokumentiert werden.
Service	Es sollen Preisvergleiche mit mindestens drei Händlern vorliegen. Auch Ölpreis, Mietwagen und fremdhandelsgefährdete Leistungen abfragen.

Erstes Folgeaudit

Das erste Folgeaudit findet 24 Monate nach dem Erstaudit statt. Die Anforderungen im Folgeaudit steigen. Es werden zusätzliche Elemente geprüft wie z. B. Marktausschöpfung, Ertragsentwicklung, Kundenzufriedenheit. Besteht der Händler diese Anforderungen, erhält er zusätzliche Auszeichnungen. Darüber hinaus soll das Audit in eine Art Site-Visit (Vor-Ort-Besuch) übergehen. Der Händler präsentiert zum Teil seine Aktivitäten den Auditoren selbstständig. Ein Wiederholungsaudit ist erforderlich, wenn bei einem Audit die Mindestanforderungen des Fragenkataloges nicht erfüllt werden bzw. wenn der Betrieb bei Unterschreiten der Mindestanforderungen des QBx (Sammelbegriff für Praxistests) nicht innerhalb von sechs Monaten den Nachweis einer erfolgreichen Wiederholung der entsprechenden Tests erbringen kann.

Weitere Folgeaudits

Ähnlich der Vorgehensweise des ersten Folgeaudits.

Der Auditprozess im QMA weist einige Vorteile auf, die zum Teil auf andere Unternehmen übertragbar sind. Z. B. ist das Voraudit fester Bestandteil des Auditverfahrens. Der Auditor kann sich ein Bild über die zu auditierende Organisation verschaffen und somit das Audit effizienter gestalten. Außerdem dient das Voraudit dem besseren gegenseitigen Kennenlernen und bietet somit die Möglichkeit einer vertrauteren Kommunikation im Erstaudit. Damit steigt die Qualität der Auditierung.

Ein Hauptaugenmerk sollten Sie auf die in diesem Auditsystem getroffene Spezifizierung der Auditkriterien und der Stichproben legen. In vielen größeren Unternehmen besteht die Möglichkeit, Auditkriterien an die Gegebenheiten und Ziele des eigenen Unternehmens oder der Branche anzupassen. Diese Auditkriterien müssen mit den Zielsetzungen der obersten Leitung abgestimmt sein. Die Effizienz der Auditierung und die Einheitlichkeit der Auditorenleistungen steigen. Das Audit ist nicht nur ein vom restlichen Unternehmen abgekoppeltes Instrument, sondern verbindet sich mit dem Controlling der Leistungen des Unternehmens. Dies wird in diesem Beispiel an der Einbeziehung von Servicetests, Testkäufen, Kundenbefragungen etc. deutlich. Das Audit behandelt nicht nur die weichen Fragestellungen wie beispielsweise „Sind Regelungen zur optimalen Ersatzteilhaltung vorhanden?“, sondern hinterfragt auch die Ergebnisse: „Welcher Anteil der auf Lager vorrätigen Ersatzteile wurde in den letzten drei Monaten benötigt?“ Der Beitrag zum Unternehmenserfolg steigt.

Diese Tendenz, zu erreichende Ergebnisgrößen in das Audit mit einzubeziehen, lässt sich auch in anderen Auditsystemen erkennen. Das SCC-System (SCC = Security Certificate Contractors) lässt ein Bestehen des Audits nur zu, wenn bestimmte Grenzen zu Unfallzahlen unterschritten werden. Das Zertifikat bildet also nicht nur einen Nachweis zur Fähigkeit des Unternehmens, sondern bescheinigt ebenso Erfolge. Diese Möglichkeit besteht jedoch nur in Bereichen, in denen übergreifende Messgrößen für den Erfolg definiert werden können. In einer Norm wie z. B. der ISO 9001, die branchenübergreifend ausgerichtet ist, ist das nicht möglich.

11.2 Audits mit Workshop-Charakter

In einigen Unternehmen zeichnet sich eine weitere Tendenz im Auditwesen ab. Auditoren führen die Audits nicht in der klassischen Form des Frage-Antwort-Spiels durch. Sie gestalten das Audit als gemeinsames Review mit dem auditierten Bereich und erstellen darüber einen Auditbericht mit Maßnahmen. Diese Audits in Workshop-Form nehmen im Zuge der Auditierung von Prozessen zu. Der Vorteil liegt darin, dass alle am Prozess Beteiligten gleichzeitig anwesend sind. Dies erleichtert es dem Auditor, einen Prozessstrang über Abteilungen hinweg zu verfolgen. Lange Wege und ständiges Rückfragen werden reduziert. Beispielsweise kann der Auditor bei der Auditierung von Entwicklungsprojekten die Schnittstellen und Aufgabendelegation detaillierter hinterfragen. Diese Vorgehensweise bringt nicht nur für den Auditor Vorteile mit sich, sondern auch für die Beteiligten. Viele Beteiligte haben erst beim Audit die Möglichkeit, über Abläufe außerhalb des Tagesgeschäftes mit anderen Abteilungen zu sprechen. Auf der Hand liegende einfache Lösungen kommen nur wegen mangelnder Kommunikation nicht zustande.

Das Audit in Workshop-Form eignet sich nicht bei Prozessen, für die eine Vor-Ort-Betrachtung notwendig ist. Hier muss neben dem Workshop eine Vor-Ort-Betrachtung stattfinden, um Dokumente, Anlagen, Aufzeichnungen oder Mitarbeiter ins Audit mit einzubeziehen.

Aus diesen Workshop-Audits resultiert eine weitere Tendenz, und zwar dass der interne Auditor nicht nur als Entdecker von Verbesserungspotenzialen, sondern als Moderator zur Verwirklichung der Lösungen fungiert (siehe auch Kapitel 6).

11.3 Integrierte (kombinierte) Audits

Die vorangegangenen Kapitel haben bereits an mehreren Stellen auf die Erweiterung der thematischen Inhalte der bisherigen typischen Qualitätsmanagementaudits verwiesen, insbesondere Kapitel 1.3.7 bei der Erläuterung von kombinierten Audits. Viele Unternehmen sind in der Vergangenheit dazu übergegangen, das Werkzeug Audit für andere Unternehmensaspekte zu nutzen. Insbesondere die Entwicklung einer Normenlandschaft im Umfeld des Umweltmanagements führte seit Mitte der 90er-Jahre immer mehr dazu, in bestehende Qualitätsmanagementsysteme die umweltrelevanten Aspekte zu integrieren. Wir sprechen hier von integrierten Audits, obwohl in der Fachwelt mit Referenz auf die aktuellen Normen 9000 und 19011 die Definition hierfür „kombinierte Audits" ist. Jedoch verwenden immer noch sehr viele Unternehmen (aus unserer Sicht die meisten) in diesem Zusammenhang den Begriff „integrierte Audits".

Viele Forderungen in den entsprechenden Normenmodellen (ISO 9001 und ISO 14001 sowie der ISO 45001) basieren auf den gleichen Gedankenmodellen wie

- Festlegung von Verantwortungen und Befugnissen,
- Lenkung von dokumentierten Informationen,
- Politik, Ziel und Maßnahmenfestlegung,
- Korrekturmaßnahmen, Prävention und Maßnahmen zum Umgang mit Chancen und Risiken,
- Audits oder
- Kompetenz von Personen.

Deshalb finden trotz der unterschiedlichen inhaltlichen Behandlung Prozesse, Verfahren, Methoden und Managementwerkzeuge in der gleichen Art und Weise Anwendung. Es spielt für das Managementsystem keine Rolle, ob in einer Vorgabedokumentation typische qualitätsrelevante Dokumente (z. B. Prüfanweisungen) oder typische umweltrelevante Dokumente (z. B. Genehmigungsbescheide) aufgelistet sind. Die Vorgehensweisen bezüglich Forderungen wie Freigabe, Aktualität etc. sind grundsätzlich gleich.

Dies gilt auch für Audits. Die methodische Vorgehensweise von Audits ändert sich nicht, wenn diese statt qualitätsrelevanter Fragestellungen umweltrelevante Aspekte aufweisen.

Sind gewisse Voraussetzungen gewährleistet (Kompetenz der Auditoren, Branchenkenntnisse etc.), erscheint es aus verschiedenen Gründen sinnvoll, die Audits integriert durchzuführen, z. B.

- zeitliche Einsparungen,
- Vermeidung von Doppelarbeiten oder
- Erkennen von thematischen Abhängigkeiten und Zusammenhängen.

Immer mehr Unternehmen erkennen dies und führen „integrierte Managementsysteme“ ein. Dies beinhaltet in den meisten Fällen die Integration der unterschiedlichen Themenstellungen (Qualität, Umwelt etc.) in einem „integrierten Auditprogramm“.

Ein Beleg dafür ist die Vereinigung der Anforderungen an die Planung, die Methodik, die Qualifikation für Auditoren usw. sowohl für Qualitäts- als auch für andere Disziplinen wie Umweltaudits in der ISO 19011. Dies bestätigt den Trend in Richtung integrierter Audits.

Im Zuge der vermehrten Einführung von integrierten Systemen mit den Themen Qualität und Umwelt nehmen immer mehr Unternehmen die Arbeitssicherheit in ihr System auf. Dies bietet sich aufgrund von Überschneidungen in beiden Themenfeldern an. Eine logische Konsequenz, weil in einigen Fällen eine eindeutige Zuordnung in die jeweiligen Handlungsfelder nicht möglich ist. So bedeutet beispielsweise der Umgang mit Gefahrstoffen eine potenzielle Gefahr sowohl für den Mitarbeiter als auch für die Umwelt.

Oftmals ist eine Unterscheidung zwischen qualitätsrelevant, umweltrelevant, sicherheitsrelevant oder sogar monetär betriebswirtschaftlich relevant nicht möglich. Hierzu ein Beispiel:

In der Chemieindustrie unterliegen Reaktoren, die unter Druck Erzeugnisse herstellen, der sogenannten Technischen Revision. Die Unternehmen müssen die Druckbehälter nach bestimmten Vorgaben hinsichtlich Zeit, Durchführungsmethodik, Umfang etc. überprüfen. Gesetzliche Vorschriften zielen dabei auf die Vermeidung von möglichen Unfällen ab. Diese möglichen Unfälle können als mögliche Konsequenz starke umweltgefährdende Auswirkungen haben oder für die Mitarbeiter im schlimmsten Falle zum Tode führen. Eine entsprechende Vorsorge und Vorbeugung ist deshalb unumgänglich.

Weiterhin kann das Unternehmen diese vorbeugenden Wartungsarbeiten der technischen Revision unter dem Aspekt Qualität sehen. Im Falle einer Betriebsstörung kann gegebenenfalls nicht planmäßig weiterproduziert werden, was wiederum im schlimmsten Fall zum dauerhaften Verlust von Kunden führen kann.

Aus diesen Gründen ist es völlig unerheblich, unter welchen Gesichtspunkten die Thematik Wartung, Instandhaltung, Technische Revision etc. betrachtet wird. Entscheidend ist, dass Unternehmen entsprechende vorbeugende Vorgehensweisen praktizieren.

Das Beispiel zeigt auch die Bedeutung der technischen Wartungsarbeiten für die monetär betriebswirtschaftliche Komponente eines Unternehmens. Es existieren unterschiedliche Ursachen für mögliche monetäre Verluste. Ordnungswidrigkeitsgelder aufgrund möglicher Verfehlungen gesetzlicher Vorgaben oder ein entgangener Umsatz bzw. Gewinn, weil das Unternehmen längere Zeit nicht produzieren konnte, stellen hierfür Beispiele dar.

Verantwortliche in den Organisationen erkennen diese Gesamtzusammenhänge immer mehr. Dies führt zunehmend zur Integration der unterschiedlichsten Handlungsfelder. Nicht nur Qualität, Umwelt und Arbeitssicherheit spielen thematisch bei der Integration der Managementsysteme und damit des Auditwesens eine Rolle. Eine Erweiterung ist z. B. auch hinsichtlich Finanzmanagement, Wissensmanagement oder Risikomanagement denkbar. Die Einführung der sogenannten High Level Structure (eine einheitliche Gliederung und gemeinsame Anforderungspassagen von Managementsystemnormen) zeigt, dass der Trend immer stärker in ein ganzheitliches Managementsystem mündet.

Qualitätsmanagement, Umweltmanagement und Arbeitssicherheit werden immer stärker als wichtiger integraler Bestandteil der betriebswirtschaftlichen Abläufe in einem Unternehmen verstanden. Optimale Abläufe und risikoarme Prozessbeherrschung sind übergeordnete Themen der Unternehmensführung. Aus diesem Grund wird es für die Unternehmen immer wichtiger, nicht nur die Effektivität von Aktivitäten zu betrachten. Vielmehr müssen die Managementsysteme und damit die Audits die Effizienz aller Tätigkeiten hinterfragen. Sowohl monetär betriebswirtschaftliche Sichtweisen als auch Fragenstellungen, die im Umfeld des Risikomanagements anzusiedeln sind, bilden zukünftig wichtige Grundlagen für Audits.

Auf was sollte der Qualitätsauditor in integrierten Audits nun konkret achten? Dies hangt stark von der Zielstellung des Auditprogramms ab.

Folgende Punkte könnten bei der Umsetzung von kombinierten Audits hilfreich sein:

- Erweiterungsmöglichkeiten für bestehendes Qualitätsmanagementsystem identifizieren
- Empfehlungen für „wirkliche Integration“ abgeben
- Abschnitte der ISO 9001 mit großem Synergiepotenzial zur Integration
- Grenzen der Integration, Risiken im kombinierten Audit identifizieren.

Als Erstes könnten mithilfe von Audits Erweiterungsmöglichkeiten des Qualitätsmanagementsystems im Sinne eines ganzheitlichen Managementsystems identifiziert werden.

Da die meisten Qualitätsmanagementsysteme einen prozessorientierten Ansatz verfolgen, bestünde die Möglichkeit für den Auditor, nach Erweiterungsmöglichkeiten in zwei Ebenen Ausschau zu halten. Das heißt, eine Möglichkeit zur Integration besteht darin, die bestehende Prozesslandschaft um Prozesse zu ergänzen, die für Managementsysteme anderer Disziplinen relevant sind.

Als zweite Möglichkeit gilt es dann, die einzelnen, bereits bestehenden Prozesse hinsichtlich der Anforderungen dieser Normen (zum Beispiel ISO 14001 oder ISO 50001) zu ergänzen.

Bild 11.4 zeigt mögliche Ansatzpunkte für zusätzliche Prozesse auf.

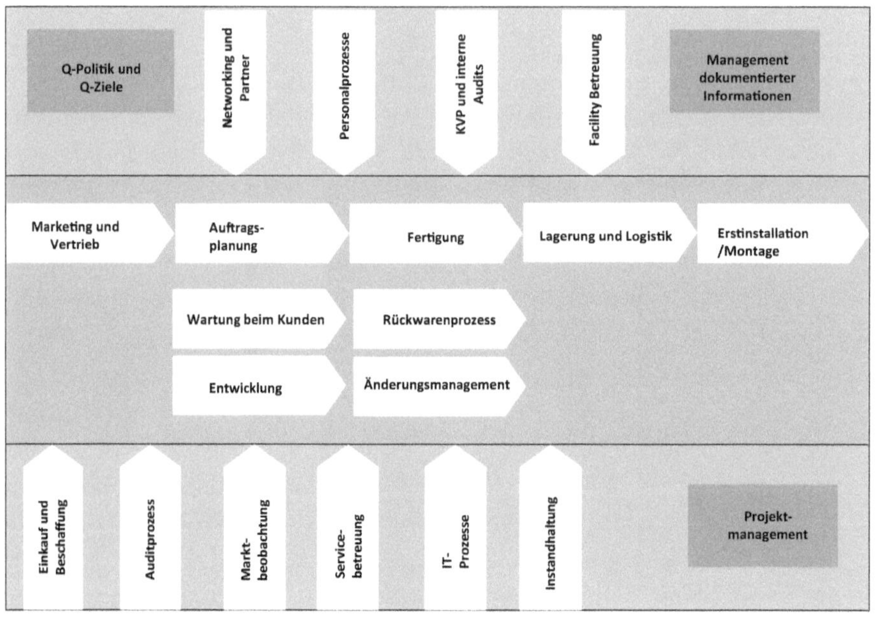

Sind weitere Prozesse für Umwelt- und Arbeitssicherheit notwendig?

- Gesetzeseinsteuerung
- Abfallmanagement
- Gefährdungsanalyse
- Datenschutz
- Umweltaspekte identifizieren und bewerten
- Notfallvorsorge und -planung
- Unfallabwicklung
- Abwasserentsorgung
- Emissionsmanagement
- Energiemanagement
- ...

Bild 11.4 Prozesslandschaft im Sinne IMS erweitern: ein Beispiel

Bild 11.5 zeigt anhand des Beispiels eines Beschaffungsprozesses mögliche Ansatzpunkte für die Ergänzung von umwelt- und arbeitssicherheitsrelevanten Aspekten in bestehenden Prozessen auf.

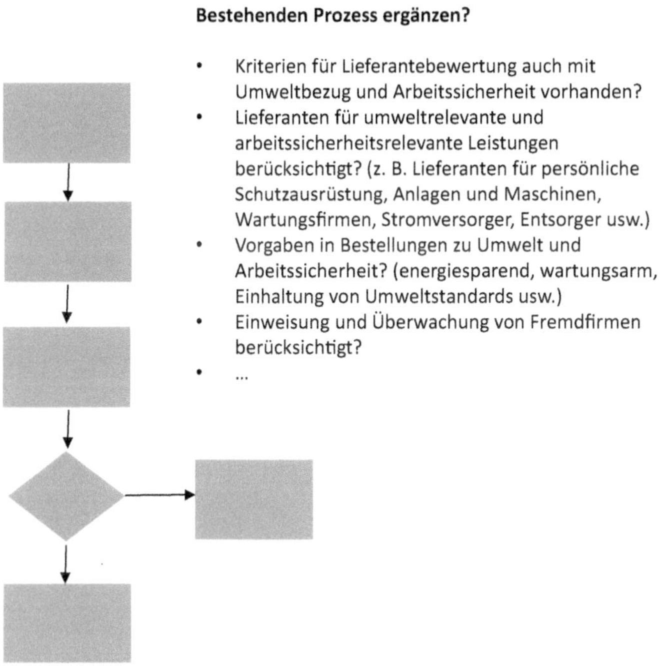

Bestehenden Prozess ergänzen?

- Kriterien für Lieferantebewertung auch mit Umweltbezug und Arbeitssicherheit vorhanden?
- Lieferanten für umweltrelevante und arbeitssicherheitsrelevante Leistungen berücksichtigt? (z. B. Lieferanten für persönliche Schutzausrüstung, Anlagen und Maschinen, Wartungsfirmen, Stromversorger, Entsorger usw.)
- Vorgaben in Bestellungen zu Umwelt und Arbeitssicherheit? (energiesparend, wartungsarm, Einhaltung von Umweltstandards usw.)
- Einweisung und Überwachung von Fremdfirmen berücksichtigt?
- ...

Bild 11.5 Prozessfestlegung im Sinne IMS erweitern: ein Beispiel

Der Auditor könnte auch einen Beitrag dazu liefern, die „wirkliche Integration" voranzutreiben. Integration bedeutet dabei nicht, dass wir, z. B. in Kapitel 5.2, „Politik", die Umweltpolitik, die Qualitätspolitik oder die Arbeitsschutz- und Gesundheitspolitik nebeneinander auflisten. Nach Möglichkeit sollte eine Unternehmenspolitik geschaffen werden, die die Facetten der verschiedenen Disziplinen berücksichtigt. Ähnlich könnte dies bei den Zielen, den interessierten Parteien, den externen und internen Themen etc. erfolgen.

Ziel ist es, dem Mitarbeiter eine wirklich integrierte Form zur Verfügung zu stellen. Erst dann kann man von einer wirklichen Synergie sprechen, wenn zum Beispiel aus fünf Seiten Dokumentation zu Qualitäts-, Umwelt-, Informationssicherheit- und Arbeitsschutzpolitik eine oder zwei Seiten mit Grundsätzen zur Unternehmenspolitik werden. Dies ist möglich, da einige Aspekte überall gefordert werden, wie das Prinzip der fortlaufenden Verbesserung, die Verpflichtung zur Einhaltung von bindenden Verpflichtungen oder die Kommunikation in der Organisation.

Tabelle 11.2 listet Abschnitte der ISO 9001 auf, die durch die High Level Structure (gemeinsame Struktur von Managementsystemnormen) gute Auditschwerpunkte für den Auditor bei der Zielsetzung des Integrationsausbaus eines Qualitätsmanagementsystems in Richtung anderer Managementsysteme bieten, wie zum Beispiel ISO 14001, ISO 45001 etc. Diese Tabelle ist gleichzeitig eine Übersicht dafür, in welchen Abschnitten Synergieeffekte zur Reduzierung des Auditaufwands in kombinierten Audits genutzt werden können.

Tabelle 11.2 Mögliche Auditschwerpunkte

Abschnitt	Titel
4.2	Verstehen der Erfordernisse und Erwartungen interessierter Parteien
4.3	Festlegen des Anwendungsbereichs
5.1	Führung und Verpflichtung
5.2	Politik
5.3	Rollen, Verantwortlichkeiten und Befugnisse in der Organisation
6.2	Qualitätsziele und Planung zu deren Erreichung
7.2	Kompetenz
7.3	Bewusstsein
7.4	Kommunikation
7.5	Dokumentierte Information
9.1	Überwachung, Messung, Analyse und Bewertung
9.2	Internes Audit
9.3	Managementbewertung
10	Verbesserung

Die Dokumentation zu Abschnitt 7.2 enthält beispielsweise in den meisten Unternehmen einen Prozess zur Schulungsbedarfsanalyse, Schulungsplanung, zum Nachweis und zur Wirksamkeitsprüfung von Schulungen, um die Kompetenzen von Mitarbeitern zu managen. Die ISO 9001 würde diesen Prozess auf qualitätsrelevante Schulungen einschränken. In der Praxis machen die meisten Unternehmen sowieso keinen Unterschied zwischen Schulungen für qualitätsrelevante Tätigkeiten und Schulungen, die zum Beispiel für einen Abfallbeauftragten aus umwelttechnischer Sicht notwendig sind. Der Auditor müsste also nur untersuchen, ob bei der Schulungsbedarfsanalyse beispielweise die Anforderungen in Bezug auf Arbeitssicherheit, Umwelt, Informationssicherheit etc. Berücksichtigung finden und ggf. Empfehlungen zu deren Integration bzw. Erweiterung abgeben.

Ähnlich würde es sich bei Abschnitt 7.3, Bewusstsein, verhalten. Es gäbe noch viele Beispiele, an denen wir festmachen könnten, dass die Festlegungen im Prinzip schon vorhanden sind und nur noch hinsichtlich der Anwendung auf die Belange der anderen Disziplinen auditiert bzw. umgesetzt werden müssten.

Man kann darüber streiten, ob nicht über die in Tabelle 11.2 genannten Aspekte hinaus noch andere Abschnitte zur Integration geeignet sind. Die Tabelle soll vor allem erste Schwerpunkte als Hilfestellung zur Verfügung stellen.

Nicht alle Themen aus den Managementsystemen eignen sich zu einer einfachen, gemeinsamen Betrachtung oder stellvertretenden Untersuchung durch einen Auditor einer Disziplin. Es gibt sehr spezifische Aspekte der jeweiligen Managementdisziplinen, die gesonderter Behandlung bedürfen. Zum Beispiel müssen in der ISO 27001 zur Informationssicherheit die in Anhang A aufgelisteten Referenzziele und -maßnahmen zur Informationssicherheit umgesetzt bzw. mit den eigenen Maßnahmen zur Informationssicherheit abgeglichen werden.

Dieses Vorgehen bedarf einer eigenen Regelung, die so in anderen Managementsystemen nicht vorkommt und dadurch eigenständig als Prozess oder Unterkapitel behandelt werden muss. Ähnlich kann es sich mit umweltspezifischen Themen verhalten wie zum Beispiel dem Abfallmanagement, dem Emissionsmanagement oder der Vorgehensweisen zum Umgang mit Abwasser, Altlasten etc. Hierfür ist dann auch ein Auditor notwendig, der entsprechendes Fachwissen mitbringt.

11.4 Monetär betriebswirtschaftliche Aspekte bei Audits

Betrachtet der Leser die Norm ISO 9001 genauer, erkennt er den breiten Umfang für die Planung des Qualitätsmanagements und seine Zielsetzungen. Qualitätsziele sind als Ergebnis der Qualitätsplanung zu sehen. Die Ziele wiederum leiten sich von Kundenanforderungen ab. Da die Norm die Konkretisierung von produktbezogenen Qualitätszielen fordert, stellen diese einen konkreten Teil der Unternehmensplanung dar.

Das Topmanagement formuliert zunehmend strategische Ziele mit der Managementmethode „Balanced Scorecard" in den Handlungsfeldern Finanzen, Kunden, Prozesse und Mitarbeiter. Daraus leiten sich abteilungsübergreifend, themenübergreifend und kaskadiert in allen relevanten Ebenen konkrete, zueinander abgestimmte Ziele ab. Da die Ziele auch Qualitätsziele beinhalten, sind diese in einem umfassenden priorisierten Kennzahlensystem eingebracht. Eine Abkopplung der Qualitätsziele von anderen Unternehmenszielen ist nicht nur unpraktikabel, sondern unmöglich.

Die Qualitätsplanung und die Qualitätsziele geben einen sichtbaren Hinweis auf die monetär betriebswirtschaftliche Betrachtung des Qualitätsmanagements. Die Norm ISO 9001 betont mit der immer wieder auftretenden Forderung nach der

Überprüfung der Wirksamkeit von Maßnahmen die Bedeutung der Mehrwertschaffung für das Qualitätsmanagementsystem.

Erweitert der Leser die Betrachtung von der „Muss-Anforderungsnorm“ ISO 9001 auf die „Soll-Anforderungsnorm“ ISO 9004, kann er nur noch in geringem Umfang Unterschiede zu einem umfassenden TQM-Ansatz wie denjenigen des EFQM Modells oder anderen Konzepten erkennen. Dem Wort Qualität kommt eine weitergehende Bedeutung zu. Themen wie Führung, Strategie, Mitarbeiterorientierung und finanzwirtschaftliche Aspekte sind unter dem Begriff Qualität eingereiht.

Auch die Auditnorm ISO 19011 bezieht erweiterte Sichtweisen im Umfeld des Qualitäts- und Umweltaudits mit ein. In den möglichen Auditzielsetzungen erweitert sie die thematischen Auditgrundlagen mit Gesichtspunkten wie „commercial intentions“ und „potential risks to the organization“ auf grundlegende Unternehmensfragen.

Betrachten wir in diesem Zusammenhang die Festlegung der Forderungen für die Weiterbildung der Zertifizierungsauditoren durch die DAkkS. Die Forderungen enthalten die nachweislichen Kenntnisse in betriebswirtschaftlichen Belangen. So betitelte beispielsweise eine große deutsche Zertifizierungsgesellschaft in ihrer offiziellen Ausschreibung zur Weiterbildung ihrer Auditoren die Anforderungspunkte „Kleine BWL“ und „Kennzahlen“.

Führen wir alle vorher genannten Aspekte wie in einem Mosaik zusammen, so scheint der Weg, den das Qualitätsmanagement und damit das Auditwesen geht, eindeutig festgelegt zu sein. Das Qualitätsaudit beschäftigt sich zukünftig nicht mehr nur mit klassischen Qualitätsfragen. Neben qualitätssichernden Elementen darf der Auditor betriebswirtschaftliche Belange nicht außer Acht lassen. Der Nachweis der Effektivität von Aktivitäten („die Dinge richtig tun“) und der Effizienz der Aktivitäten („die richtigen Dinge tun“) ist Inhalt des Audits.

Dieser Weg spiegelt sich im zunehmenden Trend zur Durchführung von Prozessaudits wider. Das Beschäftigen und Auditieren von Sequenzen der Prozessschritte ermöglicht, auf alle möglichen Verschwendungen einzugehen. Verbesserung der Effektivität und Effizienz von Prozessen ist die Folge. Dies bedeutet in der Regel wiederum ein Mehr an finanziellem Mehrwert. Dies ist ein Grund, warum die Akzeptanz von Prozessaudits gegenüber Systemaudits bei vielen Beteiligten größer ist und deshalb Prozessaudits in ihrer Zahl gegenüber Systemaudits zunehmen. Trotzdem bilden Systemaudits weiterhin den Rahmen für die Einhaltung von Managementsystemen und liefern einen wertvollen Gesamteindruck. Die Frage, die sich jeder Auditprogrammmanager stellen sollte, betrifft den Umfang der Mischung von System- und Prozessaudits in einer Auditserie.

11.5 Neue Anforderungen an die Auditorenkompetenz und -tätigkeit

Die vorangegangenen Kapitel verwiesen immer wieder auf die Funktion des Auditors als Coach. Die heutige Definition der entsprechenden Normenwelt weist dem Auditor die konservative Funktion des „Prüfers" zu. Kunden sehen ihn jedoch zunehmend als Hilfesteller. Diese Entwicklung setzt sich insbesondere bei internen Audits seit einigen Jahren durch und zeigt auch Auswirkungen auf die Anforderungen an externe Zertifizierungsauditoren. Der moderne Auditor übernimmt Moderationstätigkeiten und hilft aktiv beim Lösen der - zumeist von ihm - aufgedeckten Probleme. Er stellt nicht nur einen Polizisten dar, der einen „Strafzettel" ausgibt, wenn eine Regelung nicht eingehalten wird.

Aus diesem Grund ist die Weiterentwicklung der Auditoren nicht nur in Themen wie Auditmethodik oder übergreifendes Fachwissen notwendig. Auch die methodischen Vorgehensweisen hinsichtlich der Problemfindung, Problemlösung, Moderation etc. sind wichtige Bausteine in der zukünftigen Ausbildung von „modernen" Auditoren.

Fassen Sie die aufgeführten Aspekte der vorangegangenen Abschnitte wie Coaching, Moderationstechniken, BWL etc. zusammen, besteht die Gefahr der Überfrachtung der Qualifikationsanforderungen an einzelne Auditoren oder gar an Auditteams. Betrachtet der Leser allein die Trends, muss der zukünftige Auditor neben den klassischen Kriterien, die ehedem schon sehr umfangreich schienen, weitreichende Qualifikationen mitbringen. Er wird zum Superman und Superstar.

Deshalb ist es künftig immer wichtiger, unterschiedliche Auditoren, Auditteams oder den Austausch von Auditoren aus anderen Unternehmen zu forcieren. Ein einziger Auditor oder gleichbleibende Auditteams können gegebenenfalls die Anforderungen nicht mehr alleine abdecken.

11.6 Externes Audit und Zertifizierung: Quo vadis?

In der jüngeren Literatur beschäftigen sich viele Autoren mit der Frage, ob in Zukunft der Markt von Unternehmen ein Qualitätsmanagementzertifikat fordert. Diese Frage taucht immer wieder im Zusammenhang mit der Selbstbewertung beispielsweise nach dem EFQM Modell auf. Derzeit verstärken sich die Trends, dass über eine Zertifizierung nach ISO 9001 hinaus weitere Qualitätsnachweise für Unternehmen attraktiv bzw. erforderlich sind. In einigen Branchen gehen die Ansprüche an ein Qualitätsmanagementsystem über die Anforderungen der ISO 9001 hinaus. Zusätzliche und spezifizierte, interpretationsfreiere Anforderungen werden von den Kunden (siehe Anforderungen der IATF 16949) bevorzugt. Neben diesem Trend versuchen Zertifizierungsgesellschaften über die ISO-Norm hinaus marketingtaugliche Qualitätsnachweise anzubieten. Den umgekehrten Weg beschreitet die EFQM, die neben der Verleihung des EEA ein Stufensystem für den Weg in Richtung Excellence anbietet. All diese Bestrebungen zeigen, dass anscheinend die ISO 9001 als Basis alleine den Bedürfnissen des Marktes nicht gerecht wird.

Trotzdem hat die ISO 9001 in nächster Zukunft ihre Existenzberechtigung. Viele Branchen, die sich erst seit relativ kurzer Zeit mit Qualitätsmanagementsystemen auseinandersetzen, nehmen die ISO 9001 als Grundlage zur Einführung. Darüber hinaus kann die ISO 9001 in Zukunft als Schrittmacher für die branchenspezifischen Erweiterungen dienen und somit eine branchenübergreifende Basis sein. Mag sein, dass einige Branchen branchenspezifische Lösungen bevorzugen. Im Krankenhausbereich hat sich beispielsweise die KTQ (Kooperation für Transparenz und Qualität im Gesundheitswesen) aufgrund der „medizinischen Sprache“ durchgesetzt. Doch selbst in dieser Branche lässt sich ein Trend hin zur ISO 9001 verzeichnen, in den sogenannten technischen Abteilungen wie Radiologie, Pathologie, Labor etc. sowieso.

■ 11.7 Remote-Audits

11.7.1 Kontext

Die früheren Auflagen verwiesen immer wieder im Abschnitt 11.8 „Audits im Webzeitalter“ auf die Möglichkeit, virtuelle bzw. Remote Audits durchzuführen. Durch die Corona-Pandemie wurde dieser Auditmethode in kurzer Zeit, wenn auch nicht ganz freiwillig, zum Durchbruch verholfen. Die Corona-Pandemie zwang die Unternehmen, stärker auf die Digitalisierung zu setzen. Mitarbeiter mussten an Videokonferenzen sowie virtuelle Besprechungen gewöhnen. Teilweise fanden komplette Zertifizierungsaudits aufgrund von Lockdown-Regelungen in einer virtuellen Umgebung statt. Für einige Unternehmen, die stark von digitalen Prozessen abhängen, ist das nichts Neues.

Insbesondere im Dienstleistungssektor nimmt die Zahl der sogenannten virtuellen Unternehmen immer mehr zu. Händler, Beratungsgesellschaften und viele andere Branchen nutzen zunehmend die Innovationen der Informationstechnologie. Dies führt zum Teil zu einer Unternehmensstruktur, die regional, national oder international präsent ist, ohne einen realen Standort aufzuweisen. Im Extremfall besitzen Unternehmen außer einer Anschrift keine fest zuzuordnenden Gebäude, Büroräumlichkeiten oder Ähnliches.

Da diese Art von Unternehmen in Zukunft zunimmt, ist besonders hier die Frage einer möglichen Auditierung spannend. Ob ein derartiges Unternehmen ein Qualitätsmanagement und ein Auditwesen im herkömmlichen Sinne anwendet, sei dahingestellt. Die Frage stellt sich spätestens dann, wenn es sich aufgrund eigener Zielvorstellungen oder aufgrund des Marktzwangs für eine Zertifizierung entscheidet. Vermutlich ist dann keine andere Möglichkeit sinnvoll, als ebenfalls „virtuell" zu auditieren.

Was spricht dagegen? Im Zeitalter der Informationstechnologie und der Daten-Highways bestehen viele Möglichkeiten, die Methodik eines „virtuellen Audits" vernünftig durchzuführen. Die Frage scheint zukunftsgerichtet zu sein. Doch bereits heute sollte ein Auditor in manchen Fällen überlegen, ob es wirklich notwendig ist, einen Vor-Ort-Besuch durchzuführen.

Stellen Sie sich einmal vor, Sie auditieren ein Dienstleistungsunternehmen mit zehn Mitarbeitern in einem Büro. Stellen Sie sich vor, das Unternehmen behauptet, die Dokumentation seines Managementsystems sei fast vollständig IT-technisch abgebildet. Sowohl das Unternehmen wie auch Sie selbst verfügen über hervorragende technologische Lösungen im Bereich der Kommunikation. Könnte ein Auditor über das „Chatten", Internetlösungen, Faxen usw. nicht doch ein sinnhaftes Audit durchführen?

Persönliche Kontakte und Erfahrungen vor Ort sind immer noch wesentliche Bausteine für wichtige Aspekte des Audits (Vertrauensschaffung usw.). Vermutlich werden auch übergeordnete Regelungen dagegensprechen, da Körperschaften wie die DAkkS für die einheitliche Einhaltung dieser Regelung verantwortlich zeichnen. Eine objektive Verifizierung würde aber schwierig sein.

Der Vorteil der Remote-Audits liegt auf der Hand. Da die Vor-Ort-Aktivität wegfällt beziehungsweise reduziert ist, spart der gesamte Auditprozess erheblich an Zeit. Ebenso reduzieren sich dadurch Kosten, die beispielsweise durch die Reisetätigkeiten anfallen. Insbesondere global ausgerichtete Unternehmen oder solche mit vielen Filialen und Standorten können damit erhebliche Einsparungen erzielen.

Nun mag der Zweifler dieser Auditmethodik anführen, dass nur Vor-Ort-Audits den Gesamtüberblick – wahre Aussagen – liefern können. Nur die Überzeugung vor Ort durch den Auditor selbst ermöglicht die ausreichende Betrachtung, ob eine Organisation ihre Vorgabedokumentationen ausreichend umsetzt und wieweit dies sinnvoll erscheint. Doch betrachten Sie, wie viele Audits bereits jetzt in der Praxis ablaufen. Große Teile der Auditierung finden in den Büros statt. Man begutachtet Vorgabedokumente und bewertet diese auf deren Umsetzung durch die entsprechenden Nachweisdokumente. Die tatsächliche Umsetzung einer Arbeitsanweisung, deren Ergebnis nicht über ein Nachweisdokument verifiziert werden kann, sondern der Auditor ausschließlich durch die Beobachtung der Tätigkeit selbst nachweisen kann, ist bei ehrlicher Betrachtung häufig ebenso wenig in der realen Umsetzung vor Ort zu bewerten. Im Regelfall handelt der entsprechende Mitarbeiter während des Audits nach diesen Anweisungen, unabhängig, ob er sonst danach vorgeht oder nicht.

Dies soll nun nicht heißen, dass ein Remote-Audit grundsätzlich ein Audit vor Ort komplett ersetzen kann. Beispielsweise lebt ein Audit in der chemischen Industrie, in dem auch sicherheitsrelevante Fragestellungen einen wesentlichen Aspekt bilden, von den Sicherheitsbegehungen in den Anlagen. In diesem Fall wäre ein Remote-Audit denkbar ungeeignet und kann ein Audit vor Ort definitiv nicht ersetzen.

Betrachten wir aber wie bereits erwähnt ein klassisches Dienstleistungsunternehmen (beispielsweise ein Beratungsunternehmen), das auf viele freie Mitarbeiter mit unterschiedlichen Wohnorten auf Deutschland verteilt zurückgreift. Als zentrales Dokumentationssystem benutzen sie eine Sharepoint-Lösung. Das bedeutet, dass die komplette Dokumentation zentral und für alle weltweit auf einem IT-Server abgelegt ist. Ein Audit in den Büroräumlichkeiten würde hier keinen Mehrwert bedeuten, da keine weiterführenden Dokumente in Papierform vorliegen und die Kerntätigkeiten nur bei den direkten Kundenkontakten verfolgbar wären. In diesem Fall ist ein Remote-Audit ein gangbarer Weg.

Zurück zur Industrie. Ist hier auch das Remote-Audit als mögliche Methodik zu sehen?

Als einzige Auditform ist dies nicht geeignet. Dazu liefern die zusätzlichen Begehungen in der Industrie zu viele Nachweise, Impulse und Fragestellungen. Berücksichtigt man jedoch die Teile des Audits, die auch in den Büroräumlichkeiten stattfinden, also die Auditierung der formalen Aspekte und der Dokumentationslage, so kann dies ergänzend zu einem Audit vor Ort stattfinden.

Sind beispielsweise formal organisatorische Aspekte wie Stellenbeschreibungen, Stellvertreterregelungen etc. oder Überprüfungen auf Vorhandensein von notwendigen Vorgabe- und Nachweisdokumentationen im Rahmen von Verträgen Gegenstand der Auditierung, braucht der Auditor deshalb nicht unbedingt nach China zu fliegen, um dies zu verifizieren. Über moderne Netzwerktechniken (mit Skype, Lync oder anderen Systemen für Videokonferenzen, Chatten, Datenshows etc.) ist inzwischen in Echtzeit das Vorhandensein von Dokumentationen elegant nachzuvollziehen.

Was man generell aber in einem Audit nicht unterschätzen darf, ist die Schaffung eines persönlichen Kontaktes zu der auditierten Einheit beziehungsweise zu den dort angestellten Mitarbeitern. Das Audit sollte immer in einer konstruktiven Weise geführt werden. Ebenso ist ein wesentlicher Bestandteil das gegenseitige Vertrauen für ein wirksames Audit. Dieses Vertrauen lässt sich leichter generieren, wenn der Auditor den direkten menschlichen Kontakt mit der zu auditierenden Organisation hat. Das Gefühl für das Gegenüber, die „gefühlte Raumtemperatur", bekommt man nur vor Ort wirklich mit. Häufig sind es menschliche Reaktionen, Blicke, das „Nichtgesagte", die einem Auditor das Gefühl vermitteln, ob er zu einem bestimmten Punkt mehr nachfragen sollte oder ob alles in Ordnung ist.

Aus diesem Grund eignet sich ein Remote-Audit als unterstützende Methode für Unternehmen vor allem dann, wenn die auditierende Einheit respektive die Mitarbeiter den Auditoren bereits bekannt sind und sie als offene, ehrliche Gesprächspendants einzuschätzen sind.

11.7.2 Einordnung

Die Bezeichnung Remote Audit suggeriert, dass es sich bei einem Remote-Audit, um eine eigene Auditart handelt. Ähnlich wie die Unterscheidung in externe und interne Audits liegt eine weitere Einteilung von Auditarten in Vor-Ort-Audits und Remote-Audits nahe. Bei Remote-Audits handelt es sich allerdings um keine eigenständige Auditart wie zum Beispiel Systemaudits, Prozessaudits oder Produktaudits, sondern um eine Auditmethode.

Dabei ist der Begriff Remote in der DIN EN ISO 19011 mit „aus der Ferne" übersetzt worden.

„Fernaudittätigkeiten werden, ungeachtet der Entfernung, an jedem beliebigen Standort mit Ausnahme des Standorts der auditierten Organisation durchgeführt." (DIN EN ISO 19011)

Umgangssprachlich hat sich allerdings die Begrifflichkeit Remote-Audit eingebürgert. Die Remote-Auditmethodik kann in verschiedenen Auditarten eingesetzt werden. Sie ist nicht nur auf Systemaudits begrenzt, sondern könnte in Prozessaudits, theoretisch auch in Produktaudits und sowohl bei internen und externen Audits Anwendung finden.

Überwiegend versteht man unter Remote-Audits also, dass der Auditor, zum Beispiel im Falle eines Systemaudits, die Organisation nicht physisch besucht. Darüber hinaus könnte man allerdings noch an einen anderen Anwendungsfall denken. Während eines Vor-Ort-Audits könnte ein Auditor abwesende Personen mithilfe von Remote-Audits in das Audit mit einbeziehen. Somit könnte in einigen Fällen das Auditziel ohne weiteren Zusatzaufwand in Form von weiteren Auditterminen vor Ort erreicht werden.

Eine weitere Variante könnte in der Auditierung von „virtuellen Standorten" liegen. Gerade für den Zugriff auf Projektdatenbanken, Dokumentationsstrukturen, Softwareprogrammen etc. sind Fragen der Informationssicherheit bzw. der Vertraulichkeit zu klären. Dies bedarf einer besonderen Vorbereitung und Planung.

Insgesamt gibt es einige Anwendungsfälle, bei denen Remote-Audittätigkeiten sinnvoll eingesetzt werden können. Nachstehend eine Übersicht zu möglichen Einsatzvarianten Bild 11.6):

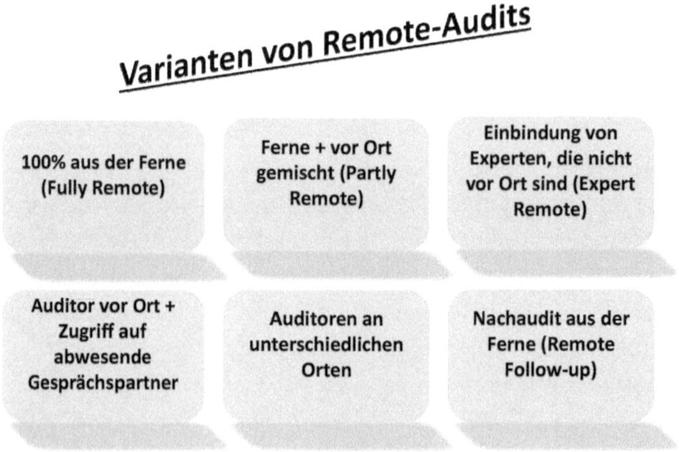

Bild 11.6 Varianten von Remote-Audits

- *Fully Remote - 100 % aus der Ferne*

  Diese Anwendungsvariante von Remote-Audits könnte vor allem zum Einsatz kommen, wenn virtuelle Standorte auditiert werden. In der Praxis könnte vor allem ein Projekt auditiert werden, deren Projektteammitglieder virtuell zusammenarbeiten und nur selten physisch zusammenkommen, da sie über mehrere Standorte verteilt sind.

  Notsituationen könnten ebenso für die Anwendung dieser Variante sprechen. D.h. ein Audit vor Ort ist zum Beispiel aus politischen, gesundheitlichen oder anderweitigen Gründen nicht möglich. Dabei kann die Anwendung ggf. nur temporärer Art sein.

- *Partly Remote - vor Ort und Remote gemischt*

  Dies könnte in Zukunft der häufigste Anwendungsfall sein. Der Auditor kann Teile des Audits bereits über Remote-Audittätigkeiten im Vorfeld des Vor-Ort-Audits durchführen und somit die Effizienz des Vor-Ort-Audits steigern. Reisekosten und Aufwendungen könnten reduziert werden.

- *Auditor vor Ort mit Zugriff auf abwesende Gesprächspartner*

  Diese Möglichkeit des Einsatzes von Remote-Audits könnte vor allem der auditierten Organisation zugutekommen. Mitarbeiter müssten nicht zwingend reisen oder den Aufenthalt in anderen Standorten nach den Bedürfnissen des Auditors ausrichten. Es könnten leichter Zeitfenster gefunden werden, die ein Auditinterview als Remote-Audit ermöglichen.

- *Remote Follow-up - Nachaudit aus der Ferne*

  Der Aufwand, noch offene Aspekte, die aus einem Audit resultieren, vor Ort zu auditieren, steht oft in keinem adäquaten Verhältnis zu den Aufwendungen für Reisekosten und -zeiten. Die Möglichkeit, die Erledigung und Wirksamkeit von Auditmaßnahmen über Remote-Audittätigkeiten zu überwachen, scheint in vielen Fällen ein sehr geeignetes Instrument zu sein.

- *Hinzuziehen von Experten bzw. Auditoren*

  Ein Vorteil und damit eine Einsatzmöglichkeit von Remote-Audittätigkeiten ist die mögliche Einbindung von Experten (vor allem kurzzeitig und zeitlich begrenzt) und Auditoren. Für ein Auditinterview zum Thema „dokumentierte Informationen" könnte, zum Beispiel für eine Stunde, ein Experte aus dem Bereich Informationssicherheit hinzugezogen werden. Bei Vor-Ort-Audits wird aufgrund des Aufwandes auf diese Möglichkeiten verzichtet. In Remote-Audits erscheint diese Möglichkeit zur Verbesserung des Auditergebnisses ein gangbarer Weg zu sein. Ebenso könnten Auditoren mit unterschiedlichem Erfahrungshorizont aus verschiedenen Standorten sich am Audit einfacher beteiligen. Somit könnte der Nutzen des Audits ohne viel Aufwand gesteigert werden.

11.7.3 Bezug zur DIN EN ISO 19011

Die DIN EN ISO 19011 geht derzeit nicht mit einem eigenen Abschnitt auf die Remote-Audittätigkeiten als Ganzes ein. Vielmehr werden an verschiedenen Stellen die Einsatzmöglichkeiten bzw. die Berücksichtigung von Remote-Audittätigkeiten thematisiert. In der Folge werden einige Textabschnitte der ISO 19011 vorgestellt, die mit den Remote-Audittätigkeiten eng in Verbindung stehen. Sie liefern erste Hinweise, in welchen Schritten des Auditprogrammmanagements oder des Auditprozesses Remote-Audittätigkeiten besondere Berücksichtigung finden sollten.

5.4.3 Festlegen des Ausmaßes des Auditprogramms

Verfügbarkeit von Informations- und Kommunikationstechniken zur Unterstützung der Audittätigkeiten, insbesondere der Verwendung von Fernauditmethoden siehe DIN EN ISO 19011 A.16)

In diesem Abschnitt wird angeregt bei der Planung des Umfangs von Audits bereits zu berücksichtigen, welche Informations- und Kommunikationstechniken zur Verfügung stehen. Möglicherweise könnte ein Unternehmen mehr Audits einplanen, wenn auf Reisetätigkeiten zum Teil verzichtet werden kann. Dies gilt vor allem für international tätige Unternehmen.

In eine ähnliche Richtung geht folgendes Statement zur Bestimmung der Auditprogrammressourcen aus 5.4.4 der DIN EN ISO 19011:

Verfügbarkeit von Informations- und Kommunikationstechnik (z. B. technische Ressourcen, die für die Einrichtung eines Fernaudits mithilfe von Technologien für die Zusammenarbeit aus der Ferne erforderlich sind) ...

Haben wir uns also entschieden, Remote-Audits in das Auditprogramm zu integrieren, sollen die entsprechende Informations- und Kommunikationstechnik bestimmt und zur Verfügung gestellt werden. Dabei wird im weiteren Verlauf der ISO 19011 darauf hingewiesen, dass vor allem die Ausgewogenheit zwischen den Auditmethoden im Fokus stehen sollte. Zu bewerten sind vor allem die Risiken und Chancen, die sich durch die Vor-Ort- oder Remote-Audittätigkeiten ergeben.

5.5.3 Auswählen und Bestimmen der Auditmethoden

- Audits können vor Ort, aus der Ferne oder in einer Kombination aus beidem durchgeführt werden.
- Der Einsatz dieser Methoden sollte angemessen ausgewogen sein, unter anderem auf Grundlage der Berücksichtigung der damit verbundenen Risiken und Chancen.

(siehe DIN EN ISO 19011)

Zur Anwendung der Auditmethoden gibt die DIN EN ISO 19011 im Anhang A1 einige Hinweise. Sie schlägt zum Beispiel einige typische Anwendungsmethoden vor, zu denen Remote-Audits eingesetzt werden könnten (siehe Bild 11.7).

Zur weiteren Erläuterung weist die DIN EN ISO 19011 im Anhang A.1 darauf hin, dass die Auswahl der Auditmethoden vor allem von den jeweiligen Auditzielen und Auditkriterien abhängen. Geht es zum Beispiel darum, die Hygiene in einem Lebensmittelproduktionsbereich mithilfe eines Audits zu überwachen, ist eine Vor-Ort-Auditierung geeigneter als ein Remote-Audit. Will der Auditor vom Geschäftsführer beispielsweise wissen, welche Inhalte seine Qualitätspolitik aufweist und wie diese entstanden sind, dann reicht ein Interview über eine Videokonferenz ggf. aus. Ein Auditprogrammverantwortlicher sollte nicht nur die Zuverlässigkeit des Auditergebnisses im Auge haben, sondern auch die Effizienz des Auditprozesses. Der Aufwand, mit dem Informationen gewonnen werden, muss beim Auditprozess ebenso Berücksichtigung finden.

Ausmaß der Einbeziehung zwischen dem Auditor und der Organisation	**Standort des Auditors**	
	Vor Ort	**Remote**
menschliche Interaktion	▪ Befragungen durchführen ▪ Checklisten und Fragebögen ausfüllen unter Beteiligung der zu auditierenden Organisation ▪ Dokumentenprüfung unter Beteiligung der zu auditierenden Organisation ▪ Stichprobenahme	über interaktive Kommunikationsmittel: ▪ Befragungen durchführen ▪ Beobachtung der durchgeführten Arbeiten mit Hilfe eines Betreuers aus der Ferne ▪ Checklisten und Fragebögen ausfüllen ▪ Dokumentenprüfung unter Beteiligung der zu auditierenden Organisation

Ausmaß der Einbeziehung zwischen dem Auditor und der Organisation	**Standort des Auditors**	
	Vor Ort	**Remote**
keine menschliche Interaktion	▪ Durchführen der Dokumentenprüfung (z. B. Aufzeichnungen, Datenanalyse) ▪ Beobachtung der durchgeführten Arbeiten ▪ Standortbegehung ▪ Checklisten ausfüllen ▪ Stichprobenahme (z. B. Produkte)	▪ Dokumentenprüfung durchführen (z. B. Aufzeichnungen, Datenanalyse) ▪ Beobachtung der geleisteten Arbeit durch Überwachung, unter Berücksichtigung sozialer, gesetzlicher und behördlicher Anforderungen ▪ Daten analysieren

Bild 11.7 Auditmethoden

Hierzu gibt die DIN EN ISO 19011 im Anhang A1 folgenden Hinweis:

Effizienz und Wirksamkeit des Auditprozesses und dessen Ergebnis können durch die Anwendung vielfältiger Auditmethoden sowie deren Kombination optimiert werden.

Der Anhang A1 spricht noch weitere Aspekte an, die sich auf Remote-Audittätigkeiten beziehen. Die Durchführbarkeit von Remote-Audits hängt nach Ansicht der Autoren nicht nur vom Risikograd des Erreichens der Auditziele ab, sondern auch vom Vertrauensgrad zwischen dem Personal der auditierten Organisation sowie der behördlichen Anforderungen. Damit kommen eine zwischenmenschliche Komponente sowie die bisherigen Erfahrungen des Auditors als Einflussfaktor zum Tragen. Dies mag zwar wenig objektiv wirken, doch spiegelt dieser Hinweis die Praxis wider. Auditierte Organisationen, die bei den bisherigen Audits Verzögerungstaktiken und eine eher verschlossene Kommunikationsstrategie an den Tag legen, haben in Remote-Audits noch einige zusätzliche Möglichkeiten, mit Informationen hinter dem Berg zu halten. Eingeschränkte Zugriffsmöglichkeiten, technische Probleme, Verfügbarkeit von Informationen nur in Papierform etc. sind nur einige Aspekte, die ein effizientes Audit behindern könnten. Deswegen wird teilweise die Anwendung von Remote-Audittätigkeiten durch behördliche Anforderungen oder bei Zertifizierungen eingeschränkt. Dies betrifft vor allem bestimmte Bereiche, bei denen die Umsetzung vor Ort durch Beobachtung die wirksamste Form der Auditierung ist. Zu nennen sind hier vor allem Aspekte der notwendigen Prozessumgebung (ggf. Temperatur, Hygiene, Sauberkeit, Lichtverhältnisse etc.) oder der Anwendung (Verfügbarkeit von Informationen am Arbeitsplatz, Reaktion auf Fehler, Schichtübergabe, Arbeitsschutzmaßnahmen etc.).

Bei der Begehung eines Standortes der auditierten Organisation könnten auch Remote-Audittechniken zum Einsatz kommen. Mithilfe von Bodycams, Fotos, Drohnen etc. könnte ein virtueller Rundgang stattfinden. Im Anhang A15 der DIN EN ISO 19011 wird auf diese Möglichkeit hingewiesen. Dabei sollte vor allem im Vorfeld geklärt werden, wie mit Persönlichkeitsrechten oder Sicherheitsbedürfnissen der auditierten Organisation umgegangen wird.

Dazu gibt die DIN EN ISO 19011 einige konkrete Hinweise:

a) Virtuelle Audittätigkeiten:
   - sicherstellen, dass das Auditteam vereinbarte Fernzugriffsprotokolle einschließlich angeforderter Geräte, Software usw. verwendet
   - falls Kopien von Dokumenten jeglicher Art in Form von Screenshots angefertigt werden, im Voraus um Genehmigung bitten und Vertraulichkeits- sowie Sicherheitsfragen berücksichtigen und Aufzeichnungen von Personen ohne deren Zustimmung vermeiden
   - falls während des Fernzugriffs ein Vorfall auftritt, sollte der Auditteamleiter die Situation zusammen mit der auditierten Organisation und, falls notwendig, mit dem Auditauftraggeber überprüfen und eine Einigung darüber erzielen, ob das Audit unterbrochen, verschoben oder fortgesetzt werden sollte
   - Grundrisse/Diagramme des Fernstandorts als Referenz verwenden
   - Beachtung der Privatsphäre während der Auditpausen aufrechterhalten
   - Die Vernichtung von Informationen und Auditnachweisen muss unabhängig von der Art der Medien zu einem späteren Zeitpunkt, sobald die Notwendigkeit ihrer Aufbewahrung abgelaufen ist, berücksichtigt werden.

Im Anhang A16 widmet die DIN EN ISO 19011 der Auditierung von virtuellen Tätigkeiten und Standorten einen eigenen Abschnitt. Damit wird der zunehmenden Digitalisierung im Auditwesen Rechnung getragen. Dabei gibt es eine feine Unterscheidung zwischen virtuellen Audits und Fernaudits (Remote Audit). Virtuelle Audits bezeichnen nach DIN EN ISO 19011 Audits bei Organisationen, die mithilfe einer Online-Umgebung Prozesse ausführen oder anbieten. Als Beispiele werden das Intranet oder eine Computing Cloud genannt. Dabei ist kennzeichnend, dass Personen ohne einen festen physischen Standort Prozesse ausführen. Mit dem Einzug des Homeoffice trifft dies in vielen Firmen zu. Ein virtuelles Audit bezeichnet also vereinfacht gesagt ein Audit, das einen virtuellen Prozessablauf auditiert. Ein Remote-Audit bezeichnet hingegen die Auditmethode, mit der ein System, Prozess etc. auditiert wird. Virtuelle Prozessabläufe werden dabei sehr wahrscheinlich mithilfe von Remote-Audittätigkeiten auditiert werden. Prozessabläufe, die an festen Standorten stattfinden, könnten wahlweise durch Vor-Ort Audittätigkeiten oder Remote-Audittätigkeiten überwacht werden.

Die für ein virtuelles Audit zu berücksichtigenden Aspekte treffen zu einem großen Teil auch für die Remote-Audittechnik somit automatisch zu. Die DIN EN ISO 19011 listet zu beachtende Aspekte für virtuelle Audits auf. Hier eine vereinfachte Zusammenfassung:

- Verwendung vereinbarter Fernzugriffsprotokolle durch das Auditteam einschließlich Geräte und Software
- Klären von Genehmigungs-, Vertraulichkeits- und Sicherheitsfragen, zum Beispiel für Screenshots oder Aufzeichnung von Personen
- Technische Prüfung vor dem Audit, um technische Probleme zu beheben
- Alternativpläne
- Vereinbarung des weiteren Auditvorgehens bei Vorfällen (z.B. Störungen) während des Fernzugriffs in Abstimmung mit der auditierten Organisation
- Verwendung von Grundrissen, Diagrammen des Fernstandortes
- Vermeidung von Störungen und Hintergrundgeräuschen
- Beachtung der Privatsphäre in den Auditpausen
- Klärung der Vernichtung von Informationen und Auditnachweisen nach eventueller Aufbewahrungsfrist
- Technische Kenntnisse und praktische Erfahrung der Auditoren im Umgang mit virtuellen Sitzungen

11.7.4 Chancen und Risiken von Remote-Audits

Bei der Auditprogrammplanung sollten vor allem die Risiken und Chancen von Remote-Audits bedacht werden. Die Risiken und Chancen sind dabei in erster Linie für jede Organisation individuell einzustufen. Abhängig von den Zielsetzungen des Unternehmens und den Rahmenbedingungen kann eine Chance oder ein Risiko sehr klein oder sehr hoch eingestuft werden. Die fehlende Beobachtungsmöglichkeit von Prozessen in einem Remote-Audit ist in einem lebensmittelverarbeitenden

Betrieb anders einzustufen als in einem Beratungsunternehmen. Viele zutreffende Risiken und Chancen in Bezug auf Remote-Audits können in einer Standardliste aufgezählt werden, doch deren Einstufung und Bewertung für das jeweilige Unternehmen muss individuell vorgenommen werden. Welche Risiken und Chancen könnten durch Remote-Audittätigkeiten auftreten?

Um Risiken und Chancen für die Remote-Audittätigkeiten zu identifizieren bietet sich eine systematische Herangehensweise an. Dabei gibt es drei Wege, um möglichst umfassend die Risiken und Chancen für Remote-Audits zu ermitteln:

1. DIN EN ISO 19011 Abschnitte zum Auditprozess, ähnlich wie bei einer Prozess-FMEA analysieren und spezifische Risiken und Chancen für jeden Prozessschritt ermitteln
2. Die Auditprinzipien der DIN EN ISO 19011 als Systematik heranziehen und ermitteln, inwieweit die Prinzipien durch Remote-Audits unterstützt bzw. gefährdet werden könnten
3. Remote-Audittätigkeiten wie einen Prozess behandeln und mithilfe des Turtle-Diagramms oder der 5M des Ishikawa-Diagramms die Einflüsse auf den Prozess systematisch nach Risiken und Chancen abklopfen (in Anlehnung an die Vorgehensweisen aus Kapitel 11.10, „Risikoaudits“, bzw. Kapitel 3.5.4, „Vorgehensweise bei der Erstellung von Checklisten“)

Als Ergebnis erhalten Sie eine Übersicht zu möglichen Risiken und Chancen für Remote-Audittätigkeiten in Ihrer Organisation. Tabelle 11.3 stellt einige Risiken und Chancen dar, die bei einer derartigen Ermittlung identifiziert werden könnten. Einige Risiken und Chancen können verschiedenen Risikofeldern zugeordnet werden.

Tabelle 11.3 Risiken und Chancen von Remote-Audittätigkeiten

Risiken	Chancen
Vertraulichkeit	
Fehleinschätzung durch nicht repräsentative oder „manipulierte“ Stichprobe	Face-to-face-Kommunikation ohne weitere Zuhörer im Büroraum kann eine vertrauliche Gesprächsatmosphäre schaffen.
unzulässige Sammlung von Daten (z. B. nicht erlaubte Screenshots)	
unzureichender Schutz von Informationen (z. B. fehlende Verschlüsselung, keine vereinbarten Fernzugriffsprotokolle)	
fehlende oder unzureichende Vereinbarungen zum Einsatz von Kameras, digitalen Aufzeichnungen (z. B. unerlaubter Videomitschnitt, Fotos) etc.	
Cyberangriffe, Fremdzugriff auf Informationen bzw. Daten	

Risiken	Chancen
Faktengestützter Ansatz	
„manipulierte“ Aufnahmen (Umgehen von „kritischen“ Orten)	einfache Erfassung von Nachweisen durch digitale Medien
eingeschränkte, unvollständige, verfälschte Wahrnehmung der physischen Umgebung (Validität, Objektivität der Auditnachweise, „kein Gefühl dafür, dass etwas fehlt ... “)	Konzentration auf Faktennachweise und dokumentierte Informationen, weil die Ablenkung durch „Nebengesprächsthemen“ geringer ist.
höherer Vorbereitungsaufwand (z. B. Verfügbarkeit von benötigten Dokumenten klären)	
hoher Interviewanteil, zu geringe Nachweissammlung (ggf. sehr viele Informationen in kurzer Zeit, zu hoher Anteil nicht verifizierter oder nicht verifizierbarer Informationen)	
Kompetenz	
fehlende Kompetenz von Auditor*innen und Auditierten im Umgang mit der Technik	Stärkere Betrachtung von IT-basierten Prozessschritten durch höhere Kompetenz und Affinität der Auditoren zu IT-Themen
Überforderung durch Multitasking (Gesprächsführung, Nachweissammlung, Bedienung der Technik)	
Kommunikation	
fehlende Zugriffsberechtigung, -möglichkeit auf Dokumente (kein Zugriff von außen)	keine Einschüchterung durch dominante Gesprächspartner*innen
Missverständnisse durch schlechte Audio- oder Videoübertragung	ehrliche Rückmeldung trotz angenehmer/ unangenehmer Gesprächsatmosphäre (z. B. Auditor*innen trauen sich, auch kritische Punkte anzusprechen)
keine ehrliche Rückmeldung durch fehlende konstruktive Gesprächsatmosphäre (z. B. Auditor*innen trauen sich nicht, kritische Punkte anzusprechen, oder Audit bewegt sich zu sehr an der Oberfläche)	
geringere Einflussmöglichkeit auf die Gesprächsatmosphäre, z. B. bei nervösen Gesprächspartner*innen oder Konfliktsituationen (schwer regelbar aus der Ferne)	
fehlende „Chemie“ zwischen den Gesprächspartner*innen, keine Entwicklung einer guten Gesprächsatmosphäre, reduzierte Wahrnehmung nonverbaler Kommunikation	
Ressourcen	
Ungeeignete bzw. schlechte IT-technische Ausstattung der auditierten Organisation	einfache Hinzuziehung von Expert*innen, Dolmetscher*innen etc.

Tabelle 11.3 Risiken und Chancen von Remote-Audittätigkeiten *(Fortsetzung)*

Risiken	Chancen
Höherer Zeitbedarf durch die Notwendigkeit häufigerer kleiner Pausen (lange Arbeitszeiten vor Bildschirm!)	Einsparung von Ressourcen (Fahrtkosten, Übernachtungskosten, An- und Abreisezeit)
	Zeitersparnis durch optimierte Mischung von Vor-Ort-Audit und Remote Audit
	Zugriff auf externe Standorte bei bereichs- oder standortübergreifenden Prozessen (Schnittstellenthemen können sehr gut auditiert werden)
	Gesundheitsschutz von Auditor*innen und Personen der auditierten Organisation (z. B. bei notwendigem Impfschutz für Vor-Ort-Audits)
	geringere Unterbrechung bzw. „Störung“ des Tagesgeschäfts
Planung	
fehlende Vorinformation von Mitarbeiter*innen des auditierten Standorts über mögliche Beobachtungssequenzen im Audit	Auditmöglichkeit auch bei Reisebeschränkungen (z. B. fehlendes Visum, fehlende Einreiseerlaubnis, Reisewarnung durch Auswärtiges Amt), Quarantänemaßnahmen (z. B. Pandemie) etc.
	Rücksichtnahme auf unterschiedliche Zeitzonen (z. B. Jetlag von Auditor*innen)
	genauere Abstimmung im Vorfeld des Audits (z. B. Absprache zu benötigten Dokumenten)
	nicht anwesende Personen können eingebunden werden (z. B. GF auf Geschäftsreise, Mitarbeiter*innen im Homeoffice, auf Fortbildung, in Projekten, auf Montage beim Kunden)
	Kommunikation zwischen Auditteams bei räumlich getrennten Standorten, die gleichzeitig oder zeitnah auditiert werden (z. B. bei standortübergreifenden Prozessen oder QM-Systemen)
	flexible Handhabung, schnelle Reaktionsmöglichkeit (z. B. bei außerplanmäßigen Audits, angekündigten Kundenaudits)
Durchführung	
schlechte Stimmung durch häufige technische Störungen (z. B. veraltete Technik, kein Empfang, Hintergrundgeräusche, keine vorherige Funktionsprüfung)	keine Verunreinigung bzw. Kontamination oder Beschädigung von sensiblen Standorten und Produkten durch Auditor*innen (Reinraum, OP-Saal, ESD-Schutz)

Risiken	Chancen
benötigte Dokumente sind nicht verfügbar (z. B. kein Zugriff aus der Ferne bzw. Dateien lassen sich nicht öffnen)	Videostandbild ermöglicht evtl. Detailbetrachtung
fehlende oder eingeschränkte Steuerungsmöglichkeit des Auditablaufs durch den Auditor (z. B. Stichprobenauswahl, Ortswechsel ...)	
Privatsphäre in Pausen wird nicht gewahrt (z. B. Mikrofon wurde versehentlich nicht stumm geschaltet, Kamera läuft weiter)	
Kombination aus Sprachschwierigkeiten (z. B. chinesische Arbeitsanweisungen, mangelnde Sprachkenntnisse), Technikstörungen (z. B. schlechte Audioqualität) und fehlenden Vor-Ort-Eindrücken	
Erschwerte Kommunikationssteuerung (Verständlichkeit, Verzögerungen, gleichzeitiges Sprechen ...)	
Berichterstattung	
	ressourcenschonende nachträgliche Ergänzung der Sammlung von Auditnachweisen (z. B. bei fehlender Zeit am Ende des Audits)
	direkte Berichterstellung auf zweitem Monitor (stört nicht so wie bei Vor-Ort-Gespräch)
	Mitschneiden von Auditsequenzen zur präziseren Auswertung oder Wiedergabe von Nachweisen im Auditbericht
Maßnahmenverfolgung	
Eingeschränkte Wirksamkeitsverfolgung bei Nichtkonformitäten, die in der Umsetzung beobachtet wurden	Flexible und kurzzeitige Verfolgungsmöglichkeit von Maßnahmen aus den Audits mittels einzelner Gesprächskonferenzen

Die alleinige Identifikation von Risiken und Chancen ist nicht ausreichend, um ein angemessenes Risiko- und Chancenmanagement umzusetzen. Als Erstes müssten die Risiken und Chancen nach Wahrscheinlichkeit und Schadensausmaß bewertet werden, sodass insgesamt eine Höhe des Risikos eingeschätzt werden kann. Anschließend gilt es zu entscheiden, bei welchen Risiken und Chancen gehandelt werden soll. Die ergriffenen Maßnahmen sollten dann vor allem in die Auditprogrammplanung und die Planung und Vorbereitung der Einzelaudits einfließen. Dies kann vor allem über Prozess- bzw. Verfahrensfestlegungen, Checklisten, Schulung der Beteiligten (Auditprogrammplaner, Auditoren, Auditierte), Schaffung technischer Voraussetzungen und deren Testung etc. erreicht werden.

11.7.5 Voraussetzungen für Remote-Audits

Ein Teil der Risiken für Remote-Audits besteht vor allem in mangelnden Voraussetzungen. Diese lassen sich in vier Hauptfelder unterteilen:

- Technische Voraussetzungen
- Sicherheit und Vertraulichkeit
- Kompetenz
- Akzeptanz

Technische Voraussetzungen

Das Gesamtergebnis eines Remote-Audits leidet ähnlich wie ein Webinar oder eine Videokonferenz massiv unter den Folgen unzureichender technischer Voraussetzungen. Der fachliche Inhalt, ein strukturiertes Vorgehen, geschickte Fragestellungen etc. kommen bei Tonstörungen, zu geringen Datenraten, verpixelten Videoübertragungen, langen Bildschirmaufbauzeiten nicht zur Geltung. In einem kritischen Review würde das zum ersten Mal durchgeführte Remote-Audit bei den Auditbeteiligten (Auditoren und Auditierte) wahrscheinlich als ungeeignet und sehr mühsam durchfallen. Schaffen Sie also als Auditprogrammplaner oder als Auditor geeignete technische Voraussetzungen und testen Sie vor allem die Praxis. Als Verantwortlicher für das Auditwesen sind Sie in den wenigsten Fällen gleichzeitig der IT-Spezialist in Ihrer Organisation. Beziehen Sie deshalb rechtzeitig die jeweiligen Fachleute mit ein. Dies gilt nicht nur für die Auditorenseite, sondern auch für den auditierten Bereich. Immer wieder berichten Auditoren im Rahmen von Zertifizierungs- oder Lieferantenaudits, dass zwar beim Testen im eigenen Unternehmen alles wunderbar geklappt hat, allerdings das Audit beim zu zertifizierenden Unternehmen oder dem Lieferanten im ersten Anlauf an Kompatibilitäts- oder Firewall-Problemen gescheitert ist.

Die technischen Voraussetzungen können nicht nur das klassische Videokonferenztool betreffen, sondern auch

- reine Audioverbindungen (Telefonate)
- gemeinsame Datennutzung (Nutzung einer gesonderten Plattform wie zum Beispiel OneDrive oder anderweitige Cloud-Speicher)
- Fernzugriff auf die Server bzw. Teilbereiche von Datenspeichern, Software der auditierten Organisation
- Video- und Audioübertragungen (Bodycam, Drohne)
- Übersendung bzw. Überlassung von Dateien (z. B. per E-Mail)

Denken Sie dabei an die verschiedenen Anwendungsmöglichkeiten. Ein Auditor könnte sich zum Beispiel erst anhand von übersandten Dokumenten oder durch

Zugriff vorbereiten und dann in einer Videokonferenz gezielte Fragen zum Auditthema stellen. Noch besser wäre vielleicht ein einführendes Auditgespräch zum groben Überblick, danach eine Sichtung der dokumentierten Informationen und darauffolgend ein detaillierteres Auditgespräch. Verschiedene Kombinationsmöglichkeiten je nach Komplexität des zu auditierenden Sachverhalts sind möglich.

Bevor Sie Remote-Audits angehen, sollten Sie sich um folgende Aspekte Gedanken machen. Hier einige Checkpunkte und Tipps:

Technische Ausstattung:

- *Gute Auflösung von Webcam oder Videokamera*

  Ideal wäre eine Auflösung in HD-Qualität. Dies müssen Sie allerdings immer in Verbindung mit den möglichen Übertragungsraten betrachten.

- *Beleuchtung*

  Lichtverhältnisse beeinflussen sehr stark Ihr übertragenes Kamerabild. Achten Sie auf eine ausreichende und vor allem gleichmäßige Ausleuchtung.

- *Zweiter Bildschirm*

  Führen Sie häufiger Remote-Audits oder Videokonferenzen durch, ist ein zweiter Bildschirm empfehlenswert. Sie können entweder Auditnotizen sofort online vornehmen oder gleichzeitig dokumentierte Informationen und Kamerabilder wahrnehmen.

- *Audioübertragung*

  Vermeiden Sie Umgebungsgeräusche, die das Auditgespräch stören. Verwenden Sie am besten ein eigenes Mikro oder ein Headset für eine einwandfreie Audioübertragung.

- *Netzwerk*

  Je höher die Datenrate bei der Übertragung von hohen Datenmengen, umso besser. LAN-Verbindungen sind gegenüber WLAN-Verbindungen zu bevorzugen.

- *Digitale Begehung bzw. Rundgänge*

  In einigen Fällen bieten sich Rundgänge mithilfe von Videokameras oder sogar Drohnen an. Falls dies in Betracht kommt, achten Sie auf Zoommöglichkeiten und auf die Gefahr, dass Ihnen nur das gezeigt wird, was Sie sehen sollen.

Videokonferenzsoftware:

- *Gemeinsame Datennutzung*

  Wählen Sie am besten eine Konferenzsoftware, bei der ein Teilen von Bildschirmen möglich ist. Somit können alle Beteiligten die Informationen gemeinsam und gleichzeitig betrachten.

- *Auswahl*

  Viele Videokonferenz-Tools bieten ähnliche Funktionen (MS-Teams, Webex, Zoom ...) Achten Sie bei der Auswahl vor allem auf die Datensicherheit und testen Sie am besten gemeinsam mit der auditierten Organisation im Vorfeld die Funktionen. Häufig scheitern Videokonferenzen an blockierten Audio- oder Videoeinstellungen. Die Funktionen können bei lizenzierten und webbasierten Zugängen unterschiedlich bzw. im webbasierten Fall eingeschränkt sein. Achtung! Einige Unternehmen sperren in ihrer Informationssicherheitspolitik die Verwendung von bestimmten Videokonferenztools. Videokonferenztools ohne eine erforderliche Installation bieten den Vorteil, möglicherweise weitere Teilnehmer kurzfristig in das Audit mit einzubinden.

- *Notfallplan*

  Vielleicht haben Sie die Möglichkeit eines technischen Supports bei Störungen, ansonsten vereinbaren Sie eine Art Notfallplan, wie bei Abbruch von Verbindungen etc. weiter vorgegangen wird (z. B. vorab Austausch von Telefonnummern, Mailadressen etc.).

- *Netzwerk*

  Je höher die Datenrate bei der Übertragung von hohen Datenmengen, umso besser. LAN-Verbindungen sind gegenüber WLAN-Verbindungen zu bevorzugen.

Sicherheit und Vertraulichkeit

Mit dem Einzug der Digitalisierung in den verschiedensten Prozessen der Unternehmen steigt die Bedeutung der Informationssicherheit im Auditwesen. Audits haben als Gegenstand der Betrachtung inzwischen das Thema Informationssicherheit (Schutz des Kunden- und Fremdanbietereigentums in Form von Daten) für sich entdeckt. Darüber hinaus muss vor allem bei Remote-Audittätigkeiten das Thema Informationssicherheit im Auditprozess Anwendung finden, zumal eines der wesentlichen Auditprinzipien „Vertraulichkeit: Sicherheit von Informationen“ ist. Bei Organisationen mit hohen Sicherheitsansprüchen kann es sogar sein, dass Remote-Audittätigkeiten nur in sehr beschränkter Form möglich sind. Vor allem bei externen Audits sollten Sie gemeinsam mit der auditierten Organisation (ggf. Lieferant oder zu zertifizierendes Unternehmen) über Informationssicherheitsfragen Vereinbarungen treffen.

Hier einige Aspekte, die für Remote-Audittätigkeiten vor allem für den Auditprogrammmanager und indirekt für den Auditor von Bedeutung sein können:

- *Verschlüsselung*

  Achten Sie auf eine „End-to-end“-Verschlüsselung. Cloud-Anbieter oder Internet-Provider erhalten keinen Zugriff auf Daten oder Informationen.

- *Genehmigung von Screenshots*

  Mit den Teilnehmern sollte geklärt sein, dass Screenshots nur mit Einwilligung der Beteiligten stattfinden. Viele Anwender schließen Screenshots in vorher getroffenen Sicherheitsregelungen aus.

- *Sicherheitsrichtlinien der beteiligten Unternehmen*

  Ermitteln Sie vor dem Audit die geltenden IT-Sicherheitsrichtlinien der beteiligten Organisationen.

- *Löschung von Daten*

  Treffen Sie im Vorfeld Vereinbarungen zum Umgang, Schutz und vor allem der Löschung von ausgetauschten Dateien und anderweitigen dokumentierten Informationen.

- *Beschränkung von Logfiles*

  Logfiles sollten nur erstellt werden, soweit dies erforderlich ist, d.h. nur zum Zweck der Fehlerbehebung. Daten sollten nach Wegfall des Zwecks wieder automatisch gelöscht werden.

- *Serverstandort der Konferenzsoftware*

  Ideal wäre eine auf eigenen Servern gehostete Software. D.h. die Daten liegen auf eigenen Servern. Üblich sind SaaS-Dienstleister, die Speicherplatz vorhalten und Daten verarbeiten. Bevorzugt sollte auf Anbieter aus dem Europäischen Wirtschaftsraum zugegriffen werden, die den dort geltenden Datenschutzbestimmungen unterliegen.

- *Homeoffice-Problematik*

  Achten Sie als Auditprogrammverantwortlicher oder als Auditor auf eine geeignete Sicherheitsumgebung im Homeoffice bei Remote-Audittätigkeiten von zu Hause aus. Viele Unternehmen haben bereits Regelungen für Informationssicherheit im Homeoffice.

- *Bild- und Tonaufnahmen*

  Falls durch Videoübertragungen virtuelle Rundgänge simuliert werden, müsste die Einwilligung von betroffenen Mitarbeitern vorliegen. Mitschnitte und Aufzeichnungen von Auditgesprächen sind nicht üblich und müssten vorher ebenfalls vereinbart werden.

- *Chatverläufe*

  Sollten nur während des benötigten Zeitraums der Videokonferenz gespeichert und danach automatisch gelöscht werden.

Die dargestellten Aspekte haben keinen Anspruch auf Vollständigkeit. Wichtig ist, dass Sie dem Thema Beachtung schenken und mit entsprechenden Spezialisten aus dem Bereich Informationssicherheit und Datenschutz Kontakt aufnehmen.

Kompetenz und Akzeptanz

Kompetenz und Akzeptanz im Umgang mit Remote-Audittätigkeiten spielen eine wichtige Rolle für die erfolgreiche Anwendung von Remote-Audittätigkeiten. Schulen Sie sich deswegen als Auditor in der Anwendung der Informationssicherheitsregelungen sowie der Handhabung der jeweiligen Konferenztools. Entscheidend hierbei ist ein sicherer Umgang mit den Tools durch praktische Handhabung. Testen Sie im Vorfeld von Audits die Handhabung und entwickeln Sie Gewohnheiten. Die Tätigkeit des Auditierens ist sehr komplex und erfordert sowieso bereits viele verschiedene Fähigkeiten (Zuhören, Erfassen, Fragen, Bewerten, Schlussfolgern, Auditsituation einschätzen, Verhaltensweisen des Gegenübers beobachten etc.). Bei Remote-Audittätigkeiten kommt noch die Handhabung der Technik hinzu. Sie werden feststellen, dass Remote-Audits am Anfang sehr anstrengend sind. Entwickeln Sie deswegen Auditroutinen, die Ihnen helfen, eine gewisse Standardvorgehensweise zu etablieren. Fangen Sie am besten mit Remote-Audits an, in dem Sie Teile des geplanten Audits über Remote-Audittätigkeiten abdecken und im Lauf der Zeit den Anteil von Remote-Audittätigkeiten erhöhen.

Die gleiche Vorgehensweise könnte auch die Akzeptanz im Unternehmen fördern. Klassische Standardaspekte wie zum Beispiel die Festlegung von Verantwortung und Befugnis, Stellvertreterregelungen, die Schulungsplanung oder das Verfolgen von Qualitätszielen könnten in einem „vorbereitenden Remote-Auditgespräch" auditiert werden, sodass sich bei einem Vor-Ort-Besuch stärker auf die operative Umsetzung in den Prozessen konzentriert werden kann.

Sie können auch als Auditprogrammmanager vor allem Remote-Audits in den Bereichen planen, in denen der größte Nutzen erzielt wird bzw. eine hohe Bereitschaft für Remote-Audits herrscht.

11.7.6 Phasen eines Remote-Audits

Planung innerhalb des Auditprogramms

Nach der Bewertung von Risiken und Chancen für Remote-Audits können die Erkenntnisse in die Auditprogrammplanung einfließen. In welchen Bereichen bieten sich also sinnvolle Remote-Audittätigkeiten an? Lassen Sie uns erst mal die Hauptgründe für Remote-Audittätigkeiten für verschiedene Situationen betrachten:

- *Schnelle Reaktion bei außerplanmäßigen Audits*

  Der erste Grund für Remote-Audits könnte bei Audits aus besonderem Anlass liegen. Bei außerplanmäßigen Audits, die eine schnelle Reaktion erfordern, kann es sinnvoll sein, mit Remote-Audits zu reagieren. Dies ist vor allem sinnvoll, wenn die auditierte Organisation ein entfernter Standort oder ein externer Lieferant ist. Vielleicht lassen sich bereits über Remote-Audittätigkeiten erste Ursachen für die Probleme ergründen und geeignete Sofortmaßnahmen und Korrekturmaßnahmen ergreifen. Das heißt in der Praxis, dass Remote-Audits bei außerplanmäßigen Audits sehr hilfreich sein können. Der Auditprogrammmanager sollte auf jeden Fall diese Möglichkeit in Betracht ziehen.

- *Notfallsituationen*

  Die Covid-Pandemie hat gezeigt, dass immer wieder Notfallsituationen entstehen können, die eine Vor-Ort-Auditierung unmöglich machen. In diesem Fall sind möglicherweise Remote-Audits der einzig gangbare Weg, um zumindest in Ansätzen das Ziel der geplanten Audits zu erreichen. Selbst bei Zertifizierungsaudits wurden während der Covid-Pandemie temporäre Ausnahmemöglichkeiten für Remote-Audits im Rahmen von Zertifizierungstätigkeiten beschlossen. Es könnten aber nicht nur Pandemien als Notfallsituation eine Rolle spielen. Möglicherweise könnten auch Naturkatastrophen, politische Entwicklungen etc. eine Notfallsituation herbeiführen, die den Einsatz von Remote-Audits für sinnvoll erscheinen lässt.

- *Geplante, regelmäßige Audits zur Überwachung der Wirksamkeit von Systemen*

  Hier sind vor allem zwei Gründe maßgeblich. Zum einen spielt das Thema Ressourceneinsparung durch einen optimierten Auditablauf eine Rolle, zum anderen möglicherweise eine Risikominimierung für Produkte und Dienstleistungen oder Auditoren. Dabei sollte der Auditprogrammmanager nicht nur die Einsparung im Fokus haben. Oft wäre es sinnvoller, die eingesparten Ressourcen für ein besseres, zuverlässigeres oder fundierteres Auditergebnis zu verwenden. Die Einsparung von Reisezeit könnte ja auch für eine detaillierte Betrachtung von Prozessen verwendet werden, die in den bisherigen Auditzeiten nicht möglich war.

Alles in allem sollte der Grundgedanke verfolgt werden, Remote-Audittätigkeiten vorzusehen, nicht weil es möglich ist, sondern weil es sinnvoll ist, diese einzusetzen. Als Beispiel würde mir vor allem die Auditierung von übergeordneten Prozessen einfallen, die über verschiedene Standorte laufen bzw. an verschiedenen Standorten laufen. Hier könnten Synergien sowohl in der Zeitersparnis als auch in der Aussagekraft des Auditergebnisses liegen.

Pauschal lässt sich die Frage nach dem Einsatz von Remote-Audittätigkeiten nicht beantworten, dafür sind die Risiken und Chancen in den Organisationen zu individuell. Trotzdem soll Tabelle 11.4 eine Art Checkliste darstellen, nach der Sie die Einsatzmöglichkeiten bewerten könnten.

Tabelle 11.4 Einsatzgebiete von Remote-Audits

Mögliche Einsatzgebiete	Tendenziell ungeeignete Einsatzgebiete
Zuschalten von temporär benötigten Personen (Auditoren, Experten, auditierte Personen)	Mangelnde Kompetenz für Remote-Audits
Auditierung virtueller Prozesse	Einschränkungen durch behördliche Vorgaben bzw. Zertifizierungsregularien
Ergänzende Nachweissammlung oder Vorbereitung von Vor-Ort Audits	Prozesse, deren Prozessumgebung das Prozessergebnis stark beeinflusst (z. B. Kühlkette, Lagerbedingungen, Hygiene ...)
Außerplanmäßige Audits	Prozesse, die vor allem nur durch Beobachtung von Tätigkeiten überwacht werden können (Umgang mit fehlerhaften Produkten, Sichtprüfungen, Einhaltung von Sicherheitsregelungen etc.)
Potenziell gefährliche Auditorte (Gefahren für die Sicherheit der Auditoren)	Bereiche, in denen durch Vor-Ort-Audits kein Vertrauen in die Prozessabläufe seitens der Auditoren entstanden ist (Erstaudits, neue Bereiche, Häufung von Nichtkonformitäten über längere Zeit, signifikante Organisationsänderungen, keine offene Kommunikationsatmosphäre)
Orte mit Zugangsbeschränkungen	Mangelnde Bereitschaft der Auditierten
Reisebeschränkungen	Ungeeignete technische Ausstattung für Remote-Audits der Auditoren
Standortübergreifende Prozesse	Ungeeignete technische Ausstattung für Remote-Audits der Auditierten
Schutz von Produkten oder Prozessen (Stichwort: Kontamination, Beschädigung)	Fehlende technische Kompetenz der Auditbeteiligten
Dokumentenprüfungen	
Reine Einholung von Informationen durch Interviews	
Auditsituation, die ohne Qualitätsverlust in der Informationsgewinnung auch in einen Besprechungsraum stattfinden könnten/z. B. Themen der ISO 9001 wie Zielmanagement, Weiterbildungsplanung, Projektplanung, Ermittlung von gesetzlichen Anforderungen ...)	

Vorbereitende Audittätigkeiten

Stellen Sie sich vor, dass Sie nun als Auditor vor der Herausforderung stehen, zum ersten Mal ein Remote-Audit durchzuführen. Welche Aspekte würden Sie vor dem Audit checken bzw. vorbereiten? Oft sind es Kleinigkeiten, die ein professionelles Audit torpedieren: ein Bild, das im Hintergrund Ihres Webcam-Bildes für Lacher sorgt, Tonprobleme, ein automatisches Update Ihrer Software während des Audits, unklare Vorgehensweise bei Unterbrechung der Verbindung etc.

Bereiten Sie sich deswegen vor und gehen Sie im Vorfeld nochmal eine Checkliste durch:

- *Räumlichkeiten*
  - Ruhiger Raum ohne Nebengeräusche
  - Eventuelle Störungen vermeiden
  - Beleuchtung geeignet
  - Hintergrund der Webcam geeignet
- *Technische Ausstattung*
  - Videokonferenz-Software aktualisiert und getestet (Firewall könnte den Zugang verhindern)
  - Zugangsdaten klar (ggf. muss ein Account angelegt werden)
  - Kompatibler Webbrowser geklärt
  - Ggf. weitere Software geeignet und getestet
  - Geeignete Kamera, Mikro
  - Audio- und Videoeinstellung
  - Übertragungsrate (ideal LAN-Verbindung)
  - Ggf. zweiter Monitor
  - Ggf. Laptop als Ersatzgerät (Notfallplan)
- *Sicherheit und Vertraulichkeit*
  - Vereinbarungen getroffen (Zugriff auf Dokumente, Anwesenheit weiterer Personen, Mitschnitte …)
  - Virenschutz gewährleistet
  - Information der Auditbeteiligten über eventuelle Video- und Auditaufzeichnungen (z. B. bei virtuellen Rundgängen)
- *Ablauf*
  - Kontaktdaten bei eventueller Unterbrechung
  - Kompetenz im technischen Umgang bei allen relevanten Auditbeteiligten gegeben
  - Eventuelle Freigaben für Dateiordner geschaltet
  - Art der Einsichtnahme von Papierdokumentation geklärt (Foto, Dokumentenkamera …)
  - Eventuell höherer Zeitbedarf für Auditgespräche durch notwendige kurze Pausen, um der Bildschirmarbeit gerecht zu werden

Durchführung

Die Situation in einem Remote-Audit ähnelt in vielen Bereichen dem Vor-Ort-Audit. Die Art der Auditfragen wird sich nicht stark von den Auditfragen in einem Vor-Ort Audit unterscheiden. Der Einsatz der Übertragungstechnik beeinflusst jedoch das Auditgespräch in verschiedenster Form. Die Wahrnehmung der Auditbeteiligten zur Körpersprache, Gestik oder Mimik ist zum Beispiel erschwert. Die Wahrnehmung des Auditors ist auf die Inhalte des übertragenen Bildes beschränkt. Peripheres Sehen, ein schweifender Blick durch den Raum und die Umgebung, Riechen, Fühlen (Temperatur) sind eingeschränkt und bieten somit keine Zusatzinformationen, die Aussagen der Auditierten bestätigen oder infrage stellen. Letztendlich müssen wir als Auditoren mit den eingeschränkten Umgebungsbedingungen umgehen. Möglicherweise können wir sogar einige Chancen nutzen, die uns die veränderte Auditsituation bietet. Es bietet sich daher an, hier einige der Risiken und Chancen zu behandeln, die im Vorfeld im Zusammenhang mit Remote-Audits genannt wurden. Es sollen Ansatzpunkte dargestellt werden, wie ggf. Risiken gemindert bzw. Chancen bei der Auditdurchführung ergriffen werden können.

Risiko: Fehleinschätzung durch nicht repräsentative oder „manipulierte“ Stichprobe

Eine objektive, zufällige Stichprobenentnahme könnte durch ein Remote-Audit erschwert werden. Die auditierte Organisation könnte argumentieren, dass benötigte dokumentierte Informationen im Vorfeld bekannt gegeben werden müssen, damit diese dann beim Audit in elektronischer Form oder „freigeschaltet“ vorliegen können. Theoretisch hätte die auditierte Organisation genügend Zeit, diese dokumentierten Informationen zum Beispiel zu ergänzen und „audittauglich“ zu gestalten. Damit wäre die Objektivität des Auditergebnisses gefährdet.

Der Auditor könnte methodisch folgende Vorgehensweise etablieren, um dieses Risiko zu minimieren. In einem ersten Auditgespräch mit dem auditierten Bereich wird der Prozess bzw. das Auditthema im Überblick behandelt. Zum Beispiel könnte sich der Auditor vom Qualitätsbeauftragten erläutern lassen, welche Audits im letzten Jahr in welchen Abteilungen stattgefunden haben. Er wählt dann zufällig Stichproben aus, zum Beispiel zwei oder drei Auditberichte, die er dann eine Stunde später in einem weiteren Auditgespräch zu den Details auditiert. Wichtig ist, dass nicht viel Zeit für eventuelle „Manipulationen“ bleibt. Dieses Vorgehen könnte als generelle Herangehensweise etabliert werden. Der Vorteil würde sogar noch darin liegen, dass sich der Auditor ggf. mit den zugesandten oder im Zugriff befindlichen dokumentierten Informationen eingehender beschäftigen könnte. Diese Methodik könnte auf viele Bereiche Anwendung finden.

Hier einige Beispiele:

- Projektliste → Projektdokumentation
- Schulungsplan → Dokumentation und Wirksamkeitsbewertung
- Produkt → Prüfplan und zugehörige Prüfnachweise

- Fehlerübersicht → Fehlerprotokoll und Maßnahmenverfolgung
  - Übersicht Q-Ziele → Maßnahmenableitung und Zielverfolgung etc.

Risiko: „manipulierte" Aufnahmen (Umgehen von „kritischen" Orten)

Virtuelle Rundgänge bieten die Gefahr, dass neuralgische Stellen beim virtuellen Rundgang durch den auditierten Bereich ausgelassen werden. Hierfür wäre es sinnvoll, sich als Auditor im Vorfeld Grundrisse oder Lagepläne als Basis zukommen zu lassen. Dies ist auch in der DIN EN ISO 19011 im Anhang 16 erwähnt. Virtuelle Rundgänge bieten allerdings noch eine Chance für den Auditor. Bei virtuellen Rundgängen könnten Sie ähnlich wie bei Vor-Ort Begehungen Personal zufällig auswählen und interviewen, um somit einen Gesamteindruck vom Unternehmen zu gewinnen.

Risiko: hoher Interviewanteil, zu geringe Nachweissammlung

Dieses Risiko lässt sich vermeiden, indem konsequent Checklisten verfolgt werden, welche dokumentierten Informationen man gerne einsehen würde. Dabei kann die auditierte Organisation bereits viele dokumentierte Informationen bereits im Vorfeld (asynchron) oder in einem „Dokumentensichtungsgespräch" zur Verfügung stellen. Dazu könnten Organigramme, Auditpläne, Managementbewertung, Qualitätspolitik, Qualitätsziele etc. zählen. Für weitere dokumentierte Informationen vor allem mit Nachweischarakter könnte dann die unter „Risiko: Fehleinschätzung durch nicht repräsentative oder ‚manipulierte' Stichprobe" geschilderte Vorgehensweise dienen. Die Remote-Audittätigkeit würde sogar das schnelle Nachreichen von dokumentierten Informationen, zum Beispiel am Tagesende, noch erleichtern.

Setzt das zu auditierende Unternehmen noch stark auf eine Papierdokumentation, sollte über den Einsatz einer Dokumentenkamera gesprochen werden. Damit würde eine Möglichkeit bestehen, dokumentierte Informationen fast wie im Vor-Ort-Audit einzusehen.

Chance: Stärkere Betrachtung von IT-basierten Prozessschritten

Im Vor-Ort Audit ist die Betrachtung von IT-basierten Prozessschritten oft mühsam. Gemeinsam mit den Auditierten betrachtet das Auditteam auf einem kleinen Monitor die gezeigten Eingabemasken und Eintragungen. Vor-Ort könnten wir ggf. eine Beamerübertragung in einem Besprechungsraum nutzen. Im Remote-Audit ist die Lösung durch die Bildschirmfreigabe ganz einfach. Alle Beteiligten können sich bequem auf die Inhalte der gezeigten IT-basierten Prozessschritte konzentrieren. Dadurch sinkt möglicherweise die Hürde, sich näher mit den Workflows zu beschäftigen. Einige Auditoren haken, sobald sie von einer verwendeten Software hören, das Thema bereits für sich ab, da ja dann alles geregelt ist. Datenbanken, Eingabemasken müssen trotzdem fundiert befüllt werden. Außerdem bestehen oft die größten Risiken darin, Informationen festzuhalten oder zu kommunizieren, die

die Standardsoftware nicht vorsieht. Diese Themen genauer zu betrachten und zu auditieren, ist eine Chance, die durch Remote-Audits stärker ergriffen werden kann.

Risiko: geringere Einflussmöglichkeit auf die Gesprächsatmosphäre

Ein Risiko von Remote-Audits besteht darin, dass durch die eingeschränkte nonverbale Kommunikation die Gesprächsatmosphäre schwieriger zu lesen als auch zu steuern ist. Deswegen ist die Schaffung eines gegenseitigen Vertrauens im Remote-Audit noch wichtiger. Unterschätzen Sie nicht die Funktion von Small-Talk oder die Kommunikation in den Kaffeepausen oder auf dem Weg zur Kantine als zwischenmenschliche Kommunikationsmöglichkeit. Durch das persönliche Kennenlernen kann Vertrauen geschaffen werden. Remote-Audits haben hier einen Nachteil. D.h. in der Praxis ist zu überlegen, ob Erstaudits einen sinnvollen Ansatzpunkt für Remote-Audits bieten, oder ob erst, nachdem Vertrauen entstanden ist, Remote-Audits eingesetzt werden. Des Weiteren sollten Sie sich bewusst Zeit für Small-Talk nehmen und ggf. gemeinsame Kaffeepausen einplanen. Nutzen Sie die Chance, sich mit dem Gegenüber in entspannter Atmosphäre außerhalb des klassischen Auditinterviews auszutauschen. In einem Vor-Ort Audit findet dies ja auch statt.

Chance: Prozessschnittstellen eingehender auditieren

Remote-Audittätigkeiten bieten eine sehr gute Chance, Prozessschnittstellen zu auditieren. Sie können gleichzeitig in einfacher Weise die Schnittstellenpartner auditieren. Dies hat den größten Nutzen, wenn die Schnittstellenpartner ansonsten örtlich getrennt sind. Dabei gibt es verschiedene Möglichkeiten:

- Gemeinsames Auditgespräch (Vorteil: Zeitersparnis; Nachteil: Unterschiedliche Erwartungshaltungen der beiden auditierten Bereiche werden gegenüber dem Auditor relativiert)
- Getrennte Gespräche mit anschließender gemeinsamer Diskussion festgestellter Verbesserungspotenziale

Erschwerte Kommunikationssteuerung

Durch die Verwendung von technischen Hilfsmitteln zur Kommunikation im Auditgespräch gehen, wie im Vorfeld bereits erwähnt, weitere Sinneswahrnehmungen verloren. Dies betrifft vor allem die Körpersprache, Gestik und Mimik. Reaktionen des Gesprächspartners auf Fragen sind möglicherweise in den kleinen Kamerabildern nicht zu erkennen. Abwertende oder zustimmende Gesten sind im Kamerabild ggf. überhaupt nicht zu sehen, und wippende, unruhige Körperhaltungen sind gar nicht zu erkennen. D.h. unterstützende Informationen, die uns ein Gesamtbild vermitteln, fehlen. Darüber hinaus geht es Ihrem Gegenüber nicht anders. Fragen, die gestellt werden, können möglicherweise etwas „strenger oder fordernder“ wirken, als sie gemeint waren, weil einladende Gesten, eine offene

Körperhaltung etc. fehlen. Seien Sie sich dieser Tatsachen bewusst und interpretieren Sie nicht vorschnell die Auskunft des Gegenübers als verschlossen, unkooperativ oder gar feindselig. Versuchen Sie ggf. noch stärker, mithilfe eines freundlichen, offenen Gesichtsausdrucks oder durch verstärkte Gestik (z.B. durch zustimmendes Nicken bzw. durch wörtliche Bestätigung) eine zuhörende Haltung einzunehmen.

Gewöhnen Sie sich bei Videokonferenzen mit mehreren Teilnehmern an, die Beteiligten direkt mit Namen anzusprechen. Allgemeine Fragen in die Runde wie zum Beispiel: „Hat jemand ein Umsetzungsbeispiel für die Wirksamkeit der neuen Kommunikationsstrategie?" führen dazu, dass entweder verschiedene Personen gleichzeitig oder gar nicht antworten. Lassen Sie noch stärker als im Auditgespräch vor Ort den Auditpartner seine Ausführungen zu Ende bringen. Signale Ihrer Körpersprache wie zum Beispiel Vorbeugen oder Luftholen werden weniger klar vom Gegenüber wahrgenommen. Ggf. können Sie ja mit dem Gegenüber das „Handheben" für Zwischenfragen als Möglichkeit der Unterbrechung vereinbaren. Kennen Sie den Gesprächspartner, hat sich vielleicht bereits eine gemeinsame Kommunikationsebene gefunden und eingespielt.

Grundregeln für Videokonferenzen wie deutliches Sprechen, Geräuschunterdrückung, ggf. Stummschaltungen, Sichtbarkeit der Teilnehmer sollten eine Selbstverständlichkeit sein.

Auditberichterstattung

DIN EN ISO 19011:

Der Auditbericht kann ebenfalls Folgendes umfassen oder darauf verweisen, soweit angemessen

... eine Zusammenfassung des Auditprozesses, einschließlich aufgetretener Hindernisse, die die Zuverlässigkeit der Auditschlussfolgerungen verringern können ...

Dieses Zitat aus der DIN EN ISO 19011 weist darauf hin, dass der Auditbericht auf Risiken hinweisen soll, die die Zuverlässigkeit des Auditergebnisses verringern könnten. Deswegen empfiehlt es sich, im Auditbericht auf die Anwendung von Remote-Audittätigkeiten hinzuweisen. Darüber hinaus wären einige Angaben zur Effizienz und Wirksamkeit von Remotephasen im Auditbericht sinnvoll. Im Auditbericht könnten vor allem Angaben zur Stichprobenauswahl, der Verfügbarkeit von Ansprechpartnern sowie zur Funktionsweise der eingesetzten IT- und Kommunikationstechnik gemacht werden.

Maßnahmen-Follow-Up

Hier bieten Remote-Audittätigkeiten eine gute Möglichkeit, die Erledigung und Wirksamkeit von Maßnahmen aus dem Audit ressourcenschonend zu verfolgen. Das Verhältnis von Auditzeit zu Reisezeit ist bei Nachaudits in der Vor-Ort-Variante meistens sehr schlecht. Die Auditzeit verringert sich, da nur einige Auditthemen mit Nichtkonformitäten verfolgt werden müssen, wohingegen der Reiseaufwand oft gleichbleibt. Interviews und die Einsichtnahme von dokumentierten Informationen können für viele Aspekte als Nachweis dienen. Umsetzungsaspekte, die früher nur durch Beobachtung vor Ort (z. B. veränderte Lagerung und Kennzeichnung fehlerhafter Produkte) überwacht werden konnten, könnten heute mit anderen Mitteln verfolgt werden. Denken Sie hier vor allem an die Möglichkeit, Auditnachweise asynchron zu erfassen. Videoaufzeichnungen oder Fotodokumentationen könnten die Umsetzung vor Ort verifizieren und zusammen mit den Interviews oder dokumentierten Informationen (z. B. über Investitionen, Pläne, Arbeitsanweisungen) ein abgerundetes Bild liefern.

11.7.7 Vorgaben für Remote-Audittätigkeiten bei externen Audits

Zertifizierungsgesellschaften, die Managementsysteme auditieren oder begutachten, müssen sich an die Vorgaben des IAF (International Accreditation Forum) halten. Das IAF hat ein verbindliches Dokument für die Verwendung von Informations- und Kommunikationstechnologien (IKT) für Audit-/Begutachtungszwecke verfasst. Dieses ist unter der Nummer IAF MD 4 bekannt. Dort werden einige Grundsätze bzw. einzelne Anforderungen an die Umsetzung von IKT im Rahmen eines Audits gestellt. Viele der angesprochenen Grundsätze werden auch hier adressiert. Dazu zählt eine angemessene Flexibilität bei gleichzeitiger Aufrechterhaltung der Integrität sowie Prinzipien der Sicherheit und Nachhaltigkeit während der gesamten Audit- und Bewertungstätigkeiten. Wichtig ist, dass eine komplette Erst- oder Rezertifizierung als Remote-Audit nicht vorgesehen ist. Darüber hinaus muss der Remote-Anteil entsprechend einer Risikoeinschätzung festgelegt werden. Der zeitliche Anteil der Remote-Audittätigkeiten muss im Auditbericht angegeben werden. Weitere Regelungen können aus dem aktuellen Dokument entnommen werden.

11.8 Layered Process Audit

Ein Layered Process Audit (LPA) ist eine Art von Auditprogramm, welches die verschiedenen Hierarchieebenen in die Auditierung der Prozesse einbezieht. Dieses neue Auditvorgehen wird von der AIAG (Automotive Industry Action Group) proklamiert und bereits in der amerikanischen Automobilindustrie angewandt.

Diese Art des Auditvorgehens ist vor allem für die Auditierung von Prozessen in Produktionswerken konzipiert. Dabei berücksichtigt dieses Auditprogramm drei Hauptprinzipien:

- Die Audits konzentrieren sich im Schwerpunkt auf Prozesse mit hohen Fehlerrisiken.
- Mitarbeiter verschiedener Managementebenen führen die Audits durch.
- Ein definiertes Berichts- und Maßnahmenverfolgungswesen erleichtert die kontinuierliche Verbesserung.

Die wesentliche überlegenswerte Neuerung besteht vor allem in der Idee des Einsatzes von Auditoren aus verschiedenen Managementebenen. In einem LPA-Auditprogramm führen die jeweiligen Auditoren regelmäßig Audits entsprechend ihrer Managementebene durch. Zum Beispiel auditiert ein Schichtleiter bei einem anderen Schichtleiter die Organisation der Übergabegespräche bzw. der Überwachung der Schichtorganisation. In einem weiteren Audit könnte ein Prozessingenieur oder Qualitätsplaner den Arbeitsprozess aus seiner Perspektive auditieren. Somit wird ein komplettes Prozessaudit durch Auditoren verschiedener Managementebenen durchgeführt, die einen tieferen Einblick in die jeweiligen Tätigkeitsaspekte des Prozesses haben.

Eine notwendige Voraussetzung für die Durchführung derartiger Audits ist, eine große Bandbreite von Personen für die Durchführung von Audits zu schulen, damit die verschiedenen Managementebenen in das Auditprogramm mit einbezogen werden können. In diesem Zusammenhang sind auch Audits zwischen den Werkleitungsebenen oder operativen Bereichen vorstellbar. Der Aufwand für die Durchführung eines derartigen Auditprogramms ist also relativ hoch. Der Vorteil liegt in der Betonung verschiedener Fachkompetenzen und dem erhöhten Erfahrungsaustausch innerhalb der Organisation.

Um den Aufwand für das Auditprogramm eines LPA auf ein sinnvolles Maß zu begrenzen, konzentrieren sich die Audits vor allem auf Prozesse mit hohen Risiken. Hohe Risiken bestehen vor allem in Prozessen mit einer hohen Variantenvielfalt von Produkten oder Herstellungsmethoden. Durch die Einbeziehung von operativen Ebenen sowie der verschiedenen Managementlevel kann die Wirksamkeit von Prozessüberwachungen und Regelungen von den Auditoren detailliert hinterfragt werden. Allerdings müssen die Auditoren auf eine klare Berichterstattung und

Nachvollziehbarkeit ihrer Auditfeststellungen achten. Ein hohes Risiko in dieser Form eines Auditprogramms besteht in einem unkoordinierten Vorgehen der einzelnen Auditoren.

■ 11.9 Risikoaudits

Bedeutung und Begriffsklärung

Die Revision der ISO 9001 enthält als eine wesentliche Neuerung den Ansatz des risikobasierten Denkens. Doch nicht nur das Qualitätsmanagement greift diesen Ansatz auf. Andere Managementsystemdisziplinen haben bereits dieses Themengebiet als wichtigen Faktor in ihren Anforderungen oder sind dabei, dieses zu integrieren. Bild 11.8 zeigt, dass sich neben dem Qualitätsmanagement viele andere Normen wie zum Beispiel die ISO 14001 (Umweltmanagement) oder die ISO 27001 (IT-Sicherheitsmanagement) mit dem Risikomanagement als Querschnittsfunktion auseinandersetzen.

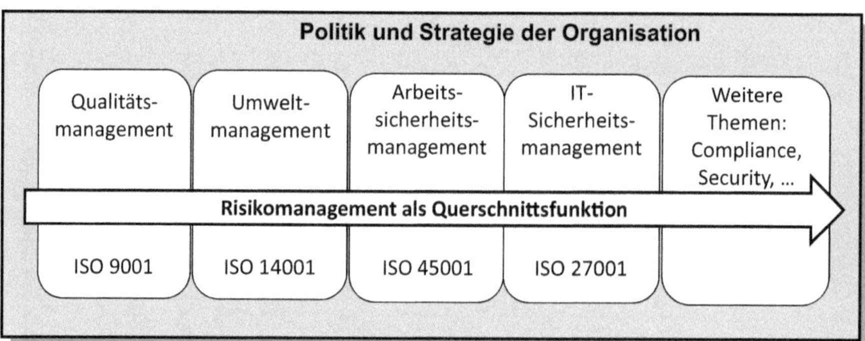

Bild 11.8 Nahtstelle Risikomanagement

Insofern muss die Berücksichtigung dieses Aspekts bei den internen und externen Audits in den jeweiligen Managementsystemen oder in einem integrierten Managementsystem zwangsläufig die Folge sein. Dabei kann das Audit nicht nur den Risikomanagementprozess als Auditthema zum Gegenstand haben, sondern als Methode den Risikomanagementprozess von der Risikoidentifikation bis hin zur Risikobewältigung unterstützen.

Lassen Sie uns allerdings zuerst einen Blick auf den Begriff Risiko werfen, um den Einsatz von Risikoaudits besser planen zu können.

Mit dem Begriff „Risiko“ assoziieren viele Unternehmensverantwortliche einen möglichen, negativen Ausgang bei einer Unternehmung oder bei einem eintretenden Ereignis, womit Nachteile, Verluste oder Schäden verbunden sind. Legt man den lateinischen Ausdruck „risicare“ (übersetzt: etwas wagen, etwas unternehmen) dem Wort Risiko zu Grunde, so verbirgt sich dahinter etwas Positives, eine Chance. Verzichtet beispielsweise ein Unternehmer bewusst darauf, seine Produkte in einen neuen Markt einzuführen, weil er kein Risiko eingehen möchte, verbaut er sich damit die Chancen, Umsatz bzw. Profit zu machen.

Ein Risiko kann somit immer nur in Verbindung mit einer Zielsetzung existieren. Dieser Grundsatz ist für die Betrachtung von Risiken in den verschiedenen Managementsystemen enorm wichtig. Abhängig von der Zielsetzung wird ein zukünftiges Ereignis bezüglich des Risikos für die Disziplin Qualität ggf. anders bewertet als für die Disziplin Umweltmanagement. Qualitätsmanagement und damit die Zielsetzung für qualitätsorientierte Risikoaudits stellen die Erfüllung der Kundenanforderungen und die Steigerung der Kundenzufriedenheit in den Vordergrund. Das mögliche Ereignis, dass durch Unachtsamkeit Öl in die Kanalisation gelangt, hat in den meisten Branchen keine Auswirkung auf die einwandfreie Erbringung der Dienstleistung oder die Herstellung des Produkts. Das Risiko aus Qualitätssicht müssten wir gering einstufen. Aus Umweltsicht wäre dieses Ereignis wahrscheinlich als katastrophal einzustufen. Bild 11.9 veranschaulicht den Zusammenhang verschiedener Begriffe.

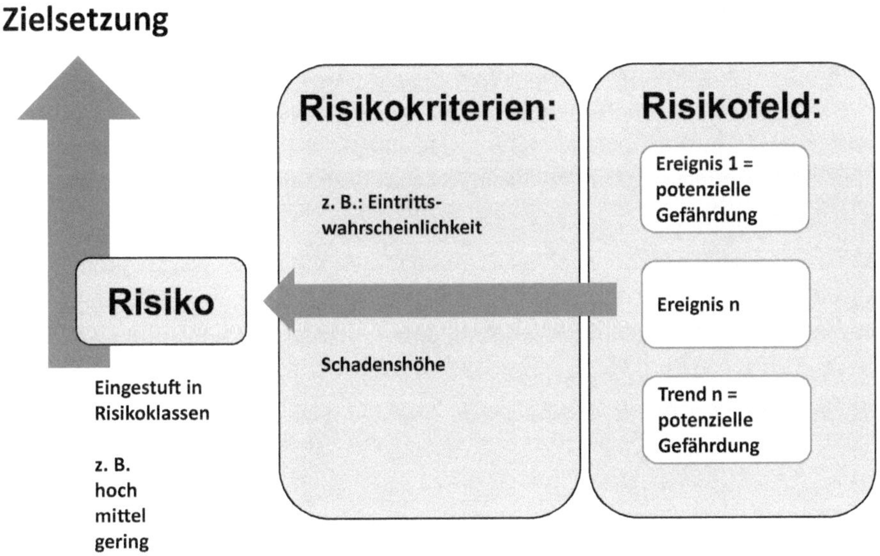

Bild 11.9 Keine Risiken ohne Zielstellung

Sprechen wir also von Risikoaudits, müssen wir im Vorfeld oder bei der Planung klar festlegen, welche Zielsetzung wir für das Audit zugrunde legen, damit auch zielgerichtet entsprechende Risiken durch das Risikoaudit identifiziert bzw. verfolgt werden können. In diesem Buch wollen wir uns vor allem auf das Qualitätsaudit fokussieren und somit die Risiken für die Erfüllung der Kundenanforderungen und die Steigerung der Kundenzufriedenheit in den Fokus stellen.

Einsatzmöglichkeiten

Interne und externe Audits werden immer häufiger zur Unterstützung des Risikomanagementprozesses herangezogen.

Der Risikomanagementprozess gliedert sich im Wesentlichen in vier Phasen, die Sie in Bild 11.10 erkennen können.

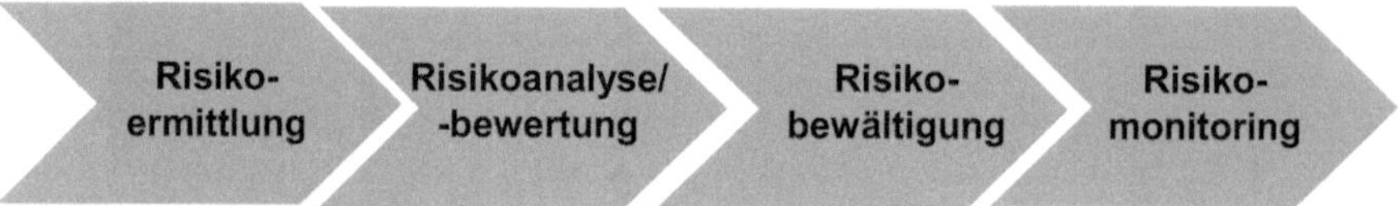

Bild 11.10 Bausteine des Risikomanagementprozesses

Die erste Phase beschäftigt sich mit der Ermittlung und Identifikation von Risiken. Letztendlich geht es um die Suche von Risiken. Diese sollte möglichst systematisch umgesetzt werden, damit die Verantwortlichen potenzielle Risiken nicht übersehen und in der Folge nicht angemessen behandeln können. Hier liegt eine der Hauptunterstützungsmöglichkeiten eines Risikoaudits. Ein objektiver und unabhängiger Auditor kann einen ungetrübten Blick auf einen Prozess, eine Abteilung oder ein System werfen und aus seiner Sicht mögliche Risiken, die ihm während der Interviews, der Dokumentensichtung oder während der Begehungen auffallen, benennen und berichten.

Bei externen Audits wurden bei Lieferantenaudits vor allem Audits unter dem Schlagwort „business continuity“ durchgeführt. Diese haben zum Ziel, mögliche Risiken zu verringern, die den Lieferanten daran hindern könnten, den jeweiligen Kunden termingerecht und in der gewünschten Qualität und Menge zu beliefern.

Risikoaudits könnten somit vor allem im Zuge des Lieferantenmanagements bei kritischen oder *single-source*-Lieferanten eingesetzt werden, um die Stabilität der Zulieferungen zu gewährleisten. Die Liste der möglichen Ereignisse, die die zugesicherte Leistungserbringung gefährden könnten, ist dabei groß und setzt sich aus unterschiedlichsten Risikofeldern zusammen. Der Einsatz von Checklisten zur systematischen Risikoidentifikation ist deswegen unabdingbar.

In der Praxis bietet zum Beispiel die Österreichische Norm ONR 49001-3 Teil 3, „Leitfaden für das Notfall-, Krisen- und Kontinuitätsmanagement", gute Ansatzpunkte zur Identifikation von möglichen Risiken.

Auditprogrammmanager oder Qualitätsmanager könnten diese Ansatzpunkte ebenso auf das eigene Qualitätsmanagementsystem im Zuge interner Audits anwenden. Tabelle 11.5 zeigt beispielhafte Auszüge einer Checkliste zum Kontinuitätsmanagement.

Tabelle 11.5 Checklistenauszug Kontinuitätsmanagement

Risikofeld	Mögliches Ereignis	Handlungsbedarf (rot, gelb, grün)
Produktrückrufe Auswirkung Eingrenzbarkeit Zeitliche Reaktionsmöglichkeiten Klare Verantwortlichkeiten ...		
IT-Systemzusammenbrüche Programmierfehler Manipulationsfehler Schadensereignisse (Feuer) Bösartige Angriffe auf das Betriebssystem ...		
IT-Sicherheitsvorfälle Eindringen Datenmissbrauch Datenverlust durch Viren ...		

Neben dem Einsatz von Checklisten, die sich aus Normen oder branchenspezifischen Risikofeldern (z. B. IT-Security, Hygienestandards) generieren können, kann auch der Einsatz von generischen, prozessorientierten Risikochecklisten hilfreich sein. Als Orientierung dienen dabei Modelle wie das Ishikawa-Diagramm oder das Turtle-Modell. Tabelle 11.6 zeigt mögliche Ansatzpunkte.

Tabelle 11.6 Checkliste zur Identifikation von Prozessrisiken

Lf. Nummer	Risikobetrachtung
	Risiken durch Mitarbeiter (Fehlverhalten)
1.	Mangelnde Qualifikation
2.	Mangelnde Motivation (Überforderung ...)
3.	Mangelnde Information (unklare Anweisungen, Auftrag unklar, unklarer Gesamtzusammenhang ...)
4.	Absichtliches Fehlverhalten (Sabotage, Ignorieren von Anweisungen ...)
5.	...
	Risiken durch Anlagen bzw. Maschinen
6.	Fehlfunktionen durch mangelnde Wartung
7.	Fehlfunktionen durch Materialermüdung
8.	Fehlfunktionen durch Messsystemfehler
9.	Fehlfunktionen durch Software oder Hardwarefehler
10.	Fehlfunktionen durch Handlingfehler
11.	...
	Risiken durch Umwelt
12.	Temperatur, Feuchtigkeit bzw. Klimaveränderungen
13.	Kunden, Besucher ...
14.	Unbefugte Personen
15.	Gesetzesänderungen
16.	...
	Risiken durch Organisation
17.	Informationen nicht weitergeleitet
18.	Auftragsänderungen
19.	Keine Prüfinstanzen
20.	...
	Risiken durch verwendete Rohstoffe, Betriebsmittel, Dienstleistungen
21.	Gefahrenpotenzial
22.	Zusammenlagerung, Reaktionen ...
23.	Entsorgung
24.	...

Zusammenfassend können wir festhalten, dass Risikoaudits zur Identifikation von Risiken einen guten Beitrag liefern können. Doch sind ihrer Anwendung zur Identifikation auch Grenzen gesetzt. Viele Risikomanagementmethoden setzen auf die Berücksichtigung interdisziplinärer Herangehensweisen und die Nutzung verschiedener Erfahrungshorizonte. Dies geschieht nicht ohne Grund. Bei Vorhersagen über die Zukunft – und nichts anderes sind die Einschätzungen von möglichen Ereignissen und Risiken – sollten wir nicht nur auf eine oder zwei individuelle (Auditoren) und damit subjektive Einschätzungen vertrauen. Deswegen sollte das

Risikoaudit entweder als ein Baustein von mehreren Bausteinen zur Risikoidentifikation eingesetzt werden oder die identifizierten Risiken sollten in einem anschließenden Workshop mit den Verantwortlichen und Beteiligten reviewed und gemeinsam bewertet werden.

Sie können Risikoaudits nicht nur bei der Ermittlung von Risiken einsetzen, sondern auch zur Unterstützung der Analyse und Bewertung. Dazu eine kurze Erläuterung über die Hauptfunktion dieses Bausteins im Risikomanagementprozess. Wir können diesen Baustein mit der aus der FMEA bekannten Ermittlung der Risikoprioritätszahl vergleichen. Um das Risiko bewerten zu können, ist eine Analyse erforderlich. Welche Folgen kann das Auftreten eines Ereignisses haben und wie wahrscheinlich wird das Ereignis eintreten? Die hauptsächlich verwendeten Risikokriterien, die zu einer Risikoklasse (Grad der Risikohöhe) führen, sind Schadenshöhe und Eintrittswahrscheinlichkeit. Der Auditor hat somit die Aufgabe, nicht nur mögliche eintretende Ereignisse zu ermitteln, sondern auch darzustellen, welche Folgen die Situation haben kann. Darüber hinaus kann er ggf. auch Zahlen, Daten und Fakten über die bisherige Häufigkeit von Ereignissen sammeln, um eine bessere Einschätzung der zukünftigen Eintrittswahrscheinlichkeit der Ereignisse zu gewährleisten.

In den uns bekannten Risikoaudits wird der Auditor auch immer aufgefordert, seine Einschätzung des Risikos (Risikoklasse) auf Basis von Schadenshöhe und Eintrittswahrscheinlichkeit im Auditbericht mit anzugeben und den jeweiligen Handlungsbedarf aus seiner Sicht einzustufen. Bild 11.11 kann als Schema zur Ermittlung der Risikoklasse dienen.

Risikokriterien:	**Schadensfolge**				
Wahrscheinlichkeit	unkritisch 1	gering 2	mittel 3	groß 4	katastrophal 5
A (sehr wahrscheinlich)	**Hoch**	**Hoch**	**Extrem**	**Extrem**	**Extrem**
B (wahrscheinlich)	**Mittel**	**Hoch**	**Hoch**	**Extrem**	**Extrem**
C (möglich)	**Gering**	**Mittel**	**Hoch**	**Extrem**	**Extrem**
D (unwahrscheinlich)	**Gering**	**Gering**	**Mittel**	**Hoch**	**Extrem**
E (sehr unwahrscheinlich)	**Gering**	**Gering**	**Mittel**	**Hoch**	**Hoch**

Risikoklassen:

Extrem:	**extrem hohes Risiko, Sofortmaßnahmen erforderlich**
Hoch:	**hohes Risiko, Aufmerksamkeit durch Top-Management**
Mittel:	**mittleres Risiko, Führungsverantwortung**
Gering:	**geringes Risiko, Routineverfahren anwenden**

Bild 11.11 Bausteine des Risikomanagementprozesses

Der Auditbericht des Risikoaudits enthält somit die Darstellung der Risikosituation aus Sicht des Auditors.

Die nächste Phase im Risikomanagementprozess ist die Risikobewältigung. Das Risikoaudit kann hier nur begrenzt unterstützen.

Die Festlegung von Maßnahmen obliegt dem Verantwortlichen des auditierten Bereichs. Der auditierte Bereich verfügt über die Ressourcen und muss letztendlich den Handlungsbedarf aus seiner Sicht bewerten. Er entscheidet über die Einleitung von Maßnahmen. Würde der Auditor die Maßnahmen festlegen, würde die Verantwortlichkeit vom auditierten Bereich zum Auditor wechseln. Das Auditwesen könnte so organisiert werden, dass der Auditor auch noch die Aufgabe hat, Maßnahmenvorschläge (zumindest für die Top-Risiken) zu unterbreiten. Die Entscheidung muss allerdings beim auditierten Bereich bleiben.

Als Risikobewältigungsstrategien dienen vor allem die folgenden grundsätzlichen Herangehensweisen:

- *Vermeidung*

  Das Risiko kann durch Verzicht auf die Zielsetzung und somit die Verringerung der Eintrittswahrscheinlichkeit auf null vermieden werden. Zum Beispiel könnten wir auf die Belieferung des Kunden verzichten und keinen Vertrag mit ihm abschließen.

- *Verminderung*

  Das Unternehmen legt Richtlinien und Grenzwerte fest, welche Risiken bis zu welcher Höhe eingegangen werden dürfen und wie diese zu behandeln sind. Ziel ist es, Schäden zu begrenzen bzw. zu vermindern. Dabei können sowohl Maßnahmen zur Begrenzung der Schadenshöhe (z.B. Produktion kleinerer Chargen, um Auswirkungen bei Rückrufaktionen zu minimieren) als auch Maßnahmen zur Verringerung von Eintrittswahrscheinlichkeiten (z.B. Pilotphasen) angedacht werden.

- *Übertragung*

  Ziel dieser Behandlungsstrategie ist es, das Risiko auf ein anderes Unternehmen zu übertragen. In den meisten Fällen geschieht dies durch Abschluss einer Versicherung. Dies kann nur für versicherbare Risiken geschehen.

- *Kompensation*

  Ein Restrisiko, das nach Einsatz anderer Maßnahmen verbleibt, oder geringe Einzelrisiken können vom Unternehmen selbst getragen werden. Zur Kompensation des Risikos bietet es sich z.B. an, Ersatzbestände, Zeitpuffer zu bilden.

Sie als Auditprogrammmanager können das Risikoaudit als unterstützendes Werkzeug zur Verfolgung der Wirksamkeit der getroffenen Risikohandlingmaßnahmen in der vierten Phase des Risikomanagementprozesses einsetzen. Selbst wenn die

Risikoermittlung sowie die Analyse und Bewertung durch andere Methoden im Unternehmen bewerkstelligt wurden, kann das Risikoaudit dazu genutzt werden, die wirksame Umsetzung der getroffenen Maßnahmen zu verfolgen. In den jeweiligen Auditaufträgen müssten nur klar die Aufgabenstellung und die Zielsetzung des jeweiligen Audits benannt werden. Die Vorgehensweise unterscheidet sich dann kaum von einem herkömmlichen Qualitätsaudit, da auch hier Standards und Zielsetzungen auf ihre Umsetzung in der Praxis und auf ihre Wirksamkeit hin hinterfragt werden.

Der Anteil von „Risikoaudits" wird in den verschiedensten Managementsystemdisziplinen sehr wahrscheinlich ansteigen und vor allem als Querschnittsfunktion in integrierten Managementsystemen eine Rolle spielen.

12 Interpretation der ISO 9001 für Auditoren

Darum geht es

- Beispiele für die Umsetzung der Norm aus Sicht des Auditors
- Konkrete Fallbewertungen aus der Praxis
- Hilfestellung für Auditorenausbildungen oder Erfahrungsaustausch

12.1 Allgemeine Hinweise

Das folgende Kapitel beschäftigt sich mit der Interpretation der ISO 9001 aus Auditorensicht. Die nachfolgende Interpretation kann den Auditoren nur eine Richtung beziehungsweise einen Eindruck von den Zielen der Anforderungen geben. Die in der Norm verabschiedeten Anforderungen stellen den kleinsten gemeinsamen Nenner der beteiligten Mitgliedsländer an der ISO dar. Deswegen geht jede weitere Interpretation über diesen gemeinsamen Nenner hinaus und kann somit zu unangemessenen Ergebnissen führen. Trotzdem erleichtern Beispiele und Hilfestellungen die Auslegung der Normanforderungen. Eine ähnliche Vorgehensweise wird zum Beispiel in den VDA-Bänden zum Qualitätsmanagement in der Automobilindustrie gewählt.

Darüber hinaus raten wir jedem Auditor, den englischen Originaltext sowie die Hinweise der ISO 9004 zur Interpretation heranzuziehen. Zum einen ergeben sich aus dem englischen Originaltext immer wieder Hinweise zur Bedeutung bestimmter Begriffe, zum anderen ermöglicht die ISO 9004 die Abgrenzung der Mindestanforderungen der ISO 9001 zu weiterführenden Gedanken der ISO 9004.

12.2 Kontext der Organisation (Kapitel 4 der Norm)

Tabelle 12.1 Verstehen der Organisation und ihres Kontextes (Kapitel 4.1)

Nr.:	Fragen und Anforderungen	Erläuterungen und Beispiele
1	Kann ein Auditor das Fehlen eines internen oder externen Themas als Nichtkonformität einstufen?	Ja, wenn die Fähigkeit der Organisation beeinträchtigt ist, die beabsichtigten Ergebnisse zu erreichen. Dies könnte zum Beispiel zutreffen, wenn anstehende Gesetzesänderungen (z. B. Verbot bestimmter Einsatzstoffe) die Auslieferung zugesicherter Produkte verhindern. Das Fehlen der Überwachung der Innovationsfähigkeit von Wettbewerbern als externes Thema kann zum Beispiel nicht als Nichtkonformität eingestuft werden, da die Fähigkeit des Unternehmens nicht direkt beeinflusst ist. TIPP: Bei der Festlegung von externen und internen Themen sollte jedes Unternehmen vor allem das präventive Entdecken von zukünftigen Entwicklungen im Fokus haben, statt sich nur auf ein Mindestmaß an Überwachung zu begrenzen.
2	Wie müssen die Überwachung und Überprüfung der externen und internen Themen nachgewiesen werden?	Ein explizites dokumentiertes Vorgehen ist nicht gefordert. TIPP: Die Überwachung und die Ergebnisse (Erkenntnisse) könnten im Rahmen der Managementbewertung dargestellt werden.
3	Muss eine Strategie in dokumentierter Form vorliegen?	Nein, nicht in dokumentierter Form. Jedoch muss die oberste Leitung eine strategische Ausrichtung argumentieren können.
4	Darf/muss ein Auditor eine aus seiner Sicht unbrauchbare Strategie als Nichtkonformität ausweisen?	Nein, inhaltliche Bewertungen sind im Audit nicht zulässig, jedoch kann auf die Gefahr und die Risiken hingewiesen werden.
5	Müssen explizit strategische Analysen wie SWOT, Wettbewerbs- oder Marktanalysen vorliegen, um die Bestimmung der relevanten externen Themen nachweisen zu können.	Nein, nicht explizit. Obwohl sie sinnvoll wären. Es muss jedoch z. B. durch das Auditinterview ein eindeutiger Nachweis erbracht werden, dass sich die oberste Leitung mit diesen Themen auseinandergesetzt hat.

Tabelle 12.2 Verstehen der Erfordernisse und Erwartungen interessierter Parteien (Kapitel 4.2)

Nr.:	Fragen und Anforderungen	Erläuterungen und Beispiele
1	Sind alle „Stakeholder" einer Organisation als interessierte Parteien anzusehen?	Nein, nur diejenigen, welche Einfluss auf die Fähigkeit des Unternehmens zur Erbringung der beständigen Bereitstellung von Produkten und Dienstleistungen haben. Dies kommt jedoch auf den Einzelfall an. Anwohner sind für eine Event-Agentur, die Rockkonzerte veranstaltet, eine relevante interessierte Partei im Sinne der ISO 9001. Anwohner in einem Gewerbegebiet sind für ein Softwareentwicklungsunternehmen keine relevante interessierte Partei im Sinne der ISO 9001. TIPP: In erster Linie bestimmt auch hier die Organisation selbst die Relevanz der interessierten Parteien. Dies ermöglicht vor allem den Dienstleistungsunternehmen, zum Beispiel einem Krankenhaus, breitere Ansatzpunkte.
2	Müssen die Anforderungen der Mitarbeiter mit einer Mitarbeiterzufriedenheitsbefragung überwacht werden?	Nein. Im Fokus liegt nicht das „Wohlfühlklima" für die Mitarbeiter, sondern die notwendigen Rahmenbedingungen für die einwandfreie Produkt- und Dienstleistungserbringung. TIPP: Befragungen, die auf Störfaktoren oder auf fördernde Faktoren zur Leistungserbringung abzielen, wären eine Möglichkeit, die Anforderungen der relevanten interessierten Partei „Mitarbeiter" zu überwachen.
3	Muss die Zufriedenheit aller interessierten Parteien gemessen werden?	Nein. Aber die Organisation muss ausreichende Informationen sammeln und auswerten, um z. B. im Managementreview zu bewerten, ob das angewandte Qualitätsmanagementsystem die relevanten Anforderungen der relevanten interessierten Parteien trifft. TIPP: Befragungen in Anlehnung/Erweiterung an eine Kundenzufriedenheitsmessung könnten eine sinnvolle Möglichkeit sein, die Anforderungen abzufragen und auf Erreichung zu überprüfen.

Tabelle 12.3 Festlegen des Anwendungsbereichs des Qualitätsmanagementsystems (Kapitel 4.3)

Nr.:	Fragen und Anforderungen	Erläuterungen und Beispiele
1	Welche Anforderungen der Norm darf ein Unternehmen als nicht zutreffend definieren?	Eine Organisation darf Anforderungen theoretisch aus allen Abschnitten der ISO 9001 als nicht zutreffend einstufen, sofern die Nichtanwendbarkeit dokumentiert begründet werden kann. Der Anhang A.5 gibt allerdings folgenden Hinweis: „Die Organisation kann nur dann entscheiden, dass eine Anforderung nicht zutreffend ist, wenn ihre Entscheidung zu keinem Misserfolg beim Erreichen der Konformität von Produkten und Dienstleistungen führt.“ Im Anwendungsbereich der ISO 9001 wird noch Folgendes festgestellt: „Alle in dieser Internationalen Norm festgelegten Anforderungen sind allgemeiner Natur und auf alle Organisationen zutreffend, ...“ In der Praxis bedeutet dies, dass wahrscheinlich nur einzelne Teilanforderungen der ISO 9001 als nicht zutreffend eingestuft werden können. Zum Beispiel könnte ein Trainingsanbieter einzelne Anforderungen des Abschnitts „7.1.5 Ressourcen zur Überwachung und Messung“ als nicht zutreffend definieren. Die bisherige Praxis, vor allem im Dienstleistungsbereich, den Abschnitt „Entwicklung“ komplett auszuschließen, ist durch die Erweiterung der „Entwicklung“ auf Prozessentwicklung so gut wie nicht mehr möglich.
2	Muss ein Qualitätsmanagementhandbuch im Unternehmen vorhanden sein?	Nein, die ISO 9001 erwähnt mit keinem Wort die Notwendigkeit eines Qualitätsmanagementhandbuchs. Viele Organisationen besitzen jedoch aus der Historie ein Qualitätsmanagementhandbuch. TIPP: Auditoren sollten überprüfen, ob die Festlegungen in „traditionellen QM-Handbüchern“ redundante Regelungen enthalten und somit keinen effizienten Beitrag zur Verwirklichung des Qualitätsmanagementsystems liefern. Als zentrale Übersicht mit der Klärung des Anwendungsbereichs und der Bestimmung der Prozesse sind Qualitätsmanagementhandbücher geeignet, das Qualitätsmanagementsystem zu unterstützen.
3	Kann ich bei offensichtlichen Verstößen gegen Umweltgesetze oder andere Regelungen, die nicht unmittelbar dem Qualitätsbereich zuzuordnen sind, ein Nachaudit ansetzen?	Ja, falls sich die Verstöße auf produktbezogene behördliche und gesetzliche Anforderungen beziehen. Zum Beispiel könnte dies Anforderungen an die CE-Kennzeichnung, Hygienestandards, Produkthaftungsaspekte, zugesicherte ökologische Herstellungsverfahren etc. betreffen.

Nr.:	Fragen und Anforderungen	Erläuterungen und Beispiele
		Grundsätzlich zieht der Auditor die Anforderungen gesetzlicher Art aus Umwelt-, Arbeitssicherheits-, Finanz- und Risikomanagement nicht in Betracht. Dies erläutert die ISO 9001 eingehend im Kapitel 04: „Diese internationale Norm enthält keine spezifischen Anforderungen, die für andere Managementsysteme wie Umweltmanagementsysteme, Arbeitsschutzmanagementsysteme oder Finanzmanagementsysteme spezifisch sind." Außerdem stellt die ISO 9001 in keinem Abschnitt die Anforderung auf, die dafür notwendigen gesetzlichen und behördlichen Grundlagen zu ermitteln. Das heißt zum Beispiel, dass eine mit dem Gesetz nicht konforme Lagerung von Gefahrstoffen (Lagertanks, Tankstelle) eines Spediteurs nicht zwangsläufig Thema eines Zertifizierungsaudits gemäß ISO 9001 ist.

Tabelle 12.4 Qualitätsmanagementsystem und dessen Prozesse (Kapitel 4.4)

Nr.:	Fragen und Anforderungen	Erläuterungen und Beispiele
1	Was versteht man unter der Anforderung „die Prozesse bestimmen, die für das QM-System benötigt werden"?	Für den Auditor soll erkennbar sein, dass die Organisation für sich Prozesse definiert hat. Dies kann durch Darstellung einer Übersichtsgrafik aller Unternehmensprozesse oder durch Querverweise zwischen Prozessbeschreibungen erfolgen. TIPP: Hinterfragen Sie, ob Prozesseingaben bzw. Ergebnisse bei der Definition der Prozesse einbezogen wurden.
2	Muss diese Festlegung schriftlich erfolgen?	Dokumentierte Informationen müssen im erforderlichen Umfang zur Unterstützung der Durchführung der Prozesse vorhanden sein. Das heißt in der Praxis, dass ein Auditor zumindest die Benennung der Prozesse erwarten kann. Meistens führt die intensive Betrachtung dieser Forderung zur Gestaltung einer Prozesslandschaft. Der Detaillierungsgrad orientiert sich dabei an der Zielsetzung der Visualisierung. Die erste dargestellte Ebene sollte jedoch immer nur so abstrakt dargestellt sein, dass sie für den Mitarbeiter einen Mehrwert (Transparenz) bietet. Aus unserer Erfahrung ist in vielen Unternehmen eine Einteilung in Führungsprozesse, Kernprozesse und Unterstützungsprozesse möglich. Erfahrungsgemäß ergeben sich meistens ca. zehn bis zwanzig Prozesse. Diese können in weitere Teilprozesse unterteilt werden.

Tabelle 12.4 Qualitätsmanagementsystem und dessen Prozesse (Kapitel 4.4) *(Fortsetzung)*

Nr.:	Fragen und Anforderungen	Erläuterungen und Beispiele
3	Wie detailliert müssen diese Prozesse dargestellt werden?	Eine grundsätzliche Festlegung dazu gibt es nicht. Der erforderliche Umfang der dokumentierten Informationen soll so sein, dass darauf vertraut werden kann, dass die Prozesse wie geplant durchgeführt werden. Das Unternehmen legt dabei den Grad der erforderlichen Dokumentation für das wirksame Durchführen und Steuern fest (siehe 7.5.1 „... dokumentierte Information, welche die Organisation als notwendig für die Wirksamkeit des Qualitätsmanagementsystems bestimmt hat"). Zu beachten ist, dass die Art der Dokumentation sehr unterschiedlich gestaltet werden kann. So reicht das Verständnis für eine dokumentierte Festlegung von einem umfangreich und detailliert in Papierform verfassten Ordner (Lesebuch) über die zusammenfassende Kurzdarstellung aller zu dokumentierenden Festlegungen in Matrixform und Listen (Klammerfunktion) bis hin zu einer definierten elektronischen Dateienstruktur im Intranet (Arbeitsmasken).
4	Gibt es Prozesse, die im Sinne der ISO 9001 nicht qualitätsrelevant sind?	Ja, es gibt Prozesse, die in der ISO 9001 nicht direkt angesprochen sind. Jede Organisation sollte sich jedoch überlegen, ob diese Prozesse nicht in dem Qualitätsmanagementsystem berücksichtigt werden sollten. Beispiele für nicht in der ISO 9001 berücksichtigte Prozesse können sein: ▪ Lohnbuchhaltung ▪ Rechnungsstellung ▪ Prozesse im Finanzmanagement ▪ Prozesse im Arbeitssicherheitsmanagement

12.3 Führung (Kapitel 5 der Norm)

Tabelle 12.5 Führung und Verpflichtung (Kapitel 5.1)

Nr.:	Fragen und Anforderungen	Erläuterungen und Beispiele
1	Wie bewerte ich die Aussage einer Geschäftsführung „um das QM-System kümmert sich der QMB, der macht dazu alles Notwendige“?	Gibt es keine weiteren Erläuterungen, indem die Geschäftsführung für ihre eigene aktive Mitarbeit klare Zeichen setzt, ist dies eine Nichtkonformität in Bezug auf die Anforderungen der ISO 9001: Sie muss zum Beispiel ihre Führung und Verpflichtung zeigen, indem sie „... die Bedeutung eines wirksamen Qualitätsmanagements sowie die Wichtigkeit der Erfüllung der Anforderungen des Qualitätsmanagementsystems vermittelt“. Die Norm spricht die oberste Leitung persönlich an. Deswegen muss die Geschäftsführung bei dieser Anforderung in irgendeiner Weise eine aktive Rolle einnehmen.
2	Muss die oberste Leitung die Qualitätsziele selbst festlegen?	Nein. Hier wird nur das Sicherstellen der Festlegung der Qualitätsziele von der obersten Leitung gefordert.
3	Wie kann ein Vorstand nachweislich sicherstellen, dass die Anforderungen der Kunden und zutreffende gesetzliche sowie behördliche Anforderungen bestimmt, verstanden und beständig erfüllt werden?	Bereitstellung und Förderungen, zum Beispiel: ▪ Direkte Kundenbefragungen vor Erbringung der Dienstleistung oder Entwicklung, Produktion und Verkauf des Produkts ▪ Klare Schnittstellendefinition: Marketing-entwicklung ▪ Von Kunden genehmigte Produktspezifikationen ▪ Qualitätsvereinbarungen mit Kunden ▪ Wettbewerbsanalysen, Portfolioanalysen und/oder andere Managementinstrumente ▪ Anwendung von Q-Werkzeugen, wie QFD etc. ▪ Gemeinsame Besprechungen, Gremien etc. des Außendienstpersonals und von Mitarbeitern der Produktion ▪ Systematische Berücksichtigung von Marktforschungsergebnissen bei der Entwicklung oder der Produktrealisierung ▪ Prozess zur Gesetzeseinsteuerung ▪ Verantwortliche für die Beobachtung und Einbringung gesetzlicher und behördlicher Veränderungen

Tabelle 12.6 Politik (Kapitel 5.2)

Nr.:	Fragen und Anforderungen	Erläuterungen und Beispiele
1	Wie kann ich als Auditor erkennen, dass die Qualitätspolitik die strategische Ausrichtung unterstützt und für den Kontext der Organisation angemessen ist?	Mögliche Nachweise: ▪ Strategische Erfolgsfaktoren sind definiert und als Qualitätskennzahlen in den Prozessen verankert. ▪ Qualitätspolitische Aussagen stimmen mit dem Kontext und den strategischen Aussagen und Programmen überein. ▪ Prozessmanagement (Messung von Prozessen, Benennung der Schlüsselprozesse) ist eng verknüpft mit den Formulierungen zur strategischen Ausrichtung (Vision, Mission, Strategien etc.)
2	Mit welchen Maßnahmen kann die oberste Leitung sicherstellen, dass die Qualitätspolitik vermittelt und verstanden wird?	Instrumente zur Vermittlung: ▪ Aushänge ▪ Schriftliche Informationen ▪ Mitarbeitergespräche ▪ Bekanntgabe bei Betriebsversammlungen ▪ Tagungspunkt bei Gesprächsroutinen ▪ Einbeziehung der Mitarbeiter bei Erstellung in Form von Workshops, Leitbildentwicklungen etc. Zu beachten ist, dass beispielsweise über Aushänge alleine die Q-Politik meistens nicht vermittelt werden kann. Ob die Mitarbeiter die Q-Politik verstanden haben, muss die Geschäftsleitung über ein Feedback sicherstellen. Instrumente zur Einholung von Feedback: ▪ Mitarbeiterbefragungen ▪ Selbstbewertungen ▪ Audits ▪ Qualitätskennzahlen (Kundenzufriedenheitsindex, Fehlerquote etc.)

Tabelle 12.7 Rollen, Verantwortlichkeiten und Befugnisse der Organisation (Kapitel 5.3)

Nr.:	Fragen und Anforderungen	Erläuterungen und Beispiele
1	Ist der Aufsichtsrat die oberste Leitung in einer Aktiengesellschaft?	Nein. Es ist diejenige Funktion, die im Tagesgeschäft die Ressourcen zur Verfügung stellt, in diesem Fall der Vorstand des Unternehmens.
2	Müssen Stellenbeschreibungen vorhanden sein?	Nein. Die Organisation kann Verantwortungen und Befugnisse über Ablaufbeschreibungen sowie Arbeitsverträge oder Ähnliches regeln. Eindeutige Stellenbeschreibungen sind im Zuge von Festlegungen von Pflichten im Sinne des Arbeitsschutzes oder bei der Produktion von sicherheitsrelevanten Produkten für die jeweiligen Vorgesetzten von Vorteil.

Nr.:	Fragen und Anforderungen	Erläuterungen und Beispiele
3	Ist das Fehlen einer Stellvertretungsliste eine Abweichung?	Nein. Die Organisation kann eine Stellvertretung in anderer Form regeln. Beispiel: ▪ Festlegung des Stellvertreters auf Urlaubsschein ▪ Festlegung des Stellvertreters durch die Geschäftsführung in der Morgenbesprechung ▪ Verteilung der zu vertretenden Aufgabengebiete in Besprechungsroutinen
4	In welcher Art und Weise muss der obersten Leitung über die Leistungen des Qualitätsmanagementsystems berichtet werden?	Die oberste Leitung kann sich von einer Person, zum Beispiel durch einen Qualitätsmanagementbeauftragten, über die Leistungen gesammelt informieren lassen. Alternativ können auch die einzelnen Prozessverantwortlichen über die jeweiligen Prozessergebnisse und z. B. ein QM-Koordinator über die Leistung und die Verbesserungsmöglichkeiten einzeln berichten. Dies könnte als Input in die jährliche Managementbewertung einfließen. Ansonsten ist die Art und Weise der Berichterstattung durch die ISO 9001 nicht vorgegeben. Folgende Methoden könnten für die Berichterstattung in Betracht gezogen werden: ▪ Jährlicher schriftlicher Qualitätsbericht ▪ Mündliche Berichterstattung in persönlichen Gesprächen ▪ Berichterstattung bei Meetings ▪ Weiterleitung von Auditberichten, Statistiken etc.
5	Wie kann die Sicherstellung der Förderung der Kundenorientierung nachgewiesen werden?	Anregung: ▪ Workshops zur Umsetzung von Kundenanforderungen ▪ Schulungen ▪ Anbringung von Aushängen an Infotafeln (Statistiken zu Reklamationen, Ergebnissen von Kundenzufriedenheitsbefragungen, Anerkennungsschreiben von Kunden etc.) ▪ Beiträge in Unternehmenszeitschriften ▪ Workshops gemeinsam mit Kunden ▪ Mitnehmen von Mitarbeitern zu Kunden ▪ Unternehmensbeteiligungsmodelle ▪ Installation eines betrieblichen Vorschlagswesens mit diesem Schwerpunkt als Themenspeicher ▪ Darstellung von Fehlerkosten

Tabelle 12.7 Rollen, Verantwortlichkeiten und Befugnisse der Organisation (Kapitel 5.3) *(Fortsetzung)*

Nr.:	Fragen und Anforderungen	Erläuterungen und Beispiele
6	Für welche relevanten Rollen sollten gängiger Weise Verantwortlichkeiten und Befugnisse zugewiesen werden?	In erster Linie hängt dies von der gewählten Organisationsstruktur der Organisation ab. Wir würden als Auditoren nach klaren Verantwortungen und Befugnissen für folgende Rollen Ausschau halten: Aufteilung der Verantwortung bei mehreren Geschäftsführern Befugnisse des Qualitätsbeauftragten oder Qualitätsmanagementkoordinators Aufteilung der Befugnisse zwischen Prozessverantwortlichen und Abteilungsleitern Aufgaben, Befugnisse und Bekanntheit von speziellen „Beauftragtenfunktionen", wie zum Beispiel Datenschutz oder Arbeitssicherheit

■ 12.4 Planung (Kapitel 6)

Tabelle 12.8 Maßnahmen zum Umgang mit Risiken und Chancen (Kapitel 6.1)

Nr.:	Fragen und Anforderungen	Erläuterungen und Beispiele
1	Müssen Maßnahmen für ein drohendes Risiko „sinkende Unternehmensgewinne durch steigende Rohstoffpreise" bestimmt werden?	Nein, da die ISO 9001 auf die Identifikation von Risiken und Chancen abzielt, die die beabsichtigten Ergebnisse des QM-Systems beeinflussen (z. B. Erfüllung von Kundenanforderungen, Steigerung der Kundenzufriedenheit).
2	Müssen Risiken und Chancen nur benannt oder auch priorisiert werden?	Explizit ist die Forderung nach einer Einteilung in Risikoklassen oder eines Handlungsbedarfs bezüglich der Risiken nicht gefordert. Indirekt muss diese Überlegung auf jeden Fall eine Rolle spielen, da die Maßnahmen zum Umgang mit Risiken „proportional zur möglichen Auswirkung auf die Konformität von Produkten und Dienstleistungen" sein sollen. Wir würden eine Bewertung der Risikohöhen oder des Handlungsbedarfs dokumentiert vornehmen.

Tabelle 12.9 Qualitätsziele und Planung zu deren Erreichung (Kapitel 6.2)

Nr.:	Fragen und Anforderungen	Erläuterungen und Beispiele
1	Muss jeder Mitarbeiter persönliche Qualitätsziele haben?	Nein. Die Norm fordert für relevante Funktionen, Ebenen und Prozesse die Festlegung von Qualitätszielen. Die Organisation selbst kann die zutreffenden Funktionen, Prozesse und Ebenen definieren. Umsetzungsbeispiele: ▪ Festlegung von persönlichen Zielen bei Mitarbeitergesprächen ▪ Abteilungsziele mit jeweiliger Kaskadierung auf Mitarbeiter ▪ Unternehmensziele mit konkreten Maßnahmen für alle Abteilungen und Ebenen in einem Unternehmensprogramm zusammengefasst ▪ Mindestens ein Qualitätsziel pro Kernprozess
2	Kann das Ziel, „den Umsatz um 10 % gegenüber dem Vorjahr zu steigern", ein Qualitätsziel sein?	Ja, für die Qualität des Vertriebsprozesses kann der erzielte Umsatz ein Indikator sein. Hätten Sie als Unternehmen allerdings nur dieses Ziel, würde dieses Ziel nicht ausreichen, da folgende Anforderung nicht erfüllt ist: „für die Konformität von Produkten und Dienstleistungen sowie für die Steigerung der Kundenzufriedenheit relevant sein".
3	Wie können messbare Ziele in Dienstleistungen aussehen?	Beispiele: ▪ Erreichbarkeit: in Stunden ▪ Höflichkeit: in Beschwerdeanzahl ▪ Bewertungen bei Supervisionen ▪ Durchlaufzeiten bei Angeboten, Reklamationsbearbeitung etc.
4	Müssen Maßnahmen zur Erreichung der Qualitätsziele in dokumentierter Form vorliegen?	In der Theorie: nein In der Praxis: ja. Als Auditor kann ich die dokumentierte Festlegung von Maßnahmen nur empfehlen, da die Erfahrung zeigt, dass in den Auditinterviews das geforderte Bestimmen von Planung zum Erreichen der Qualitätsziele ohne Dokumentation zu widersprüchlichen Aussagen zu Verantwortung, Termin, Art der Ergebnisbewertung etc. führt. Die Schlussfolgerung liegt in einer Nichtkonformität zur Bestimmung der Planung zum Erreichen der Qualitätsziele.
5	Müssen längerfristige Ziele (länger als ein Jahr) in dokumentierter Form vorhanden sein?	Nein. Die zu dokumentierenden Q-Ziele müssen zu den strategischen (langfristigen) Unternehmenszielen passen und sich daraus ableiten. Eine dokumentierte Zielkaskade von z. B. langfristigen Dreijahreszielen zu Einjahreszielen ist nicht explizit gefordert.

Tabelle 12.10 Planung von Änderungen (Kapitel 6.3)

Nr.:	Fragen und Anforderungen	Erläuterungen und Beispiele
1	Wie kann ein Unternehmen die Planung von Änderungen des Qualitätsmanagementsystems nachweisen?	Beispiele: ▪ Projektmanagement zur Einführung neuer Prozesse ▪ Berücksichtigung bei Budgetfestlegungen ▪ Risikoabschätzungen von Änderungen ▪ Managementbewertungen; Strategiesitzungen ▪ Prozessfestlegung zur Beschreibung der Optimierung von Prozessen ▪ Workshops zur Änderungsbewältigung
2	Wie kann ein Beispiel für Integrität des Qualitätsmanagementsystems während der Umsetzung von Änderungen aussehen?	Beispiele: ▪ Festlegung von Stellvertretungen, Festlegung kommissarischer Verantwortungen etc. ▪ Projektmanagement für das Änderungsprojekt ▪ Festlegung zusätzlicher temporärer Prüfungen bei Prozessveränderungen ▪ Festlegung von Notfallmaßnahmen bei Prozessumstellungen (erhöhte Lagerkapazität, Verlagerung von Leistungen auf Lieferanten etc.) ▪ Redundante Vorgehensweisen in der Übergangsphase (Beispiel: Umstellung von Papier auf EDV-Dokumentation)

12.5 Unterstützung (Kapitel 7 der Norm)

Tabelle 12.11 Ressourcen (Kapitel 7.1)

Nr.:	Fragen und Anforderungen	Erläuterungen und Beispiele
Allgemeines (Kapitel 7.1.1)		
1	Wie kann die Organisation die Bestimmung und Bereitstellung von erforderlichen Ressourcen nachweisen?	Beispiele: ▪ Personalentwicklungspläne ▪ Investitionspläne ▪ Selbstbewertungen ▪ Mitarbeiterbefragungen ▪ Budgetplanungen ▪ Arbeitsplatzanalysen ▪ Unternehmensprogramm (Qualitätsziel, Maßnahme, Verantwortlicher, Termin, Ressourcenbedarf) ▪ Verträge mit externen Dienstleistern (z. B. Telekommunikation, IT ...)

Nr.:	Fragen und Anforderungen	Erläuterungen und Beispiele
		Zu unterscheiden ist die Bedeutung in den Begriffen Bestimmen und Bereitstellen. Alleine das Festlegen reicht nicht aus, um diese Anforderung zu erfüllen. Es muss auch ein Prozedere zur Bereitstellung (Umsetzung) nachvollziehbar sein.
Personen (Kapitel 7.1.2)		
1	Beziehen sich die Forderungen dieses Abschnitts auch auf Leiharbeiter oder Personal von Subunternehmern?	Ja, dies kann sich auch auf das Personal von Subunternehmern beziehen (siehe 7.2 Kompetenz: „Personen, die unter ihrer Aufsicht Tätigkeiten verrichten“).
2	Kann unter diesem Kapitel eine Kapazitätsplanung mit der Festlegung ausreichend qualifizierter Mitarbeiter zu den jeweiligen Einsatzgebieten abgefragt werden?	Ja. Hier wird die Planung von ausreichender „Menge/Köpfen“ an qualifiziertem Personal für die jeweiligen benötigten Einsatzgebiete innerhalb des Qualitätsmanagementsystems gefordert.
Infrastruktur (Kapitel 7.1.3)		
1	Wie ist der Begriff „instand halten“ zu interpretieren?	Damit sind Instandhaltungs- und Sicherungsaktivitäten, einschließlich Reparaturen, gemeint. Eine vorbeugende Instandhaltung wird nicht explizit gefordert.
2	Kann ich das Aufzeichnen von Wartungsarbeiten fordern?	Nein. Das Unternehmen legt selbst die notwendige Art und Weise der Dokumentation fest. Allerdings müssen gesetzliche Vorgaben berücksichtigt werden.
3	Wie ist im Audit dieser Fall zu bewerten? Aufgrund fehlender Lagerkapazitäten werden witterungsunbeständige Halbzeuge im Außenbereich gelagert.	Die Vorgehensweise ist nicht normkonform, sofern nicht weitere Aktivitäten und Regelungen bestehen. Zum Beispiel: ▪ Nochmalige Prüfung der außen gelagerten Halbzeuge ▪ Festlegungen und Überwachung der Lagerzeiten
Prozessumgebung (Kapitel 7.1.4)		
1	Spielen gesetzliche Aspekte aus der Arbeitssicherheit eine Rolle, wenn bei deren Nichtbeachtung keine qualitativen Einbußen stattfinden (Nichtbeachtung der Bildschirmarbeitsverordnung etc.)?	Nein.
2	Was muss ein Auditor unter Prozessumgebung alles in Betracht ziehen?	Je nach Organisation können physikalische, soziale, psychologische und Umweltfaktoren in Betracht gezogen werden. Beispiele: Temperatur, Stress, Lärm, Lichtstärke, Klima etc.

Tabelle 12.11 Ressourcen (Kapitel 7.1) *(Fortsetzung)*

Nr.:	Fragen und Anforderungen	Erläuterungen und Beispiele
		Festlegungen können in Herstellungsanweisungen, Spezifikationen, behördlichen und gesetzlichen Anforderungen, Prüfanweisungen festgelegt sein. Der Auditor soll vordergründig die Faktoren berücksichtigen, die direkten Einfluss auf die Produkt- oder Dienstleistungskonformität haben. Zum Beispiel kann dies die Umgebungstemperatur bei der Kalibrierung von Prüfmitteln, der Schutz vor Lichteinstrahlung bei der Lagerung von bestimmten Kunststoffen oder die Einhaltung von Hygienevorschriften im Klinikbereich sein. Psychologische Faktoren können zum Beispiel eine wichtige Rolle bei Sterbebegleitung, Schulunterricht oder der Pflege psychisch erkrankter Personen spielen. Die Relevanz der Faktoren (Einfluss auf die Konformität) hängt sehr stark vom Produkt oder von der Art der Dienstleistung ab.
Ressourcen zur Überwachung und Messung (Kapitel 7.1.5)		
1	Müssen alle Überwachungs- und Messmittel kalibriert werden?	Nein, nicht alle. Als Erstes muss die Organisation festlegen, ob das Überwachungs- bzw. Messmittel zur Erfüllung der Produktanforderungen beiträgt. (Beispielsweise ist eine Briefwaage in einer Klinik kein Messmittel, das zur Erfüllung der Anforderungen an die Dienstleistung beiträgt.) Alle darüber hinaus verwendeten Mess- und Überwachungsmittel müssen erfasst werden. Die Art der Überwachung hängt von der Bedeutung und den Anforderungen an die Messung ab. Neben Kalibrierungen können auch Funktionsprüfungen, Vergleichsmessungen etc. ausreichend sein.
2	Ist für das Audit der Kalibrierstatus direkt auf dem Messmittel nachzuweisen?	Nein. Der Kalibrierstatus kann, soweit erforderlich, auch in einer Karteikarte geführt werden. Entscheidend sind die eindeutige Zuordenbarkeit und die Gewährleistung einer rechtzeitigen Neukalibrierung.
3	Sind die einzelnen Messwerte bei Kalibrierungen nachzuweisen?	Nein, da nur dokumentierte Informationen als Nachweis der Eignung geführt werden müssen.
4	Unterliegen Messnormale auch einer Überwachung?	Ja.
5	Gibt es Überwachungsmittel, die keine Messmittel sind und im Sinne der Norm „gelenkt und überwacht" werden müssen?	Ja, laut Definition der ISO 9000:2015 stellen Überwachungsmittel den Status von Systemen, Prozessen, Tätigkeiten etc. fest. Ein Kundenzufriedenheitsbogen kann demnach als Überwachungsmittel interpretiert werden und muss entsprechend gelenkt werden.

Nr.:	Fragen und Anforderungen	Erläuterungen und Beispiele
Wissen (Kapitel 7.1.6)		
1	Kann ich eine Wissensdatenbank vom Unternehmen als Auditor einfordern?	Nein, das notwendige Wissen muss nur bestimmt werden. Dies kann in einzelnen Prozessfestlegungen, Arbeitsanweisungen, Anforderungsprofilen für Mitarbeiter ... erfolgen. *TIPP: Dieser Abschnitt der Norm bietet für den Auditor vor allem die Möglichkeit, Empfehlungen und Anregungen zur Verbesserung der jeweiligen Organisation mitzuteilen.*

Tabelle 12.12 Kompetenz (Kapitel 7.2)

Nr.:	Fragen und Anforderungen	Erläuterungen und Beispiele
1	Welche Möglichkeiten bestehen, notwendige Kompetenzen des Personals zu ermitteln und dies nachzuweisen?	Beispiele: ▪ Befragung der Mitarbeiter (einzeln oder gesamt) ▪ Befragung der Vorgesetzten ▪ Verantwortliche zur Ermittlung notwendiger gesetzlicher Weiterbildungsmaßnahmen ▪ Potenzialanalyse-Workshops ▪ Jährlicher Abgleich zwischen Anforderung der Stelle/Funktion mit der Kompetenz des MA ▪ Abgleich zwischen Anforderungsprofil einer Funktion mit dem Bewerberprofil bei Neueinstellungen mittels Checklisten ▪ Prüfungen ▪ Auswertungen von Reklamations-, Kundenzufriedenheits-, Selbstbewertungsergebnissen etc. ▪ Festlegungen in Stellenbeschreibungen, Anforderungsmatrixen
2	Wie kann die Kompetenz des Personals nachgewiesen werden?	Beispiele: ▪ Schulungsnachweise ▪ Ergebnisse von Prüfungen ▪ Beurteilungen in Mitarbeitergesprächen ▪ Ausbildungsnachweise ▪ Nachgewiesene Einarbeitungen
3	Muss für alle Mitarbeiter die Fähigkeit des Personals nachgewiesen werden?	Nein, die Anforderungen der Norm beziehen sich auf Mitarbeiter, die Tätigkeiten ausführen, die die Produktqualität direkt oder indirekt beeinflussen. Gemeint sind vor allem die Mitarbeiter, die in den Prozessen des Prozessmodells der ISO 9001 (Kapitel 0.2) tätig sind.

Tabelle 12.12 Kompetenz (Kapitel 7.2) *(Fortsetzung)*

Nr.:	Fragen und Anforderungen	Erläuterungen und Beispiele
4	Welche anderen Maßnahmen außer Schulung werden von der Norm zur Deckung des Bedarfs an notwendigen Mitarbeiterkompetenzen angesprochen?	Beispiele: ▪ Jobrotation ▪ Übertragung von Projektverantwortungen ▪ Selbstlernen
5	Reicht die Überprüfung der Wirksamkeit von Schulungen mittels eines Feedbackbogens aus?	Nein. Der Feedbackbogen bewertet zumeist die Güte der Schulung aus Sicht des Teilnehmers. Die entsprechende Anforderung der Norm zielt mehr auf den Mehrwert der Schulungen in der Organisation ab. Manche Schulungen können nur die Vorgesetzten in erheblichem Abstand nach der Schulung durchführen.
6	Was ist unter geeigneten dokumentierten Informationen zur Kompetenz zu verstehen?	Beispiele: ▪ Erfahrungsmatrixen ▪ Protokolle von Mitarbeitergesprächen ▪ Schulungsteilnehmerlisten ▪ Teilnahmebescheinigungen ▪ Ausbildungszertifikate

Tabelle 12.13 Bewusstsein (Kapitel 7.3)

Nr.:	Fragen und Anforderungen	Erläuterungen und Beispiele
1	Wie soll ich das Bewusstsein von Mitarbeitern und Personen als Auditor bewerten können?	In den Auditinterviews können Sie vor allem auf die Kenntnisse der Interviewpartner bezüglich der geforderten Aspekte (Q-Politik, Q-Ziele, positive und negative Auswirkungen des Handelns) abzielen. Ob der Interviewpartner auch aufgrund der Kenntnisse im Einzelfall richtig handelt, hängt noch von vielen anderen Faktoren ab. Dies kann nur anhand der Gesamtleistung erfolgen (Messungen bezüglich des QM-Systems).

Tabelle 12.14 Kommunikation (Kapitel 7.4)

Nr.:	Fragen und Anforderungen	Erläuterungen und Beispiele
1	Wie kann eine Organisation „geeignete Kommunikationsprozesse" nachweisen?	Unserer Meinung nach gibt es bei der inhaltlichen Umsetzung dieser Anforderungen keine Möglichkeit, eine Abweichung auszustellen. Wie kann ein externer Auditor das Mindestmaß für Kommunikation beurteilen (Häufigkeit von Gruppenbesprechungen, Nutzung von EDV-Tools etc.)? Nur bei der Nichteinhaltung von gesetzlichen Anforderungen oder Anforderungen, die sich die Organisation selbst vorgibt, kann es zu Nichtkonformitäten kommen.

Nr.:	Fragen und Anforderungen	Erläuterungen und Beispiele
		Der Auditor sollte aber die Möglichkeit wahrnehmen, auf Verbesserungspotenziale bezüglich der internen und externen Kommunikation hinzuweisen (Bring-Holschuld von Informationen, Eignung von Kommunikationsmitteln, Nutzung von Kommunikationswegen). Beispiele: ▪ Festlegung von Gesprächsroutinen ▪ Informationsweitergabe mittels Datenbanken (Erfahrungsaustausch, Projekt- und Produktinformationen, Kundeninformationen etc.) ▪ Ansprechpartner und Gesprächsroutinen mit Lieferanten, Behörden, Partnern ... ▪ Festlegung von Berichtswegen (Berichte zu Prozessverbesserungen, Fehlerursachenanalysen, technischen Entwicklungen, Marktstudien etc.) ▪ Überprüfung der Eignung des Verteilers von Dokumenten ▪ Benennung von „Verantwortlichen" für die Aktualität von Infoboards ▪ Bereitstellung geeigneter Kommunikationsmittel (Faxanschlüsse, Internetanschlüsse, Handy für Fertigungsmeister, Laptop für Außendienstmitarbeiter etc.)

Tabelle 12.15 Dokumentierte Informationen (Kapitel 7.5)

Nr.:	Fragen und Anforderungen	Erläuterungen und Beispiele
1	Ein Unternehmen verwendet andere Begriffe in seiner Qualitätsmanagementdokumentation als in der ISO 9001. So sind zum Beispiel Verfahrensanweisungen statt Prozessbeschreibungen vorhanden oder ein Leitbild statt einer Qualitätspolitik. Was kann ich als Auditor tun, wenn mir die Eindeutigkeit fehlt?	Jedes Unternehmen kann seine Begrifflichkeiten für QM-Systemvorgaben frei wählen. Unter 0.1 Allgemeines wird auf Folgendes hingewiesen: „Es ist nicht die Absicht dieser Internationalen Norm, die Notwendigkeit zu unterstellen für: die Verwendung der speziellen Terminologie dieser Internationalen Norm innerhalb der Organisation". Sie als Auditor müssen sich auf die Bezeichnungen der Organisation einlassen und den Transfer zur ISO 9001 leisten.

Tabelle 12.15 Dokumentierte Informationen (Kapitel 7.5) *(Fortsetzung)*

Nr.:	Fragen und Anforderungen	Erläuterungen und Beispiele
2	Wie umfangreich muss die Qualitätsmanagementdokumentation sein?	Eine generelle Festlegung gibt es nicht, außer dass die Organisation die notwendigen Dokumente für die Wirksamkeit des QM-Systems selbst bestimmt. Es wird durch die Autoren explizit darauf hingewiesen, dass der Umfang der Dokumentation von verschiedenen Faktoren abhängt. Diese Faktoren sind: ▪ Größe und Art der Organisation, d. h. abhängig von Mitarbeiterzahl, gesetzliche Nachweispflichten, Produktrisiko etc. ▪ Komplexität ihrer Prozesse und ihrer Wechselwirkung, d. h. abhängig von Anzahl und Art der Prozesse ▪ Kompetenz der handelnden Personen, d. h. Ausbildungsstand, Erfahrung etc.
3	Sind Dokumentationen ausschließlich auf EDV zulässig?	Ja, die ISO 9001 beinhaltet keine Anforderungen hinsichtlich der Dokumentation in Papierform. Es wird ausdrücklich darauf hingewiesen, dass die Dokumentation in jeder Form und Art eines Mediums realisiert sein kann. Dies könnte zum Beispiel auf Dateien, Videobändern etc. erfolgen.
4	Kann ich fordern, dass alle Dokumente durch Unterschrift freigegeben werden?	Nein. Es wird die Durchführung einer Genehmigung gefordert. Dies kann auf verschiedene Art und Weise erfolgen. Zum Beispiel: ▪ Freigabe durch Unterschrift ▪ Freigabe mittels Zugangsberechtigung bei EDV-Dateien ▪ Freigabe durch Kurzzeichen
5	Ist auf jedem Dokument der Ersteller, Prüfer und Freigebende anzugeben?	Nein. Diese ist eine Möglichkeit, die Erstellung, Prüfung und Freigabe festzulegen und nachzuweisen. Es besteht die Möglichkeit, dies ebenso über Zugangsregelungen bei EDV-Dateien, Matrizen oder Ähnlichem zu regeln. Häufig werden zur Vereinfachung die Prüfung und Freigabe durch eine Unterschrift abgeglichen und die Erstellung ohne Unterschrift nachgewiesen.
6	Wie muss der aktuelle Bearbeitungsstatus von Dokumenten gekennzeichnet sein?	Bei Dokumenten auf dem Datenträger Papier ist mindestens der Stand über das Datum anzugeben. Bei EDV-Dateien kann der Stand auch über die Datei selbst erkennbar sein. Eine laufende Revisionsnummer ist nicht unbedingt erforderlich.

Nr.:	Fragen und Anforderungen	Erläuterungen und Beispiele
7	Sind Änderungen an Dokumenten nur in einem jährlichen Intervall normkonform?	Änderungen, die nur formaler Art sind und keine Auswirkungen auf die Produktkonformität oder die Erfüllung von Anforderungen haben, könnten theoretisch in einem bestimmten Intervall eingepflegt werden, um den Änderungsaufwand zu minimieren. Grundsätzlich sollte die Organisation sich überlegen, die Dokumentenlenkung so einfach zu gestalten, dass Änderungen ohne großen bürokratischen Aufwand durchgeführt werden können (automatische EDV-Verteiler, wenige Genehmigungsstufen etc.).
8	Welche dokumentierten Informationen kann ein Unternehmen als nicht zum Qualitätsmanagement zugehörig definieren?	Eine pauschale Aussage ist hier nicht möglich. Beispielsweise bezieht eine Schreinerei folgende dokumentierten Informationen nicht mit ein: ▪ Bilanz ▪ Steuerbescheide ▪ Rechnungsbelege ▪ Unfallstatistik ▪ Unfallverhütungsvorschriften
9	Was versteht die Norm unter dokumentierten Informationen externer Herkunft?	In der Regel handelt es sich um zutreffende Vorgabedokumente, die nicht innerhalb der eigenen Befugnis erstellt und geändert werden können. Dokumente externer Herkunft können Werknormen des Kunden, kundenspezifische Verpackungsvorschriften, Zeichnungen, Pläne, Produktdatenblätter, Normen, Spezifikationen, Gesetze, Verordnungen, allgemeine Geschäftsbedingungen etc. sein.
10	Müssen auf das Produkt zutreffende Gesetze im Unternehmen vorliegen?	Nein. Die Organisation muss die Ermittlung der behördlichen und gesetzlichen Anforderungen darlegen. Dies kann zum Beispiel über einen Rechtsexperten, Verbandsmitteilungen, Internetrecherchen oder Ähnliches erfolgen. Gesetze und behördliche Anforderungen (Genehmigungsbescheide, Bauauflagen, Baumusterzulassungen etc.), die sich im Unternehmen befinden, sind zu kennzeichnen und deren Verteilung muss festgelegt werden.
11	Was muss eine Organisation zum Punkt „Verfügung und Schutz" mindestens festlegen?	Dieser Aspekt kann notwendige Regelungen zum Datenschutz betreffen (Einsichtnahme von Personalakten, Mitarbeitergesprächen etc.). Darüber hinaus kann die Organisation Regelungen über die Zugänglichkeit und Verfügbarkeit weiterer Daten und Aufzeichnungen vornehmen (Zugang zu Entwicklungsunterlagen, Kundenunterlagen etc.).

Tabelle 12.15 Dokumentierte Informationen (Kapitel 7.5) *(Fortsetzung)*

Nr.:	Fragen und Anforderungen	Erläuterungen und Beispiele
12	Darf ich als Auditor dokumentierte Informationen mit Bleistift zulassen?	Ja, wenn die Leserlichkeit und die Einhaltung gesetzlicher Anforderungen gewährleistet sind. In der Praxis könnten somit zum Beispiel Preiskalkulationen, Angebotsauswertungen, Produktvorentwürfe in Bleistift erfolgen, solange für die Dauer der von der Organisation festgelegten Aufbewahrungszeit (z. B. zwei Jahre) die Leserlichkeit durch entsprechende Archivierung gewährleistet ist.
13	Welche Aufbewahrungsfristen sind zum Beispiel für eine Managementbewertung notwendig?	Es gibt keine spezifizierten geforderten Fristen in der ISO 9001. Im Zuge eines wirksamen Qualitätsmanagementsystems sollten aus unserer Sicht diese Art von dokumentierten Informationen mindestens drei Jahre aufbewahrt werden.

12.6 Betrieb (Kapitel 8 der Norm)

Tabelle 12.16 Betriebliche Planung und Steuerung (Kapitel 8.1)

Nr.:	Fragen und Anforderungen	Erläuterungen und Beispiele
1	Wie kann eine Organisation im Audit die betriebliche Planung und Steuerung nachweisen?	Beispiele: ▪ Projektpläne ▪ Lasten- und Pflichtenhefte für neue Prozesse, Anlagen, Maschinen ▪ Risikoanalysen
2	Muss ein Projektplan vorhanden sein?	Anforderung der ISO 9001: „Das Ergebnis der Planung muss für die Betriebsabläufe der Organisation geeignet sein.“ Eine Nachweisforderung bezüglich der Vorgehensweise zur Planung besteht nicht. Nachgewiesen werden muss lediglich das Ergebnis der Planung. Planungsergebnisse könnten zu, Beispiel sein: ▪ Qualitätsziele ▪ Prozessfestlegungen ▪ Prüfpläne ▪ Herstellanweisungen ▪ Produktions- und Logistikkonzepte ▪ Anforderungen an Kompetenzen von Mitarbeitern (vor allem im Dienstleistungsbereich)

Nr.:	Fragen und Anforderungen	Erläuterungen und Beispiele
3	Wie muss ein Unternehmen mit ausgegliederten Prozessen verfahren?	Nach ISO 9001 muss die Organisation die Steuerung von Prozessen, die die Produkt- und Dienstleistungskonformität beeinflussen, sicherstellen. Bei folgenden Prozessen könnte dies beispielsweise der Fall sein: ▪ Auslagerung der Instandhaltung oder des Einkaufs in eine eigene Rechtsform (GmbH etc.) ▪ Vergabe von Entwicklungstätigkeiten ▪ Verlängerte Werkbank Des Weiteren wird gefordert, dass die Steuerung im Qualitätsmanagementsystem erkennbar ist (siehe 8.4). Dies kann durch verschiedene Festlegungen berücksichtigt werden: ▪ Qualitätssicherungsvereinbarungen mit Überwachung in Form von regelmäßigen Lieferantenaudits ▪ Einbeziehung von Lieferantentätigkeiten oder Tätigkeiten von Kooperationspartnern in die Verfahren des Qualitätsmanagementsystems mit festgelegter Vorgehensweise für Änderungen jeglicher Art

Tabelle 12.17 Anforderungen an Produkte und Dienstleistungen (Kapitel 8.2)

Nr.:	Fragen und Anforderungen	Erläuterungen und Beispiele
Kommunikation mit dem Kunden (Kapitel 8.2.1)		
1	Auf welche Unterlagen können sich Produkt- und Dienstleistungsinformationen beziehen?	Beispiele: ▪ Datenblätter ▪ Betriebsanleitungen ▪ Prospekte ▪ Internetauftritt
2	Durch welche Festlegungen könnten die Anforderungen zur Kommunikation mit den Kunden nachgewiesen werden?	Beispiele: ▪ Regelmäßige Information über neue Produkte, Preise etc. ▪ Direkte Vor-Ort-Besuche bei Reklamationen ▪ Festlegung der Besuchsfrequenz des Außendienstes ▪ Festlegung des „Nachtelefonierens“ nach Kaufentscheidung ▪ Festlegungen über gemeinsame gesellschaftliche Ereignisse (z. B. gemeinsame Betriebsfeier, Auszeichnung als bester Kunde) ▪ Ansprechpartner für Reklamationen ▪ Festlegungen zu Rückrufaktionen, falls gesetzliche Anforderungen oder Kundenanforderungen zutreffen ▪ Effektive Kommunikationswege für Rückfragen (Hotlines etc.)

Tabelle 12.17 Anforderungen an Produkte und Dienstleistungen (Kapitel 8.2) *(Fortsetzung)*

Nr.:	Fragen und Anforderungen	Erläuterungen und Beispiele
Bestimmen von Anforderungen in Bezug auf Produkte und Dienstleistungen (Kapitel 8.2.2)		
1	Wie kann eine Organisation die Ermittlung von Anforderungen an Produkte und Dienstleistungen grundsätzlich nachweisen?	Beispiele: ▪ Einsatz von Qualitätsmethoden wie QFD ▪ Einbeziehung von Marktforschungsaktivitäten in das Qualitätsmanagementsystem ▪ Kundenumfragen vor Entwicklung, Produktion und Verkauf des Produkts ▪ Abonnements, Loseblattsammlungen für die Ermittlung gesetzlicher Anforderungen (CD-ROM etc.) ▪ Regelmäßige Internetrecherchen mit den entsprechenden Inhalten (gesetzliche Anforderungen, Kundenanforderungen)
2	Kann ein interner Dienstleister (Personalabteilung etc.) diesen Normabschnitt mit der Begründung, keine externen Kunden zu haben, als nicht zutreffend erklären?	Nein. Der Kunde ist in diesem Fall die Fachabteilung, der er seine Leistung liefert. Nach ISO 9000 kann ein Kunde: „Ein Kunde kann der Organisation (3.2.1) angehören oder ein Außenstehender sein“
Überprüfung von Anforderungen in Bezug auf Produkte und Dienstleistungen (Kapitel 8.2.3)		
1	Muss die Organisation aktiv den beabsichtigten Gebrauch des Kunden erfragen, um somit nicht angegebene Anforderungen des Kunden zu ermitteln?	Nein. Jedoch ist es meiner Meinung nach für viele Unternehmen sinnvoll, den beabsichtigten Gebrauch zu kennen. Nur so kann das Unternehmen die Erwartungen des Kunden vollständig erfassen und gegebenenfalls abdecken.
2	Müssen alle gesetzlichen und behördlichen Anforderungen zum Nachweis der Ermittlung aufgelistet werden?	Nein, allerdings müssen dokumentierte Informationen über die Ergebnisse der Prüfung gesetzlicher und behördlicher Anforderungen vorliegen.
3	Wie kann eine Organisation die Bewertung von Anforderungen an das Produkt nachweisen?	Beispiele: ▪ Machbarkeitsanalysen (Stellungnahme verschiedener Abteilungen) ▪ Vermerke in Besprechungsprotokollen ▪ Ausgefüllte Checklisten ▪ In einfachen Fällen: Notiz auf Auftragsanfrage
4	Wie muss der Auditor die Nichteinhaltung von Gesetzen bzw. behördlichen Anforderungen an das Produkt bewerten?	Die Nichteinhaltung von Gesetzen und behördlichen Anforderungen ist in jedem Fall nicht normkonform. Die Bewertung der Bedeutung der Nichterfüllung der Normanforderung hängt von verschiedenen Faktoren ab.

Nr.:	Fragen und Anforderungen	Erläuterungen und Beispiele
5	Muss eine schriftliche Auftragsbestätigung erstellt werden?	Nein.
6	Sind mündliche Verträge im Sinne der ISO 9001 zulässig?	Ja.

Tabelle 12.18 Entwicklung (Kapitel 8.3)

Nr.:	Fragen und Anforderungen	Erläuterungen und Beispiele
1	Muss ich bei einem Dienstleistungsunternehmen Entwicklung auditieren?	Für fast alle Unternehmen wird der Abschnitt Entwicklung zutreffen, da nicht nur die Entwicklung von Produkten und Dienstleistungen, sondern auch die Entwicklung von Prozessen davon betroffen ist. Jede Organisation wird ihre Prozesse weiterentwickeln. Einzelne Teilanforderungen könnten als nicht anwendbar eingestuft werden.
2	In welchen Formen kann eine Entwicklungsplanung vorliegen?	Die Vorgehensweise bei einer Entwicklung von Produkten oder Dienstleistungen wird üblicherweise in einem individuellen Produktentwicklungsplan festgelegt. Es besteht auch die Möglichkeit, im Falle eines immer gleichen Ablaufs das Vorgehen in einem dokumentierten Prozess zu detaillieren.
3	Welche Entwicklungsphasen sind bei einem Audit nachzuweisen?	Mindestens vorliegen sollte eine Definitionsphase zu den Anforderungen, eine Planungsphase zum Ablauf der Entwicklung (sofern nicht standardisiert), die Durchführung von Entwicklungstätigkeiten sowie die abschließende Bewertung der Entwicklungsergebnisse. Bei den meisten Entwicklungsprojekten bieten sich darüber hinaus Zwischenbewertungen der Entwicklungstätigkeiten an. Alle diese Phasen müssen in dokumentierter Form vorliegen. Zum Beispiel bei der Neuentwicklung eines Werkstoffs: ▪ Dokumentiertes Pflichtenheft: zu erreichender Festigkeitswert ▪ Dokumentierter Entwicklungsplan: wann führt wer welchen Versuch nach welchen Vorgaben durch ▪ Dokumentierte Entwicklungsergebnisse: Werte der Versuchsmessung ▪ Dokumentierte Entwicklungsverifizierung: Vergleich und Übereinstimmung mit den Entwicklungsvorgaben ▪ Dokumentierte Entwicklungsvalidierung: Test des Werkstoffs im Praxiseinsatz bei Pilotkunden mit Freigabe des Werkstoffs

Tabelle 12.18 Entwicklung (Kapitel 8.3) *(Fortsetzung)*

Nr.:	Fragen und Anforderungen	Erläuterungen und Beispiele
4	Kann ein Dienstleister auch die Entwicklung von Dienstleistungen betreiben?	Ja, Beispiele: ▪ Bildungsträger: Entwicklung neuer Seminare ▪ Krankenhaus: Entwicklung neuer Untersuchungsmethoden oder neuer Serviceleistungen ▪ Möbelhändler: Entwicklung neuer Verkaufsmethoden ▪ Reisebüro: Entwicklung neuer Veranstaltungsarten wie Abenteuerreisen speziell für Manager ▪ Spedition: Entwicklung neuer Navigationsverfahren
5	Wie ist dieser Sachverhalt zu bewerten? Ein Unternehmen erklärt, dass für das Unternehmen der Abschnitt „Entwicklung" nicht zutrifft, da es nur Anpassungen von Produkten vornimmt.	Er muss mindestens die Vorgehensweise zur Anpassung der Produkte festlegen und definieren, worin sich die Produktanpassung von einer Entwicklung von Produkten unterscheidet. Der Auditor muss aus seiner Branchenkenntnis heraus individuell bewerten, ob die Festlegungen normkonform sind.
6	Müssen Entwicklungseingaben über ein Pflichten- beziehungsweise Lastenheft nachgewiesen werden?	Nein. Sie können auch durch Vorgaben des Kunden, durch einen Projektstartbrief etc. spezifiziert werden.
7	Was versteht man unter Entwicklungsverifizierung?	Eine Entwicklungsverifizierung ist die Überprüfung auf Übereinstimmung der Entwicklungsergebnisse mit den Entwicklungsvorgaben. Sie ist neben der Entwicklungsvalidierung, Entwicklungsüberprüfung ein Teil der Entwicklungssteuerung.
8	Wie kann eine Entwicklungsvalidierung von der Organisation nachgewiesen werden?	Die Entwicklungsvalidierung ist der Test der Gebrauchstauglichkeit von Entwicklungsergebnissen einschließlich der Freigabe der Entwicklungsergebnisse. Die Validierung umfasst häufig die Endprüfung und Endbewertung des entwickelten Produkts unter Einsatzbedingungen. Ein Beispiel: Softwarefachleute entwickeln ein Computerspiel. Sie fassen sämtliche für sie denkbaren Anforderungen und Rahmenbedingungen in einem Pflichtenheft zusammen und entwickeln das Programm. Zum Abschluss vergleichen sie die Testergebnisse mit den Entwicklungsvorgaben. Alle Vorgaben sind erfüllt. Sie geben das Produkt ohne Validierung frei. Nach zwei Monaten Einsatz in der Praxis erhalten die Softwarehersteller eine hohe Anzahl von Reklamationen, da bei einer bestimmten Tastenkombination das Programm abstürzt.

Nr.:	Fragen und Anforderungen	Erläuterungen und Beispiele
		Eine Validierung hätte die Gebrauchstauglichkeit des Programms im Vorfeld getestet. Nach Möglichkeit sollten diese Tests dabei unter realistischen Praxisbedingungen erfolgen. Dies kann auf verschiedene Art und Weise geschehen: ▪ Test der Anwendung durch Kunden ▪ Simulationen ▪ ... Beispiele anderer Branchen: ▪ Bildungsträger: Validierung neuer Seminare durch Pilotseminare mit ausgewählten Kunden ▪ Anlagenbau: Feldversuch der Anlage
9	Muss der Entwicklungsleiter die Entwicklungsergebnisse freigeben?	Entwicklungsergebnisse müssen freigegeben werden. Die Organisation legt die freigebende Stelle fest. Dies kann zum Beispiel der Kunde, ein Gremium oder die Geschäftsführung sein.

Tabelle 12.19 Steuerung von extern bereitgestellten Prozessen, Produkten und Dienstleistungen (Kapitel 8.4)

Nr.:	Fragen und Anforderungen	Erläuterungen und Beispiele
1	Welche Lieferanten müssen einer Beurteilung unterzogen werden?	Dies legt das Unternehmen individuell in Abhängigkeit des Einflusses der beschafften Produkte und Dienstleistungen auf die nachfolgenden Prozesse fest. Dies sind üblicherweise Lieferanten, die Produkte liefern, die: ▪ in das Endprodukt eingehen (Rohmaterialien, Hilfsstoffe etc.), ▪ zur Herstellung benötigt werden (Anlagen, Maschinen, Betriebsmittel, Dienstleistungen, wie Oberflächenbeschichtung, Speditionen, Laboranalysen, Leiharbeitsfirmen etc.) ▪ oder ausgegliederte Prozesse umsetzen.
2	Welche Bewertungskriterien könnte ein Unternehmen beispielsweise heranziehen?	Beispiele: ▪ Produktqualität/qualitative Spezifikationen ▪ Preis-Leistungs-Verhältnis ▪ Liefertermineinhaltung ▪ Flexibilität ▪ Freundlichkeit ▪ Örtliche Nähe

Tabelle 12.19 Steuerung von extern bereitgestellten Prozessen, Produkten und Dienstleistungen (Kapitel 8.4) *(Fortsetzung)*

Nr.:	Fragen und Anforderungen	Erläuterungen und Beispiele
3	Müssen Lieferanten über ein Punktesystem bewertet werden?	Nein. Jede Organisation sollte jedoch darauf achten, die Objektivität der Beurteilung der Lieferanten zu gewährleisten. Beispiel für Bewertungsmethoden: ▪ Kleinunternehmen (jährliche Klassifizierung der Lieferanten in zugelassene und nicht zugelassene durch die Geschäftsführung) ▪ Mittelstandsunternehmen (Bewertung des Lieferanten nach jeder Lieferung, Streichen des Lieferanten von der Lieferantenliste bei zwei Fehllieferungen im Jahr) ▪ Automobilkonzern (Punktebewertungssystem mit Einfluss von Liefertermineinhaltung, Fehllieferungen, Produktqualität, Umweltaspekte etc.; Einteilung in A-, B-, C-Lieferanten; jährliche Lieferantenaudits bei B- und C-Lieferanten)
4	Muss eine Lieferantenbeurteilung für qualitätsrelevante Monopollieferanten durchgeführt werden?	Nein. Jede Organisation sollte allerdings prüfen, ob nicht die Möglichkeit besteht, Maßnahmen einzuleiten, die einen Wechsel des Lieferanten ermöglichen oder die Qualität in anderer Weise sicherstellen. Beispiele: ▪ Entwicklung eines Produkts, das den Rohstoff des Lieferanten nicht benötigt ▪ Verstärkte Wareneingangsprüfungen ▪ Grundsätzliche Nacharbeit eingehender Ware
5	Müssen Wareneingangsprüfungen durch die Organisation festgelegt werden?	Nein, sofern es die ISO 9001 betrifft. Ja, sofern es gesetzliche Regelungen betrifft (siehe HGB, Sorgfaltspflicht etc.). Die Organisation kann auch andere Maßnahmen zur Sicherstellung der Erfüllung der Anforderungen an das beschaffte Produkt oder der Dienstleistung festlegen.
6	Welche Methoden kann eine Organisation zur Steuerung von extern bereitgestellten Prozessen, Produkten und Dienstleistungen im Audit als Alternative oder Ergänzung zur Wareneingangsprüfung nachweisen?	Beispiele: ▪ Prüfungen beim Lieferanten ▪ Anforderung von Prüfzertifikaten, Werkszeugnissen, etc. ▪ Lieferantenaudits ▪ Prozessfähigkeitsnachweise ▪ Überwachung durch unabhängige Dritte
7	In welcher Form könnte ein Unternehmen die Festlegung von Beschaffungsangaben nachweisen?	Beispiele: ▪ Internen Bedarfsanforderungen ▪ Katalogen von Lieferanten ▪ Bestellnotizen ▪ EDV-hinterlegten Bestelltexten ▪ Protokollen von Jour-Fix oder Abstimmungsworkshops

Tabelle 12.20 Produktion und Dienstleistungserbringung (Kapitel 8.5)

Nr.:	Fragen und Anforderungen	Erläuterungen und Beispiele
Steuerung der Produktion und der Dienstleistungserbringung (Kapitel 8.5.1)		
1	Wie interpretiere ich die Anforderung: „Die Organisation muss die Produktion und Dienstleistungserbringung unter beherrschten Bedingungen planen und durchführen"?	Die Produktion und Dienstleistungserbringung erfolgen vorhersehbar. Mithilfe von Kennzahlen, unter Umständen Qualitätsregelkarten, steuert das Prozessmanagement eventuell auftretenden negativen Trends frühzeitig entgegen, sodass keine fehlerhaften Ergebnisse entstehen. Systematische Fehler werden erkannt und eliminiert. Zufällige Fehler können weiterhin auftreten.
2	Müssen alle Prozesse validiert werden?	Nein, nur Prozesse, bei denen das Ergebnis nicht durch nachfolgende Überwachung und Messung verifiziert werden kann oder sich Unzulänglichkeiten erst in der Anwendung zeigen. Beispiele: ▪ Herstellung von keimfreien Operationshandschuhen ▪ Herstellung von Hüftgelenken mit 30 Jahren Lebensdauergarantie ▪ Schweißen im Anlagen- bzw. Behälterbau
3	Sind Dienstleistungsprozesse grundsätzlich zu validieren?	In den meisten Fällen ja, da eine Überprüfung vor der Dienstleistungserbringung nicht möglich ist, zum Beispiel bei der Seminardurchführung. Der Erfolg kann durch eine Prüfung zuvor nicht garantiert oder sichergestellt werden.
4	Wie kann eine Prozessvalidierung nachgewiesen werden?	Beispiele: ▪ Ausweisung von Pilotprojekten ▪ Feldversuche beim Kunden mit anschließender direkter Inbetriebnahme über ein festgelegtes Inbetriebnahmeprotokoll ▪ Preisnachlässe bei Erstauslieferung von Produkten und gleichzeitiger Bekanntgabe des Stands bei Kunden ▪ Berücksichtigung von Prototypentest, Vorserien etc. in Festlegungen zur Qualitäts- oder Prozessplanung und Prozessänderung ▪ Beachtung der vorgegebenen Kriterien im Rahmen von Projektvorgaben bei Anschaffung neuer Anlagen, Gebäude etc.
Kennzeichnung und Rückverfolgbarkeit (Kapitel 8.5.2)		
1	Muss eine Rückverfolgbarkeit auf Chargen gewährleistet sein?	Nein. Die Tiefe der Rückverfolgbarkeit legt die Organisation selbst fest. Dabei muss sie die gesetzlichen und behördlichen Anforderungen sowie Kundenanforderungen berücksichtigen.

Tabelle 12.20 Produktion und Dienstleistungserbringung (Kapitel 8.5) *(Fortsetzung)*

Nr.:	Fragen und Anforderungen	Erläuterungen und Beispiele
2	Mit welchen Mitteln könnte eine Produktkennzeichnung vorgenommen werden?	Beispiele: ▪ Laufkarten ▪ Anhänger ▪ Einstanzungen ▪ Beschriftungen ▪ Kennzeichnung über den Lagerplatz ▪ Kennzeichnung durch Verpackung
3	Wie kann eine Produktkennzeichnung bei Dienstleistungen interpretiert werden?	Dienstleistungen können durch eindeutige dokumentierte Informationen und Bezeichnungen gekennzeichnet sein (Auftragsnummern, Kundennummern, Ort, Datum, Dienstleistungserbringer etc.).
Eigentum der Kunden oder der externen Anbieter (Kapitel 8.5.3)		
1	Wie ist im Zusammenhang mit dem Eigentum des Kunden oder externer Anbieter der Lenkungsbereich der Organisation definiert?	Die Organisation muss Klarheit schaffen, zu welchem Zeitpunkt sich das Fremdeigentum in ihrer Obhut befindet. In den meisten Fällen ist das der Zeitraum von Anlieferung bei der Organisation bis Ankunft des bearbeiteten Produkts beim Kunden. Beispiele zu Kundeneigentum: ▪ Pläne, Untersuchungsergebnisse, beigestellte Rohmaterialien, Disketten, Schlüssel, Entwurfszeichnungen, Verpackungsmaterialien, Transportsysteme, persönliche Daten etc.
2	Welche Maßnahmen sind zum Schutz des geistigen Eigentums als Nachweis im Audit denkbar?	Beispiele: ▪ Klauseln zur Geheimhaltung in Verträgen mit Mitarbeitern ▪ Zugangsberechtigungen ▪ Verschluss von Dokumenten und Informationen ▪ Sicherungsmaßnahmen zum Brandschutz, Einbruchsschutz
3	Muss die Organisation die Produkte des Kunden einer Wareneingangsprüfung unterziehen?	Nein, aber sie muss das Kundeneigentum kennzeichnen, verifizieren und schützen. D. h., es ist in vielen Fällen empfehlenswert, das Kundeneigentum bei Empfang zu überprüfen, um eventuelle Beschädigungen, unvollständige Informationen etc. zu entdecken.
Erhaltung (Kapitel 8.5.4)		
1	Welche Reglungen könnten im Rahmen eines Audits zu Handhabung, Transport und Reinhaltung hinterfragt werden?	Beispiele: ▪ Innerbetriebliche und außerbetriebliche Transporteinrichtungen (Förderbänder, Hubwägen, Kräne etc.) ▪ Handhabungsvorschriften (Hygiene etc.) ▪ Schutzvorkehrungen (Handschuhe, Absaugungen etc.) ▪ Reinigungsintervalle, Reinigungsvorschriften ▪ Transportsicherungsvorschriften

Nr.:	Fragen und Anforderungen	Erläuterungen und Beispiele
2	Welche Regelungen könnten im Rahmen eines Audits zur Verpackung hinterfragt werden?	Beispiele: ▪ Eignung bezüglich Lagerung und Transport ▪ Dimension ▪ Kundenspezifische Regelungen ▪ Eigentumsfrage ▪ Notwendige Kennzeichnung von Verpackungen (Hinweise wie „Vorsicht: Glas" etc.)
3	Welche Regelungen könnten im Rahmen eines Audits zur Lagerung hinterfragt werden?	Beispiele: ▪ Zulässige Stapelhöhen ▪ Schutz vor Witterungseinflüssen ▪ Verfallsdaten ▪ Auffindbarkeit ▪ Lagerprinzipien (First In First out) ▪ Entnahmeberechtigungen
4	Welche Regelungen könnten im Rahmen eines Audits zum Schutz hinterfragt werden?	Beispiele: ▪ Verwendung von Konservierungsmitteln ▪ Schutz vor Diebstahl ▪ Schutz vor äußeren Einflüssen (Staub, Licht, Feuchtigkeit etc.) ▪ Schutz vor Beschädigungen (innerbetrieblicher Transport etc.)
Tätigkeiten nach der Lieferung (Kapitel 8.5.5)		
1	Wie gehe ich als Auditor mit der Situation um, dass ein Unternehmen diesen Abschnitt als nicht zutreffend definiert?	Es ist unwahrscheinlich, dass eine Organisation diesen Abschnitt als nicht zutreffend definieren kann, da in vielen Branchen Gewährleistungsansprüche geltend gemacht werden können und somit der Umgang damit aufgrund gesetzlicher Anforderungen notwendig und zutreffend ist.
2	Wie ist folgender Fall im Rahmen der ISO 9001 zu bewerten? Ein Supermarkt nimmt Batterien zurück und wirft diese in den Hausmüll.	Dies ist eine klare Nichtkonformität, da die Rücknahme von Batterien zwar eine gesetzliche Regelung zur Verbesserung der Umweltleistung ist, aber gleichzeitig eine stillschweigend vorausgesetzte Anforderung des Kunden ist. Hinzu kommt, dass dieses Gesetz auch auf die erbrachte Dienstleistung gegenüber dem Kunden zutrifft.
Überwachung von Änderungen (Kapitel 8.5.6)		
1	Was muss eine Organisation in dokumentierten Informationen zum Beispiel nachweisen, wenn ein spezifizierter Rohstoff durch einen anderen ersetzt wird?	Es muss klar ersichtlich sein, wer den neuen Rohstoff freigegeben hat und aufgrund welcher Kriterien. Der Auditor muss zudem prüfen, ob nicht Anforderungen des Kunden (z. B. Produktspezifikationen) betroffen sind. In diesem Fall müsste der Kunde als freigebende Instanz fungieren, da wir nicht einseitig die zugesicherten Spezifikationen verändern können.

Tabelle 12.21 Freigabe von Produkten und Dienstleistungen (Kapitel 8.6)

Nr.:	Fragen und Anforderungen	Erläuterungen und Beispiele
1	Muss derjenige, der eine Endkontrolle durchführt, in dokumentierten Informationen erkennbar sein?	Ja, sofern er gleichzeitig das Produkt oder die Dienstleistung damit für die Weiterverarbeitung, Auslieferung etc. freigibt. „Die dokumentierten Informationen müssen ... die Rückverfolgbarkeit von Personen, welche die Freigabe autorisiert haben.“ enthalten. (ISO 9001)
2	Dürfen fehlerhafte Produkte und Dienstleistungen freigegeben werden?	Ja, aber nur mittels einer Sonderfreigabe. (Siehe 8.7 der ISO 9001)
3	Dürfen Produkte ohne Durchführung der festgelegten Prüfungen ausgeliefert werden?	Ja, aber nur mit Sonderfreigabe und ggf. unter Einbeziehung des Kunden.

Tabelle 12.22 Steuerung nichtkonformer Prozessergebnisse (Kapitel 8.7)

Nr.:	Fragen und Anforderungen	Erläuterungen und Beispiele
1	Muss ein Sperrlager für fehlerhafte Produkte vorhanden sein?	Nein. Es können auch andere Systeme zur Verhinderung des unbeabsichtigten Gebrauchs beziehungsweise der unbeabsichtigten Auslieferung festgelegt werden. Beispiele: ▪ Kennzeichnung am Produkt ▪ Sperrung des Lagerorts
2	Wie kann ein Unternehmen dokumentierte Informationen zu Fehlern nachweisen?	Beispiele: ▪ Schichtbuch, Störfallbuch etc. ▪ Gesprächsprotokolle ▪ Lieferscheine ▪ Schulungsdokumente

12.7 Bewertung der Leistung (Kapitel 9 der Norm)

Tabelle 12.23 Überwachung, Messung, Analyse und Bewertung (Kapitel 9.1)

Nr.:	Fragen und Anforderungen	Erläuterungen und Beispiele
1	Muss das Ergebnis von Überwachungs- und Messtätigkeiten aufgezeichnet werden?	Ja, die Organisation muss geeignete dokumentierte Informationen als Nachweis der Ergebnisse von Überwachungs- und Messtätigkeiten führen. Dies könnten zum Beispiel sein: ▪ Prüfung der Funktionsfähigkeit von Bremsen (Automobilhersteller) ▪ Diagnosestellung des Arztes (Gesundheitswesen) ▪ Auditbericht des externen Auditors (Zertifizierung) ▪ Bauabnahmen (Bauwesen) ▪ Inbetriebnahme (Anlagenbau)
2	Ist für das Audit die Ermittlung der Zufriedenheit aller Kunden erforderlich?	Nein. Die Festlegung zur Art und Weise der Kundenzufriedenheitsermittlung trifft die Organisation selbst.
3	Kann die Ermittlung der Kundenzufriedenheit über die Fragebogenmethode hinaus auf andere Art und Weise ermittelt werden?	Ja. Beispiele: ▪ Telefonische Befragungen ▪ Persönliche Gespräche ▪ Gemeinsame Workshops ▪ Viele indirekte Indikatoren, die nicht miteinander korrelieren (Stammkundenanteil-Umsatzsteigerung etc.) Nicht alleine ausreichend ist: ▪ Auswertung von Reklamationen ▪ Wenige indirekte Kennzahlen, die miteinander korrelieren (Stammkundenanteil, Kaufverhalten, Kundenfluktuation etc.)
4	Muss das Ergebnis der Kundenzufriedenheitsermittlung messbare Ergebnisse beinhalten?	Nein. Die Aussagen können auch qualitativer Art sein.
5	Wie viele Kennzahlen sind pro Prozess mindestens durch die Organisation festzulegen?	Es gibt keine generelle Anforderung in der ISO 9001. In einigen Fällen kann die Messung entfallen. (ISO 9001, Abschnitt 4.4.1: „... die Kriterien und Verfahren einschließlich Überwachung, Messungen und die damit verbundenen Leistungsindikatoren ...") Üblich ist die Festlegung von Kennzahlen mindestens zu den Kernprozessen der Organisation.

Tabelle 12.23 Überwachung, Messung, Analyse und Bewertung (Kapitel 9.1) *(Fortsetzung)*

Nr.:	Fragen und Anforderungen	Erläuterungen und Beispiele
6	Welche Methoden können zur Prozessüberwachung verwendet werden?	Beispiele: ▪ Beobachtung durch einen Mitarbeiter ▪ Hundertprozentprüfungen ▪ Supervisionen ▪ Statistische Prozesskontrolle inklusive Qualitätsregelkarten ▪ Stichprobenprüfungen
7	Warum müssen geeignete Daten ermittelt, erfasst und analysiert werden?	Ein Qualitätsmanagementgrundsatz lautet: „Faktengestützte Entscheidungsfindung (Entscheidungen auf Grundlage der Analyse und Auswertung von Daten und Informationen werden wahrscheinlich eher zu den gewünschten Ergebnissen führen.)“ (ISO 9000) Dies bedeutet, dass die Vorgehensweisen im und die Wirksamkeit des QM-Systems auf Zahlen, Daten und Fakten beruhen sollen. Entscheidend ist dabei nicht der Umfang der Daten, sondern die konsequente Nutzung. Nicht bei allen Kunden muss beispielsweise eine Kundenzufriedenheit ermittelt werden. Es können auch aus einer Stichprobe ausreichende Rückschlüsse gezogen werden.

Tabelle 12.24 Internes Audit (Kapitel 9.2)

Nr.:	Fragen und Anforderungen	Erläuterungen und Beispiele
1	Sind jährlich interne Audits durch die Organisation nachzuweisen?	Nein. Die Audits sind in geplanten Abständen nachzuweisen. Viele Zertifizierungsgesellschaften erwarten jedoch eine jährliche interne Auditierung aufgrund von Festlegungen in der ISO 17021.
2	Dürfen Audits als Workshops durchgeführt werden?	Ja. Dabei muss jedoch beachtet werden, dass das Audit kein „Büroaudit“ wird. Vorgänge und Abläufe sollten auf ihre Umsetzung in der Praxis anhand von Nachweisen vor Ort erfolgen.
3	Darf ein interner Auditor die Geschäftsführung auditieren oder ist die Unparteilichkeit auf diese Weise nicht gewährleistet?	Er darf die Geschäftsführung auditieren.
4	Benötigt ein interner Auditor nach ISO 9001 eine Auditorenschulung?	Explizit ist eine Auditorenschulung nicht gefordert. Aufgrund der Anforderung aus Abschnitt 7.2 „Kompetenz“ muss die jeweilige Notwendigkeit kritisch hinterfragt werden. In Abschnitt 7.2 steht: „sicherstellen, dass diese Personen auf Grundlage angemessener Ausbildung, Schulung oder Erfahrung kompetent sind; ...“

Tabelle 12.25 Managementbewertung (Kapitel 9.3)

Nr.:	Fragen und Anforderungen	Erläuterungen und Beispiele
1	Wie ist die Aussage der Bewertung in „geplanten Abständen" zu interpretieren?	Die Managementbewertung muss nicht immer jährlich erfolgen. Alternativen sind zum Beispiel: ▪ Individuelle Festlegung des nächsten Bewertungstermins im Managementreview ▪ Themenbezogene Teilbewertungen über das Geschäftsjahr verteilt Zu beachten ist, dass im Rahmen des Zertifizierungsverfahrens Zertifizierungsstellen mindestens einmal jährlich ein Managementreview (in welcher Form auch immer) einfordern.
2	Kann die Managementbewertung in täglichen Besprechungen erfolgen?	Nein, da es meiner Meinung nach einige Nachteile und Risiken mit sich bringt: ▪ Einige relevante Themenstellungen könnten in die Bewertung nicht mit einbezogen werden. ▪ Die Verfolgung von Maßnahmen und die Ressourcenbereitstellung werden erschwert. ▪ Das Gesamtbild des Managementsystems wird nicht bewertet, der strategische Gesamtzusammenhang bleibt unter Umständen unberücksichtigt.
3	Was ist unter „bewerten" zu verstehen?	Bewerten bedeutet: eine positive oder negative Aussage über Etwas treffen und diese begründen. Eine Ja- oder Nein-Aussage reicht nicht aus.
4	Müssen in jeder Managementbewertung alle in der Norm dargestellten Eingaben bewertet werden?	Nein, doch müssen klare Gründe vorliegen, warum eine Inputgröße nicht relevant ist. Eine feste Agenda für die Managementbewertung ist durch die ISO 9001 nicht vorgegeben.
5	Müssen aus der Managementbewertung Maßnahmen entstehen?	Ja. Dies ist eine Möglichkeit, Aktivitäten zur fortlaufenden Verbesserung nachzuweisen. Darüber hinaus müssen Entscheidungen aufgrund der getroffenen Bewertungen enthalten sein.

12.8 Verbesserung (Kapitel 10 der Norm)

Tabelle 12.26 Allgemeines (Kapitel 10.1)

Nr.:	Fragen und Anforderungen	Erläuterungen und Beispiele
1	Kann ich als Auditor zu jeder Kundenreklamation eine Korrekturmaßnahme einfordern?	Nein, die auditierte Organisation hat die Möglichkeit, erst den Fehler bzw. die Nichtkonformität zu bewerten. Bedeutung und Auftretenswahrscheinlichkeit in der Zukunft können geeignete Kriterien sein, um die Notwendigkeit und Sinnhaftigkeit der Einleitung einer Korrekturmaßnahme abzuschätzen.

Tabelle 12.27 Nichtkonformitäten und Korrekturmaßnahmen (Kapitel 10.2)

Nr.:	Fragen und Anforderungen	Erläuterungen und Beispiele
1	Ist die Behebung eines Fehlers (z. B. Nacharbeiten eines Produkts) eine Korrekturmaßnahme?	Nein. Eine Korrekturmaßnahme bezieht sich auf die Behebung der Fehlerursache. Das heißt, als Erstes sollte die Organisation die Frage beantworten, warum ist der Fehler aufgetreten?

Tabelle 12.28 Fortlaufende Verbesserung (Kapitel 10.3)

Nr.:	Fragen und Anforderungen	Erläuterungen und Beispiele
1	Wie ist folgender Sachverhalt einzustufen? Ein Unternehmen mit 30 Mitarbeitern hat in den letzten zwölf Monaten keine Verbesserung geplant und umgesetzt.	Falls keine Verbesserungsaktivitäten oder Änderungen eingeleitet wurden, würde ich eine Nichtkonformität gegenüber der Anforderung: „Die Organisation muss die Eignung, Angemessenheit und Wirksamkeit ihres Qualitätsmanagementsystems fortlaufend verbessern." festhalten. Ein Bemühen um Verbesserungen muss in angemessenem Rahmen erkennbar sein. Dies kann die Behebung von Nichtkonformitäten und die Verbesserung über Nichtkonformitäten hinaus beinhalten.

13 Mögliche Auditnachweise zu ISO 9001-Anforderungen

Darum geht es

- Abschnittsbezogene Anregungen zu Detailthemen und Fragestellungen für Auditoren zu ISO 9001-Anforderungen
- Mögliche Auditnachweise zur Umsetzung von ISO 9001-Anforderungen

Die folgende Übersicht gibt Anregungen und Beispiele zu den einzelnen Abschnitten der ISO 9001 in einer kompakten Form an. Diese können dem Auditor als Anregung für praxisnahe Auditfragen dienen bzw., um mögliche Auditnachweise in Betracht zu ziehen.

Mögliche Auditnachweise
4.1 Verstehen der Organisation und ihres Kontexte
Analyse und Bewertung der relevanten Themen Externe Themen: ▪ Liste der Gesetze ▪ Änderungen und geplante Änderungen ▪ technischen Entwicklungen ▪ Marktanalysen ▪ wirtschaftliche Änderungen ▪ Strategiepapiere Interne Themen: ▪ Leitbild ▪ Leistung, Kennzahlen ▪ kulturelle Themen (z. B. China) etc.
4.2 Verstehen der Erfordernisse und Erwartungen interessierter Parteien
▪ Kunde ▪ Eigentümer ▪ Lieferanten ▪ Banken ▪ Partner ▪ Behörden

(Fortsetzung)

Mögliche Auditnachweise
▪ Hochschulen ▪ Verbände ▪ Entwicklungszentren etc.
4.3 Festlegen des Anwendungsbereichs des Qualitätsmanagementsystems
▪ Darstellung des Anwendungsbereichs im QMH oder in anderer dokumentierter Form ▪ Begründung von Nicht-Anwendbarkeiten ▪ Anwendungsbereich mit zugehörigen Prozessen, einschließlich ausgelagerter Prozesse ▪ Geografischer und fachlicher Geltungsbereich etc.
4.4 Qualitätsmanagementsystem und seine Prozesse
▪ Definition von Kern-, Management- und Unterstützungsprozessen ▪ Definition einer „Prozesslandschaft" ▪ Darstellung der Wechselwirkung mittels einer Matrix bzw. durch Verknüpfungen im Intranet oder Querverweise in den einzelnen Prozessbeschreibungen ▪ Prozessfestlegungen in Form von Prozessdatenblättern mit Input/Output/Verfahren/Kennzahlen/Ressourcen ▪ Liste der Prozessverantwortlichen ▪ Aufgaben, Funktionsbeschreibung der Prozessverantwortlichen ▪ Leistungsindikatoren zur Messung der Wirksamkeit der Prozesse ▪ Zuordnung der Leistungsindikatoren zu den Prozessen ▪ Verknüpfung der Prozesse mit weiteren Dokumenten (VAs, AAs) ▪ Analyse der Prozesse hinsichtlich Risiken und Chancen ▪ Planung, Umsetzung und Bewertung von Maßnahmen etc.
5.1 Führung und Verpflichtung
▪ Schriftliche Q-Politik ▪ Unternehmensleitlinien ▪ Leitbild ▪ Nachweis zu Schulungen über Q-Politik/Infoveranstaltungen ▪ Statements der GF ▪ Q-Ziele ▪ Zielerreichungsnachweise ▪ Reaktionspläne bei Nichterreichung von Zielen ▪ BSC (Balanced Scorecard) ▪ Managementreview ▪ Leistungscharts ▪ Schulungspläne/-nachweise zur Prozessorientierung, Prozessen, Methoden ▪ Mitarbeiterinformationen (Aushänge, Tagesordnungen von Informationsveranstaltungen) ▪ Projektpläne ▪ Investitionspläne ▪ Schulungsbudget ▪ Betriebsvereinbarungen ▪ KVP-Projekte ▪ Lieferantenbewertungen des Kunden auswerten

Mögliche Auditnachweise
▪ Gespräche mit Kunden ▪ Marktforschung ▪ Wettbewerbsanalyse ▪ Reklamationsauswertung etc.
5.2 Politik
▪ Niederschrift der Q-Politik ▪ Überprüfung der Q-Politik auf Angemessenheit ▪ Angemessenheit prüfen: für das Unternehmen anwendbar, spezifisch, Umfang, verschiedene Aspekte beleuchten (Kunden, MA, Gesetze ...)? ▪ Verpflichtung zur Qualität und ständigen Verbesserung des Systems muss enthalten sein ▪ Vermittlung durch Aushänge, Betriebsversammlung, in Schulungen, im QMH, im Intranet ▪ Verständnis nachvollziehen (Audits, persönliche Gespräche, Entwicklung von Kennzahlen ...) ▪ Angemessenheit jährlich im Rahmen des Managementreviews bewerten etc.
5.3 Rollen, Verantwortlichkeiten und Befugnisse in der Organisation
▪ Organigramm ▪ Stellenbeschreibung bzw. Funktionsbeschreibungen ▪ Unterschriftenregelungen ▪ Verantwortungsmatrix ▪ Prozessbeschreibungen ▪ Aufgabenbeschreibungen im Handbuch ▪ Festlegung von Beauftragtenfunktionen ▪ Benennungsschreiben ▪ Verträge mit Externen ▪ Anforderungsprofile ▪ Prozessverantwortliche ▪ Key Accounts, Kundenbetreuer ▪ Verantwortlichkeiten bei Änderungen ▪ Kommunikationsregelungen (Hol- und Bringschuld) etc.
6.1 Maßnahmen zum Umgang mit Risiken und Chancen
▪ Projektplan bei Änderungsprojekten identifizierten Risiken ▪ Liste der externen Themen ▪ Liste der internen Themen ▪ Liste der Risiken und Chancen ▪ Strategiepläne ▪ QM-Pläne ▪ Produktionspläne ▪ Ressourcenpläne/-nachweise ▪ FMEA ▪ Risikoanalysen ▪ resultierende Maßnahmenpläne ▪ Arbeits- und Prüfpläne etc.

(Fortsetzung)

Mögliche Auditnachweise
6.2 Qualitätsziele und Planung zu deren Erreichung
▪ Papier mit Unternehmenszielen (z. B. unternehmensbezogen produktbezogene, kundenbezogen ▪ Abteilungsweise Zielfestlegung ▪ Zielvereinbarungsgespräche ▪ Verschiedene Prozesse bzw. Themenfelder (Kunde, Mitarbeiter, Finanzen, Prozesse ...) ▪ Ziele sind idealerweise SMART (spezifisch, messbar, anspruchsvoll, realistisch, terminlich) ▪ Bekanntmachung ▪ Interne/Externe Zielvereinbarungen (Geschäftspläne, Projektpläne, Qualitätssicherungsvereinbarungen) ▪ Regeln zur Aktualisierung ▪ Erreichungsgrad und Maßnahmenpläne zur Zielerreichung ▪ Nachweisbare Prozessänderungen zur Zielerreichung etc.
6.3 Planung von Änderungen
▪ Prozessbeschreibung „Projektmanagement“ ▪ Projektpläne ▪ Meilensteine zur Verfolgung von Projekten ▪ Definiertes Änderungsmanagement (vor allem für Produkte) ▪ Maßnahmenpläne zur Umsetzung von Änderungen ▪ Statusverfolgung der Maßnahmen etc.
7.1.1 Allgemein
▪ Festlegungen in Stellenbeschreibungen ▪ Budgetpläne ▪ Investitionspläne ▪ Investanträge ▪ Projektpläne ▪ Personalpläne ▪ Werksstrukturpläne etc.
7.1.2 Personen
▪ Organigramm ▪ Festlegungen in Stellenbeschreibungen ▪ Personalpläne ▪ Dienstpläne ▪ Stellvertretungsregelungen ▪ Personalbedarfsplanungen etc.
7.1.3 Allgemein
▪ Werksstrukturpläne ▪ Wartungs- und Instandhaltungspläne ▪ Ablauf von Reparaturen ▪ Maschinenlebensläufe

Mögliche Auditnachweise
▪ Wartungsverträge ▪ Reinigungspläne ▪ Inventarübersichten ▪ Materialflussanalysen ▪ Lagerkapazitätsbewertungen ▪ Maschinenfähigkeitsuntersuchungen ▪ Datensicherheitsregelungen ▪ IT Schnittstellenregelungen zu Lieferanten und Kunden etc.
7.1.4 Prozessumgebung
▪ Handhabungs- und Lagerungsbedingungen (Temperatur, Luftfeuchte, Reinheit, Kennzeichnung und Rückverfolgbarkeit, Sonneneinstrahlung etc.) ▪ Wartungs- und Instandhaltungspläne ▪ Gefährdungsbeurteilung ▪ Arbeitsplatzbegehungsprotokolle ▪ Werksstrukturpläne ▪ Festlegung von einzuhaltenden Parametern in Prüfanweisungen, Betriebsanweisungen, Arbeitsanweisungen … ▪ Aufzeichnung der einzuhaltenden Werte in Protokollen, Statistiken etc. ▪ Maßnahmen zur Vermeidung von menschlichen Fehlern: Arbeitszeitregelungen, Pausenregelungen etc. ▪ Festgelegte Anerkennungssysteme (Leistungsprämien für Menge an i.O. Produkten, Bonus für Abschneiden bei Kundenzufriedenheitsbefragungen, Lob für besondere Kundenorientierung …) ▪ Definierte Unternehmenswerte bzgl. Anti-Diskriminierung, Mobbing, Kinderarbeit…etc.
7.1.5 Ressourcen zur Überwachung und Messung
▪ Prüfplanungskonzept ▪ Qualifikationsanforderungen an den Prüfer ▪ Schulungen zum sorgsamen Umgang ▪ Umgebungsbedingungen in Prüfanweisungen ▪ Messmittelfähigkeitsbetrachtungen ▪ Validierung von Prüfsoftware ▪ Verzeichnis der Messmittel und Normale ▪ Prüfmitteldatenbank ▪ Kalibriernachweise mit Bezug zu internationalen Normalen ▪ Dokumentierte Maßnahmen bei defekten Messmitteln etc.
7.1.6 Wissen der Organisation
▪ Informationseingangs- und weiterleitungspunkte ▪ Rechtsverzeichnis ▪ Kundendatenbank ▪ Wissensdatenbank ▪ Messebesuche und Auswertung ▪ Expertenverzeichnis ▪ WIKI-Systeme

(Fortsetzung)

Mögliche Auditnachweise
▪ Lessons-Learned-Ansätze in Projekten ▪ Kompetenzmatrix von Mitarbeitern ▪ FMEA und Fehlerdatenbanken ▪ Erfahrungsaustausche ▪ Benchmarking ▪ Systematische Nachfolgeplanung und Einarbeitung etc.
7.2 Kompetenz
▪ Anforderungsprofile ▪ Liste wiederkehrend durchzuführender Schulungen und Einweisungen ▪ Kompetenzmatrix ▪ Stellen-/Funktionsbeschreibungen ▪ Mitarbeitergespräche ▪ Einarbeitungspläne ▪ Schulungspläne ▪ Mentoringprogamme ▪ Schulungsnachweise (Teilnahmebescheinigungen, Listen, Zertifikate ...) ▪ Wirksamkeitsbewertungen über Teilnehmerfeedback, Vorgesetztenfeedback, Tests, Probearbeiten, Kennzahlen zur Arbeitsleistung etc.
7.3 Bewusstsein
▪ Infotage für Mitarbeiter ▪ Definierte Werte für die Zusammenarbeit im Unternehmen ▪ Workshops zur Leitbildentwicklung, gemeinsam mit Mitarbeitern ▪ KVP-Workshops ▪ Teambildungsmaßnahmen ▪ Qualitätszirkel (Wochen-, Monats- oder Quartalsbesprechungen) ▪ persönliche Kommunikation der Qualitätspolitik durch Führungskräfte mit konkreten Beispielen zu der Umsetzung im Berufsalltag ▪ Breite Kommunikation von Qualitätszielen ▪ Definition von Maßnahmen zur Erreichung der Qualitätsziele unter Einbeziehung der Mitarbeiter ▪ Agendapunkt „Beitrag zum Qualitätsmanagement" oder „Veränderungsbeiträge" im Mitarbeitergespräch ▪ Aushang von Kennzahlenentwicklungen zu relevanten Prozesskenngrößen (Wartezeiten, Ausschussquoten, Lieferterminverzögerungen, Feldrückmeldungen ...) ▪ Besprechung mit Mitarbeitern über Qualitätsmaßnahmen und deren Auswirkungen ▪ Kommunikation von Reklamationen und deren Ursachen, Einbindung der Mitarbeiter bei der Definition von Korrekturmaßnahmen ▪ Anerkennungssysteme (Prämien, Lob, Incentives) etc.
7.4 Kommunikation
▪ Routinebesprechungen für Qualitätsprobleme bzw. Reklamationen ▪ Routinebesprechungen zur Koordination und Abstimmung innerhalb oder zwischen den Abteilungen und Prozessen

Mögliche Auditnachweise
▪ Gruppenschulungen und andere Zusammenkünfte ▪ Eignung und Nutzung audiovisueller und elektronischer Medien ▪ Bekanntheit der Ansprechpartner für Expertenthemen ▪ Festlegungen zur Erreichbarkeit und von Reaktionszeiten ▪ E-Mail-Handhabungsregelungen ▪ Anschlagtafeln, unternehmensinterne Zeitschriften/Magazine ▪ Kommunikationswege zu interessierten Parteien, vor allem zu Behörden und Lieferanten ▪ Technische Voraussetzungen für verschiedene Kommunikationswege (Videokonferenz, Dateiformate, Mobiltelefon ...) ▪ Kundenkommunikation (siehe 8.2.1) etc.
7.5 Lenkung dokumentierter Informationen
▪ Änderungs- und Freigabeverfahren ▪ Berechtigungs- und Zugriffskonzept ▪ Regeln zum Umgang und Archivierung ▪ Datensicherungskonzept ▪ Codierungs- bzw. Nummernschlüssel ▪ Vorgaben zum Format ▪ Festlegung der Zuständigkeiten für Überprüfung und Genehmigung ▪ Liste(n) der gültigen Dokumente ▪ Verteilerschlüssel ▪ Liste der notwendigen externen Dokumente ▪ Lenkung und Kennzeichnung von externen Dokumenten etc.
8.1 Betriebliche Planung und Steuerung
▪ Neue Prozesse, Änderung von Prozessen: ▪ Prozess „Projektmanagement“ zum Umgang mit internen Projekten (Prozessänderungen, Umstrukturierungen, Einführung von IT-Systemen, neue Standorte, Verlagerungen ...) ▪ Projektpläne zur Einführung neuer Prozesse bzw. Veränderung von bestehender Prozess ▪ Besprechungsprotokolle der Projektsitzungen ▪ Dokumentierte Pflichtenhefte ▪ Abnahme, Erstmuster bzw. Vorserienproduktion zur Sicherstellung der Wirksamkeit der Prozesse ... ▪ Änderungs- und Freigabeverfahren ▪ Planungsworkshops ▪ Maßnahmenlisten etc. ▪ Planungstätigkeiten in bestehenden Prozessen: ▪ Dienstpläne ▪ Kapazitätspläne ▪ Terminpläne ▪ Arbeitspläne ▪ Versandpläne etc.

(Fortsetzung)

Mögliche Auditnachweise
8.2 Anforderungen an Produkte und Dienstleistungen
▪ Prospekte, Datenblätter, Bedienungsanleitungen, Homepageinhalte, Verpackungsbeilagen etc. ▪ Definition von Kundenansprechpartnern ▪ Regelmäßiges Kontaktieren ▪ Gesprächsleitfäden für Kundengespräche ▪ Kundendatenbank ▪ Regelungen zur Aktualisierung von Bedienungsanleitungen, Prospekten, Produktdatenblättern ▪ Installation von Kundenfokusgruppen ▪ Kundenbefragungen ▪ Marktforschung und Wettbewerbsanalysen ▪ Liste von Gesetzen und behördlichen Forderungen mit Aktualisierungsverantwortlichen ▪ Nachweisbare Machbarkeitsüberprüfung vor Eingehen von Lieferverpflichtungen ▪ Auftragsdokumentation ▪ Auftragsbestätigungen ▪ Notfallpläne etc.
8.3 Entwicklung
▪ Prozessbeschreibung „Entwicklung“ oder ein Projektmanagementhandbuch ▪ Liste der aktuellen Entwicklungsprojekte ▪ Nachweisbare Entwicklungspläne, die ständig aktualisiert werden ▪ Interdisziplinäre Zusammensetzung der Projektgruppen (idealer Weise mit Vertretern des Kunden) ▪ Verantwortlichkeitsmatrix ▪ Risikoabschätzung ▪ Lasten- und Pflichtenhefte ▪ Lessons-Learned-Berichte aus vorangegangenen Projekten ▪ Meilensteinplanung ▪ Validierung als Test auf Gebrauchstauglichkeit ▪ Verifizierung (Vergleich zwischen Pflichtenheft und jeweiligen Entwicklungsergebnissen) ▪ Meilensteinprotokolle mit Ampelfunktion und Maßnahmenlisten ▪ Change-Request-Dokumentation für Änderungen etc.
8.4 Steuerung von extern bereitgestellten Prozessen, Produkten und Dienstleistungen
▪ Beschriebener Beschaffungsprozess ▪ Lieferantenbewertung in Form eines Bepunktungssystems ▪ Lieferantenaudits als Werkzeug zur Lieferantenauswahl ▪ Prüfplanung zur Wareneingangsprüfung ▪ Liste/Datenbank freigegebener Lieferanten ▪ Definierte Bewertungskriterien (z. B. Reklamationen, ppm-Statistiken) ▪ Qualitätsvereinbarungen ▪ Lastenhefte

Mögliche Auditnachweise
▪ Ergebnisse aus Wareneingangskontrollen ▪ Kommunikationsnachweise mit den externen Anbietern ▪ Anforderungsübersichten ▪ Interne Bewertungsprotokolle über die Angemessenheit von Anforderungen etc.
8.5.1 Steuerung der Produktion und der Dienstleistungserbringung
▪ Festlegung von Prozessen in Form von Prozessbeschreibungen, Arbeitsanweisungen, Formularen, Prüfanweisungen, EDV-Workflow, Checklisten ▪ Etablierte Genehmigungsverfahren bei Änderungen und Einführung neuer Prozesse für Werkzeuge, Maschinen, erforderliche Mitarbeiterqualifikation, Einstellparameter, Prüfmittel etc. ▪ Schriftliche Kundenfreigaben ▪ Ergebnisse von internen Q-Kontrollen ▪ Prüf- und Messergebnisse ▪ Ergebnisse aus internen Audits etc.
8.5.2 Kennzeichnung und Rückverfolgbarkeit
▪ Arbeitsanweisungen zur Kennzeichnung und Rückverfolgbarkeit ▪ Begleitpapiere, z. B. Laufzettel ▪ Fertigungspläne ▪ Aktualisierung von Projektplänen ▪ Versandverfolgung ▪ EDV-Aufzeichnungen ▪ Status von Prüfungen durch Definition von Lagerplätzen ▪ Kennzeichnungen am Produkt ▪ Prüfnachweise ▪ Sperrzettel ▪ Freigaben etc.
8.5.3 Eigentum der Kunden oder externen Anbieter
▪ Werkzeuge, Pendelverpackungen, Patente, Produktionsmuster, beigestellte Produkte in Form von Rohmaterial, Halbfertigwaren ▪ Schutz geistigen Eigentums durch Verschwiegenheitsverpflichtungen, Zugangskontrollen, Schutz vor Hackerangriffen etc. ▪ Arbeitsanweisung zum Umgang mit Kundeneigentum ▪ Bestandsliste über Kundeneigentum ▪ Kennzeichnung (Etiketten, Gravuren, Inventarisierung etc.) ▪ Regelungen für Konsignationslager ▪ Korrespondenz mit den Kunden ▪ Protokolle über Verifizierung und durchgeführte Instandhaltung ▪ Eingangsprüfungen ▪ Projektpläne zur Einführung neuer Prozesse bzw. Veränderung von bestehender Prozess etc.
8.5.4 Erhaltung
▪ Lagerungsvorschriften ▪ Reinigungspläne

(Fortsetzung)

Mögliche Auditnachweise
▪ Konservierungsvorschriften ▪ Versandregelungen ▪ Lagerbelegungs- und Entnahmepläne ▪ Lagerfristen und ggf. Getrennthaltung ▪ Versandetikettierung ▪ Verfallsdatenüberwachung ▪ Verpackungsvorschriften ▪ Anweisungen zum innerbetrieblichen Transport ▪ Lagergrundsätze etc.
8.5.5 Tätigkeiten nach der Lieferung
▪ Gewährleistungsbestimmungen ▪ Entsorgungspflichten ▪ Wartungs- und Inspektionsprozesse ▪ Serviceprozesse ▪ Verpflichtungen zur Marktbeobachtung etc.
8.5.6 Überwachung von Änderungen
▪ Arbeitsanweisung Freigabe/Änderungsmanagement ▪ Nachweise über Änderungen an Prozessen mit Verfolgung ▪ Verantwortungsregelungen in Form von Stellenbeschreibungen oder Eskalationsmodellen etc.
8.6 Freigabe von Produkten und Dienstleistungen
▪ Freigabenachweise der Endkontrolle ▪ Freigabenachweise nach allen Zwischenkontrollen ▪ Dokumentierte Sonderfreigaben durch Kunden ▪ Dokumentierte Sonderfreigaben durch autorisierte Stellen etc.
8.7 Steuerung nichtkonformer Ergebnisse
▪ Prozessbeschreibung zum Fehlermanagement ▪ Abteilungsweise Arbeitsanweisungen zur Fehlerhandhabung ▪ Sperren fehlerhafter Produkte mittels Sperrbändern, Sperrlager, Kennzeichnung im EDV-System ▪ Sperrverweise ▪ Fehlermeldungsformulare ▪ Befugnisregelungen zur Sperrung und Freigabe ▪ Informationspflichten bei erkannten Fehlern ▪ Fehlerartendefinition ▪ Erste Schritte des 8-D-Reports ▪ Sofortmaßnahmen zu internen Fehlern ▪ Reklamationsbearbeitungsnachweise etc.
9.1.1 Überwachung, Messung, Analyse und Bewertung – Allgemeines
▪ Prüfplanungskonzept ▪ Kennzahlenübersichten

Mögliche Auditnachweise
▪ Kennzahlen pro Prozess ▪ SPC-Überwachung von Prozessen ▪ Reviewberichte ▪ Prüfpläne ▪ Prüfschritte in Workflows ▪ Stichprobenpläne ▪ Prüfanweisungen ▪ Auswerteverfahren (Datenanalysen) ▪ Fehler-/Ausschussquoten ▪ Fehlerschwerpunkte, Trends ▪ Qualitätsberichte etc.
9.1.2 Kundenzufriedenheit
▪ Maßnahmenpläne aus persönlichen Kundengesprächen ▪ Indirekte Kennzahlen zur Kundenzufriedenheit (Wiederholkäuferrate, Marktanteil, Kundenabwanderungsrate, Kundenzugewinnrate, etc.) ▪ Kundenzufriedenheitsanalysen ▪ Erhaltene Lieferantenbewertungen (durch unsere Kunden) ▪ Benchmarking ▪ Auswertungen von Mailings und Telefonaktionen ▪ Analysieren der Gründe für Gutschriften ▪ Besuchsberichte ▪ Auswertung Händleraussagen ▪ Zufriedenheitsspontanäußerungen etc.
9.1.3 Analyse und Bewertung
▪ Statistiken zu Unternehmenskennzahlen ▪ Statistiken zu Prozesskennzahlen ▪ Statistische Auswertungen (Trendanalysen, Schwerpunkte, Korrelationen)/Pareto-Diagramme, Histogramme ▪ Q-Regelkarten etc.
9.2 Interne Audits
▪ Verfahrensanweisung zu internen Audits ▪ Auditprogramm (z. B. Ein-Jahrespläne, Drei-Jahrespläne) ▪ Auditpläne (z. B. Tagesagenda) ▪ Auditkriterien (z. B. Checklisten) ▪ Auditaufzeichnungen (z. B. ausgefüllte Checklisten, Auditberichte) ▪ Auditauswertungen (Schwerpunktanalyse) ▪ Auditberichte ▪ Maßnahmenpläne zur Einführung von Korrekturmaßnahmen ▪ Berichte über die Wirksamkeit der Korrekturmaßnahmen ▪ Qualifikationsnachweise der internen Auditoren ▪ Erfahrungsaustausch von internen Auditoren etc.

(Fortsetzung)

Mögliche Auditnachweise
9.3 Managementbewertung
■ Protokoll zur Managementbewertung ■ Nachweis von Inputs: ■ Ergebnisse der Lieferantenbewertung ■ Kundenzufriedenheitsanalysen ■ Prozesskennzahlen (KPI) ■ Quote umgesetzter Korrekturmaßnahmen ■ Risiko- und Chancenentwicklung ■ Ressourcenbedarf und -einsatzpläne ■ SWOT-Analysen ■ Berichte interner Audits ■ Ergebnisse von Prozessaudits und/oder Produktaudits ■ Investitionsplanungen etc. ■ Nachweise zu Ergebnissen der Managementbewertung: ■ Geschäftsplan ■ Strategiepläne ■ Investitionspläne ■ Personalpläne ■ neue Ziele ■ Projekte ■ Maßnahmenliste etc.
10.1 Verbesserung – Allgemeines
■ Verbesserungsprojekte ■ Six-Sigma-Projekte ■ KVP Workshops ■ KVP Datenbank (Maßnahmenübersicht) ■ übergreifende Verbesserungsgruppen ■ Mitarbeiterfokusgruppen ■ Benchmarking ■ Verbesserungs- und Vorschlagswesen ■ Anreizsysteme für Verbesserungen ■ CIRS Meldungen oder Beinahe-Fehlermeldesystem ■ FMEA und Risikoanalysen ■ SWOT-Analysen für Prozesse/Abteilungen etc.

Mögliche Auditnachweise
10.2 Nichtkonformität und Korrekturmaßnahmen
▪ Verfahrensanweisung oder Prozessbeschreibung zum Umgang mit Fehlern ▪ Verfahrensanweisung oder Prozessbeschreibung zur Festlegung und Verfolgung von Korrekturmaßnahmen ▪ Fehlerprotokolle ▪ Korrekturmaßnahmenlisten ▪ Ursachenanalysen (5 Why, Ishikawa-Diagramm, Kraftfeldanalyse) ▪ Prozessbeschreibung Reklamationsbearbeitung ▪ 8 D-Report etc.
10.3 Fortlaufende Verbesserung
▪ Projektpläne ▪ Protokolle und Trends zu Zielvorgaben ▪ Fortschrittsberichte ▪ Managementreview ▪ Siehe Abschnitt 10.1

14 Zusatzmaterial zum Download

Sie erhalten zu diesem Buch kostenlos Zusatzmaterialien zum Download. Diese finden Sie auf dem Download-Portal des Verlags: *plus.hanser-fachbuch.de*

Geben Sie bitte nachfolgenden Code ein:

`plus-8uqvs-tqjoy`

Es stehen zum Download alle in diesem Buch erwähnten Arbeitshilfen. Nachfolgende Tabelle zeigt diese im Überblick:

Beschreibung der Datei	Dateiname
Auditbericht	Auditbericht.docx Auditbericht.pdf
Auditbericht 2	Auditbericht 2.docx Auditbericht 2.pdf
Anlage zu Auditbericht	Anlage zu Auditbericht.docx Anlage zu Auditbericht.pdf
Anlage zu Auditbericht 2	Anlage zu Auditbericht 2.docx Anlage zu Auditbericht 2.pdf
Audit Formular	Audit Formular.docx Audit Formular.pdf
Auditabweichungsbericht	Auditabweichungsbericht.docx Auditabweichungsbericht.pdf
Auditbericht	Auditbericht.docx Auditbericht.pdf
Auditergebnis	Auditergebnis.docx Auditergebnis.pdf
Auditjahresplan	Auditjahresplan.xlsx
Auditplan für das Qualitätsmanagementsystemaudit	Auditplan für das Qualitätsmanagementsystemaudit.docx Auditplan für das Qualitätsmanagementsystemaudit.pdf

Beschreibung der Datei	Dateiname
Auditplan	Auditplan.docx Auditplan.pdf
Auswertung Selbstbewertung	Auswertung Selbstbewertung.xlsx
Evaluation der Auditorenleistung	Evaluation der Auditorenleistung.docx Evaluation der Auditorenleistung.pdf
Formular Auditjahresplan	Formular Auditjahresplan.docx Formular Auditjahresplan.pdf
Fragebogen für externes Lieferantenaudit	Fragebogen für externes Lieferantenaudit.docx Fragebogen für externes Lieferantenaudit.pdf
Prozesscheckliste	Prozesscheckliste.pptx
Qualitätsmanagement System	Qualitätsmanagement System.docx Qualitätsmanagement System.pdf
Selbstbewertungsfragebogen	Selbstbewertungsfragebogen.docx Selbstbewertungsfragebogen.pdf
Checkliste ISO 90012015	Checkliste ISO 90012015.docx Checkliste ISO 90012015.pdf

Literatur

Arter, D. R.: *Quality Audits for Improved Performance.* ASQC Quality Press, Milwaukee 2002

DAkkS – Deutsche Akkreditierungsstelle: *Durchführung von Fernbegutachtungen: Leitfaden für Konformitätsbewertungsstellen 2020*

DAkkS – Deutsche Akkreditierungsstelle: *Verbindliches Dokument zur Verwendung von Informations- und Kommunikationstechnologien (IKT) für Audit-/Begutachtungszwecke* (Deutsche Übersetzung des IAF Dokumentes „IAF MD 4:2018")

Deutsches Institut für Normung e. V. (DIN): *DIN EN ISO 9000 Qualitätsmanagementsysteme, Grundlagen und Begriffe.* Beuth Verlag, Berlin 2015

Deutsches Institut für Normung e. V. (DIN): *DIN EN ISO 9001 Qualitätsmanagementsysteme, Anforderungen.* Beuth Verlag, Berlin 2015

Deutsches Institut für Normung e. V. (DIN): *DIN EN ISO 9004 Qualitätsmanagement – Qualität einer Organisation – Anleitung zum Erreichen nachhaltigen Erfolgs.* Beuth Verlag, Berlin 2018

Deutsches Institut für Normung e. V. (DIN): *DIN EN ISO 19011 Leitfaden für das Auditieren von Managementsystemen.* Beuth Verlag, Berlin 2018

Deutsches Institut für Normung e. V. (DIN): *DIN EN ISO 31000 Risikomanagement – Leitlinien.* Beuth Verlag, Berlin 2018

Deutsches Institut für Normung e. V. (DIN): *DIN EN 17065 Allgemeine Anforderungen an Stellen, die Produkt, Prozesse und Dienstleistungen zertifizieren.* Beuth Verlag, Berlin 2020 (Berichtigung)

EFQM Excellence Model 2013 – ISBN: 9789052366708

Excellence-Handbuch: Grundlagen und Anwendungen des EFQM Modells 2020, Version 2021 (Second Edition)/ISBN 9783811104228

Funck, D.; Mayer, M.; Schwendt, S.: *Integrierte Managementsysteme im Spiegel einer internationalen Expertenbefragung – Stand und Entwicklung in Handels- und Dienstleistungssektor.* IMS Forschungsbericht 3, Institut für Marketing und Handel, Universität Göttingen. Göttingen 2001

Hertel, G.: *Zertifizierung versus Selbstbewertung – quo vadis Qualitätsmanagement.* QZ 46 (2001) 4

IATF 16949 QM Systeme – Lieferanten der Automobilindustrie

ISO/IEC 17025 Allgemeine Anforderungen an die Kompetenz von Prüf- und Kalibrierlaboratorien

Kamiske, G. F.; Brauer, J.-P.: *Qualitätsmanagement von A–Z.* Hanser, München 2011

Kassebohm, K.; Malorny, C.: *Auditierung und Zertifizierung im Brennpunkt wirtschaftlicher und rechtlicher Interessen.* ZfB 63 (1994) 6

Rau, J.; Jegodka, N.: *Excellence umsetzen – Neuartiges Audit-Tool gestaltet Prozesse kundenorientiert.* QZ 46 (2001) 5

Redley, R.: *Qualitätsmanagement durch Werte – Was kommt nach Total Quality Management und Business Excellence?* QZ 46 (2001) 8

Russel, J. P. (Hrsg.): *The Quality Audit Handbook - Principles, Implementation and Use*. American Society for Quality (ASQ), Milwaukee 1997

Schmitt, R.; Pfeifer, T. (Hrsg.): *Masing - Handbuch Qualitätsmanagement*. Hanser, München 2014

TÜV Akademie GmbH: *Qualitätsmanagement Schulungsunterlagen München 2021*

TÜV Nord Akademie: *Qualitätsmanagement Schulungsunterlagen München 2022*

TÜV SÜD QM-Lexikon-App München 2021

Verband der Automobilindustrie e. V. (VDA): *Qualitätsmanagement in der Automobilindustrie*, Band 6, Teil 1 - 4. VDA, Frankfurt am Main 2016

Zeller, Elmar: *Layered Process Audit (LPA)*. Hanser, München 2018